21世纪全国高职高专机电系列技能型规划教材

Pro/ENGINEER Wildfire 产品设计项目教程

主 编 罗 武
参 编 陈世芳 施晓琰
张 杨 杨克炎

北京大学出版社
PEKING UNIVERSITY PRESS

内 容 简 介

本书根据高职高专的培养目标，采用任务驱动的模式进行编写，以具体产品作为载体，以任务实施的过程为主线，详细介绍应用 Pro/ENGINEER Wildfire 5.0 进行产品造型设计的方法及流程。

本书主要内容包括项目 1 拉伸类产品设计；项目 2 旋转类产品设计；项目 3 扫描类产品设计；项目 4 混合类产品设计；项目 5 扫描混合类产品设计；项目 6 可变剖面扫描类产品设计；项目 7 边界混合类产品设计；项目 8 零件的装配；项目 9 工程图的生成；项目 10 产品的渲染；项目 11 小家电产品设计；项目 12 文体用品产品设计；项目 13 工业产品设计；项目 14 水龙头的设计；项目 15 通信机箱的设计，共 15 个项目。通过本书的学习，学生能够在全面掌握软件功能的同时，灵活快捷地应用软件进行产品设计，更好地为实际工作服务。

本书按 46～68 学时编写，适合作为高职高专机电类课程的教材，也可作为 Pro/ENGINEER Wildfire 5.0 技能培训教材，还可供成人教育和工程技术人员使用。

图书在版编目(CIP)数据

Pro/ENGINEER Wildfire 产品设计项目教程/罗武主编. —北京：北京大学出版社，2012.5

(21 世纪全国高职高专机电系列技能型规划教材)

ISBN 978-7-301-20414-6

Ⅰ. ①P… Ⅱ. ①罗… Ⅲ. 工业产品—计算机辅助设计—应用软件，Pro/ENGINEER Wildfire—高等职业教育—教材 Ⅳ. ①TB472-39

中国版本图书馆 CIP 数据核字(2012)第 049180 号

书　　　名：Pro/ENGINEER Wildfire 产品设计项目教程
著作责任者：罗　武　主编
策 划 编 辑：张永见　赖　青
责 任 编 辑：刘健军
标 准 书 号：ISBN 978-7-301-20414-6/TH・0288
出　版　者：北京大学出版社
地　　　址：北京市海淀区成府路 205 号　100871
网　　　址：http://www.pup.cn　http://www.pup6.cn
电　　　话：邮购部 62752015　发行部 62750672　编辑部 62750667　出版部 62754962
电 子 邮 箱：pup_6@163.com
印　刷　者：北京鑫海金澳胶印有限公司
发　行　者：北京大学出版社
经　销　者：新华书店
787mm×1092mm　16 开本　16 印张　375 千字
2012 年 5 月第 1 版　2012 年 5 月第 1 次印刷
定　　　价：31.00 元

前　　言

本书根据高职高专的培养目标，采用任务驱动的模式进行编写，以具体产品作为载体，以任务实施的过程为主线，详细介绍应用 Pro/ENGINEER Wildfire 5.0 进行产品造型设计的方法及流程。本书通过项目 1～10，介绍运用 Pro/ENGINEER Wildfire 5.0 进行产品造型的基本方法和操作技巧；通过项目11～13 对具体产品进行重点剖析和分解，使读者进一步掌握产品造型设计的综合应用方法；在项目14～15 中，通过较复杂的产品实例，初步介绍 ISDX 造型模块的应用及钣金设计模块的应用。

本书具有如下一些特点：

（1）本书是与多个企业合作开发的，书中的实例以一线的产品为载体，实例的设计参数严格按照设计原则进行创建。

（2）与同类书籍相比，本书强调实用性，淡化系统性和逻辑性。本书将要学习的内容细分为一系列知识点，通过“由简到繁、由易到难、循序渐进、深入浅出、承前启后”的案例的具体实现，帮助读者解决实际应用问题。

（3）书中各任务采用“任务描述”→“任务分析”→“任务实施”→“归纳总结”→“拓展提高”的顺序展开“任务驱动”，实现从现象到本质，由感性到理性的过渡。

（4）项目 1～10 采用课内任务和课外任务两线（双任务）并行，将教学内容巧妙地隐含在每个任务之中，让学生自己提出问题，并经过思考和教师的点拨，自己解决问题，在实例的具体操作中熟练掌握所需的知识点。

本书大体上按照每两学时完成一个任务进行设计，课上教师示范完成课内任务，学生模仿完成课内任务，课外学生独立完成课外任务，最后以课外任务的完成效果来考核学生的能力。与课内任务进行的同时，教师可以补充不等的案例和小任务，以开拓视野、实现综合能力和单项能力的有效训练。其具体建议如下：

内　容		课内学时	课外学时
项目 1　拉伸类产品设计	1.1 课内任务：连杆设计	2	
	1.2 课外任务：机座设计		2
项目 2　旋转类产品设计	2.1 课内任务：咖啡壶的设计	2	
	2.2 课外任务：套筒的设计		2
项目 3　扫描类产品设计	3.1 课内任务：杯子的设计	2	
	3.2 课外任务：鼠标的建模		2
项目 4　混合类产品设计	4.1 课内任务：塑料瓶的设计	2	
	4.2 课外任务：拉手的设计		2
项目 5　扫描混合类产品设计	5.1 课内任务：条码读取器外壳的设计	2	
	5.2 课外任务：方向盘的造型		2

续表

内　容		课内学时	课外学时
项目 6　可变剖面扫描类产品设计	6.1 课内任务：拉环的设计	2	
	6.2 课外任务：扁瓶的设计		2
项目 7　边界混合类产品设计	7.1 课内任务：灯笼的设计	2	
	7.2 课外任务：肥皂盒的设计		2
项目 8　零件的装配	8.1 课内任务：装配机用虎钳	2	
	8.2 课外任务：生成装配分解图		2
项目 9　工程图的生成	9.1 课内任务：轴承座工程图的生成	2	
	9.2 课外任务：连杆工程图的生成	2	
项目 10　产品的渲染	10.1 课内任务：玻璃杯的渲染	2	
	10.2 课外任务：瓷瓶的渲染		2
项目 11　小家电产品设计	11.1 任务一：台灯的设计	1	
	11.2 任务二：小话筒的设计	1	
	11.3 任务三：吹风机的设计	2	
项目 12　文体用品产品设计	12.1 任务一：笔筒的设计	2	
	12.2 任务二：排球的设计	2	
	12.3 任务三：足球的设计	2	
项目 13　工业产品设计	13.1 任务一：轮胎的设计	1	
	13.2 任务二：扳手的设计	1	
	13.3 任务三：齿轮的设计	2	
项目 14　水龙头的设计	14.1 任务一：构建主体曲面	2	
	14.2 任务二：构建出水口部分及头部圆柱形曲面	2	
	14.3 任务三：构建主体曲面与圆柱形曲面过渡部分	2	
项目 15　通信机箱的设计	15.1 任务一：机箱上盖的设计	2	
	15.2 任务二：机箱下盖的设计	2	
合　计		46	18

本书是集体智慧的结晶。参加本书的编写者都是长期从事高职高专图形学教学和研究工作的专业教师，他们把多年的教学和科研经验都融入到本书中。本书由广东铁路职业技术学院罗武担任主编，参加编写工作的还有广东铁路职业技术学院的陈世芳、施晓琰、张杨老师以及东莞美高模具厂的杨克炎工程师。具体编写分如下：罗武编写项目 1、3、4、7、8、9、10、13、14、15，陈世芳编写项目 5、6、11，施晓琰编写项目 2、12，张杨负责全书校核，杨克炎负责实例的提供并提出了很多编写建议。

由于编者水平所限，书中的不妥之处在所难免，欢迎广大读者和任课教师提出批评意见和建议。

编　者

2012 年 2 月

目　录

项目1

拉伸类产品设计

知识目标

(1) Pro/ENGINEER Wildfire 5.0 环境及基本操作;
(2) 实体拉伸建模的方法;
(3) 曲面拉伸建模的方法。

能力目标

能 力 目 标	知 识 要 点	权重(%)	自测分数
(1) 掌握 Pro/ENGINEER Wildfire 5.0 基本操作	鼠标的操作、Pro/ENGINEER Wildfire 5.0 界面、选择过滤	10	
(2) 掌握草绘图形的方法	草绘圆、直线、矩形、中心线、镜像、圆弧、草绘尺寸的标注	20	
(3) 掌握实体拉伸的方法	实体拉伸	30	
(4) 掌握曲面拉伸的方法	曲面拉伸	30	
(5) 掌握曲面编辑的方法	曲面合并/实体化	10	

知识点导读

本项目通过零件的创建过程，详细介绍 Pro/ENGINEER Wildfire 5.0(以下简称 Pro/E)中应用拉伸实体及曲面的方法来创建实体零件的过程。

“拉伸”是定义三维几何的一种方法，通过将二维截面延伸到垂直于草绘平面的指定距离处来实现。在拉伸实体中，垂直于拉伸方向的所有截面都完全相同，如图 1.1 所示，在完成剖面后，沿着剖面的垂直方向生成实体。

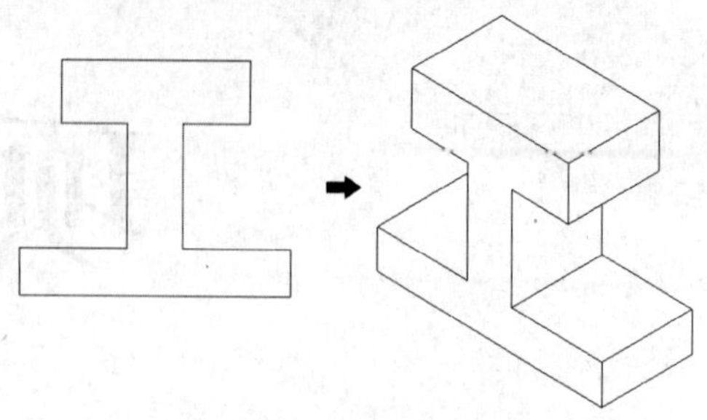

图 1.1　拉伸原理示意图

要访问【拉伸】工具，可单击【基础特征】工具栏上的(拉伸工具)按钮，或执行【插入】|【拉伸】命令，弹出的【拉伸】特征操作面板如图 1.2 所示。

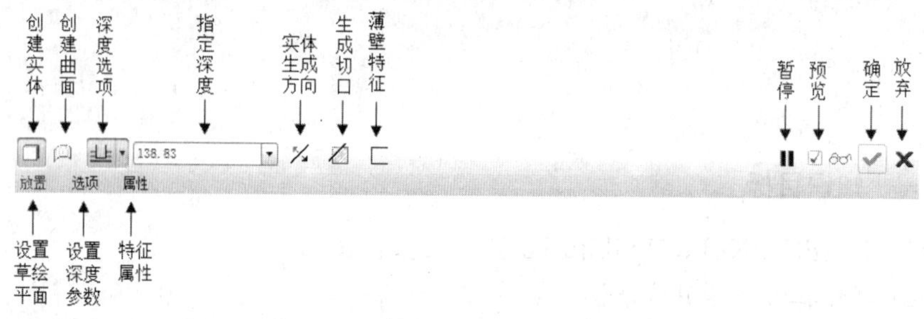

图 1.2　【拉伸】特征面板

【拉伸】特征面板包括以下元素。

1. 【拉伸】工具

“拉伸”工具提供下列下滑面板：

(1) 放置，使用该下滑面板重定义特征截面。单击【定义】按钮创建或更改截面。单击【取消链接】按钮使截面独立于草绘基准曲线。

(2) 选项，使用该下滑面板可进行下列操作。

① 重定义草绘平面每一侧的特征深度。

② 通过选取【封闭端】选项用封闭端创建曲面特征。

(3) 属性，使用该下滑面板编辑特征名，并在 Pro/E 软件中打开特征信息。

2. 深度选项

深度选项包括以下几种：

(1) 盲孔，自草绘平面以指定深度值拉伸截面。

(2) 对称，在草绘平面每一侧上以指定深度值的一半拉伸截面。

(3) 到下一个，拉伸截面直至下一曲面。使用此选项，在特征到达第一个曲面时将其终止。

(4) 穿过所有，拉伸截面，使之与所有曲面相交。使用此选项，在特征到达最后一个曲面时将其终止。

(5) 穿至，将截面拉伸，使其与选定曲面或平面相交。

(6) 到选定项，将截面拉伸至一个选定点、曲线、平面或曲面。

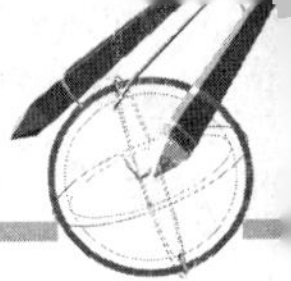

1.1　课内任务：连杆设计

任务描述

想象图 1.3 所示连杆的三维形状，在 Pro/E 环境中，进行连杆三维实体零件的建模。

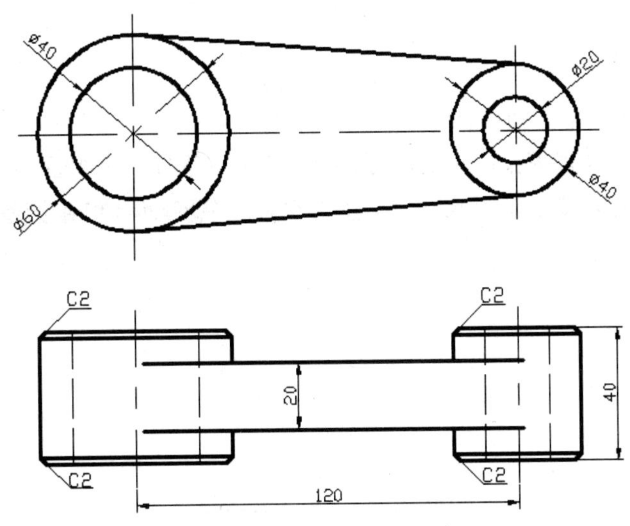

图 1.3　连杆零件图

任务分析

1. 设计思路

连杆是平面连杆机构中的重要零件。其主体由大空心圆柱体、小空心圆柱体和连接部分组成，两空心圆柱体外缘有倒角。连杆的设计过程如图 1.4 所示。

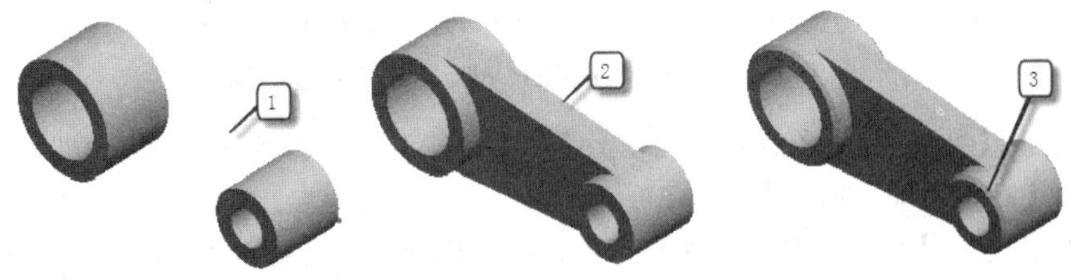

图 1.4　连杆设计思路

2. 方法与技巧

设计中尽量化繁为简，将步骤细化，见表 1-1。

表 1-1　1.1 节设计步骤

序号	步　骤	知 识 要 点
1	构造两个空心圆柱体	拉伸实体、圆
2	构造连接部分	通过边创建图元，创建与图元 2 相切的直线
3	对圆柱体的外缘倒角	倒角、选取过滤

任务实施

步骤 1：构造两个空心圆柱体

(1) 双击 Windows 视窗桌面上的图标，启动 Pro/E 软件，其视窗界面如图 1.5 所示。

图 1.5　Pro/ENGINEER Wildfire 5.0 视窗界面

(2) 单击【新建】图标(或执行【文件】|【新建】命令)，默认类型(零件)及子类型(实体)，弹出【新建】对话框，如图 1.6 所示。

(3) 取消选中【使用缺省模板】复选框，在名称处输入文件名“liangan”，单击【确定】按钮，弹出【新文件选项】对话框，如图 1.7 所示。

(4) 选择 mmns_part_solid 模板。单击【确定】按钮弹出界面，如图 1.8 所示。

(5) 单击(草绘工具)按钮，弹出【草绘】提示对话框，如图 1.9 所示，并提示选择草绘平面。信息提示：“选取一个平面或曲面以定义草绘平面”。

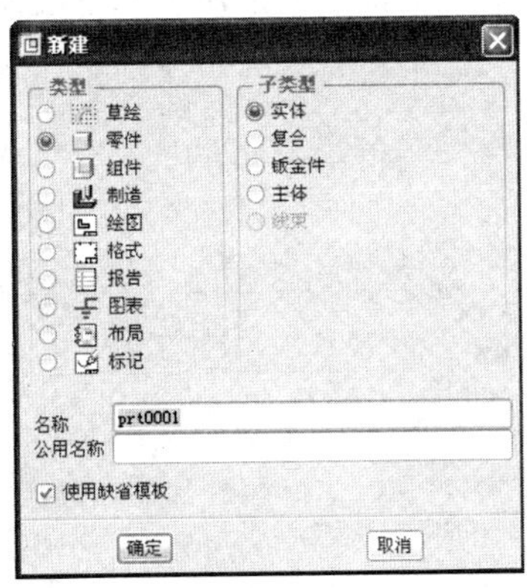

图 1.6 【新建】对话框

图 1.7 【新文件选项】对话框

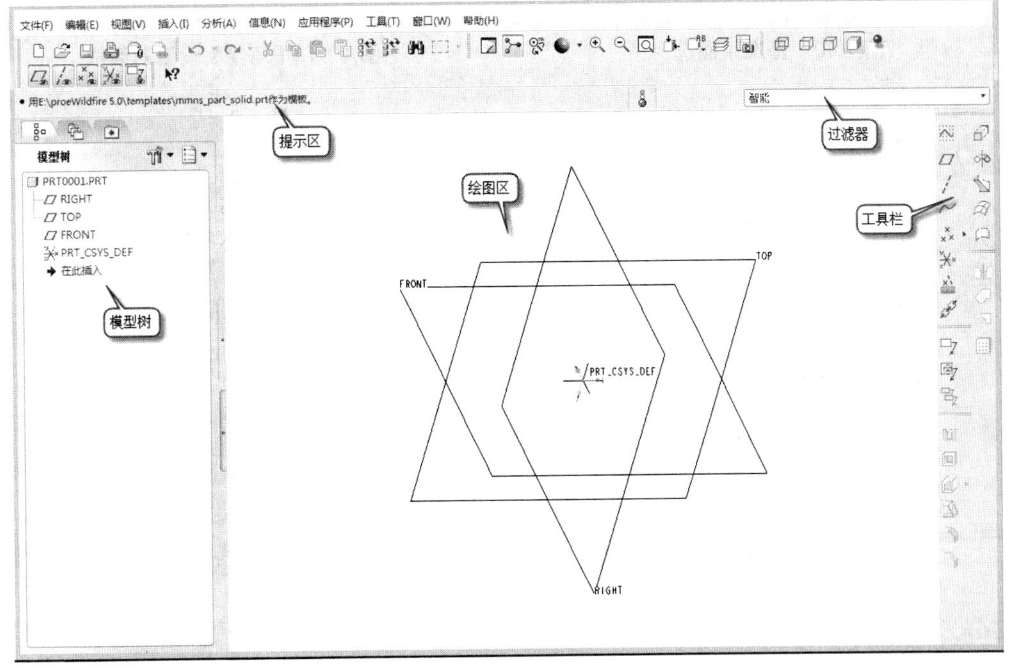

图 1.8　零件绘制环境

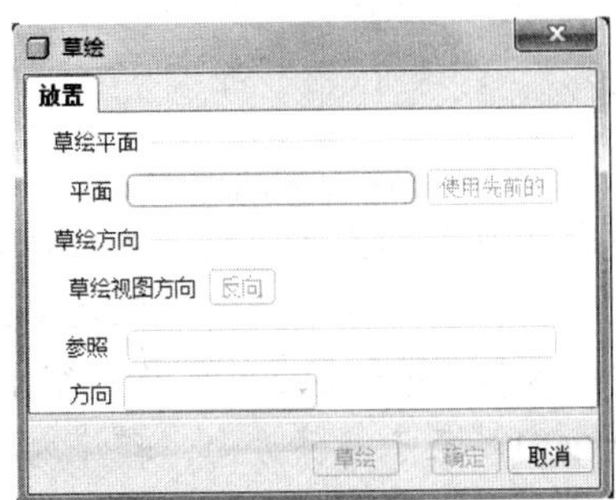

图 1.9 【草绘】提示对话框

(6) 在图 1.10 中，选择 FRONT:F3 基准平面作为草绘平面，系统自动选择草绘视图方向参照(参照为 RIGHT，方向为右)，如图 1.11 所示。单击【草绘】按钮进入草绘环境，如图 1.12 所示。

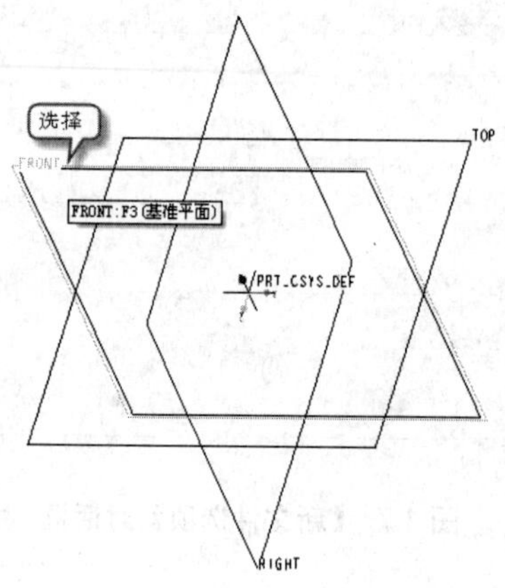

图 1.10　基准平面选择

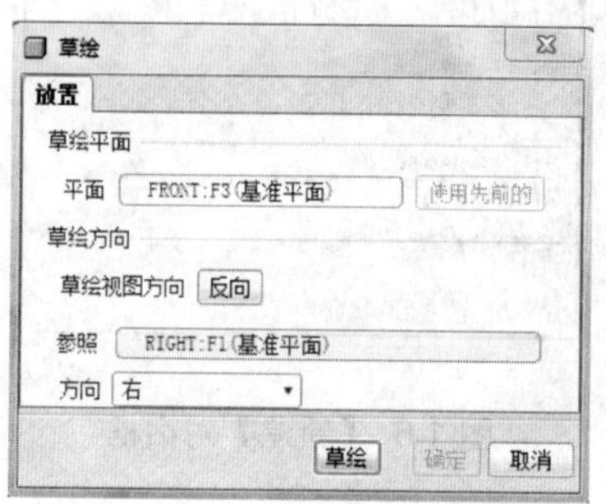

图 1.11 【草绘】设置对话框

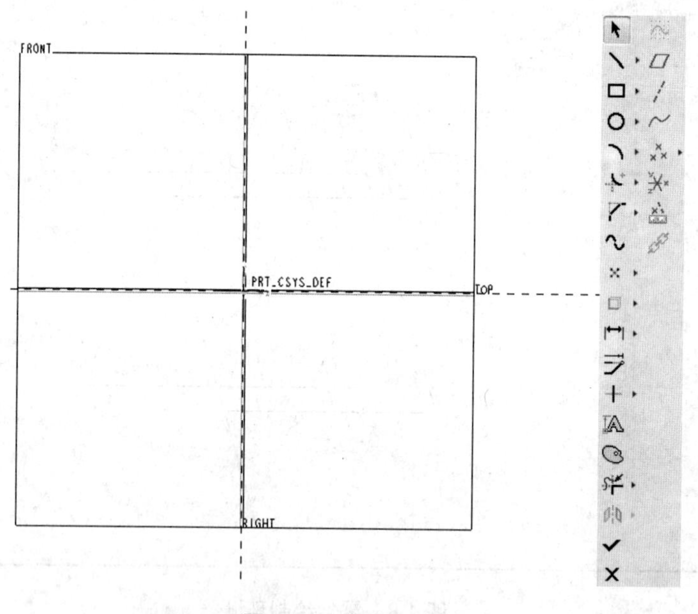

图 1.12　草绘环境

**操作技巧**

草绘方向的问题，当选取草绘平面的同时，画面中会产生一箭头，此箭头也就是草绘平面的放置方向（朝向屏幕内部），程序内定为所选取之草绘平面的负向（请观察坐标系统的 *X*、*Y*、*Z* 方向），草绘方向为参照平面的正向（请观察坐标系统的 *X*、*Y*、*Z* 正方向），不管是顶部、底部、左、右等方向，至于拉伸方向，程序内定就是以所选取的草绘平面的正向长出（朝向屏幕外），当然，也可选择反向。

(7) 单击窗口右侧【草绘】工具栏中的(创建圆)按钮，移动光标至参照面的交点处单击，即确定了圆心的位置，拖动鼠标指针远离圆心，再次单击，即确定了圆的大小，重复画一同心圆，完成大空心圆柱体截面；同理完成小空心圆柱体截面，如图 1.13 所示。

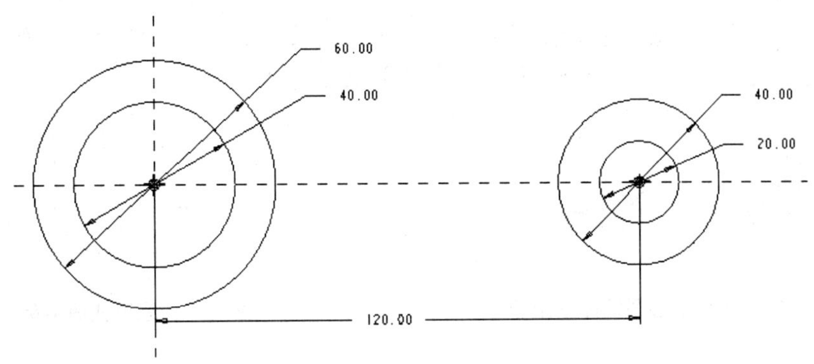

图 1.13　两个空心圆柱体的草绘截面

(8) 选择截面所有尺寸，单击窗口右侧【特征】工具栏中的(修改尺寸值)按钮，弹出【修改尺寸】对话框，如图 1.14 所示。在弹出的对话框中取消【再生】复选框的选择，随后逐一修改尺寸，单击 (确定)按钮确认完成修改。

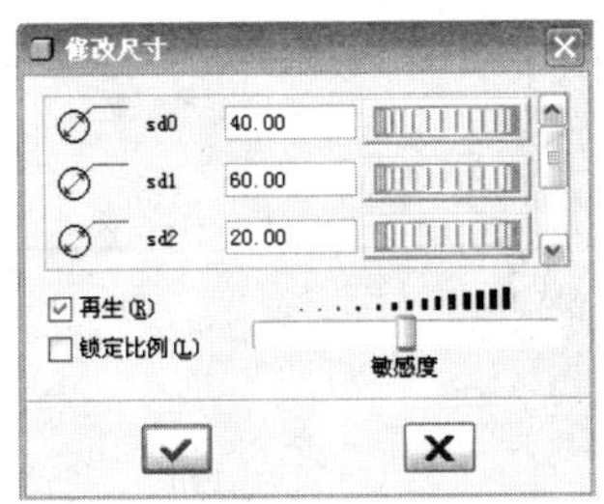

图 1.14　【修改尺寸】对话框

(9) 单击【草绘】工具栏中的(完成)按钮，完成剖面的绘制。

(10) 选择刚才绘制的草绘 1，单击(拉伸工具)按钮，弹出【拉伸】特征面板，如图 1.15 所示。信息提示：“选取一个草绘。”(如果首选内部草绘，可在放置面板中找到【定义】选项。)

图 1.15　【拉伸】特征面板

(11) 默认选中(实体)，以生成实体，单击【拉伸】特征面板的(深度值)图标右边的下三角按钮，弹出【深度选项】工具栏，单击(两侧深度)按钮，在白色数字处单击并输入拉伸深度为“40”，单击(应用)按钮，完成圆柱的拉伸，如图 1.16 所示。

步骤 2：构造连接部分

(1) 单击(拉伸工具)按钮，弹出【拉伸】特征面板，默认选中(实体)，单击【放置】按钮，弹出【放置】下滑面板，单击【定义】按钮，弹出【草绘】提示对话框，提示选择

拉伸剖面草绘平面，单击 FRONT 基准平面作为草绘平面，系统自动选择草绘视图方向(参照为 RIGHT，方向为右)，单击【草绘】按钮进入草绘环境。

操作技巧

选择拉伸实体后，也可在绘图区右击，弹出快捷菜单图，如 1.17 所示，然后执行快捷菜单中的【定义内部草绘】命令，弹出【草绘】提示对话框。

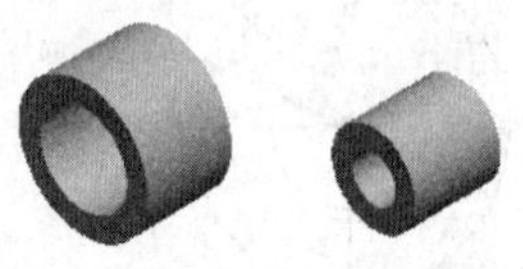

图 1.16　两个空心圆柱体三维图

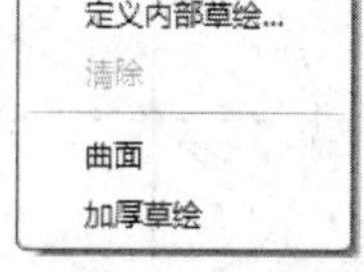

图 1.17　建模快捷菜单

(2) 单击窗口右侧【特征】工具栏中的(通过边创建图元)按钮，在两个大圆上各选一点以提取半圆，如图 1.18 所示。单击【关闭】按钮退出类型对话框，单击窗口右侧【特征】工具栏中的直线图标组中的(与图元 2 相切的直线)按钮，在已提取半圆上各选一点，单击【确认】按钮。

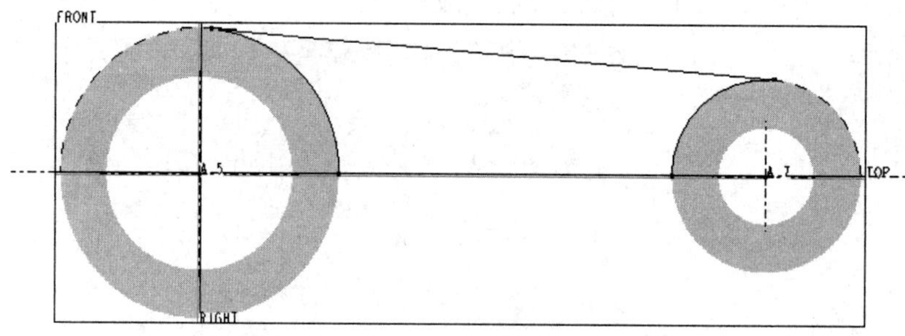

图 1.18　连接板草绘截面 1

(3) 单击【特征】工具栏中的(动态修剪剖面图元)按钮，选取删除多余的线段。

(4) 绘制中心线。单击【草绘】工具栏中(直线)右边的下三角按钮，在往右伸出的工具栏中单击(中心线)按钮作一条与水平面 TOP 重合的中心线。

(5) 按住 Ctrl 键选择上面所作的两段圆弧和直线，单击【特征】工具栏中的 (镜像选定图元)按钮，选择中心线，生成草图，如图 1.19 所示。

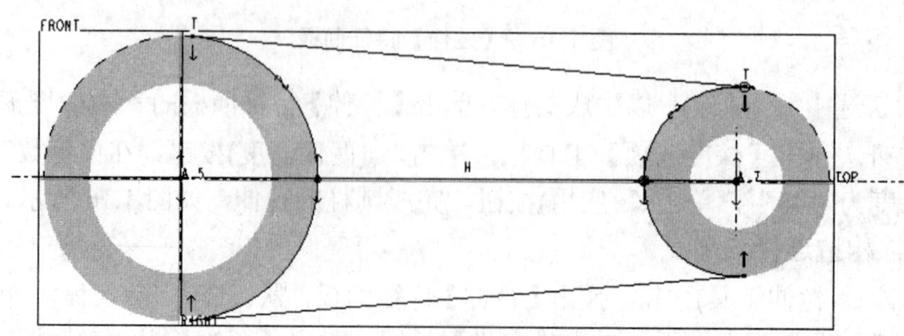

图 1.19　连接板草绘截面 2

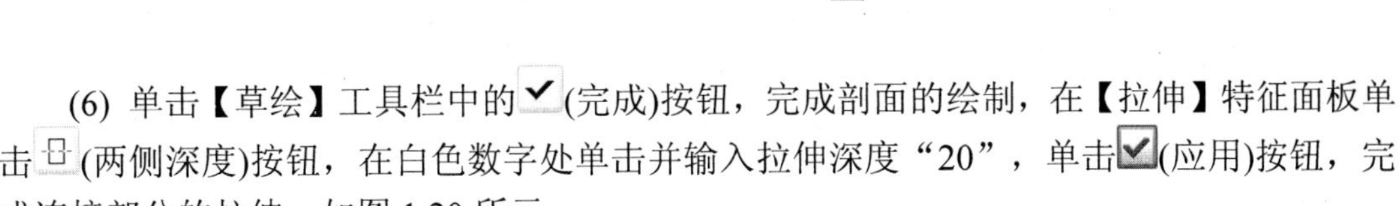

(6) 单击【草绘】工具栏中的✓(完成)按钮，完成剖面的绘制，在【拉伸】特征面板单击(两侧深度)按钮，在白色数字处单击并输入拉伸深度“20”，单击☑(应用)按钮，完成连接部分的拉伸，如图 1.20 所示。

图 1.20　连接板三维图

步骤 3：对圆柱体的外缘倒角

(1) 单击(边倒角工具)按钮，信息提示：“选取一条边或一个边链以创建倒角集”，弹出【边倒角】特征面板，如图 1.21 所示。

图 1.21　【边倒角】特征面板

(2) 单击窗口右下侧选择过滤器中的下拉按钮，执行【边】命令。

(3) 单击【倒角】特征面板上【倒角类型】选项框的下拉按钮，选中【45×D】，输入倒角尺寸“2.00”，按住 Ctrl 键，选择两空心圆柱体上下表面的圆边缘(为选择方便，可按住鼠标滚轮中键拖动所建实体，使之处在有利于选择的位置)，单击☑(应用)按钮，生成倒角特征，如图 1.22 所示。

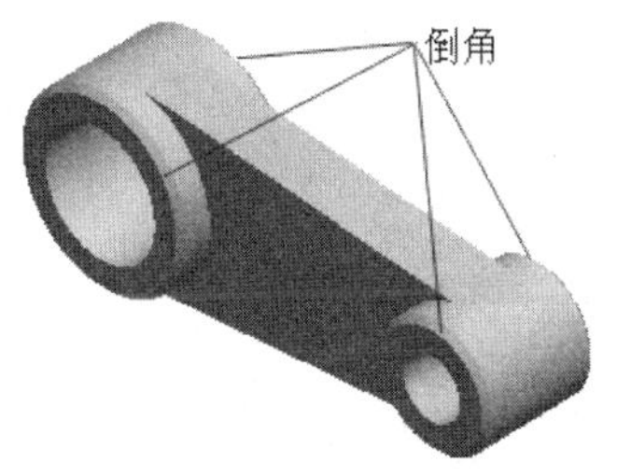

图 1.22　倒角特征完成后的三维图

(4) 执行【文件】|【保存】命令，或单击标准工具条中的(保存)按钮，弹出【保存】文本框，单击【确定】按钮，保存当前建立的零件模型。

归纳总结

“拉伸”是定义三维几何的一种方法，通过将二维截面延伸到垂直于草绘平面的指定距离处来实现。可使用【拉伸】工具作为创建实体或曲面以及添加或移除材料的基本方法之一。使用【拉伸】工具，可创建下列类型的拉伸：

(1) 伸出项，实体、加厚。

(2) 切口，实体、加厚。

(3) 拉伸曲面。

(4) 曲面修剪，规则、加厚。

通常，要创建伸出项，需选取要用作截面的草绘基准曲线，然后激活【拉伸】工具。Pro/E 显示特征的预览，可通过改变拉伸深度，在实体或曲面、伸出项或切口间进行切换，或指定草绘厚度以创建加厚特征等方法根据需要调整特征。

以下几种方法可激活【拉伸】工具：

(1) 选取现有草绘基准曲线(首选项)，然后单击(拉伸工具)按钮。此方法称作“对象-操作”。

(2) 单击(拉伸工具)按钮，并创建要拉伸的草绘。此方法称作“操作-对象”。

(3) 选取一基准平面或平曲面用作草绘平面，然后单击(拉伸工具)按钮。

特别提示

在【组件】模式下，只能创建实体切口、曲面或曲面修剪。

图 1.23 所示显示了可用【拉伸】工具创建的各种类型的几何。

(a) 拉伸实体伸出项

(b) 具有指定厚度的拉伸实体伸出项(加厚)

(c) 用“穿至下一个”所创建的拉伸切口

(d) 拉伸曲面

图 1.23 可用【拉伸】工具创建的各种类型的几何

拓展提高

在 Pro/E 中，拉伸零件时应该注意以下几点：

(1) 拉伸可以完成实体、曲面的造型。

(2) 拉伸实体中使用的草绘截面必须为封闭的。

(3) 拉伸曲面要求草绘是开放或封闭的截面。

(4) 拉伸实体时需要封闭的截面，而草绘截面未能封闭或有曲线重叠时，会弹出截面不封闭提示框。解决方法就是，出现提示时，留意所画截面的线段端点有没有暗红色的标记，该标记即是截面未闭合处或重叠处。

(5) 封闭情况包括图 1.24 所示图形。

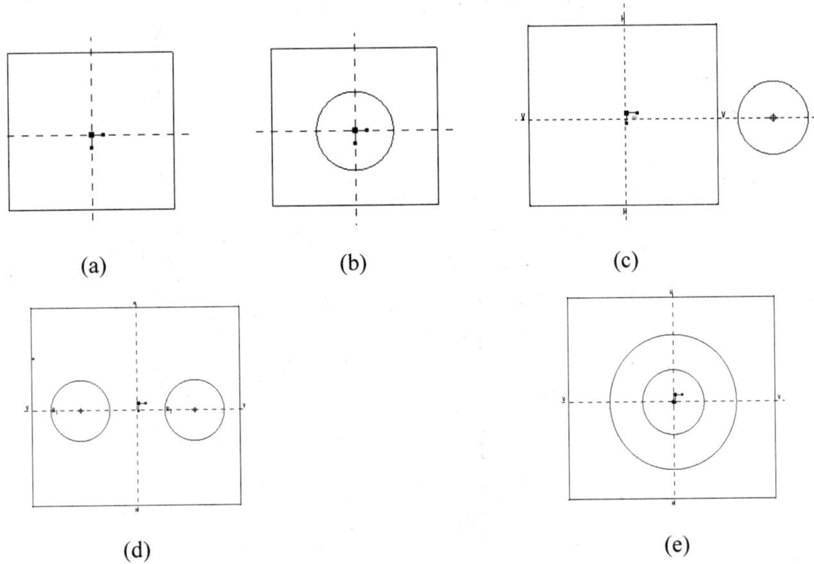

图 1.24　草绘封闭的情况

练习与实训

在 Pro/E 环境中，看懂图 1.25 所示的轴承座零件图，完成实体建模。

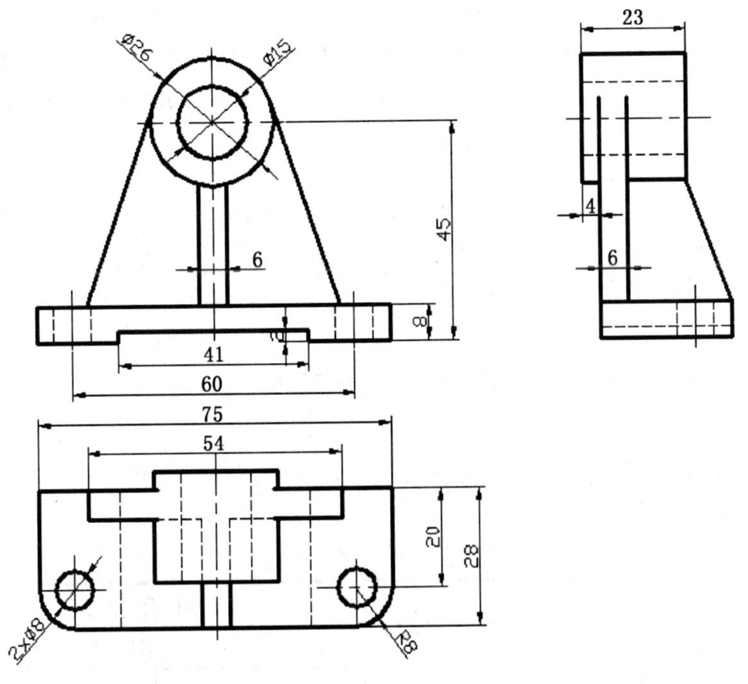

图 1.25　轴承座零件图

1.2 课外任务：机座设计

任务描述

想象图 1.26 所示的机座的三维形状，在 Pro/E 环境中，进行机座三维实体零件的建模。

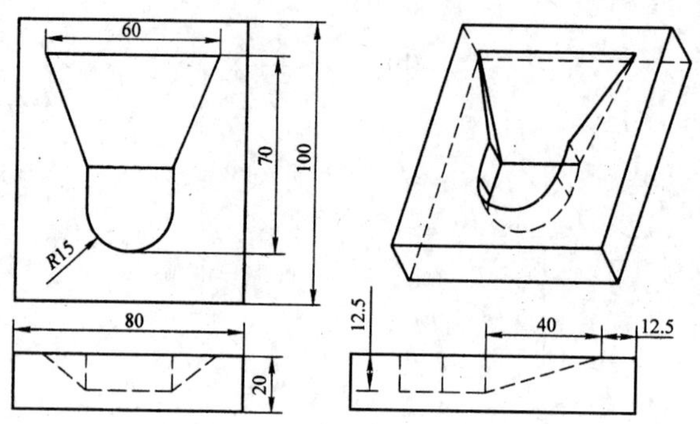

图 1.26 机座零件图及轴测图

任务分析

1. 设计思路

零件图为第三角投影，其主体是长方体零件，中间半圆柱及三棱柱挖空，采用实体拉伸增加材料创建主体，再拉伸曲面，然后实体化去除中间材料的方法。根据机座的结构特点确定建模过程：拉伸长方体(实体，增料)→拉伸曲面 1(在 TOP)→拉伸曲面 2(在 RIGHT)→去除材料(曲面编辑)，如图 1.27 所示。

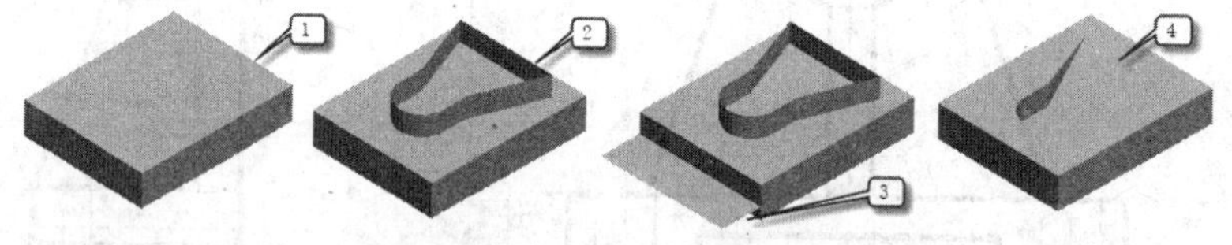

图 1.27 机座设计思路

2. 方法与技巧

设计中尽量化繁为简，将步骤细化，见表 1-2。

表 1-2 1.2 节设计步骤

序号	步 骤	知 识 要 点
1	拉伸长方体	拉伸实体、矩形、中心线
2	在 TOP 拉伸曲面 2	拉伸曲面、镜像、圆弧、草绘尺寸标注
3	在 RIGHT 拉伸曲面 3	拉伸曲面
4	去除材料	曲面 2、3 合并、实体化

任务实施

按照设计思路及方法，独立完成设计过程。

归纳总结

(1) 任务采用拉伸实体，再采用拉伸曲面进行切割，从而产生目标零件。

(2) 拉伸曲面与拉伸实体所采用的草绘截面不同，一般采用开放的截面曲线。

练习与实训

在 Pro/E 环境中，完成图 1.28 所示的实体建模。

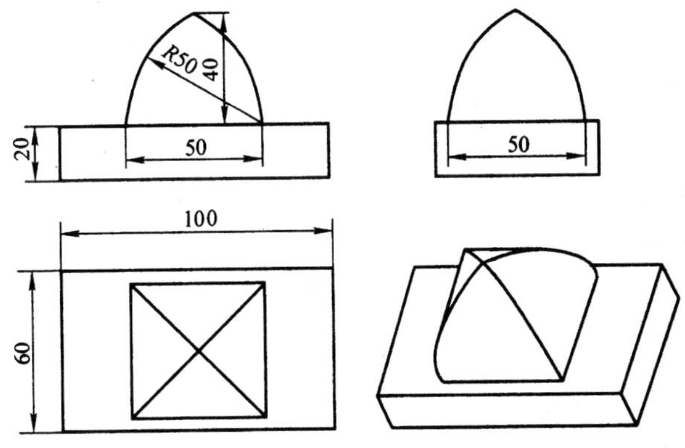

图 1.28　练习零件图及轴测图

项目2

旋转类产品设计

知识目标

(1) 旋转特征建模的方法;
(2) 生成空腔的方法;
(3) 各种倒圆角的方法。

能力目标

能 力 目 标	知 识 要 点	权重(%)	自测分数
(1) 掌握旋转生成实体的方法	旋转(实体，增料)	40	
(2) 掌握旋转生成空腔的方法	旋转(除料)	30	
(3) 掌握生成空腔的方法	壳命令	20	
(4) 掌握倒圆角的方法	恒定半径、变半径、全倒	10	

知识点导读

本项目通过咖啡壶及套筒的创建过程，详细描述了 Pro/E 中应用旋转实体及曲面的方法来创建实体零件。

“旋转”是创建三维特征的基本方法之一，是通过绕中心线旋转草绘截面来创建特征。在旋转生成的几何中，通过旋转中心的所有截面都完全相同，如图 2.1 所示。

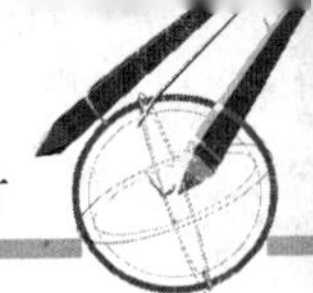

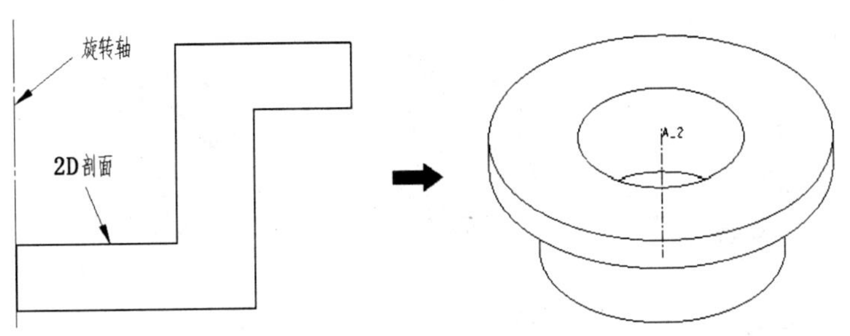

图 2.1　旋转原理示意图

要访问【旋转】工具，可单击【基础特征】工具栏上的(旋转工具)按钮，或执行【插入】→【旋转】命令，弹出的【旋转】特征操作面板，如图 2.2 所示。

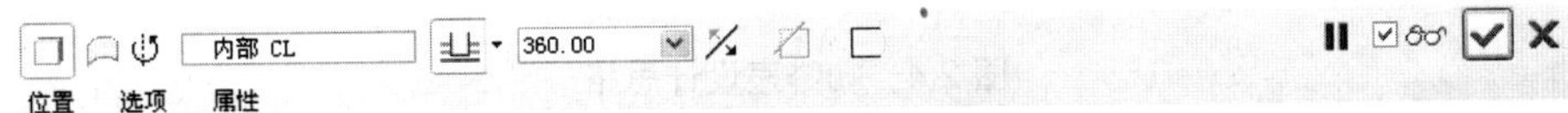

图 2.2　旋转特征面板

2.1　课内任务：咖啡壶的设计

想象图 2.3 所示咖啡壶的三维形状及结构特点，在 Pro/E 环境中，进行三维实体零件的建模。

图 2.3　咖啡壶三维图

1. 设计思路

咖啡壶主要由壶身和把手两部分构成，其中壶身可以通过旋转等方法设计完成，把手可以通过拉伸设计完成。如图 2.4 所示，旋转生成壶身主体(实体，增料)→拉伸切割壶口(除料)及倒圆角→生成壶身空腔(壳)→拉伸把手(实体，增料)→旋转切割壶口(实体，除料)→把手倒圆角。

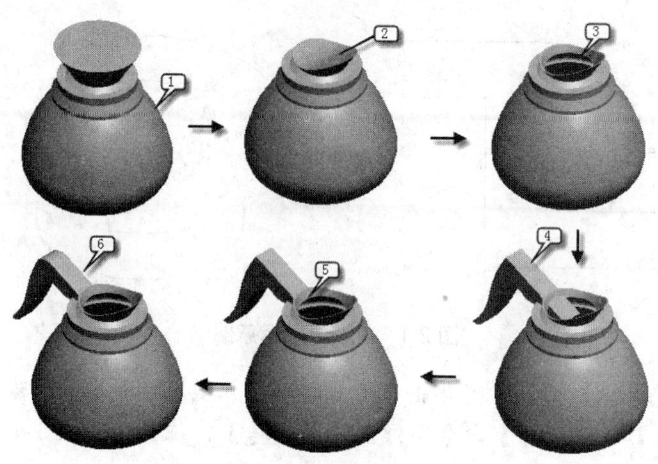

图 2.4　咖啡壶设计思路

2. 方法与技巧

设计中尽量化繁为简，将步骤细化，见表 2-1。

表 2-1　2.1 节设计步骤

序号	步　骤	知 识 要 点
1	旋转生成壶身主体	旋转(实体，增料)
2	拉伸切割壶口及倒圆角	拉伸(除料)、倒圆角
3	生成壶身空腔	壳
4	拉伸把手	拉伸(实体，增料)
5	旋转切割壶口多余部分	旋转(除料)
6	把手倒圆角	倒圆角

步骤 1：旋转生成壶身主体

(1) 单击(新建文件)按钮，默认类型(零件)及子类型(实体)，取消【使用缺省模板】复选框，在名称处输入文件名“kafeihu”，单击【确定】按钮，选择 mmns_part_solid 模板，单击【确定】按钮进入零件实体建模环境。

(2) 单击(旋转工具)按钮，弹出图 2.5 所示的【旋转】特征面板，默认选中(实体)选项。单击【放置】按钮，弹出图 2.6 所示的【草绘】下滑面板。

图 2.5　【旋转】特征面板

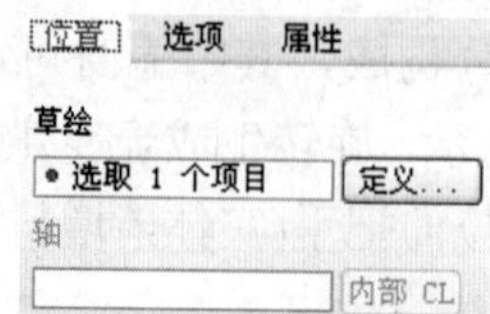

图 2.6　【草绘】下滑面板

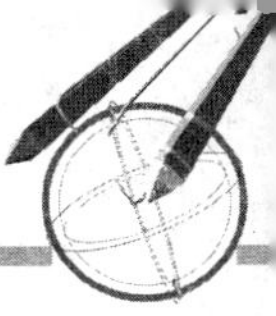

(3) 单击【定义】按钮，弹出【草绘】放置对话框，提示选择旋转剖面草绘平面，选择 FRONT 基准平面作为草绘平面，系统自动选择草绘视图方向参照(参照为 RIGHT，方向为右)，单击【草绘】按钮进入草绘环境。

(4) 关闭基准面显示，单击【草绘】工具栏中 (几何中心线)按钮，绘制垂直中心线，再绘制图 2.7 所示的旋转剖面(注意封闭)。

(5) 单击【草绘】工具栏中的 (完成)按钮，完成剖面的绘制。在旋转特征面板中，默认进行 360° 旋转，单击 (应用)按钮，结果如图 2.8 所示。

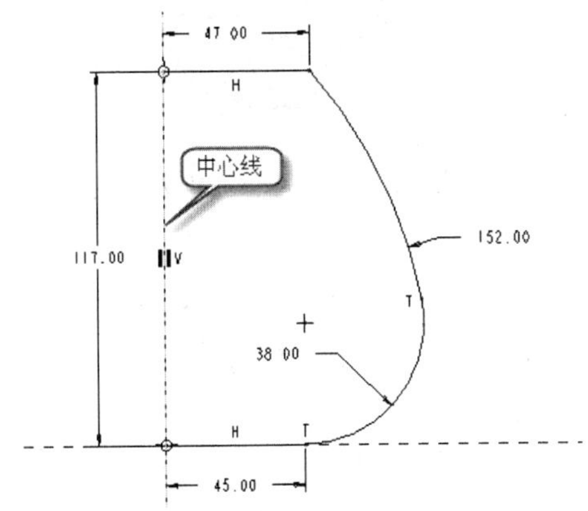

图 2.7　壶身下部旋转剖面图

图 2.8　壶身下部三维外形图

(6) 单击 (旋转工具)按钮，弹出【旋转】特征面板，默认选中 (实体)选项，单击【位置】按钮，弹出【草绘】下滑面板，单击【定义】按钮，弹出【草绘】放置对话框，提示选择旋转剖面草绘平面，选择 FRONT 基准平面作为草绘平面，系统自动选择草绘视图方向参照(参照为 RIGHT，方向为右)，单击【草绘】按钮进入草绘环境。

(7) 单击【草绘】工具栏中 (几何中心线)按钮，绘制垂直中心线，再绘制图 2.9 所示的旋转剖面(注意封闭)。

(8) 单击【草绘】工具栏中的 (完成)按钮，完成剖面的绘制。在【旋转】特征面板中，默认进行 360° 旋转，单击 (应用)按钮，结果如图 2.10 所示。

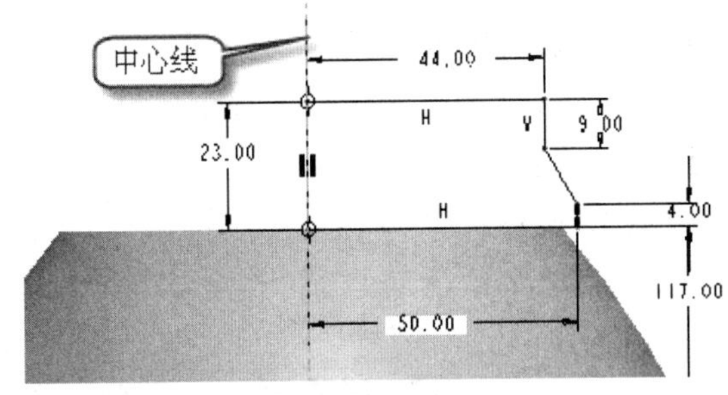

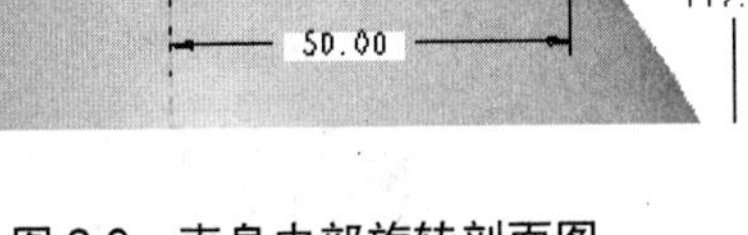

图 2.9　壶身中部旋转剖面图

图 2.10　壶身中下部三维外形图

(9) 单击【草绘】工具栏中 (几何中心线)按钮，绘制垂直中心线，再绘制图 2.11 所示的旋转剖面(注意封闭)。

(10) 单击【草绘】工具栏中的 (完成)按钮，完成剖面的绘制。在【旋转】特征面板中，默认进行 360° 旋转，单击(应用)按钮，结果如图 2.12 所示。

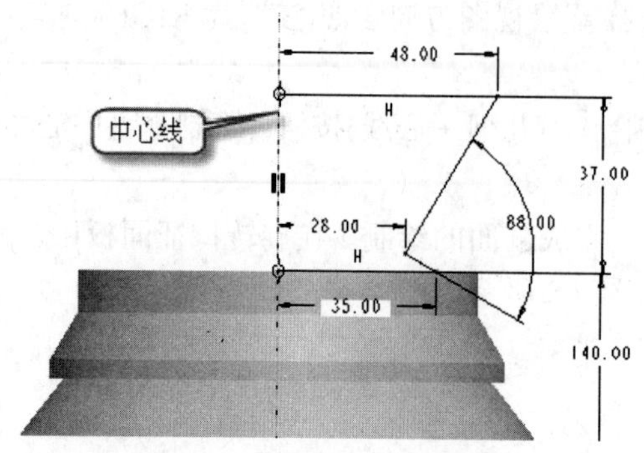

图 2.11 壶口旋转剖面图

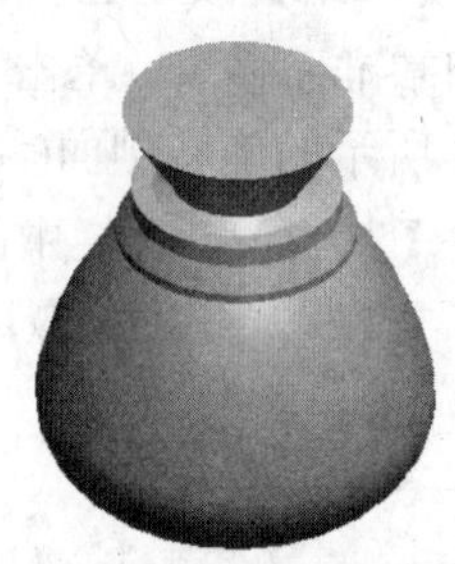

图 2.12 壶身主体三维外形图

步骤 2：拉伸切割壶口及倒圆角

(1) 单击(拉伸工具)按钮，弹出【拉伸】特征面板，默认选中(实体)，选中(去除材料)，单击【放置】按钮，弹出【放置】下滑面板，单击【定义】按钮，弹出【草绘】提示对话框，提示选择拉伸剖面草绘平面，单击 FRONT 基准平面作为草绘平面，系统自动选择草绘视图方向(参照为 RIGHT，方向为右)，单击【草绘】按钮进入草绘环境。

(2) 绘制图 2.13 所示的两条直线。

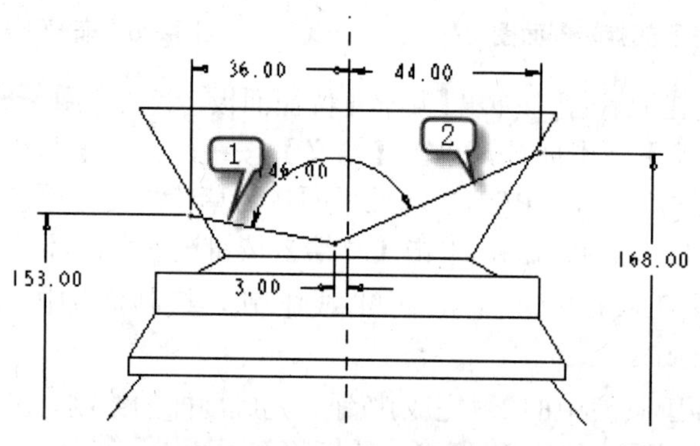

图 2.13 切割壶口两直线图

(3) 单击【草绘】工具栏中的(完成)按钮，完成剖面的绘制。

(4) 在【旋转】控制面板中，单击【选项】按钮，如图 2.14 所示。在弹出的下滑面板中将【第一侧】及【第二侧】均设置为【穿透】。

(5) 单击(应用)按钮，完成实体的生成如图 2.15 所示。

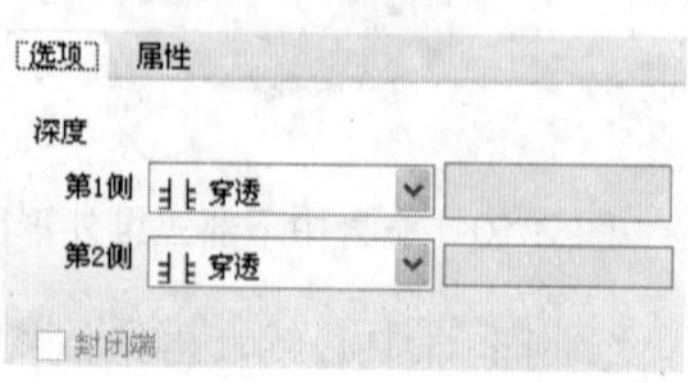

图 2.14 拉伸【选项】下滑面板

图 2.15 切割壶口后壶身主体三维外形图

(6) 单击(倒圆角工具)按钮，在白色数值处输入半径值“60”，如图 2.16 所示。选中倒圆角的边，单击(应用)按钮，完成倒圆角的生成如图 2.17 所示。

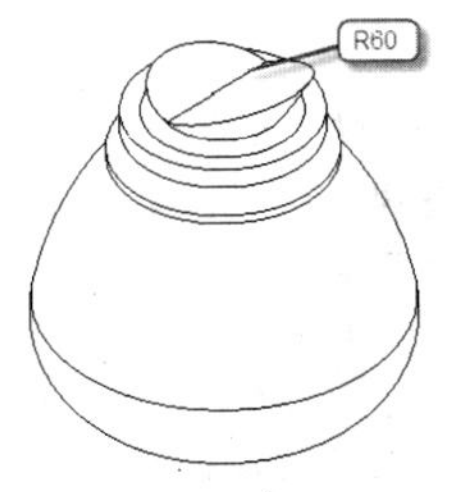

图 2.16　壶口倒圆角位置图

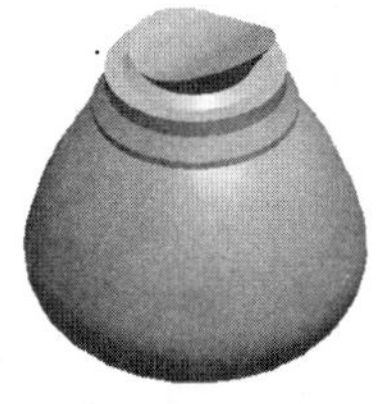

图 2.17　壶口倒圆角后壶身主体三维体外形图

步骤 3：生成壶身空腔

(1) 单击(壳工具)按钮，弹出控制面板，如图 2.18 所示，输入厚度值为“1.50”，按住 Ctrl 键，用鼠标选中图 2.19 所示的 3 个面作为抽壳面。

图 2.18 【壳】特征面板

(2) 单击(应用)按钮，完成实体抽壳，如图 2.20 所示。

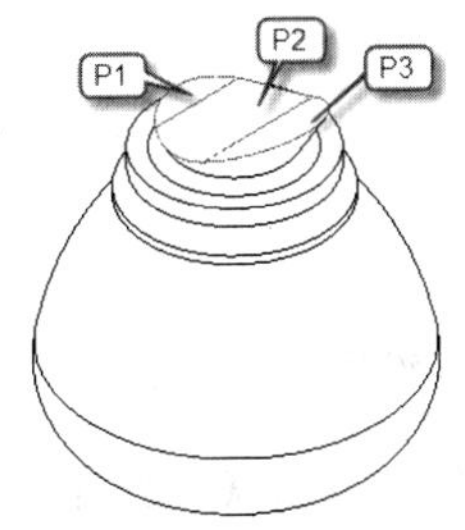

图 2.19　抽壳面位置图

图 2.20　抽壳后壶身主体三维图

步骤 4：拉伸把手

(1) 单击(拉伸工具)按钮，弹出【拉伸】特征面板，默认选中(实体)选项，单击【放置】按钮，弹出【放置】下滑面板。单击【定义】按钮，弹出【草绘】提示对话框，提示选择拉伸剖面草绘平面。单击 FRONT 基准平面作为草绘平面，系统自动选择草绘视图方向参照(参照为 RIGHT，方向为右)。单击【草绘】按钮进入草绘环境。

(2) 关闭基准面显示，绘制图 2.21 所示的拉伸剖面。

(3) 单击【草绘】工具栏中的(完成)按钮，完成剖面的绘制，在【拉伸】特征面板单击(两侧拉伸)按钮，并输入拉伸深度“24”。单击(应用)按钮，完成把手的拉伸，如图 2.22 所示。

步骤 5：旋转切割壶口多余部分

(1) 单击(旋转工具)按钮，弹出【旋转】特征面板，默认选中(实体)选项，选中(去除材料)，单击【放置】按钮，弹出【草绘】下滑面板。单击【定义】按钮，弹出【草绘】

放置对话框，提示选择旋转剖面草绘平面，选择 FRONT 基准平面作为草绘平面，系统自动选择草绘视图方向参照(参照为 RIGHT，方向为右)，单击【草绘】按钮进入草绘环境。

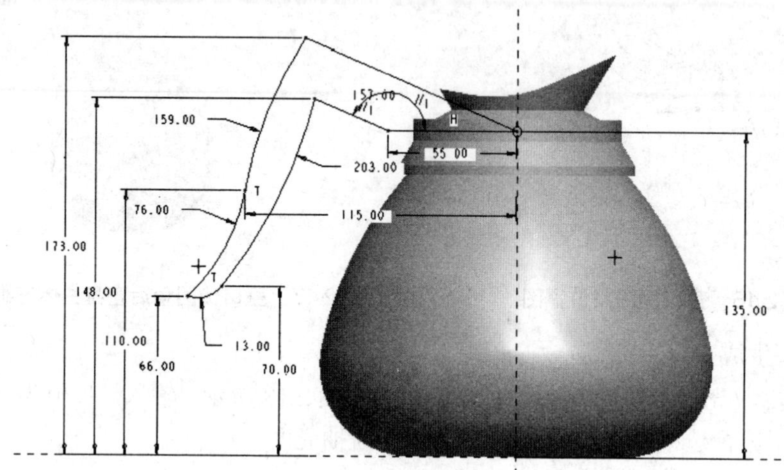

图 2.21　把手的拉伸剖面图

图 2.22　拉伸生成把手后的咖啡壶三维图

(2) 单击【系统】工具栏中的(以线框方式显示)按钮，单击【草绘】工具栏中(几何中心线)按钮，绘制垂直中心线，单击(使用边创建图元)按钮，选择如图 2.23 所示边 1～4 创建图元，再删除边 5、6。单击【系统】工具栏中的(以着色方式显示)按钮，得到的草绘截面，如图 2.24 所示。

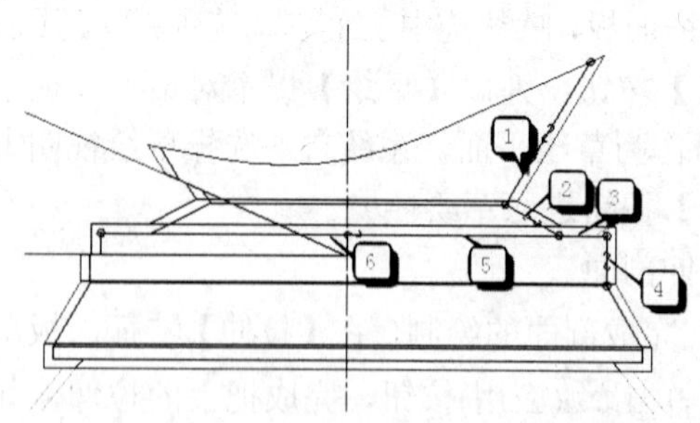

图 2.23　使用边创建的图元

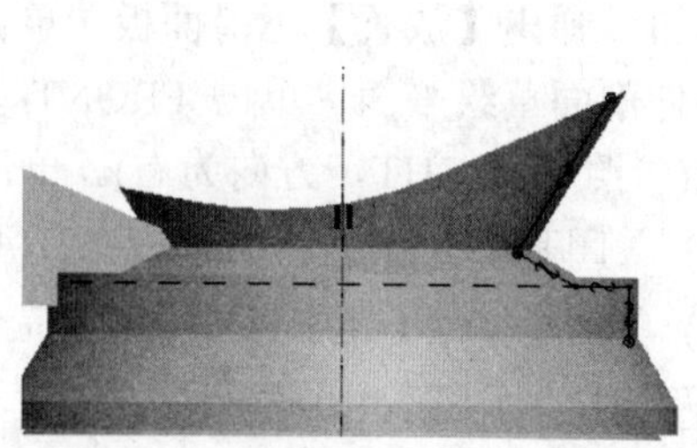

图 2.24　切割壶口多余部分的草绘截面

(3) 单击【草绘】工具栏中的(完成)按钮，完成剖面的绘制，此时显示去除材料方向箭头，单击箭头可以改变方向，要确认去除材料方向为壶口内侧，如图 2.25 所示。

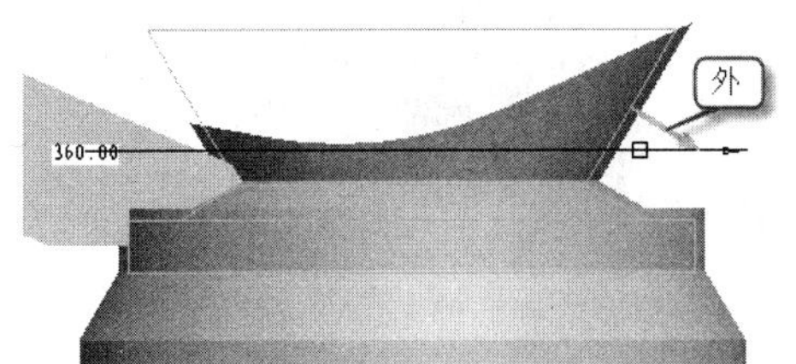

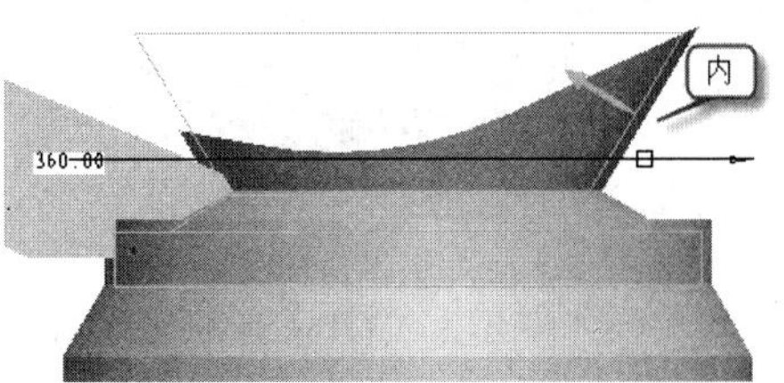

图 2.25　改变去除材料的方向

(4) 单击☑(应用)按钮，完成把手多余部分的切除，如图 2.26 所示。

图 2.26　切割壶口多余部分后的咖啡壶三维图

步骤 6：把手倒圆角

(1) 单击(倒圆角工具)按钮，在白色数值处输入半径值“20”，如图 2.27 所示，选中倒圆角的边，单击☑(应用)按钮，完成 R20 的倒圆角，同理完成 R10 及 R2 的倒圆角，生成图如图 2.28 所示。

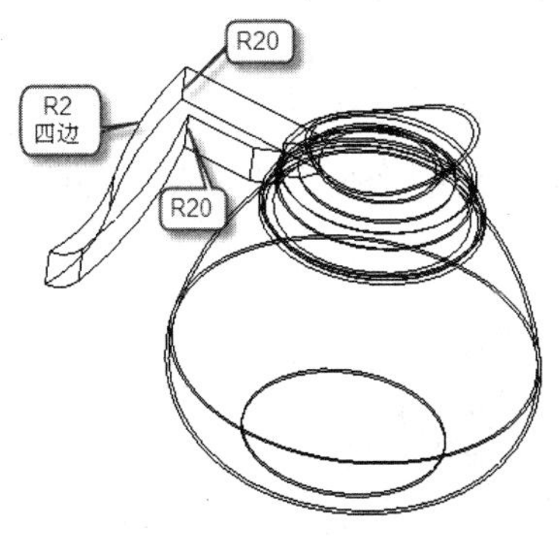

图 2.27　倒圆角的位置图

图 2.28　完成造型后的咖啡壶三维图

(2) 执行【文件】|【保存】命令，或单击标准工具条中的(保存)按钮，弹出【保存】对话框，单击【确定】按钮，保存当前建立的零件模型。

归纳总结

任务在通过旋转产生咖啡壶主体中，采用 3 次旋转完成，对于复杂剖面可以多次绘制，不要试图一次性绘好，以免增加剖面的绘制难度。

图 2.29 显示了可用【旋转】工具创建的各种类型的几何。

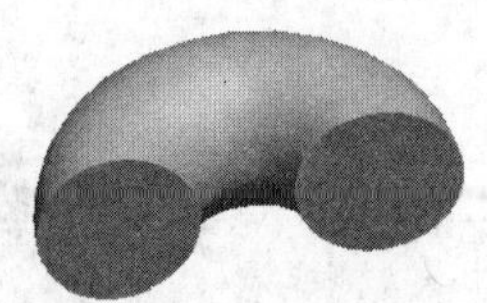

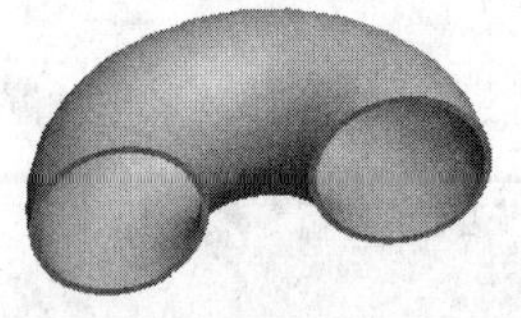

(a) 旋转实体伸出项(默认选项)　　(b) 具有指定厚度的旋转伸出项(使用封闭截面创建)

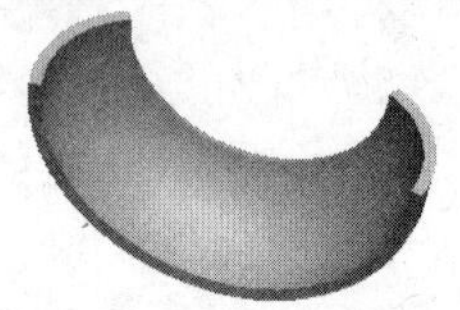

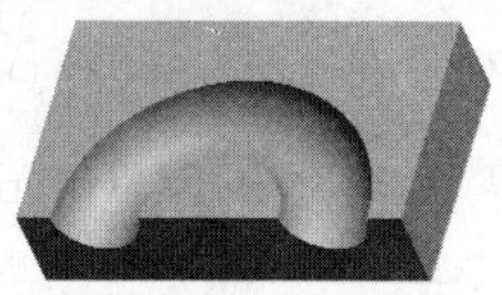

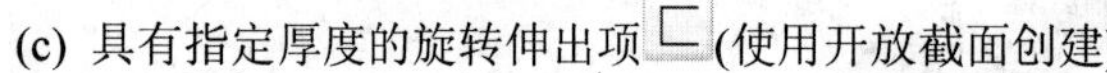

(c) 具有指定厚度的旋转伸出项(使用开放截面创建)　　(d) 旋转切口

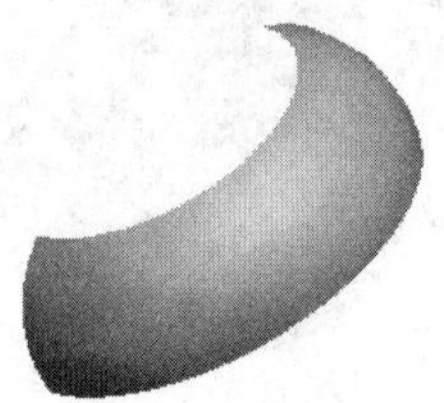

(e) 旋转曲面

图 2.29　各种类型的旋转几何

拓展提高

任务中介绍了“恒定半径倒圆角”的方法，除此之外，倒圆角还可以实现“变半径倒圆角”及“完全倒圆角”。

(1) 单击(倒圆角工具)按钮，信息提示：“选取一条边或边链，或选取一个曲面以创建倒圆角集”，弹出【倒圆角】特征面板，在白色数值处输入恒定半径值“5.00”，选取实体的一条边，如图 2.30 所示。

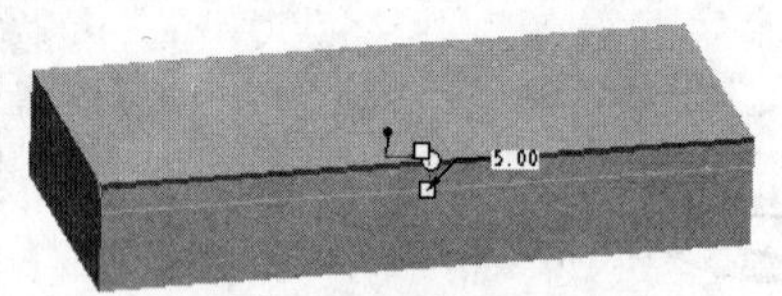

图 2.30　选择倒圆角边

(2) 在控制面板中单击【集】按钮，弹出图 2.31 所示对话框，在最下方半径区域右击，弹出【添加半径】快捷菜单，添加半径，如图 2.32 所示。

(3) 更改 2#半径为“10”，单击(应用)按钮，完成变半径倒圆角，如图 2.33 所示。

(4) 单击(倒圆角工具)按钮，弹出【倒圆角】特征面板，按住 Ctrl 键选取实体的两条边，如图 2.34 所示。

(5) 在控制面板中单击【集】按钮，在弹出的下滑面板中执行【完全倒圆角】命令，单击(应用)按钮，实现完全倒圆角，如图 2.35 所示。

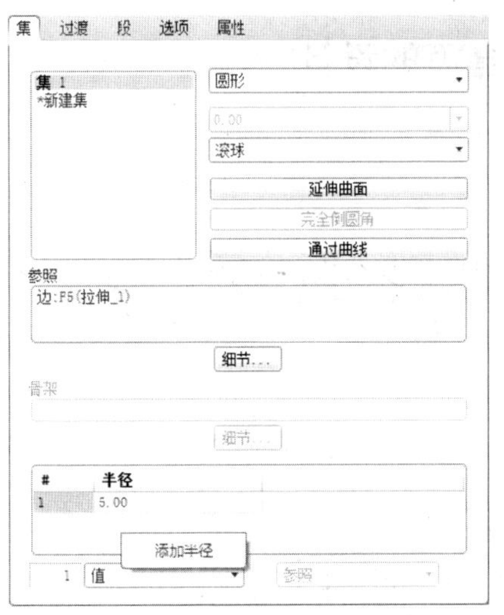

图 2.31　倒圆角【集】下滑面板

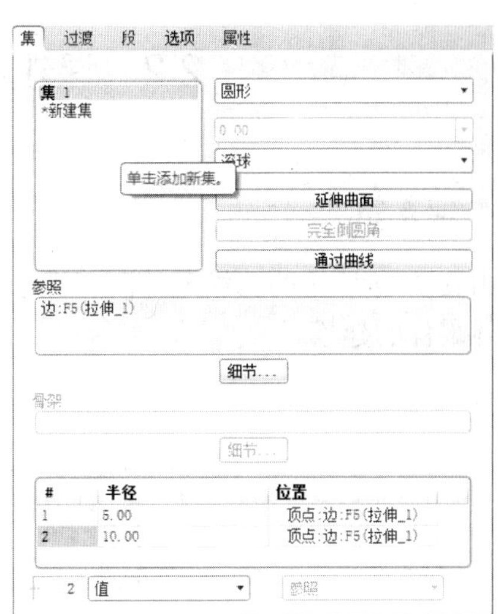

图 2.32　添加圆角半径

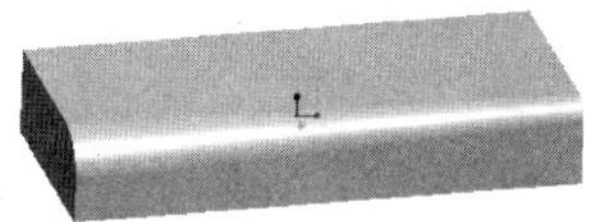

图 2.33　变半径倒圆角结果图

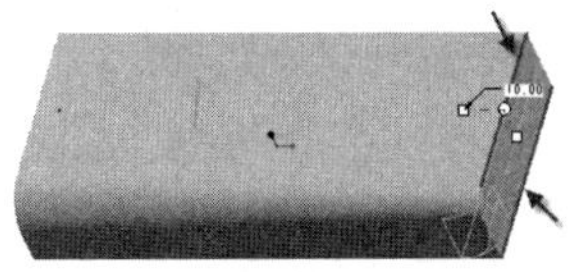

图 2.34　完全倒圆角预览

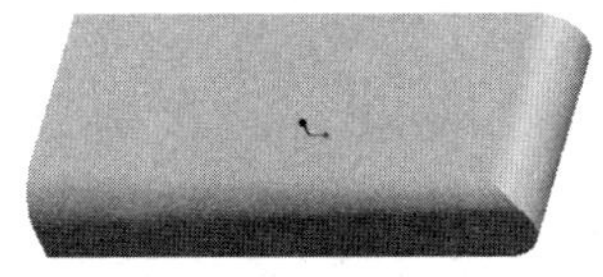

图 2.35　完全倒圆角结果图

在 Pro/E 环境中，完成图 2.36 所示的实体建模。

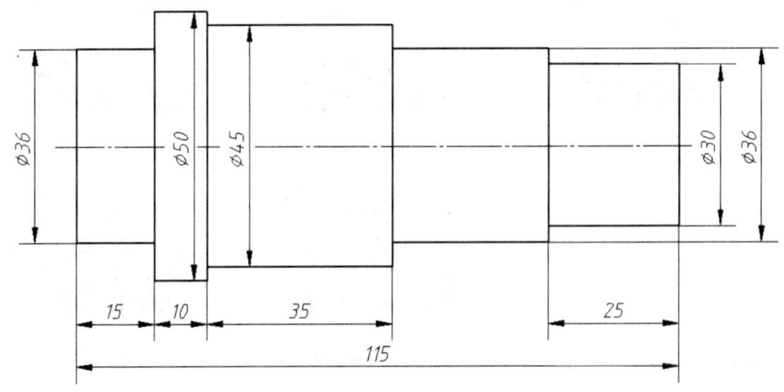

图 2.36　轴零件图

2.2　课外任务：套筒的设计

任务描述

由图 2.37 所示的二维零件图，想象套筒的三维形状及结构，在 Pro/E 环境中，进行三维实体零件的建模。

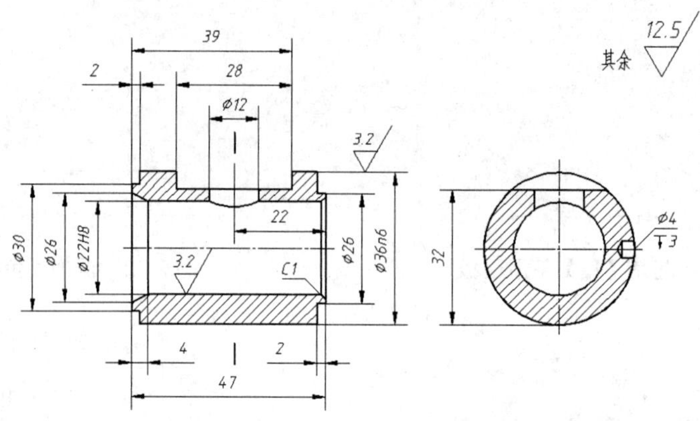

图 2.37　套筒的零件图

任务分析

1. 设计思路

套筒主体是中空的回转体，上部开有槽结构，并有一通孔，前面有一小盲孔。可先采用旋转生成主体结构，后利用拉伸去除材料的方法开槽、开通孔建模，再利用旋转去除材料的方法开一小盲孔，最后倒角。如图 2.38 所示，旋转生成中空的回转体(实体，增料)→拉伸切割上部槽(除料)→拉伸切割上部孔(除料)→旋转切割前端盲孔(除料)→中间孔左右两端倒角。

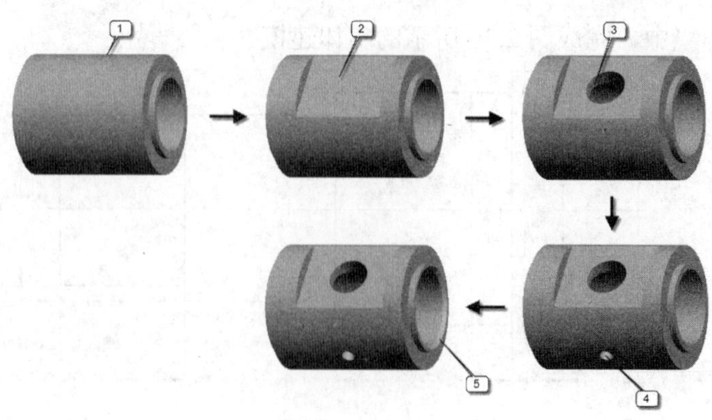

图 2.38　套筒设计思路图

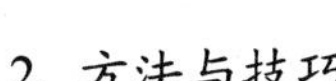

设计中尽量化繁为简，将步骤细化，见表 2-2。

表 2-2　2.2 节设计步骤

序号	步　骤	知 识 要 点
1	旋转生成中空的回转体	旋转(实体，增料)
2	拉伸切割上部槽	拉伸(除料)
3	拉伸切割上部孔	拉伸(除料)
4	旋转切割前端盲孔	旋转(除料)
5	中间孔左右两端倒角	倒角

任务实施

按照设计思路及方法，独立完成设计过程。

归纳总结

任务在利用旋转命令生成套筒的设计过程中，采用二次旋转命令，一是生成实体(增料)，二是切割盲孔(除料)。在绘制剖面的过程中，应合理使用约束，以简化尺寸标注，从而简化草绘任务。

练习与实训

在 Pro/E 环境中，完成图 2.39 所示的实体建模。

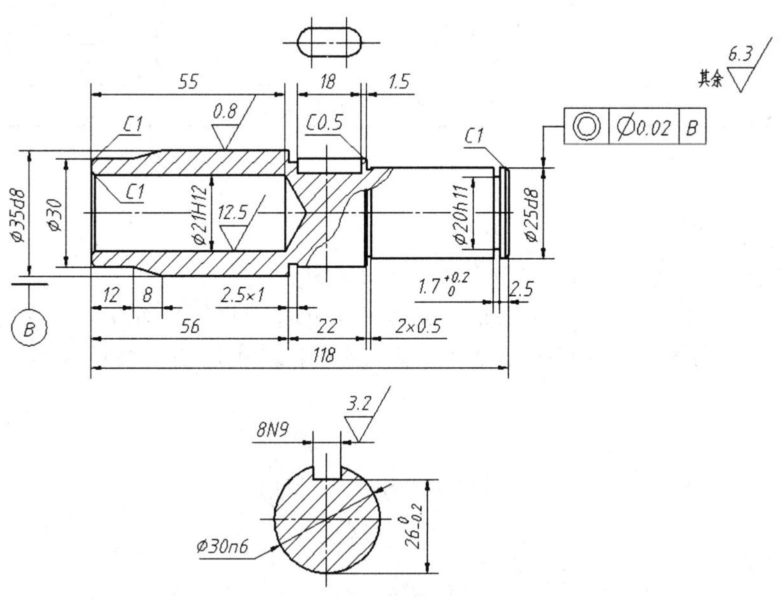

图 2.39　轴的零件图

项目3

扫描类产品设计

知识目标

(1) 扫描实体建模的方法;
(2) 扫描曲面的方法;
(3) 草绘约束的使用;
(4) 曲面编辑的方法。

能力目标

能 力 目 标	知 识 要 点	权重(%)	自测分数
(1) 掌握扫描实体建模的方法	扫描实体	30	
(2) 掌握扫描曲面的方法	扫描曲面	30	
(3) 掌握草绘约束的使用	相切	20	
(4) 掌握曲面编辑的方法	曲面延伸/曲面合并/实体化	20	

知识点导读

本项目主要利用扫描特征命令进行实体创建。

扫描特征是将一个截面(或曲线)沿着给定轨迹“掠过”而成的。要创建一个扫描特征，必须给定两大特征要素：扫描轨迹和扫描截面(或曲线)，如图 3.1 所示。

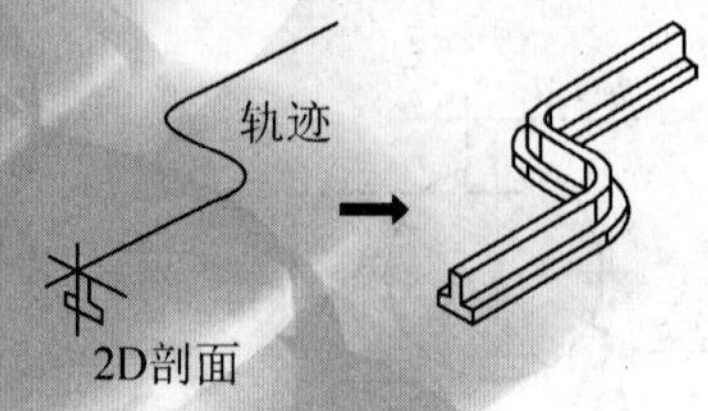

图 3.1　扫描原理示意图

3.1　课内任务：杯子的设计

想象图 3.2 所示的杯子三维形状及结构特点，在 Pro/E 环境中，进行三维实体零件的建模。

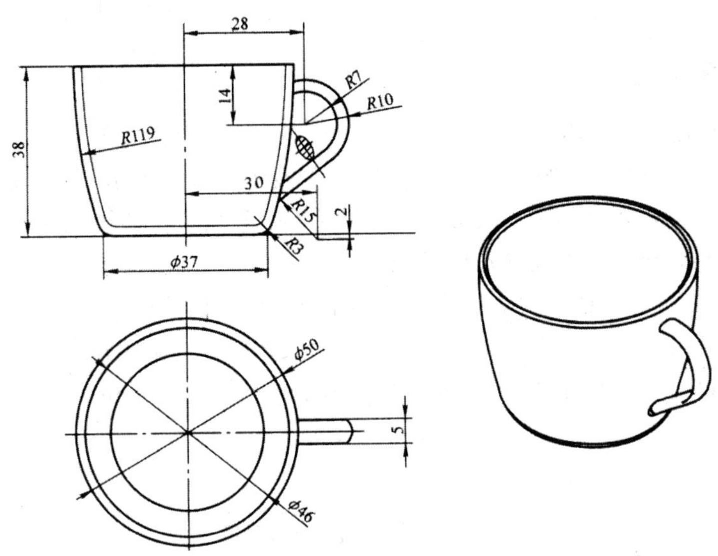

图 3.2　杯子的零件图

1. 设计思路

杯子的主体是一个厚薄均匀的旋转体，杯子的手柄则为沿曲线方向的截面形状不变的曲面。设计步骤如图 3.3 所示。

(1) 构造杯子主体。

(2) 构造杯子手柄。

图 3.3　杯子的设计思路图

2. 方法与技巧

设计中尽量化繁为简，将步骤细化，见表 3-1。

表 3-1　3.1 节设计步骤

序号	步　骤	知 识 要 点
1	构造杯子主体	旋转、倒圆角、抽壳
2	构造杯子手柄	扫描

步骤 1：构造杯子主体

(1) 单击 (新建文件)按钮，默认类型(零件)及子类型(实体)，取消【使用缺省模板】复选框，在名称处输入文件名“beizi”，单击【确定】按钮，选择 mmns_part_solid 模板，单击【确定】按钮进入零件实体建模环境。

(2) 单击 (旋转工具)按钮，进入【旋转】特征工具操控板，如图 3.4 所示。单击【位置】按钮，进入【位置】下滑面板后，单击【定义】按钮，系统弹出【草绘】对话框，选择 FRONT 平面为草绘平面后，使用所有默认设置，进入草绘环境。

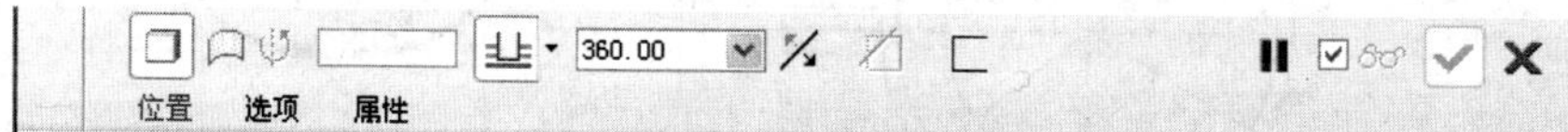

图 3.4 【旋转】特征面板

(3) 绘制如图 3.5 所示的截面草绘图后，单击 (完成)按钮完成草绘，返回【旋转】特征面板。使用【旋转】特征面板中的默认值，单击 (应用)按钮，完成旋转实体特征创建。

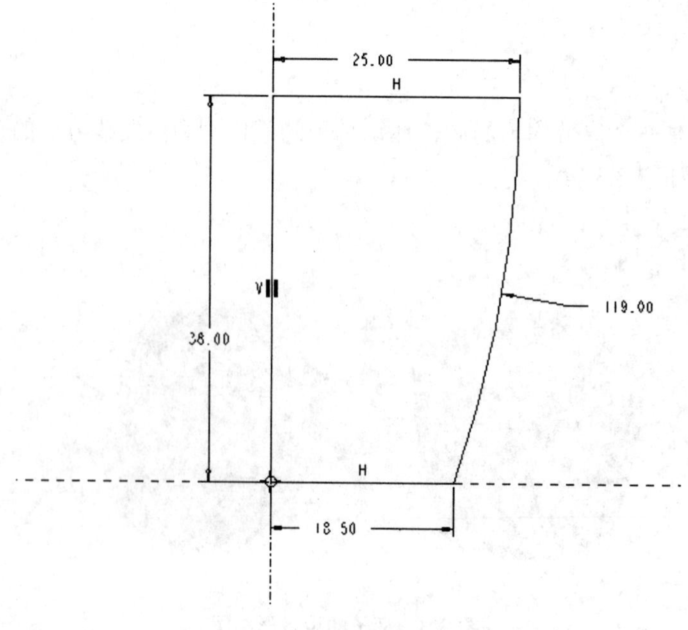

图 3.5　旋转的截面草绘图

(4) 单击(倒圆角)按钮，进入图 3.6 所示的【倒圆角】特征面板。选中杯子底面的边线，并将圆角半径改为“3.00”，如图 3.7 所示。单击(应用)按钮，完成圆角特征的创建。

图 3.6 【倒圆角】特征面板

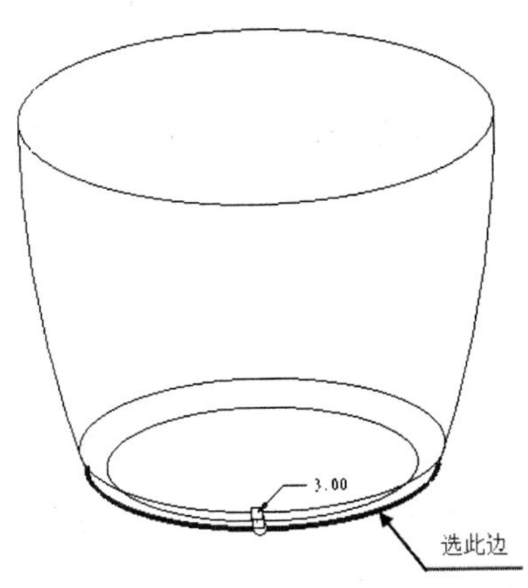

图 3.7　倒圆角的位置图

(5) 单击(壳)按钮，进入图 3.8 所示的【壳】特征面板。将厚度改为“2.00”，单击杯子上表面要删除的表面，如图 3.9 所示。单击(应用)按钮，完成壳特征的创建。

图 3.8 【壳】特征面板

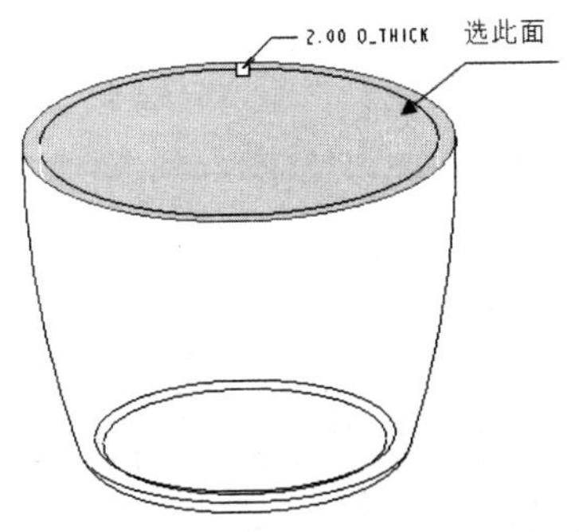

图 3.9　抽壳面位置图

步骤 2：构造杯子的手柄

(1) 执行【插入】|【扫描】|【伸出项】命令，弹出图 3.10 所示的【菜单管理器】对话框及下拉菜单。

(2) 执行【草绘轨迹】命令，选择 FRONT 平面作为基准面，弹出如图 3.11 所示的菜单，执行【确定】命令，弹出如图 3.12 所示的菜单，然后执行【缺省】命令，进入草绘模式。

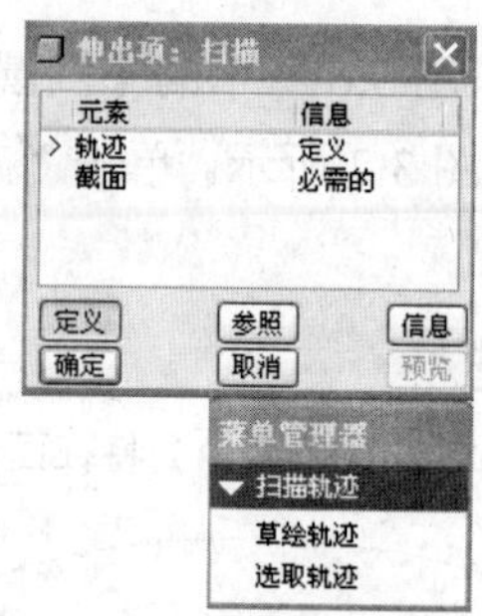

图 3.10　扫描【菜单管理器】对话框及下拉菜单

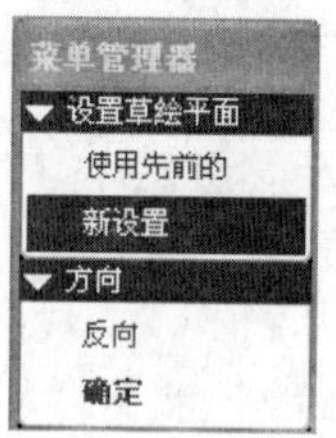

图 3.11　草绘平面方向选择菜单

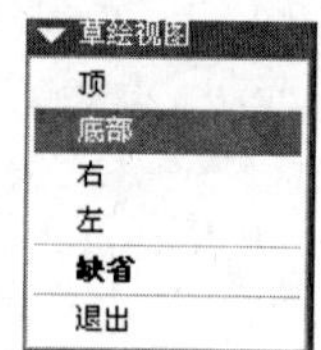

图 3.12　草绘视图选择菜单

(3) 执行【草绘】|【参照】命令，弹出图 3.13 所示的窗口，并选取图 3.14 所示的曲面与顶面的边线作为参照。

图 3.13　草绘【参照】窗口

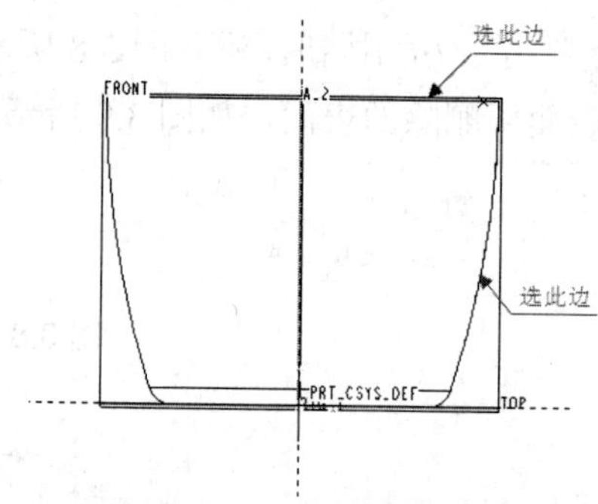

图 3.14　参照选择的对象

(4) 绘制图 3.15 所示图形。

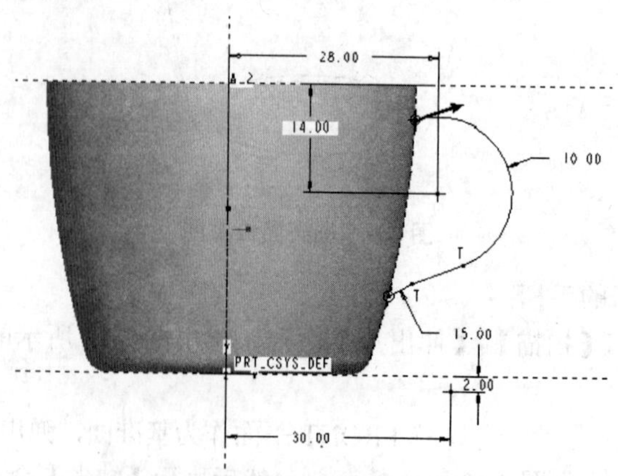

图 3.15　手柄的扫描轨迹线

(5) 在扫描轨迹开始处右击，弹出图 3.16 所示的快捷菜单，执行【起始点】命令，将该点定义为起始点。

(6) 单击✔(完成)按钮，完成扫描轨迹的绘制，弹出图 3.17 所示的【菜单管理器】，执行【合并终点】命令，执行【完成】命令，进入截面草图绘制模式。

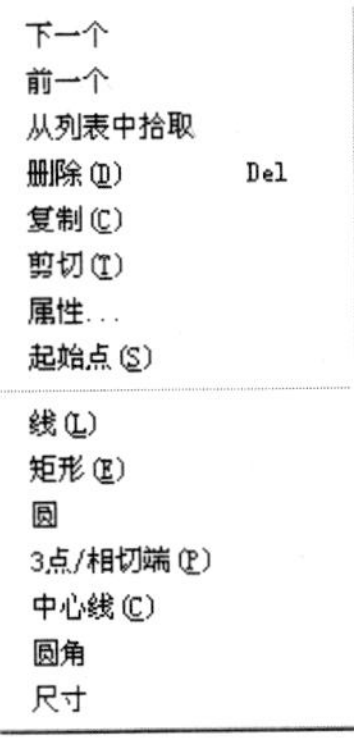

图 3.16 【扫描】快捷菜单

图 3.17 【菜单管理器】

(7) 单击窗口右侧特征工具栏中的⊘(中心和轴椭圆)按钮，在中心单击确定圆心，单击一点确定椭圆长轴，再单击一点确定短轴，尺寸如图 3.18 所示，单击✔(完成)按钮，完成截面的绘制。

(8) 执行【伸出项：扫描】|【确定】命令，即完成杯子的制作，如图 3.19 所示。

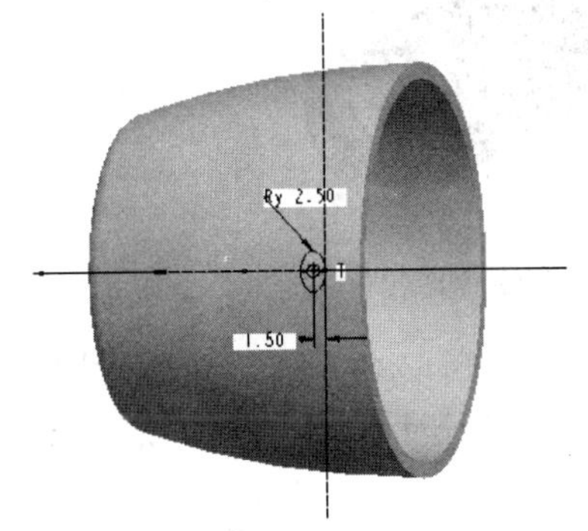

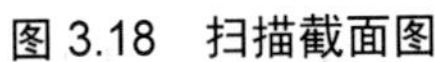

图 3.18　扫描截面图

图 3.19　完成造型后的杯子三维图

(9) 执行【文件】|【保存】命令，或单击标准工具条中的(保存)按钮，弹出【保存】对话框，单击【确定】按钮，保存当前建立的零件模型。

归纳总结

任务详细介绍了杯子的创建过程，重点介绍了 Pro/E 中应用扫描来绘制实体零件的方法。在 Pro/E 中，扫描零件时应该注意以下几点：

(1) 扫描能够完成实体、曲面的造型。

(2) 扫描实体时使用的草绘截面必须为封闭的。

(3) 扫描曲面使用的草绘截面可以是开放的。

(4) 当需要封闭截面而截面未能构成封闭时，会弹出【截面不封闭】提示框，出现提示时留意所画截面的线段端点有没有暗红色的标记，该标记即是截面未闭合处。

(5) 自由端点和合并端点区别如图 3.20 所示，a 为合并端点，b 为自由端点。

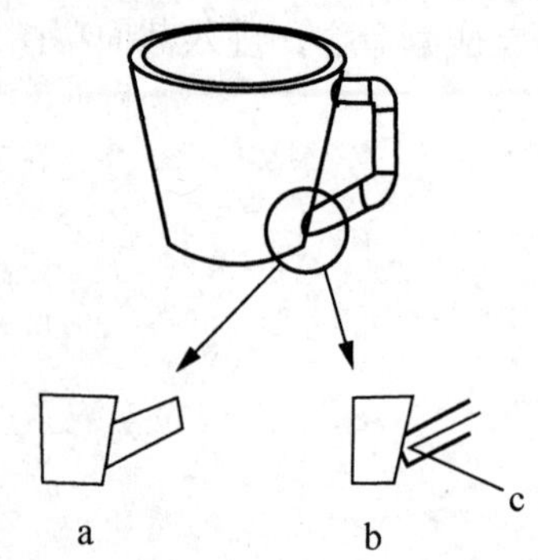

图 3.20　合并端点和自由端点的区别

拓展提高

螺旋扫描特征可以看作是普通扫描特征的特例。如图 3.21 所示，螺旋扫描也是将草绘剖面沿着特定的轨迹进行扫描，最后生成实体模型，只是其中的扫描轨迹为固定的螺旋线而已。

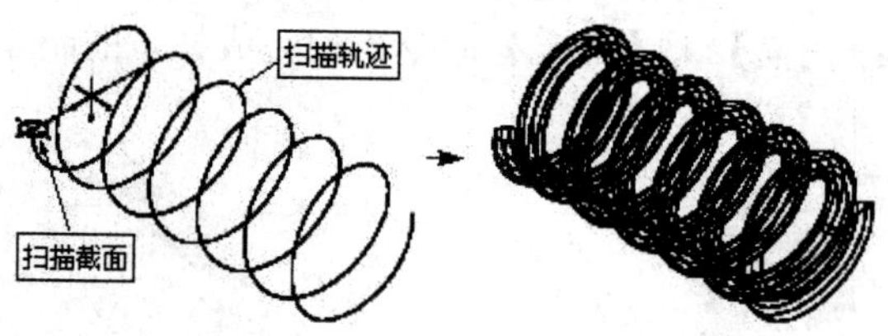

图 3.21　弹簧的设计思路图

在实际工程中，由于大量使用到螺钉、弹簧等零件，所以在三维实体建模中，螺旋扫描的应用也非常多。在 Pro/E 中，【螺旋扫描】工具专门针对螺旋线扫描轨迹设计了特征创建方法。

在主菜单中，执行【插入】|【螺旋扫描】|【伸出项】命令后，系统弹出如图 3.22 所示的【伸出项：螺旋扫描】对话框。由【伸出项：螺旋扫描】对话框可以看出，一个完整的螺旋扫描特征需要定义 4 种元素，分别为：属性、扫引轨迹、螺距、截面。

下面以弹簧为例介绍螺旋扫描的应用：

(1) 执行【插入】|【螺旋扫描】|【伸出项】命令，在【属性】中，依次单击【常数】、【穿过轴】、【右手定则】命令，单击【完成】按钮。

(2) 选 FRONT 面作为草绘平面，绘制扫引轨迹。扫引轨迹应该包括两部分：旋转轴和扫引曲线，如图 3.23 所示。

(3) 绘制后单击✔(完成)按钮，在信息栏图 3.24 所示的白色数字处输入弹簧的节距“12”，单击✔(确定)按钮。

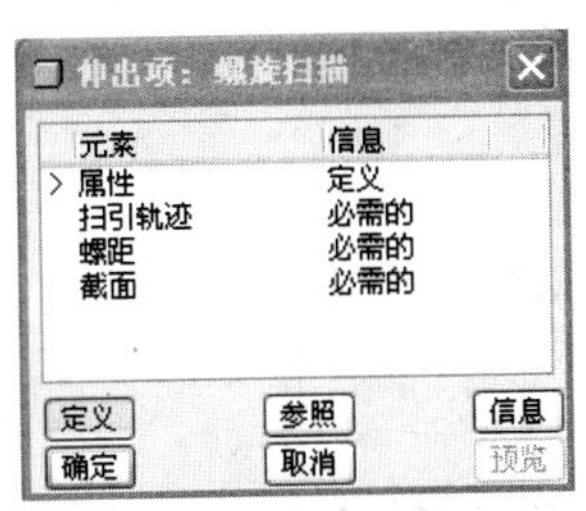

图 3.22 【伸出项：螺旋扫描】对话框

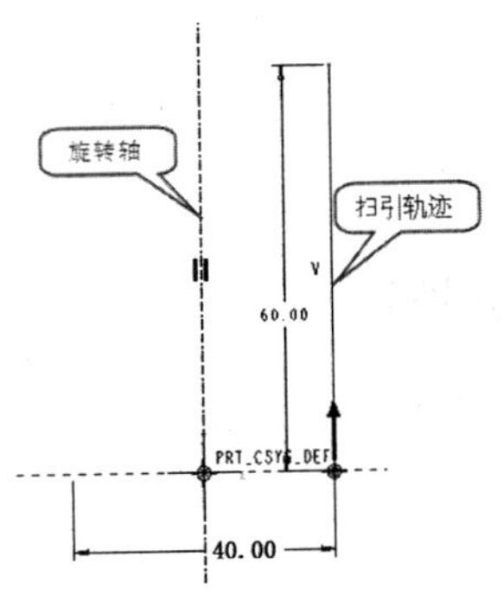

图 3.23　螺旋线的旋转轴和扫引曲线

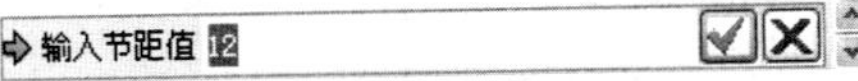

图 3.24　螺旋线节距输入信息栏

(4) 绘制截面，绘制图 3.25 所示的直径为 4.00 的圆。

(5) 单击✓(完成)按钮，单击【伸出项：螺旋扫描】对话框中的 确定 按钮，即得到图 3.26 所示的弹簧。

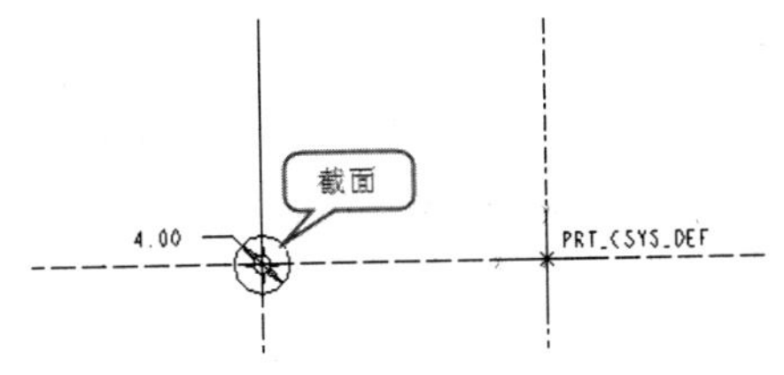

图 3.25　扫描截面图

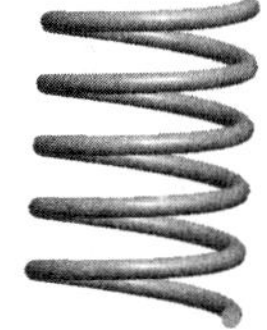

图 3.26　完成造型后的弹簧三维图

练习与实训

(1) 在 Pro/E 环境中，自行设计一款带手柄的杯子。

(2) 在 Pro/E 环境中，完成图 3.27 所示的端盖的造型。

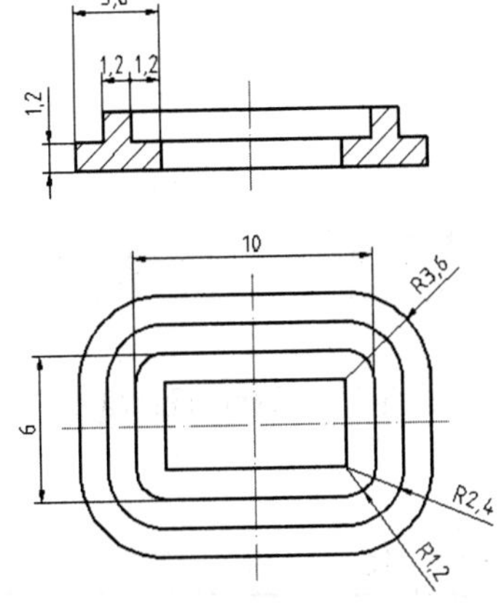

图 3.27　端盖的零件图

3.2 课外任务：鼠标的建模

想象图 3.28 所示的鼠标三维形状及结构特点，在 Pro/E 环境中，进行三维实体零件的建模。

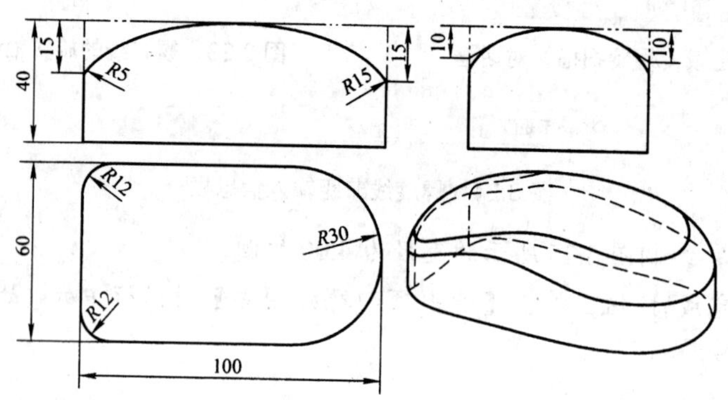

图 3.28 鼠标的零件图

1. 设计思路

如图 3.29 所示，本例中的鼠标的基本形状是一个带有圆角的长方体，其上表面为曲面，并有变圆角半径的倒圆，可按下面方法进行设计：

(1) 拉伸出鼠标的基本形状。

(2) 扫描形成鼠标的上表面。

(3) 进行曲面延伸、合并，并实体化。

(4) 变半径倒圆角。

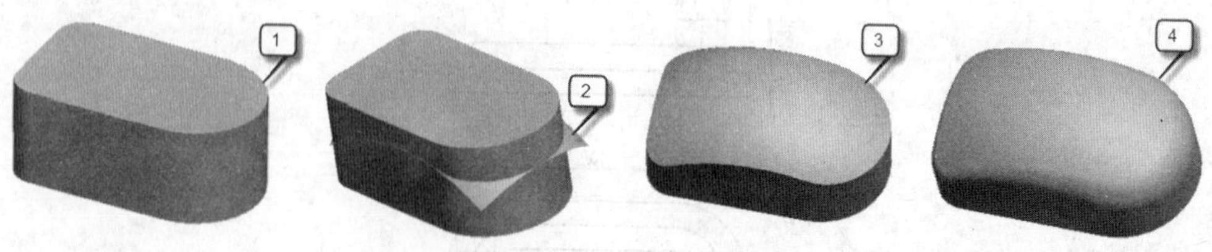

图 3.29 鼠标的设计思路

2. 方法与技巧

设计中尽量化繁为简，将步骤细化，见表 3-2。

表 3-2　3.2 节设计步骤

序号	步　骤	知 识 要 点
1	拉伸出鼠标的基本形状	拉伸(曲面)
2	扫描出鼠标的上表面	扫描(曲面)
3	曲面合并及实体化	曲面延伸、曲面合并、实体化

任务实施

按照设计思路及方法，独立完成设计过程。

归纳总结

任务详细介绍了鼠标的创建过程，详细讲述了 Pro/E 中应用扫描命令创建曲面，曲面编辑如延伸、合并，以及用实体化将曲面变成实体的方法。

由于 Pro/E 中曲面编辑功能非常强大，因此扫描曲面比扫描实体应用更多。

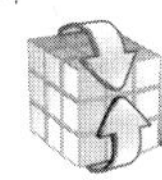

练习与实训

在 Pro/E 环境中，完成图 3.30 所示的肥皂盒底壳的建模。

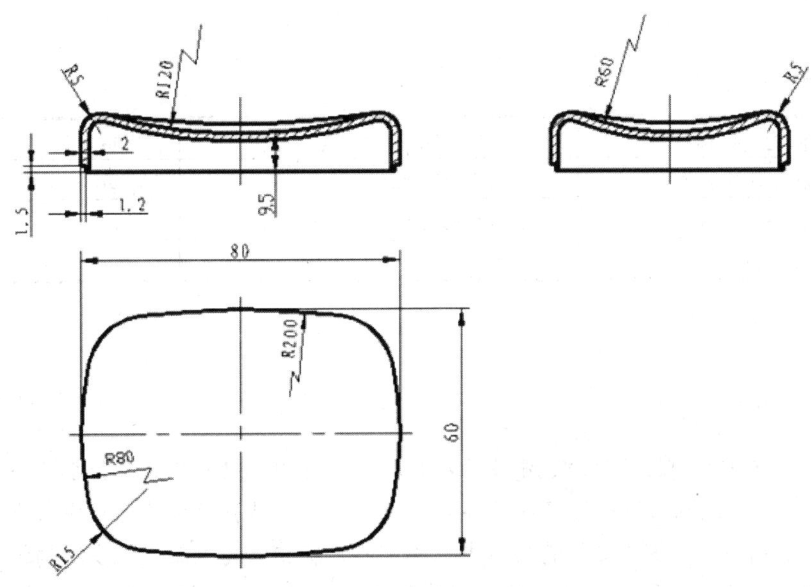

图 3.30　肥皂盒底壳零件图

项目4

混合类产品设计

知识目标

(1) 平行方式混合建模的方法;
(2) 旋转方式混合建模的方法;
(3) 螺旋扫描的方法。

能力目标

能 力 目 标	知 识 要 点	权重(%)	自测分数
(1) 掌握混合建模的方法一	混合(平行方式)	40	
(2) 掌握混合建模的方法二	混合(旋转方式)	40	
(3) 掌握螺旋扫描的方法	螺旋扫描	20	

知识点导读

前面所介绍的拉伸特征、旋转特征和扫描特征都可以看作是草绘剖面沿一定的路径运动，其运动轨迹生成了这些特征。这3类实体特征的创建过程中都有一个公共的草绘剖面。但是在实际的物体中，不可能只有相同的剖面。很多结构较为复杂的物体，其尺寸和形状变化多样，因此很难通过以上3种特征直接创建得到。

一个混合特征由一系列的或至少两个平面截面组成，Pro/E将这些平面截面在其边处用过渡曲面连接形成一个连续特征。

如图4.1所示，将数个剖面连成一实体。

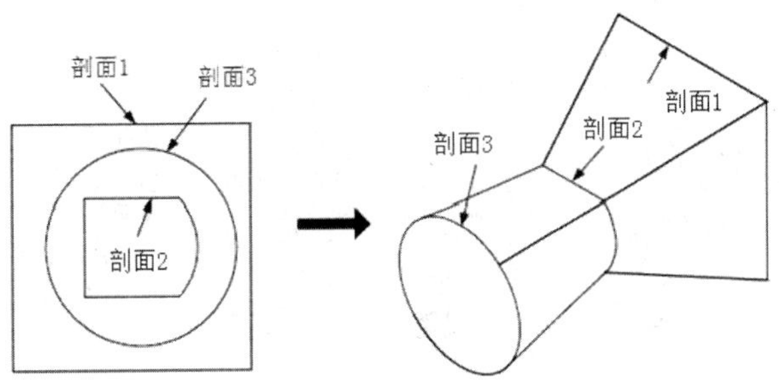

图 4.1　混合特征原理示意图

4.1　课内任务：塑料瓶的设计

想象图 4.2 所示的塑料瓶三维形状及结构特点，在 Pro/E 环境中，进行三维实体零件的建模。

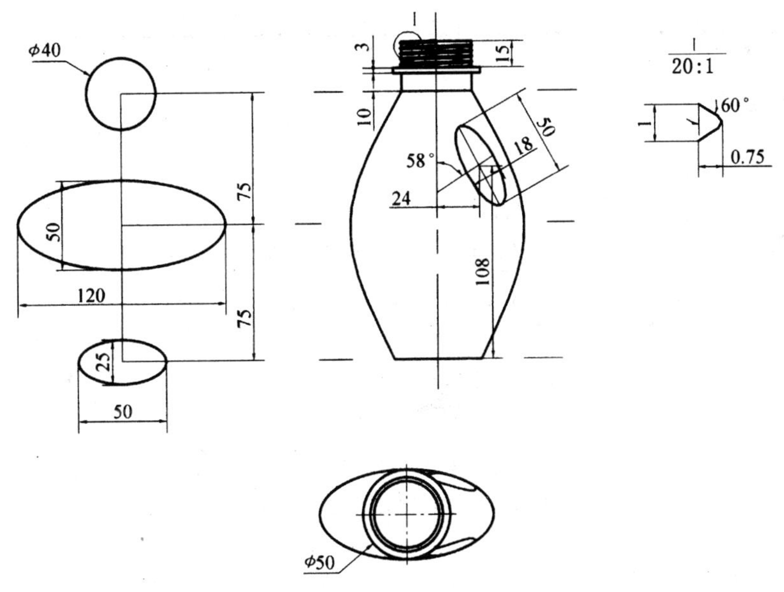

图 4.2　塑料瓶的零件图

1. 设计思路

其主体是不同截面形状的瓶身加圆柱瓶颈，瓶身有椭圆形穿孔，瓶口上部带螺纹。考虑采用混合方法建立瓶身，旋转增加瓶颈部分，拉伸去除椭圆孔，螺旋扫描切出螺纹口，如图 4.3 所示。

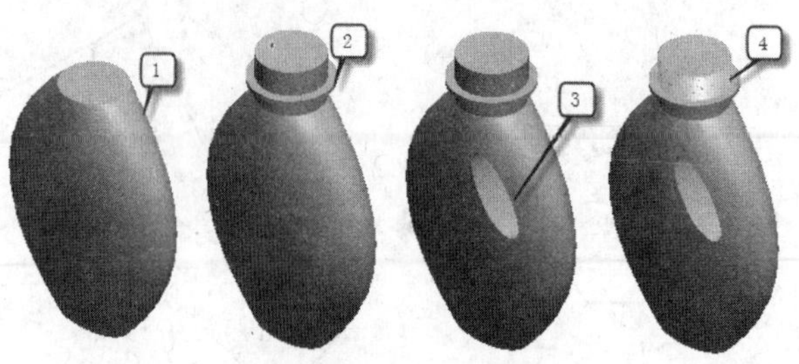

图 4.3 塑料瓶的设计思路

2. 方法与技巧

设计中尽量化繁为简，将步骤细化，见表 4-1。

表 4-1 4.1 节设计步骤

序号	步 骤	知 识 要 点
1	构造瓶身	混合(平行方式)
2	生成瓶颈	旋转
3	瓶身穿椭圆孔	基准平面
4	瓶口切螺纹	螺旋扫描

任务实施

步骤 1：构造瓶身

(1) 单击 (新建文件)按钮，默认类型(零件)及子类型(实体)，取消【使用缺省模板】复选框，在名称处输入文件名“suliaoping”，单击【确定】按钮，选择 mmns_part_solid 模板，单击【确定】按钮进入零件实体建模环境。

(2) 执行【插入】|【混合】|【伸出项】命令，在弹出的【混合选项】菜单中，执行【平行】|【规则截面】|【草绘截面】|【完成】命令，【菜单管理器】显示【属性】菜单，如图 4.4 所示。

(3) 执行【光滑】|【完成】命令，【菜单管理器】显示【设置草绘平面】选项菜单，如图 4.5 所示，系统提示“选取或创建一个草绘平面”。

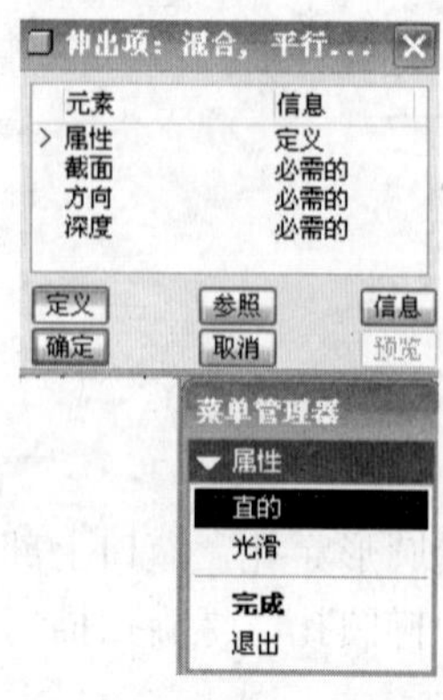

图 4.4 【混合选项】菜单

图 4.5 【设置草绘平面】选项菜单

(4) 默认执行【新设置】|【平面】命令，选择 TOP 面作为草绘平面，执行【确定】|【缺省】命令，进入草绘模式。

(5) 单击窗口右侧【特征】工具栏中的⊘(中心和轴椭圆)按钮，在中心单击确定圆心，单击一点确定椭圆长轴，再单击一点确定短轴，修改椭圆(50×25)尺寸长轴半径为“25.00”，短轴为“12.50”，如图 4.6 所示。

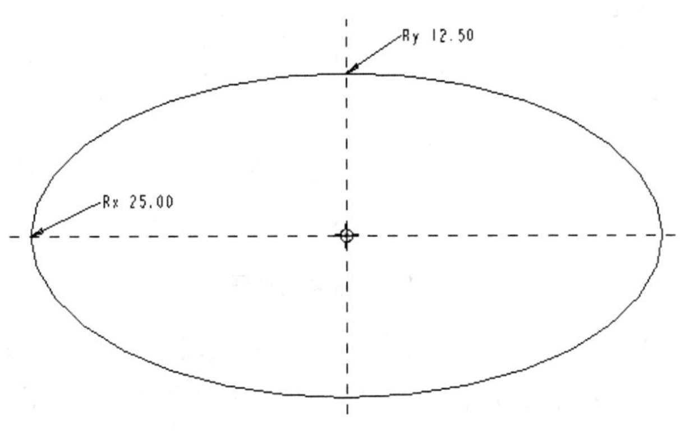

图 4.6　瓶身底面椭圆

(6) 执行【草绘】|【特征工具】|【切换剖面】命令，此时，椭圆变灰色表示已切换到下一个剖面。

核心提示

混合特征有多个截面，要求这些截面具有同等数量的线段，本例中的圆和椭圆拥有相同的线段。

(7) 单击窗口右侧【特征】工具栏中的⊘(中心和轴椭圆)按钮，在中心单击确定圆心，单击一点确定椭圆长轴，再单击一点确定短轴，修改椭圆(120×50)尺寸长轴半径为“60.00”，短轴为“25.00”，如图 4.7 所示。

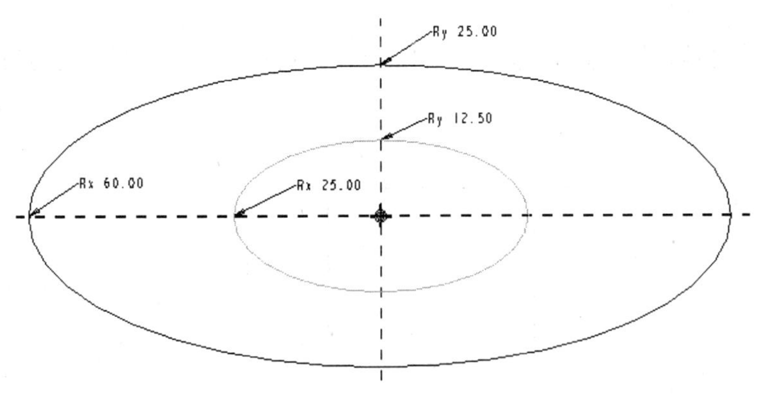

图 4.7　瓶身中间椭圆

(8) 执行【草绘】|【特征工具】|【切换剖面】命令，此时，椭圆变灰色表示已切换到下一个剖面。

(9) 单击窗口右侧【特征】工具栏中的○(创建圆)按钮，在中心单击确定圆心，拖动鼠标再单击确定瓶身上部圆，修改圆直径为“40.00”，如图 4.8 所示。

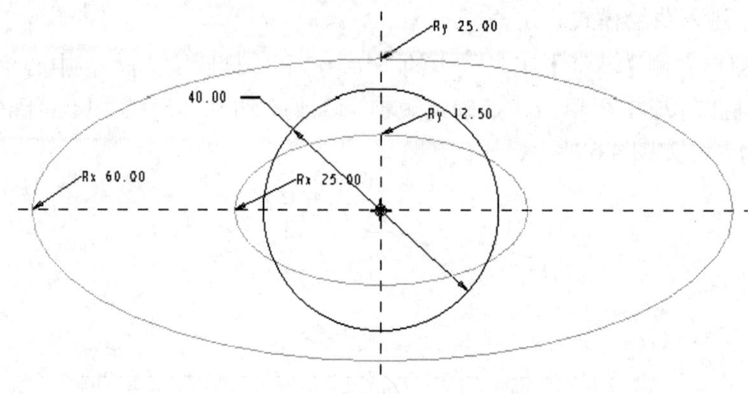

图 4.8　瓶身上部圆

(10) 单击(完成)按钮结束草绘，消息提示【输入截面 2 的深度】，输入数值“75”，单击(确定)按钮，提示【输入截面 3 的深度】，输入数值“75”，单击(确定)按钮完成实体的拉伸。

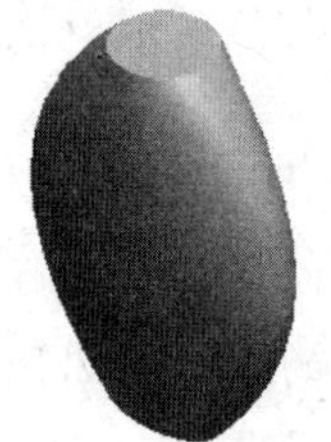

图 4.9　瓶身的三维图

(11) 单击对话框中的【确定】按钮完成瓶身的创建，如图 4.9 所示。

步骤 2：生成瓶颈

(1) 单击(旋转工具)按钮，弹出【旋转】特征面板，默认选中(实体)选项，单击【位置】按钮，弹出【草绘】下滑面板，单击【定义】按钮，弹出【草绘】放置对话框，提示选择旋转剖面草绘平面，选择 FRONT 基准平面作为草绘平面，系统自动选择草绘视图方向参照(参照为 RIGHT，方向为右)，单击【草绘】按钮进入草绘环境。

(2) 执行【草绘】|【参照】命令，弹出【参照】对话框，选择瓶身顶面作为补充参照，关闭【参照】对话框。

(3) 绘制中心线，作一条与平面 RIGHT 重合的中心线，然后绘制封闭的截面，如图 4.10 所示。

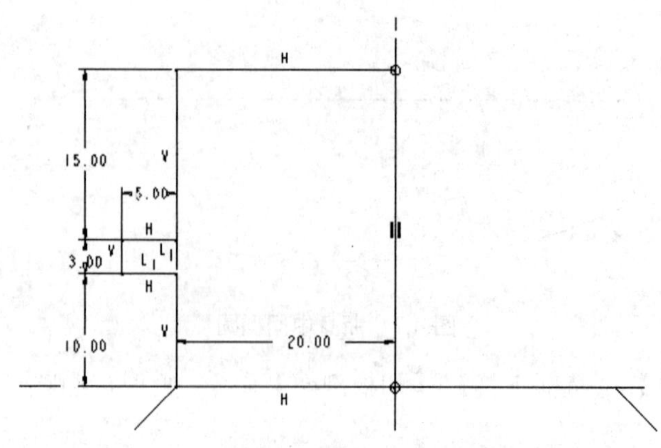

图 4.10　瓶颈的草绘截面

(4) 单击✓(完成)按钮生成草绘，单击☑(应用)按钮，完成旋转命令生成瓶颈，如图 4.11 所示。

步骤 3：瓶身穿椭圆孔

(1) 单击(基准轴工具)按钮，弹出【基准轴】特征面板，按住 Ctrl 键并单击 RIGHT 及 TOP 平面，生成基准轴。

(2) 单击(基准平面工具)按钮，弹出【基准平面】特征面板，按住 Ctrl 键并单击生成的基准轴及 TOP 平面，在【基准平面】特征面板中的输入旋转角度“90－58”，单击【确定】按钮生成基准平面 DTM1。

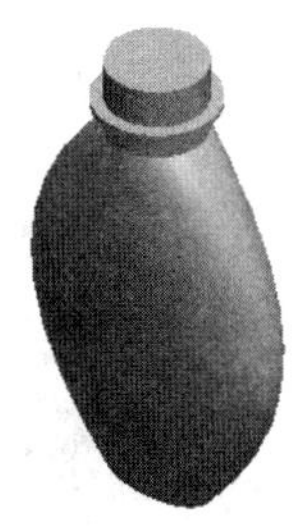

图 4.11　生成瓶颈后的瓶子三维图

操作技巧

利用草绘工具中的椭圆工具只能绘制轴是垂直的椭圆，故可先设置旋转一定角度的基准平面，将它选为参照，相当于将整个草绘旋转了一定角度，再绘制轴是垂直的椭圆。

倾斜的椭圆可直接执行（调色板）中的【形状】|【椭圆】命令来绘制。

(3) 单击(拉伸工具)按钮，弹出【拉伸】特征面板，单击(去除材料工具)按钮，单击【放置】按钮，弹出【草绘】下滑面板，单击【定义】按钮，弹出【草绘】放置对话框，指定草绘平面(FRONT)，单击 DTM1 作为草绘参照，进入草绘环境，执行【草绘】|【参照】命令，选择 RIGHT 及 TOP 面作为补充参照。

(4) 单击窗口右侧【特征】工具栏中的(创建椭圆)按钮，修改尺寸数值，如图 4.12 所示。

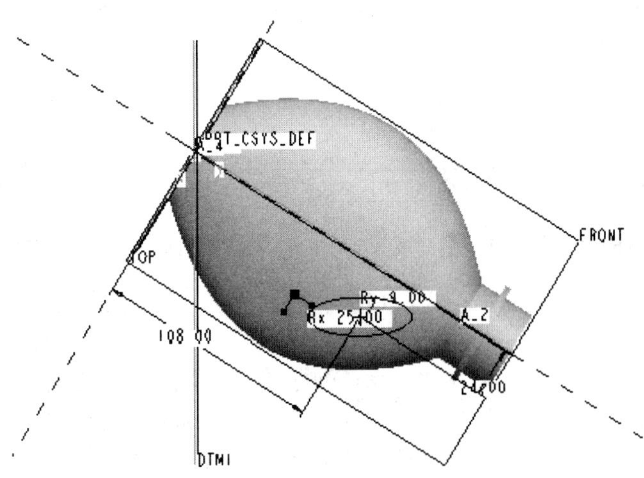

图 4.12　瓶身所穿椭圆孔的截面形状

(5) 单击✓(完成)按钮生成草绘。在【拉伸】特征面板单击(两侧拉伸)按钮，在白色数字处单击并输入拉伸深度“80”，单击☑(应用)按钮，完成椭圆孔材料的去除，如图 4.13 所示。

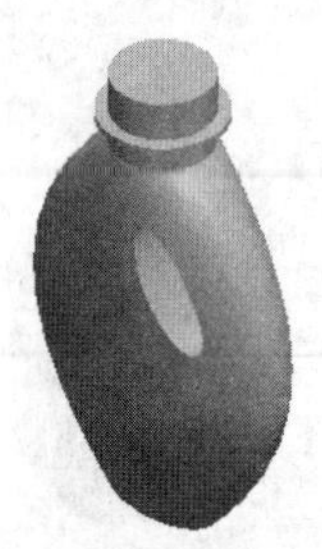

图 4.13　瓶身穿椭圆孔后的瓶子三维图

步骤 4：瓶口切螺纹

(1) 执行【插入】|【螺旋扫描】|【切口】命令，弹出【螺旋扫描】菜单，执行【平行】|【规则截面】|【草绘截面】|【完成】命令，【菜单管理器】显示【属性】菜单。

(2) 执行【属性】|【常数】|【穿过轴】|【右手定则】|【完成】命令，【菜单管理器】显示【设置草绘平面】选项菜单。

(3) 执行【新设置】|【平面】命令，选择 FRONT 面作为草绘平面，执行【正向】|【缺省】命令，进入草绘环境。

(4) 作一条与平面 RIGHT 重合的中心线作为旋转中心，作与中心线平行的直线作为扫引曲线，如图 4.14 所示，起始点从轴肩开始。

(5) 单击✓(完成)按钮完成草截面的绘制，在消息弹出【输入节距值】的数字处，输入数值“1”，单击☑(确定)按钮，进入截面草绘环境。

(6) 绘制图 4.15 所示的截面，单击✓(完成)按钮结束草绘。

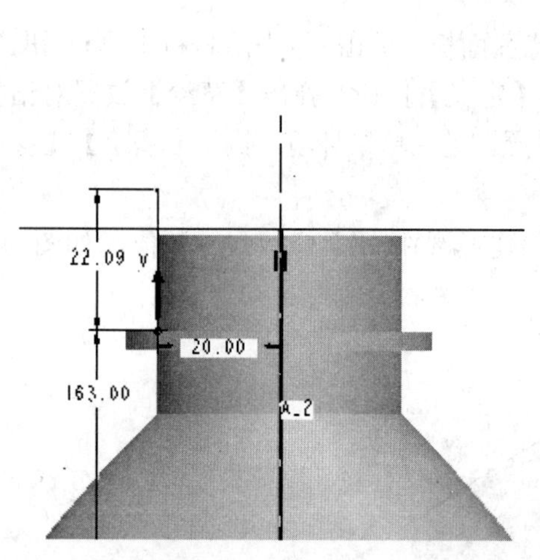

图 4.14　螺旋线的旋转中心及扫引曲线

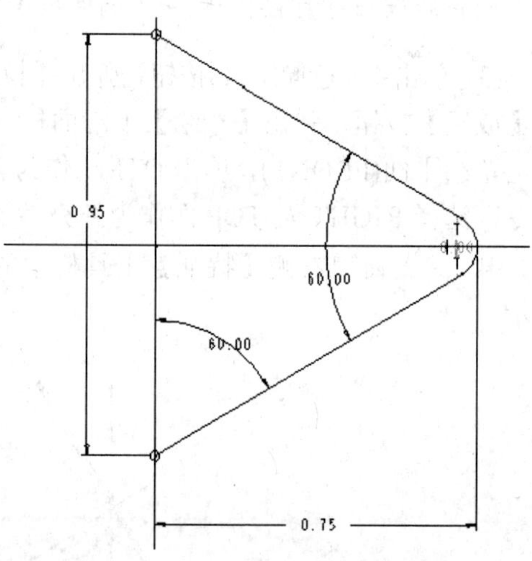

图 4.15　扫描的截面图形

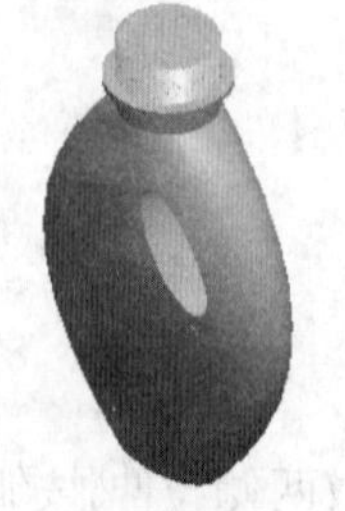

图 4.16　完成造型后的瓶子三维图

(7) 单击对话框中【确定】按钮完成螺纹的生成，如图 4.16 所示。

(8) 执行【文件】|【保存】命令，或单击【标准】工具条中的(保存)按钮，弹出【保存】文本框，单击【确定】按钮，保存当前建立的零件模型。

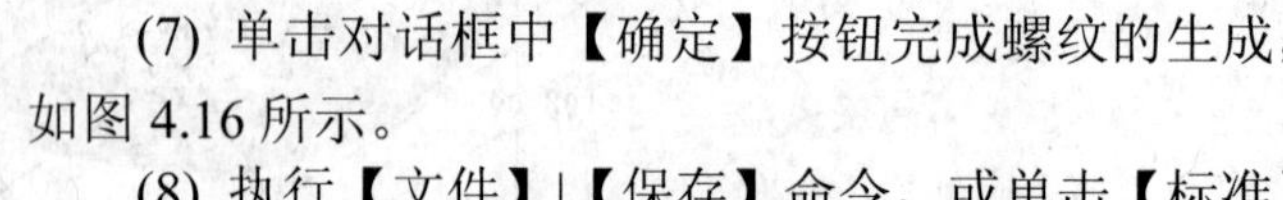

归纳总结

任务介绍了采用平行混合的方法建立实体零件，介绍了倾斜椭圆的绘制方法，并采用螺旋扫描生成螺纹特征。

混合特征由多个截面按照一定的顺序相连构成，根据建模时，各截面间的相对位置关系，可以将混合特征分为以下 3 类。

1. 平行混合

截面互相平行，将相互平行的多个截面连接成实体特征，如图 4.17 所示。

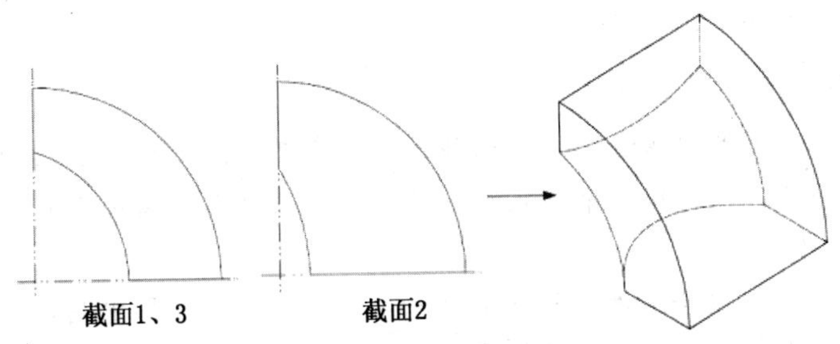

图 4.17　平行混合原理示意图

2. 旋转混合

将相互并不平行的多个截面连接成实体特征，后一截面的位置由前一截面绕 *Y* 轴旋转指定角度来确定。截面绕 *Y* 轴旋转，截面间夹角最大不可超过 120°，如图 4.18 所示。

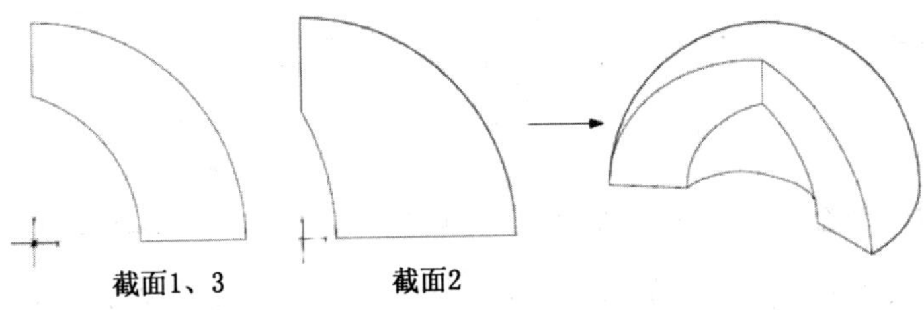

图 4.18　旋转混合原理示意图

3. 一般混合

截面可以是空间中任意方向、位置、形状的，各截面间无任何确定的相对位置关系，后一截面的位置由前一截面分别绕 *X*、*Y* 和 *Z* 轴旋转指定的角度或者平移指定的距离来确定，如图 4.19 所示。

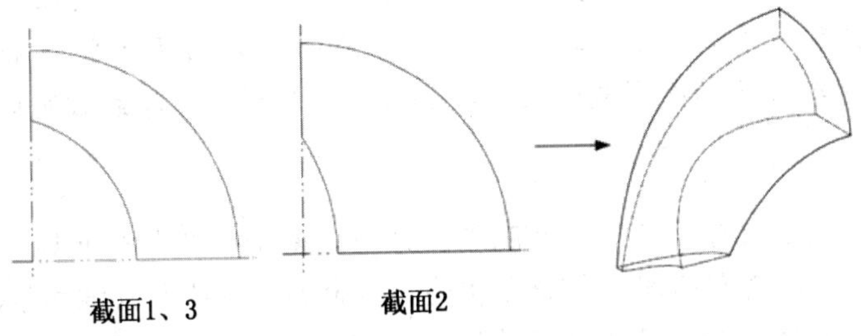

图 4.19　一般混合原理示意图

拓展提高

混合特征截面的顶点

构成混合特征的各个截面必须满足一个基本要求：每个截面的顶点数必须相同！那么，如何将不同截面的定点变成相同？

1. 混合顶点

在实际设计中，如果创建混合特征所使用的截面不能满足顶点数相同的要求，可以使用混合顶点。混合顶点就是将一个顶点当作两个顶点来使用，该顶点和其他截面上的两个顶点相连。

图 4.20 所示的两个混合截面分别为五边形和四边形。四边形中明显比五边形少一个顶点，因此需要在四边形上添加一个混合顶点(图 4.21)，所创建完成的混合特征如图 4.22 所示。可以看到，混合顶点和五边形上两个顶点相连。

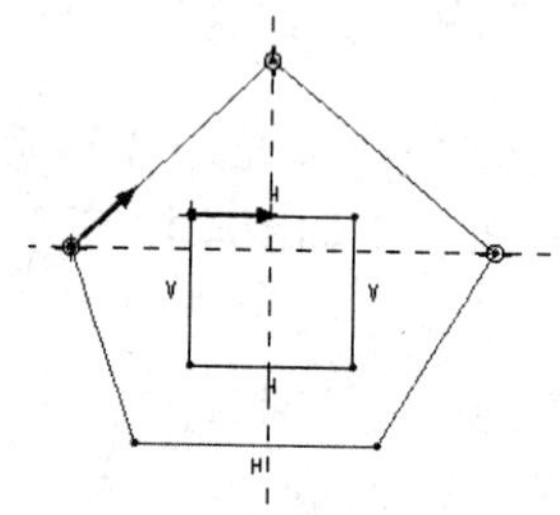

图 4.20　混合截面

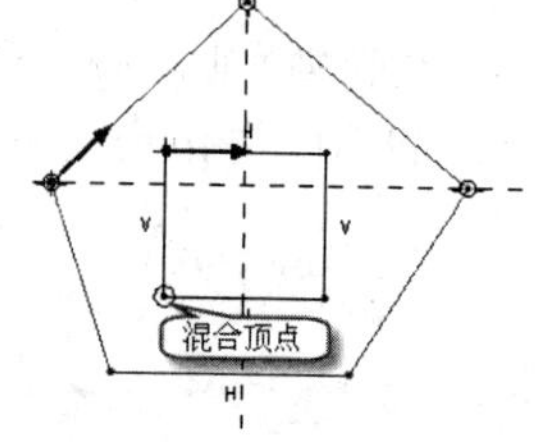

图 4.21　创建混合顶点

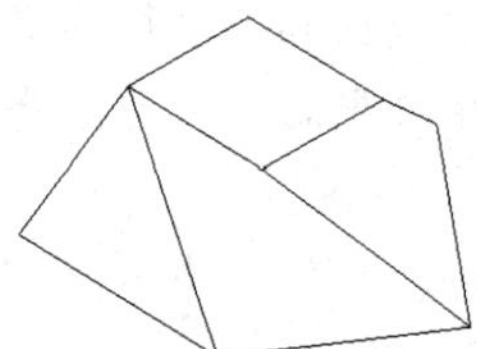

图 4.22　混合特征

创建混合顶点非常简单。在草绘环境中创建截面时，选中所要创建的混合顶点，然后执行【草绘】|【特征工具】|【混合顶点】命令，所选点就成为了混合顶点。在封闭环的起始点不能有混合顶点。

2. 截断点

对于像圆形这样的截面，上面没有明显的顶点。如果需要与其他截面混合生成实体特征，必须在其中加入与其他截面数量相同的顶点。这些人工添加的顶点就是截断点。

如图 4.23 所示，2 个截面分别是五边形和圆形。圆形没有明显的顶点，因此需要手动加入顶点。在草绘环境中创建截面时，单击(分割图元)按钮即可将一条曲线分为两段，中间加上顶点。图 4.24 中的圆形截面上一共加入了 5 个截断点，最后完成混合实体特征。

3. 起始点

起始点是多个截面混合时的对齐参照点。每一个截面中都有一个起始点，起始点上用箭头标明方向，两个相邻截面间，起始点相连，其余各点按照箭头方向依次相连。

通常，系统自动取草绘时候所创建的第一个点作为起始点，而箭头所指方向由草绘截面中各边线的环绕方向所决定，如图 4.25 所示。

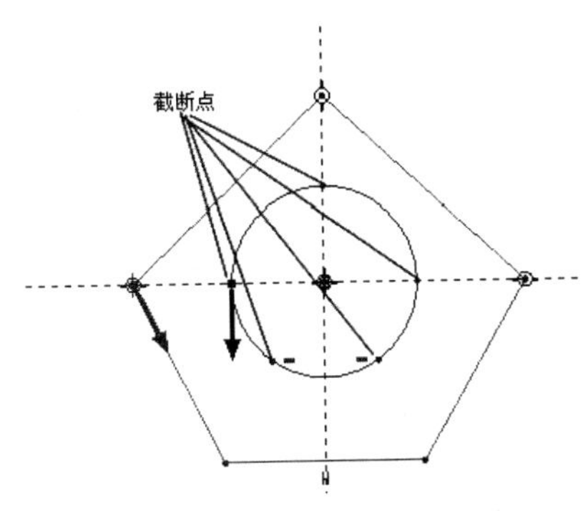

图 4.23　添加截断点

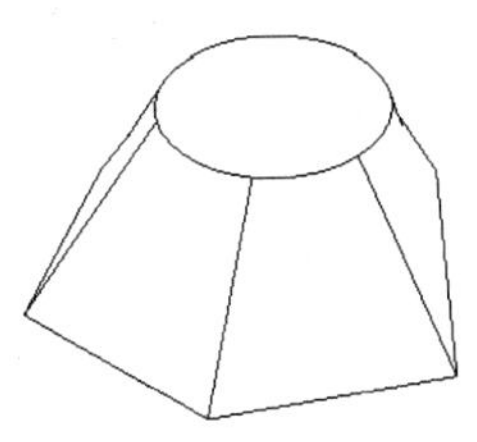

图 4.24　完成的混合实体特征

如果用户对系统默认生成的起始点不满意，可以手动设置起始点，方法是：选中将要作为起始点的点后，执行【草绘】|【特征工具】|【起始点】命令，选中的点就成为起始点；或者选中将要作为起始点的点后，右击，在弹出的快捷菜单中执行【起始点】命令(图 4.26)。

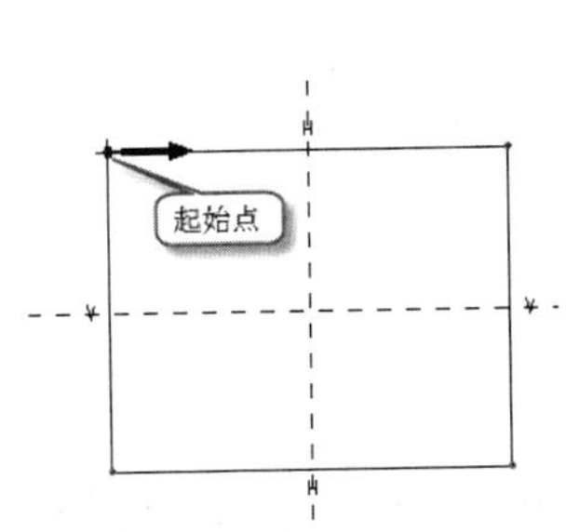

图 4.25　起始点

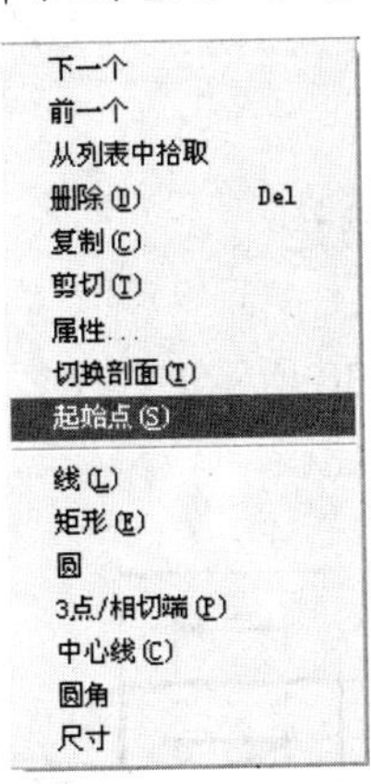

图 4.26　右键快捷菜单

如果截面为环形，用户还可以自定义箭头的指向，方法是：选中起始点后，右击，在弹出的快捷菜单中执行【起始点】命令，箭头则会立刻反向。

4. 点截面

创建混合特征时，点可作为一种特殊的截面与各种截面混合，这时候点可以看作一个只有一个点的截面，称为点截面，如图 4.27 所示。点截面可以和相邻截面的所有顶点相连，构成混合特征，如图 4.28 所示。

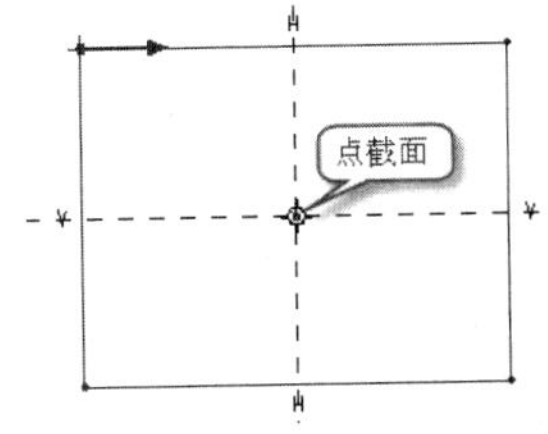

图 4.27　点截面

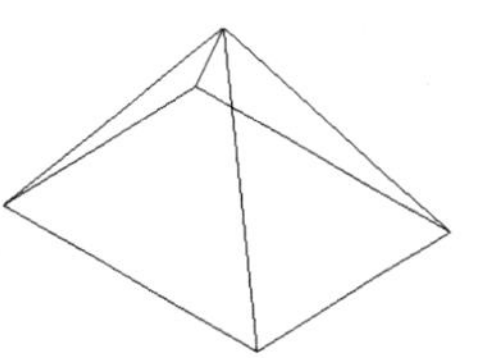

图 4.28　混合实体特征

在 Pro/E 环境中，完成图 4.29 所示的实体建模。

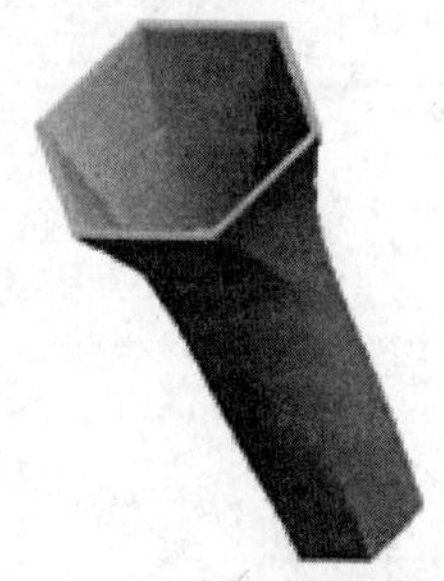

图 4.29　建模实体三维图

4.2　课外任务：拉手的设计

根据图 4.30 所示的拉手二维零件图，想象三维形状及结构，在 Pro/E 环境中，进行三维实体零件的建模。

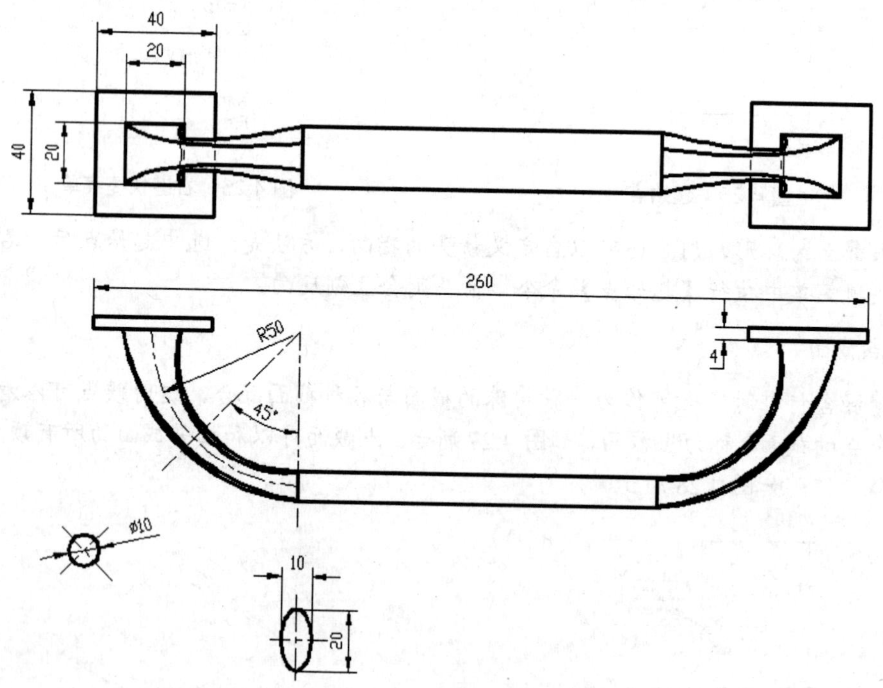

图 4.30　拉手的零件图

任务分析

1. 设计思路

拉手结构左右对称，长方体底座加弧形连接部分，中间为椭圆杆。考虑先通过拉伸建立左边长方体底座，然后制作弯曲部分，由于截面形状不同而具有共同圆心，可采用旋转型混合来生成，镜像生成右边部分后，再拉伸中间椭圆形部分，如图 4.31 所示。

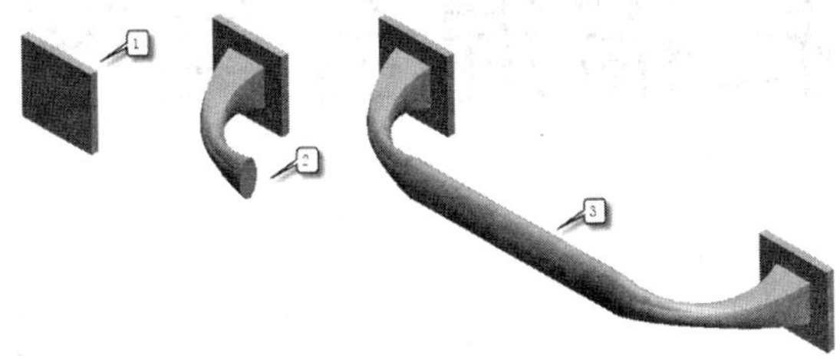

图 4.31　拉手的设计思路

2. 方法与技巧

设计中尽量化繁为简，将步骤细化，见表 4-2。

表 4-2　4.2 节设计步骤

序号	步　骤	知 识 要 点
1	建立长方体底座	拉伸
2	制作弯曲部分	混合(旋转方式)、镜像
3	制作中间椭圆型部分	拉伸到面

任务实施

按照设计思路及方法，独立完成设计过程。

归纳总结

任务详细介绍了拉手的创建过程，详细讲述了 Pro/E 中应用旋转混合命令创建实体的方法。混合是比较难掌握的命令，课后需要多想多练。

练习与实训

在 Pro/E 环境中，完成图 4.32 所示的实体建模。

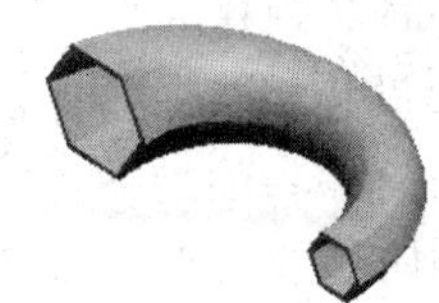

图 4.32　变截面弯管的三维图

项目5

扫描混合类产品设计

知识目标

(1) 扫描混合生成曲面的方法；
(2) 扫描混合生成实体的方法；
(3) 扫描轨迹处理的方法；
(4) 曲面加厚的方法。

能力目标

能力目标	知识要点	权重(%)	自测分数
(1) 掌握扫描混合生成曲面的方法	扫描混合、线段分割、基准点	50	
(2) 掌握扫描混合生成实体的方法	扫描混合	30	
(3) 掌握扫描轨迹处理的方法	添加基准点	10	
(4) 掌握曲面加厚的方法	加厚	10	

知识点导读

本项目主要介绍扫描混合特征的创建方法。

扫描混合特征可以看作是扫描特征和混合特征的综合。它可以自由选择扫描轨迹，也可以自由地使用扫描截面。扫描混合特征必须具有一条扫描轨迹，至少有两个截面，且截面必须包含相同的顶点数，如图 5.1 所示。

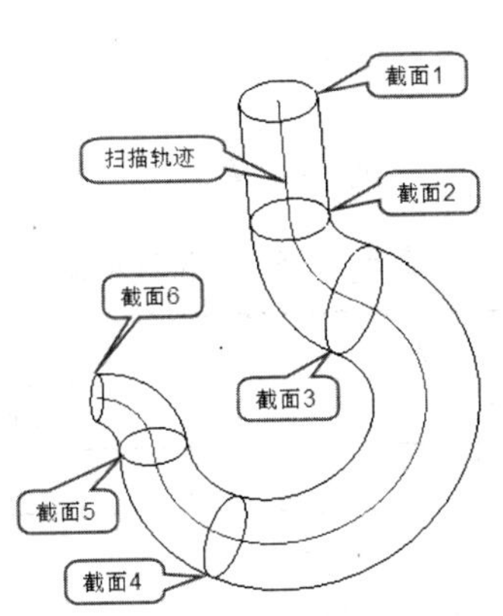

图 5.1　扫描混合原理示意图

5.1　课内任务：条码读取器外壳的设计

在 Pro/E 环境中，利用草绘曲线、基准点、扫描混合曲面及加厚命令，绘制图 5.2 所示的条码读取器外壳的三维实体零件模型。

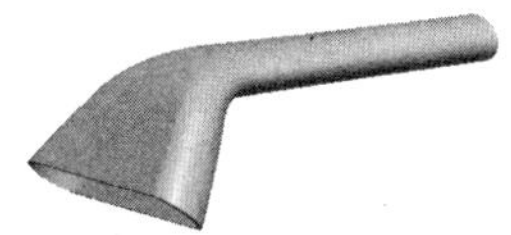

图 5.2　条码读取器外壳的三维实体零件模型图

1. 设计思路

条码读取器外形是一沿曲线且截面形状不断变化的曲面，创建方法如图 5.3 所示。

(1) 绘制扫描混合的路径曲线。

(2) 添加基准点，以确定扫描混合截面的位置。

(3) 利用扫描混合生成外壳曲面。

(4) 利用曲面加厚生成条码读取器外壳。

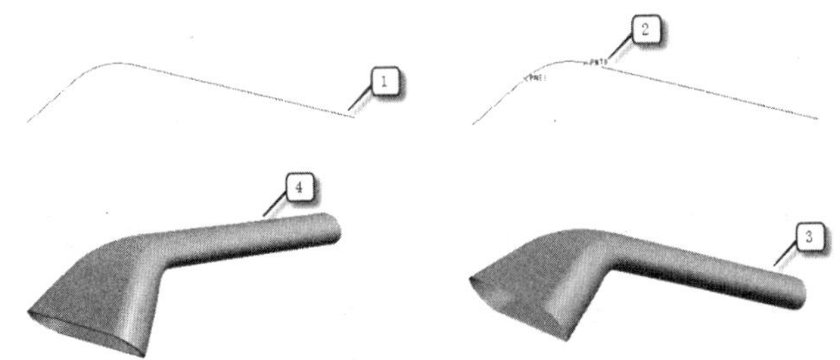

图 5.3　条码读取器外壳设计思路

2. 方法与技巧

设计中尽量化繁为简，将步骤细化，见表 5-1。

表 5-1　5.1 节设计步骤

序号	步　骤	知 识 要 点
1	绘制扫描混合的路径曲线	画直线、倒圆角
2	添加基准点	基准点
3	利用扫描混合生成外壳曲面	扫描混合、线段分割
4	利用曲面加厚生成条码读取器外壳	加厚

任务实施

步骤 1：绘制扫描混合的路径曲线

(1) 单击(新建文件)按钮，默认类型(零件)及子类型(实体)，取消【使用缺省模板】复选框，在名称处输入文件名“duquqi”，单击【确定】按钮，选择 mmns_part_solid 模板，单击【确定】按钮进入零件实体建模环境。

(2) 单击(草绘工具)按钮选取 Front 基准面，绘制轨迹曲线，截面尺寸如图 5.4 所示。单击【草绘】工具栏中的(完成)按钮，完成扫描混合轨迹的绘制。

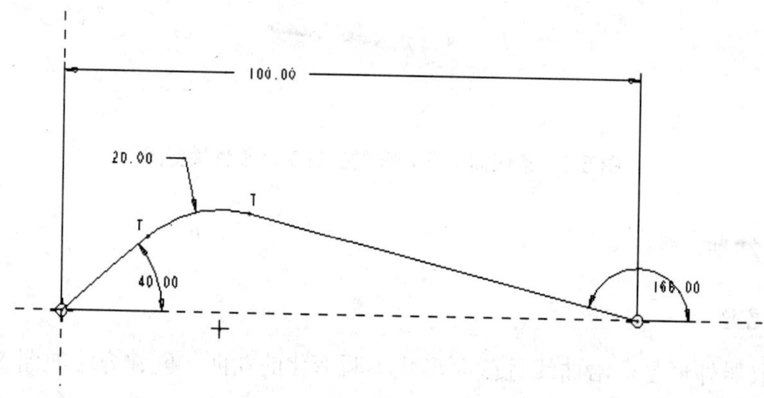

图 5.4　扫描混合的轨迹曲线

步骤 2：添加基准点

在曲线圆弧端点处产生两个基准点，如图 5.5 所示。

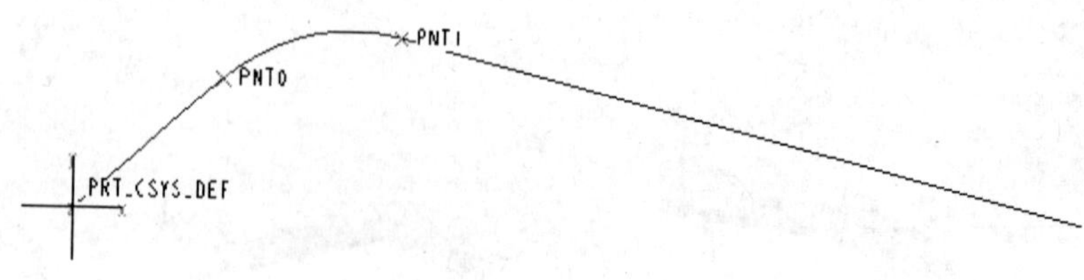

图 5.5　添加的基准点位置

步骤 3：利用扫描混合生成外壳曲面

选择所绘轨迹曲线，执行【插入】|【扫描混合】命令，弹出扫描混合特征面板，如图 5.6 所示。选择【截面】弹出下滑面板绘制图 5.7 所示的扫描混合曲面的四个控制截面(曲面经过曲线两个端点和两个控制点)。具体步骤为，先点选最右边的开始点，然后单击【草绘】按钮进入草绘环境，绘制混合截面 1，尺寸如图 5.8 所示；单击插入按钮，选轨迹曲线上点 PNT1，单击草绘绘制混合截面 2，尺寸如图 5.9 所示；单击插入按钮，选轨迹曲线上点 PNT0，单击草绘绘制混合截面 3，尺寸如图 5.10 所示；单击插入按钮，选轨迹曲线上右边结束点，单击草绘绘制混合截面 4，尺寸如图 5.11 所示。

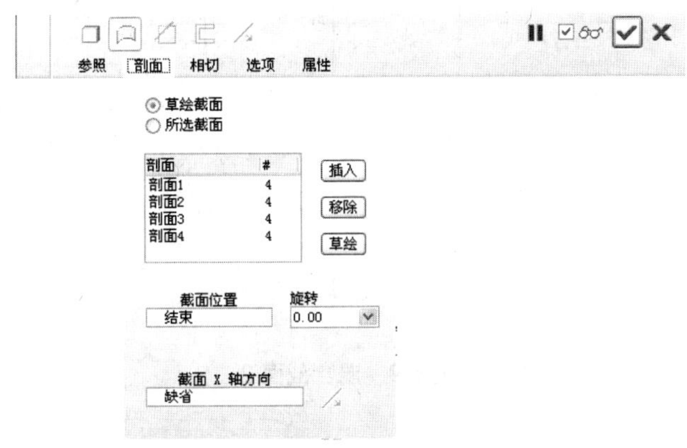

图 5.6 【扫描混合】特征面板

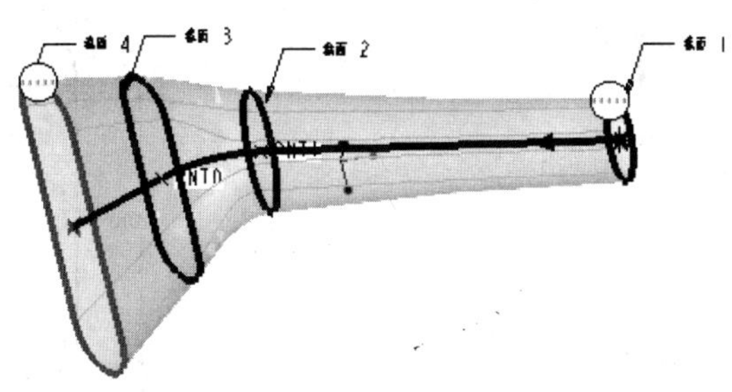

图 5.7　扫描混合的曲面

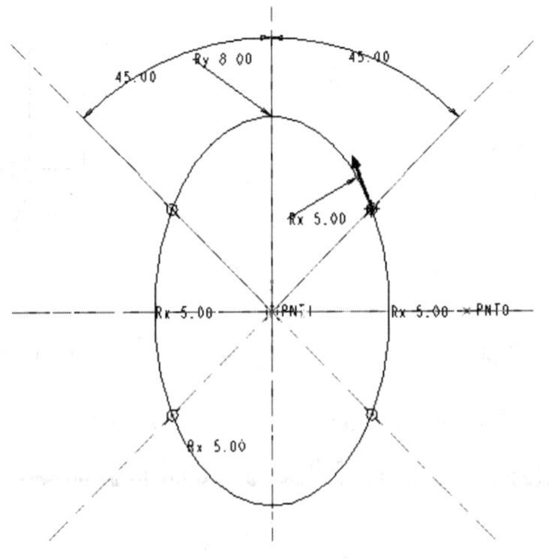

图 5.8　混合截面 1

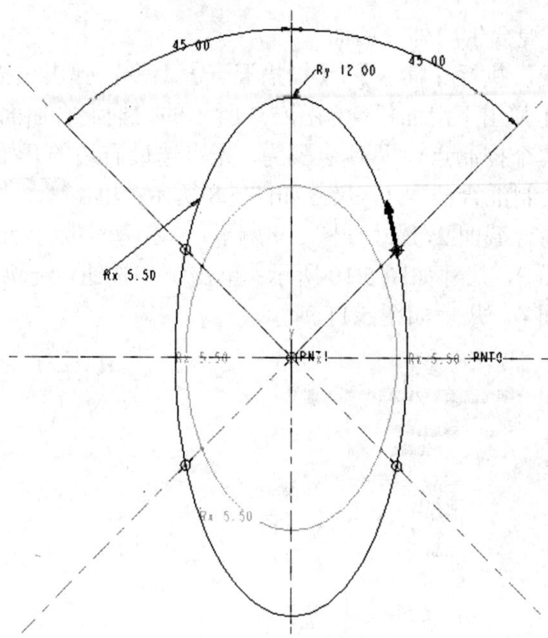

图 5.9　混合截面 2

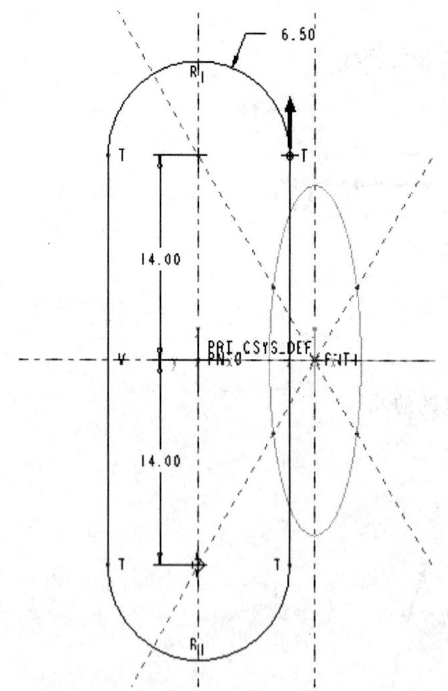

图 5.10　混合截面 3

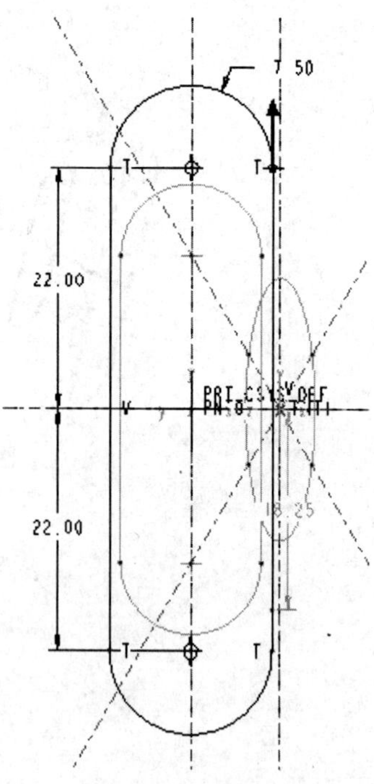

图 5.11　混合截面 4

步骤 4：利用曲面加厚生成条码读取器外壳

(1) 单击选中已生成的曲面，执行【编辑】|【曲面】命令，弹出【加厚】控制面板，如图 5.12 所示。

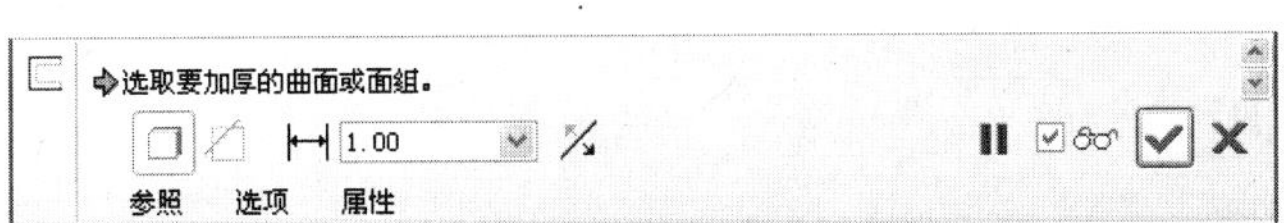

图 5.12　曲面加厚控制面板

(2) 输入厚度“1.00”，方向往里，单击☑(确定)按钮，生成实体，如图 5.13 所示。

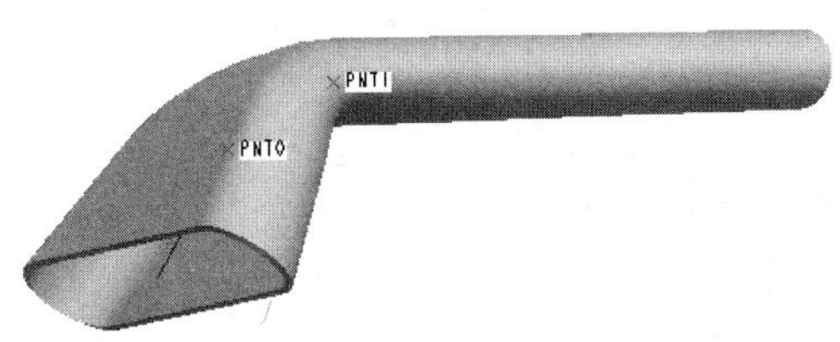

图 5.13　完成造型后的条码读取器外壳三维图

(3) 保存当前建立的零件模型。

归纳总结

任务详细介绍了条码读取器的创建过程，详细描述了 Pro/E 中应用扫描混合命令来绘制实体零件的方法。

在 Pro/E 中，扫描零件时应该注意以下几点：

(1) 扫描混合可以完成实体、曲面的造型。

(2) 扫描混合与混合相同，草绘截面的顶点数必须相同。

(3) 扫描混合各截面起始点的位置直接影响所创建的特征的形状。

拓展提高

剖面控制见表 5-2。

表 5-2　剖面控制

选　项	定　义
垂直于轨迹	剖面平面在整个长度上保持垂直于“原始轨迹”。普通的扫描行为与此类似
垂直于投影	剖面的 Y 轴垂直于指定的投影参照平面，Z 轴沿着法向轨迹的切线方向，如图 5.14 所示
恒定法向	剖面的 Z 轴沿着指定参照所定义的方向，如图 5.15 所示

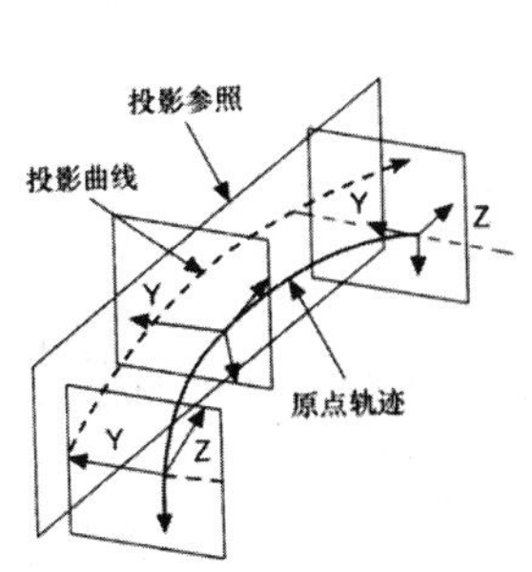

图 5.14　垂直于投影的剖面控制

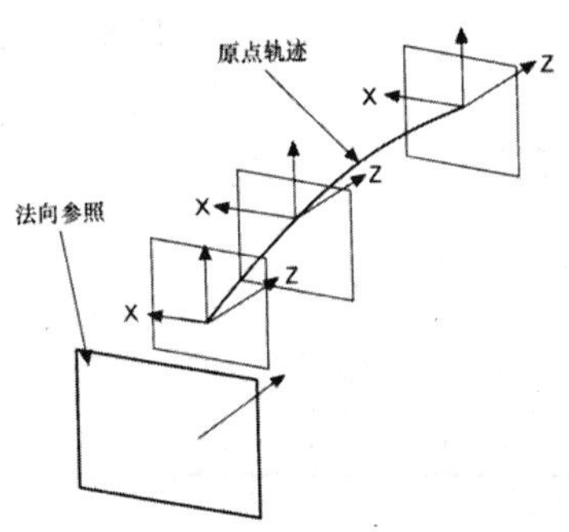

图 5.15　恒定法向的剖面控制

练习与实训

在 Pro/E 环境中，完成图 5.16 所示的实体建模。

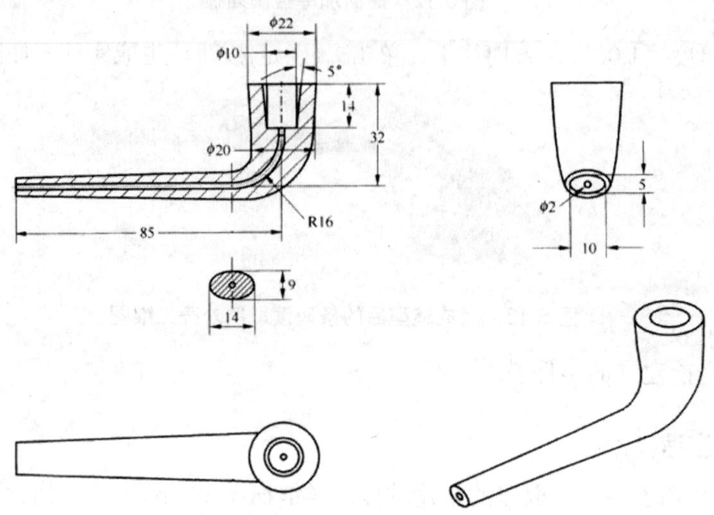

图 5.16　烟斗的零件图

5.2　课外任务：方向盘的造型

任务描述

在 Pro/E 环境中，利用旋转、扫描、阵列等命令，绘制图 5.17 所示的方向盘的三维实体零件模型。

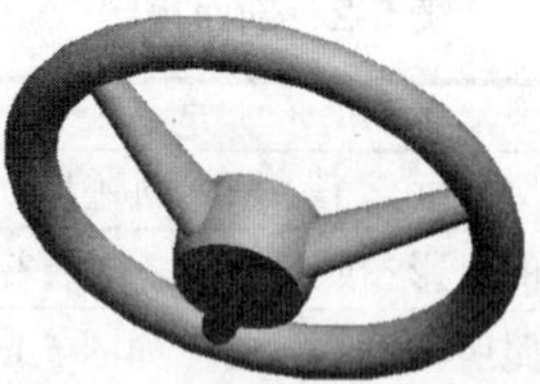

图 5.17　方向盘的三维图

任务分析

1. 设计思路

方向盘的轮缘与轮毂部分为旋转体，轮辐部分为沿曲线方向且截面形状不断变化的曲面，如图 5.18 所示。其设计步骤如下：

(1) 利用旋转特征制作方向盘的轮缘与轮毂部分。

(2) 利用扫描混合完成轮辐的制作。

(3) 利用阵列生成其他轮辐的制作。

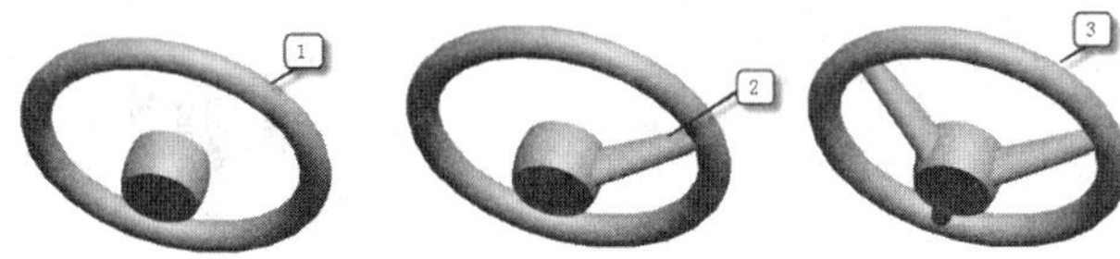

图 5.18　方向盘设计思路

2. 方法与技巧

设计中尽量化繁为简，将步骤细化，见表 5-3。

表 5-3　5.2 节设计步骤

序号	步　骤	知 识 要 点
1	旋转生成方向盘的轮缘与轮毂部分	旋转、增料
2	利用扫描混合完成轮辐制作	扫描混合
3	利用阵列生成其他轮辐的制作	阵列

任务实施

按照设计思路及方法，独立完成设计过程。

归纳总结

任务详细介绍了方向盘的创建过程，详细描述了 Pro/E 中应用扫描混合方法来绘制实体零件的方法。

练习与实训

(1) 在 Pro/E 环境中，完成图 5.19 所示的手把的实体建模。

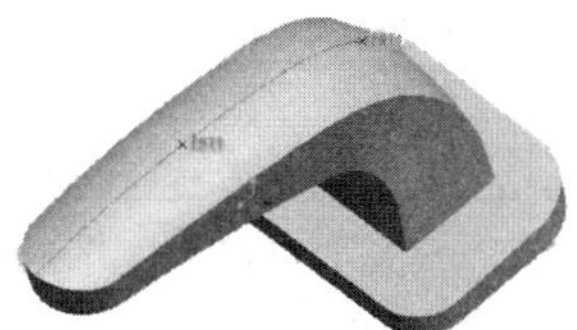

图 5.19　手把的三维图

(2) 在 Pro/E 环境中，参考图 5.20 设计一个茶壶。

图 5.20　各种茶壶的三维图

项目6

可变剖面扫描类产品设计

知识目标

(1) Pro/E 可变剖面扫描的方法;
(2) 轨迹参数的含义;
(3) evalgraph 函数的应用;
(4) 可变剖面扫描原始轨迹的选取。

能力目标

能力目标	知识要点	权重(%)	自测分数
(1) 掌握关系式控制的可变剖面扫描	可变剖面扫描、轨迹参数 trajpar、关系式的应用	30	
(2) 掌握模型基准中图形的绘制	坐标系、草绘	10	
(3) 掌握图形控制的可变剖面扫描	evalgraph 函数、关系式的应用	30	
(4) 掌握多条轨迹控制的可变剖面扫描	可变剖面扫描、原始轨迹、垂直于轨迹	30	

知识点导读

使用“可变剖面扫描”特征可创建实体或曲面特征。可在沿一个或多个选定轨迹扫描剖面时通过控制剖面的方向、旋转和几何来添加或移除材料。如图 6.1 所示，可变剖面扫描可采用以下两种方式创建扫描:

(1) 可变截面 (Variable Section) ——将草绘图元约束到其他轨迹(中心平面或现有几何)，或使用 trajpar 参数设置的截面关系式来使草绘可变。草绘约束到的轨迹可改变截面形状。另外，以图形配合 evalgraph 函数也可使草绘可变。

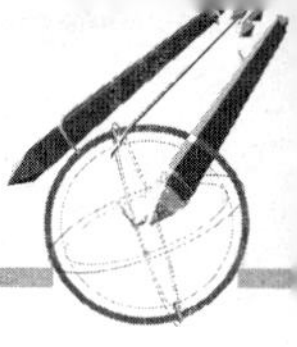

(2) 恒定截面 (Constant Section) ——在沿轨迹扫描的过程中，草绘的形状不变。仅截面所在框架的方向发生变化。

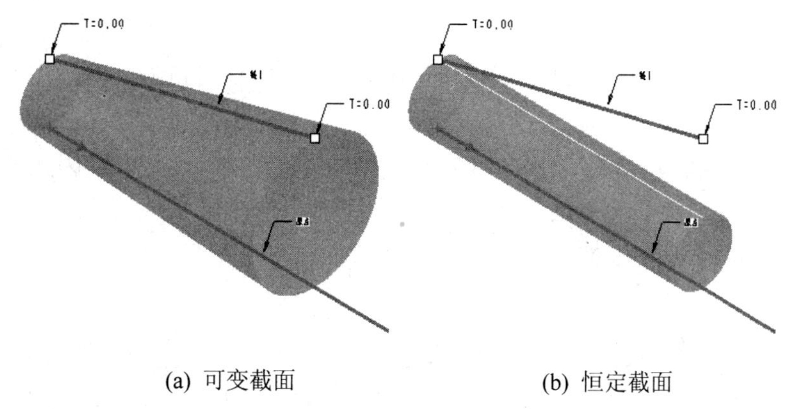

(a) 可变截面　　(b) 恒定截面

图 6.1　可变剖面扫描的两种方式

6.1　课内任务：拉环的设计

在 Pro/E 环境中，根据图 6.2 所示的拉环的结构特点，利用可变剖面扫描、拉伸去除材料等命令创建拉环的三维实体零件模型。

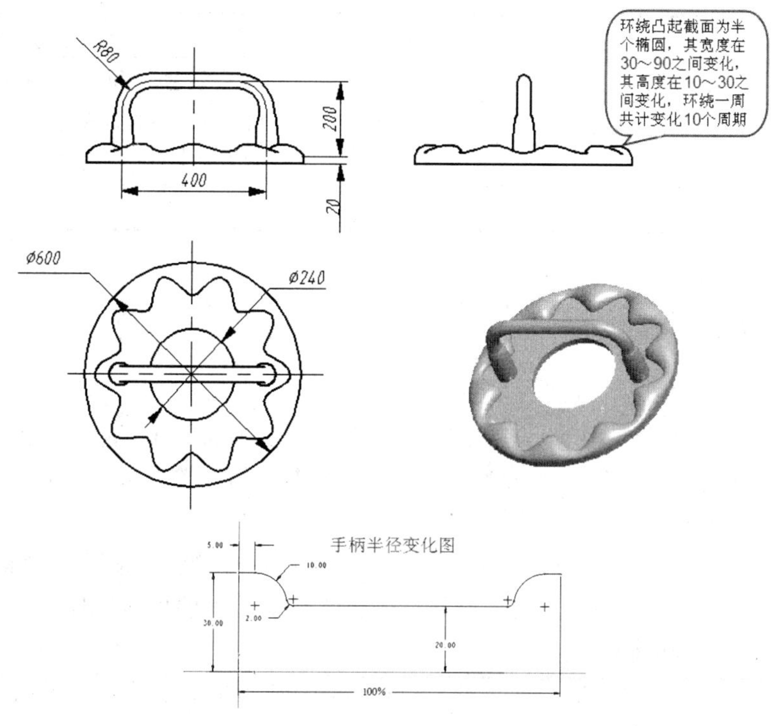

图 6.2　拉环的零件图

任务分析

1. 设计思路

本例拉环主要包括盘底及手柄两部分，其中盘底可以通过可变剖面扫描命令和拉伸去除材料设计完成，拉环可以通过可变剖面扫描命令实现。如图 6.3 所示，盘底是回转型结构，顶面上有半个椭圆，其宽度和高度的尺寸都是按正弦规律变化的，因此考虑采用可变剖面扫描的方法建立盘底。手柄部分是圆形的，但半径按所给曲线的规律变化，因而也采用可变剖面扫描方法建立手柄。

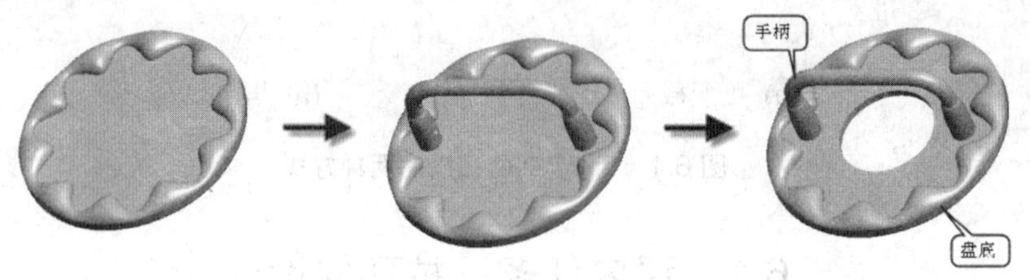

图 6.3　拉环的创建思路

2. 方法与技巧

设计中尽量化繁为简，将步骤细化，见表 6-1。

表 6-1　6.1 节设计步骤

序号	步　骤	知 识 要 点
1	盘底的生成	利用关系式的可变剖面扫描
2	手柄半径变化曲线的绘制	模型基准中的图形绘制
2	手柄的生成	利用图形的可变剖面扫描
3	孔的生成	拉伸去除材料

任务实施

步骤 1：盘底的生成

(1) 单击 (新建文件)按钮，默认类型(零件)及子类型(实体)，取消【使用缺省模板】复选框，在名称处输入文件名“pan”，单击【确定】按钮，选择 mmns_part_solid 模板，单击【确定】按钮进入零件实体建模环境。

(2) 单击 (草绘工具)按钮，弹出【草绘】放置对话框，提示选择草绘平面，选择 TOP 基准平面作为草绘平面，系统自动选择草绘视图方向参照(参照为 RIGHT，方向为右)，单击【草绘】按钮进入草绘环境。

(3) 单击 (创建圆)按钮，创建直径为 600.00 的圆，如图 6.4 所示；单击【草绘】工具栏中的 (完成)按钮，生成轨迹曲线。

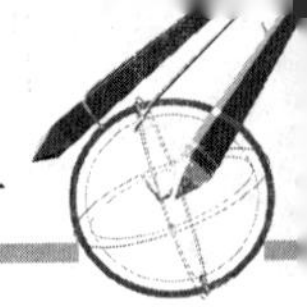

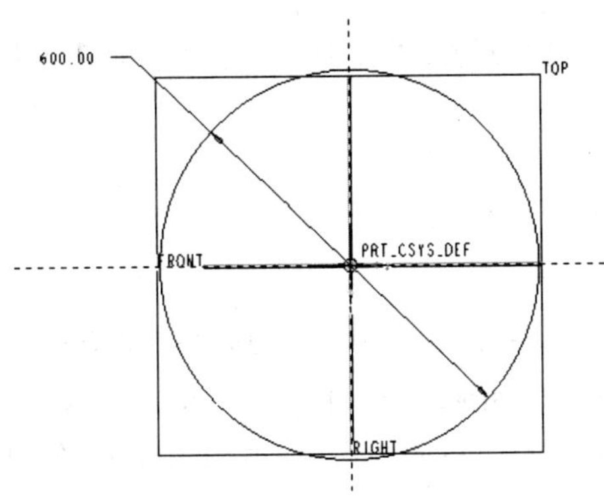

图 6.4　底盘可变剖面扫描的轨迹曲线

(4) 选择轨迹曲线，单击(可变剖面扫描工具)按钮，弹出【可变剖面扫描】特征面板，选中(实体)，以生成实体，单击(激活草绘器以创建剖面)按钮，进入草绘环境。

(5) 在草绘器中，利用(矩形)、(椭圆)和(动态修剪)工具绘制剖面，如图 6.5 所示，标注并修改尺寸。将半个椭圆的宽度与高度尺寸改为“由关系驱动的”。

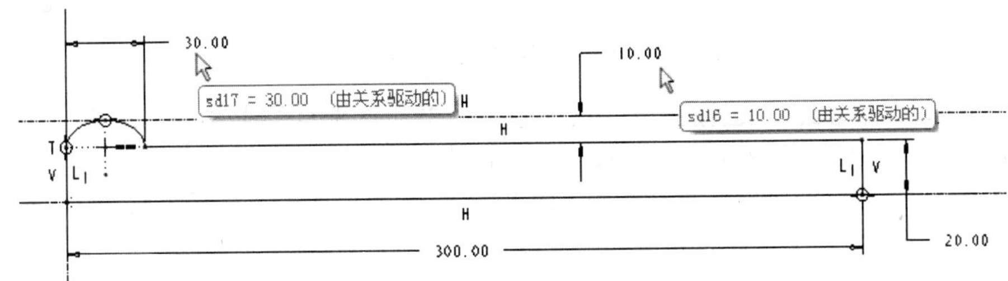

图 6.5　底盘可变剖面扫描的剖面

(6) 扫行【工具】|【关系】命令，弹出【关系】对话框；在编辑区输入关系尺寸：

sd16=20+10*sin(trajpar*360*10-90)

sd17=60+30*sin(trajpar*360*10-90)

其中 sd16、sd17 不需输入，单击相应的尺寸即可，如图 6.6 所示，单击【确定】按钮。

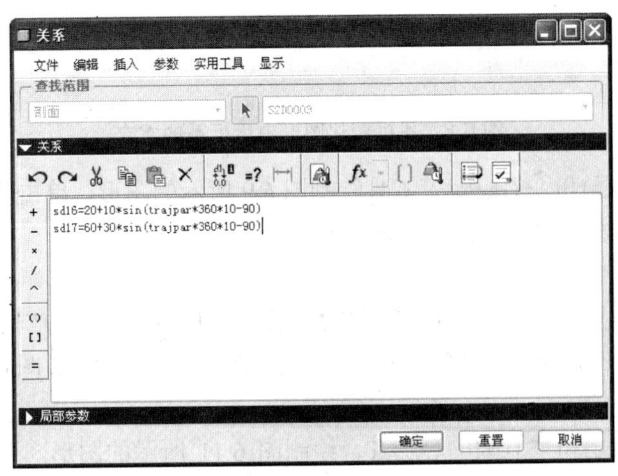

图 6.6　椭圆高度和宽度变化的关系式

(7) 单击✔(完成)按钮，完成剖面的绘制，单击【特征】面板上的☑(应用)按钮，完成盘身的生成。

核心提示

用关系式来控制剖面的某一尺寸，从而达到控制剖面形状的变化。sd16=20+10*sin(trajpar*360*10–90)，公式中的trajpar为轨迹参数，从0~1变化，前面的10主要为了使椭圆高度的尺寸的变化量为10~30，后面的10表示盘底有10个凹凸变化，90则是为了使扫描开始时椭圆的高度为最小。

步骤2：手柄半径变化曲线的绘制

(1) 执行【插入】|【模型基准】|【图形】命令，提示输入图形名称，输入“1”(自己给定的图形名)，如图6.7所示，单击✔(完成)按钮。

图6.7　图形名称输入框

(2) 单击┆(中心线工具)按钮，任意绘制一水平和一垂直的中心线，单击⅃按钮，在中心线相交处，放置一个坐标系，如图6.8所示。

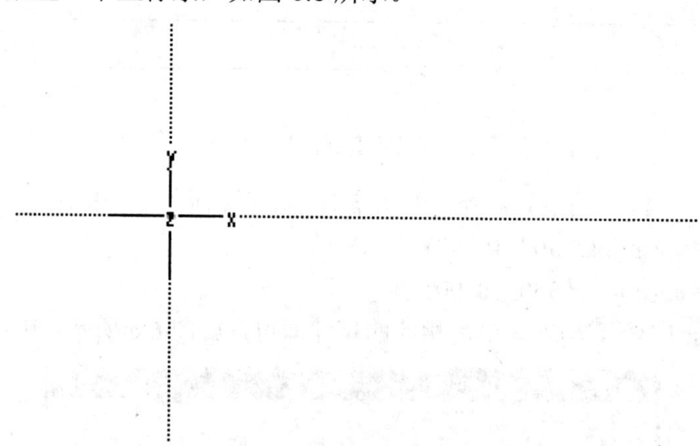

图6.8　手柄变化图形中坐标系的建立

(3) 利用╲(直线)和◝(圆弧)等工具绘制图6.9所示的图形，单击【草绘】工具栏中的✔(完成)按钮，完成手柄半径变化曲线的绘制。

步骤3：手柄的生成

(1) 单击⛰(草绘工具)按钮，弹出【草绘】放置对话框，提示选择草绘平面，选择FRONT基准平面作为草绘平面，选择盘底的顶面为参照平面，方向为顶，如图6.10所示，单击【草绘】按钮进入草绘环境。

(2) 利用╲(直线)和⌐(圆角)等工具，绘制图6.11所示的图形，单击【草绘】工具栏中的✔(完成)按钮，完成手柄轨迹曲线的绘制。

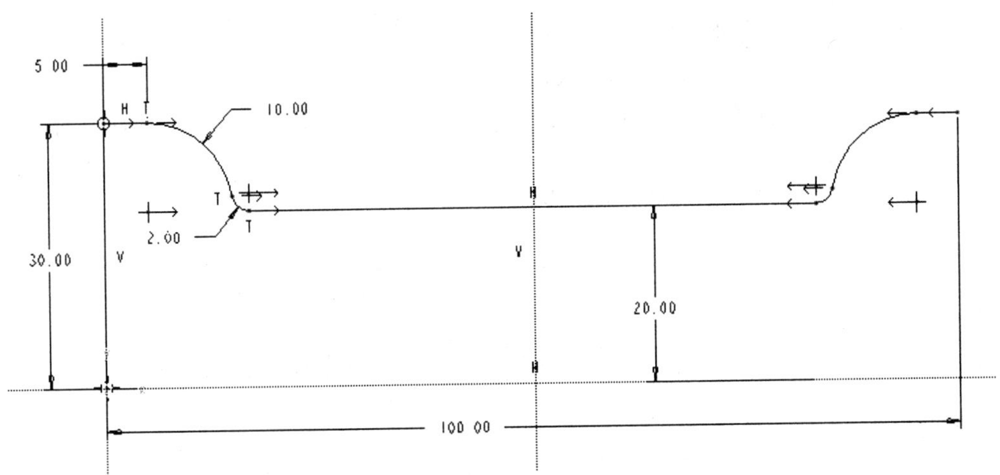

图 6.9　手柄变化曲线

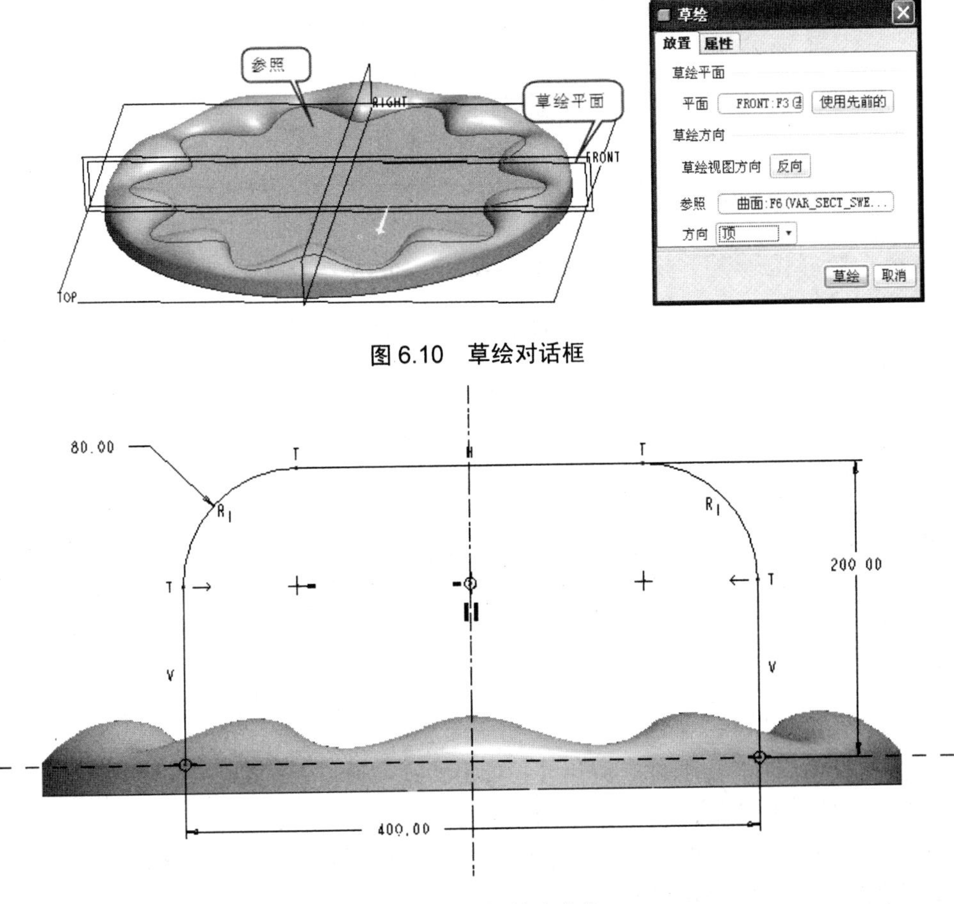

图 6.10　草绘对话框

图 6.11　手柄轨迹曲线

(3) 选择上一步绘制的轨迹曲线，单击 (可变剖面扫描工具)按钮，弹出【可变剖面扫描】特征面板，选中 (实体)，以生成实体，单击 (激活草绘器以创建剖面)按钮，进入草绘环境。

(4) 在草绘器中，绘制一个圆作为剖面，双击圆的直径尺寸，将圆的直径改为关系式驱动，输入“2*evalgraph("1"，trajpar*100)”(“"1"”为手柄半径变化曲线的图形名 1)，如图 6.12 所示。也可执行【工具】|【关系】命令，弹出【关系】对话框；在编辑区输入关系尺寸：

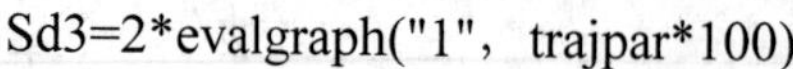
Sd3=2*evalgraph("1"，trajpar*100)

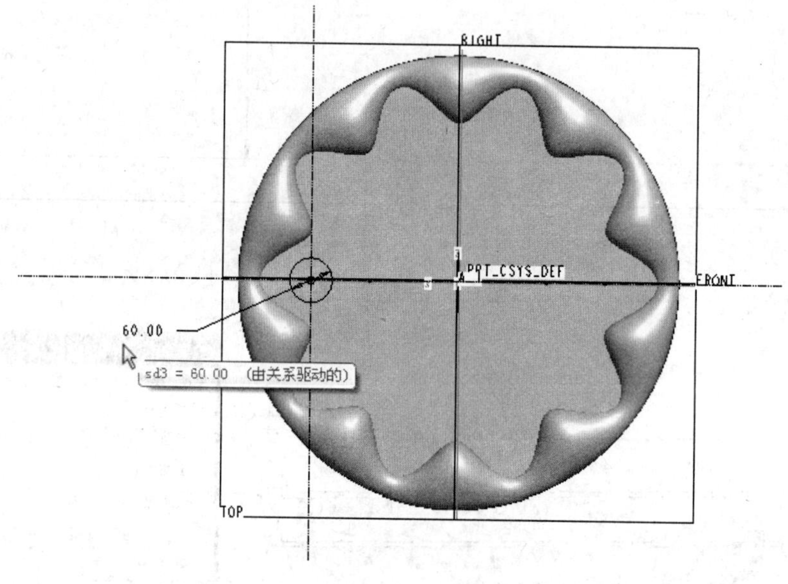

图 6.12　手柄剖面的绘制

(5) 单击(完成)按钮，完成剖面的绘制，单击特征面板上的(应用)按钮，完成手柄的生成。

核心提示

Sd3=2*evalgraph("1"，trajpar*100)，公式中的 evalgraph 为计算函数，它能根据图形的 x 坐标读取相应的 y 坐标；“1”为手柄半径变化图的图名；图“1”中的横坐标最大值为 100，而 trajpar 的变化范围是 0～1，所以需要将轨迹参数放大 100 倍才能建立起一一对应的关系。

步骤 4：孔的生成

(1) 单击(拉伸工具)按钮，弹出【拉伸】特征面板，默认选中(实体)，单击(去除材料)按钮。单击【定义】按钮，弹出【草绘】提示对话框，提示选择拉伸剖面草绘平面，单击 TOP 基准平面作为草绘平面，系统自动选择草绘视图方向(参照为 RIGHT，方向为右)，单击【草绘】按钮进入草绘环境。

(2) 绘制一个圆作为草绘图形，如图 6.13 所示，单击(完成)按钮，完成剖面的绘制，单击特征面板上的(应用)按钮，完成孔的生成，如图 6.14 所示。

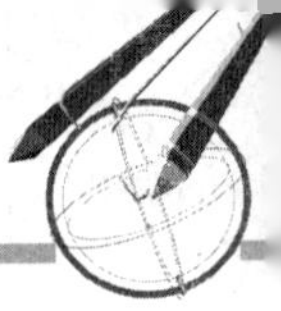

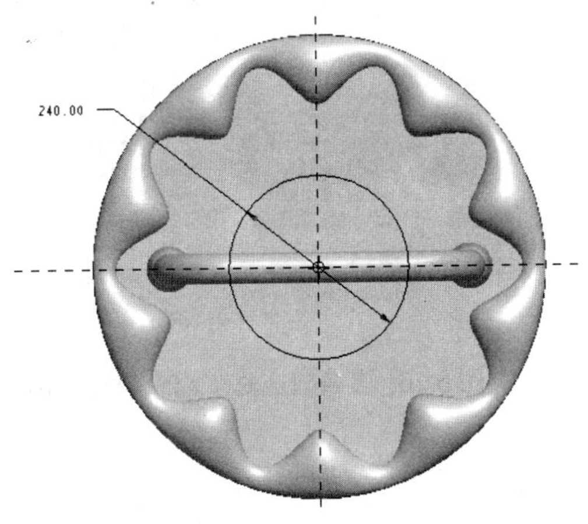

图 6.13　孔的草绘截面

图 6.14　孔生成后的三维图

(3) 执行【文件】|【保存】命令，或单击【标准】工具条中的(保存)按钮，弹出【保存】对象对话框，单击【确定】按钮，保存当前建立的零件模型。

归纳总结

创建可变剖面扫描特征的一般步骤如下所示：

(1) 选取原始轨迹。

(2) 打开【可变截面扫描】工具。

(3) 根据需要添加轨迹。

(4) 指定截面以及水平和垂直方向控制。

(5) 草绘截面进行扫描。

(6) 预览几何并完成特征。

拓展提高

可变剖面扫描的应用场合

给定的剖面较少、轨迹线的尺寸很明确，且轨迹线较多的场合，较适用可变剖面扫描。也就是说，可以利用一个剖面及多条轨迹线来创建一个多“轨迹线”特征。如图 6.15 所示，剖面垂直轨迹线 0 作扫描时，点 1、2、3 分别沿着轨迹线 1、轨迹线 2、轨迹线 3 走，最后缩成一个点，结果如图 6.16 所示。

特别提示

在可变剖面扫描中有两类轨迹，有且只有一条称为原始轨迹(Origin)，也就是第一条选择的轨迹。原始轨迹必须是一条相切的曲线链(对于轨迹则没有这个要求)，是确定扫描过程中截面的原点。除了原始轨迹外，其他的都是轨迹，一个可变剖面扫描中可以有多条轨迹。

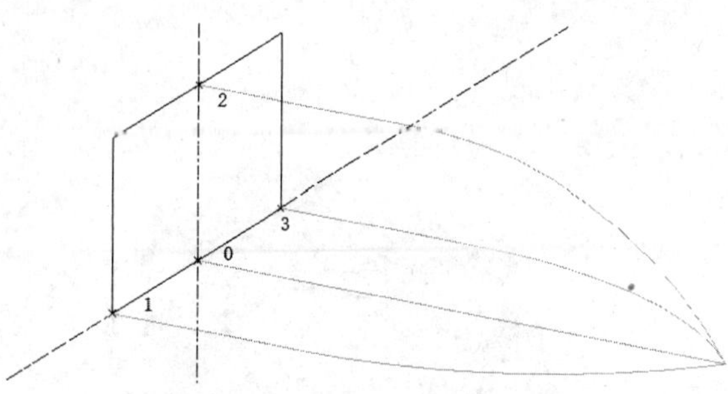

图 6.15 多条轨迹线的可变剖面扫描

图 6.16 多条轨迹的可变剖面扫描结果

练习与实训

在 Pro/E 环境中，完成图 6.17 所示的苹果的模型(sd18=20+sin(360*5*trajpar))。

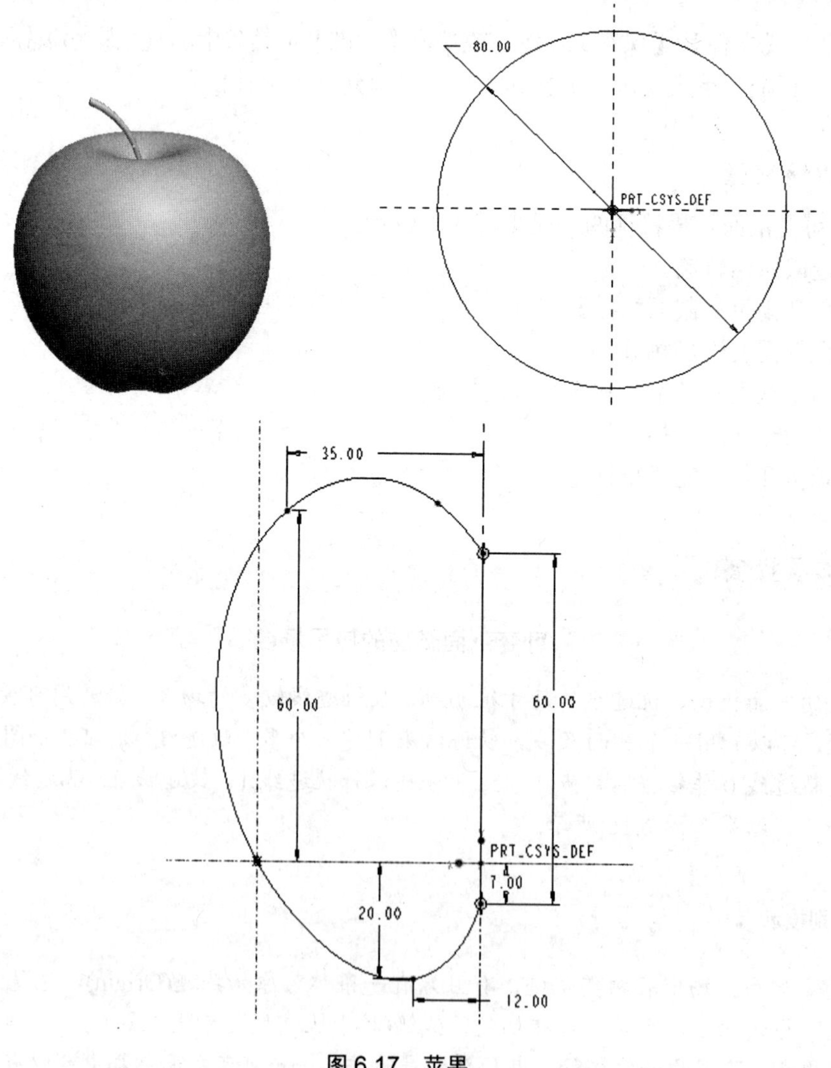

图 6.17 苹果

6.2　课外任务：扁瓶的设计

任务描述

在 Pro/E 环境中，根据图 6.18 所示的扁瓶的结构特点，利用可变剖面扫描、倒圆角及抽壳等命令创建扁瓶的三维实体零件模型。

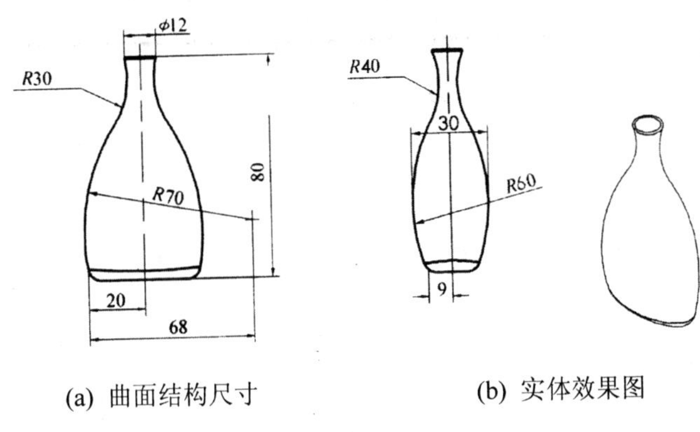

(a) 曲面结构尺寸　　(b) 实体效果图

图 6.18　扁瓶的零件图

任务分析

图 6.18 所示的扁瓶单体中空，结构简单。瓶身可以通过可变剖面扫描方法生成实体，瓶底倒圆角，再利用抽壳命令生成扁瓶模型。

1. 设计思路

根据扁瓶零件图所示，从主视图看，瓶身由 *R*70 及 *R*30 组成的对称曲线控制；从左视图看，瓶身由 *R*60 及 *R*40 组成的对称曲线控制，瓶口截面为圆，瓶底截面为椭圆，是典型的变剖面扫描零件。考虑采用变剖面扫描的方法建立瓶身，瓶底倒圆角，最后进行壳的方法而形成，方法如图 6.19 所示。

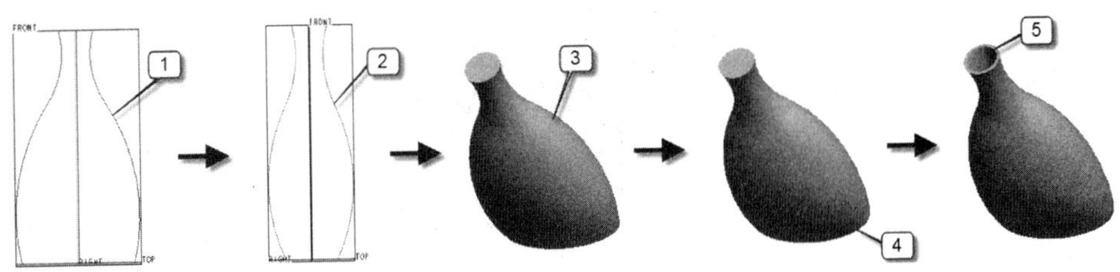

图 6.19　扁瓶的制作思路

2. 方法与技巧

设计中尽量化繁为简，将步骤细化，见表 6-2。

表 6-2　6.2 节设计步骤

序号	步　骤	知 识 要 点
1	主视图曲线轨迹生成	草绘
2	左视图曲线轨迹生成	草绘
3	瓶身生成	可变剖面扫描、基准平面
4	瓶底倒圆角	倒圆角
5	瓶子壳体生成	壳

按照设计思路及方法，独立完成设计过程。

归纳总结

任务详细介绍了瓶子的创建过程，详细描述了 Pro/E 中应用可变剖面扫描命令来绘制实体零件的方法。

在 Pro/E 中，可变剖面扫描零件时应该注意以下几点：

(1) 用多条轨迹线控制截面变化时，剖面的形状和大小将随着轨迹线和轮廓线的变化而变化。

(2) 轨迹线和轮廓线可以选择现有基准曲线，也可以在构造特征时绘制轨迹线或轮廓线。

(3) 可以用三角函数控制、截面角度控制和图形控制的方法来控制截面变化。

(1) 在 Pro/E 环境中，完成图 6.20 所示的花瓶的建模。

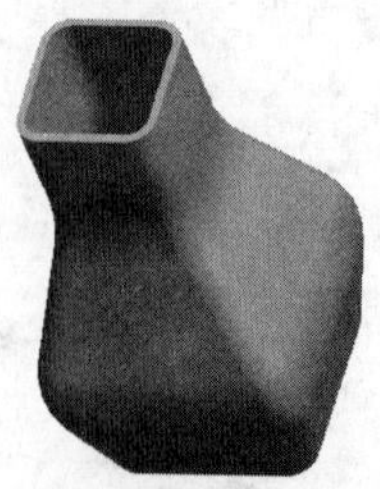

图 6.20　花瓶的参考图

(2) 在 Pro/E 环境中，完成图 6.21 所示的端面凸轮的建模。

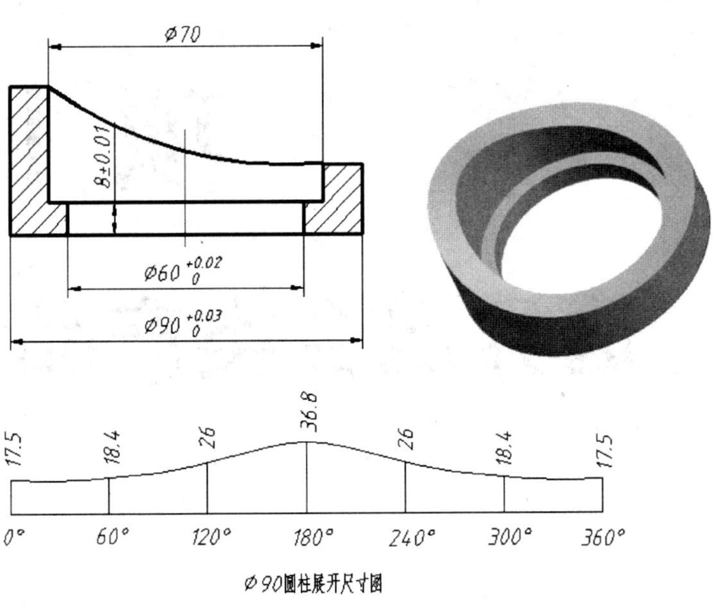

图 6.21　端面凸轮的零件图

项目7

边界混合类产品设计

知识目标

(1) 边界混合曲面的生成;
(2) 边界曲线的生成;
(3) 曲面合并的方法;
(4) 曲面镜像的方法。

能力目标

能 力 目 标	知 识 要 点	权重(%)	自测分数
(1) 掌握边界混合曲面的方法	边界混合曲面、曲线链	50	
(2) 掌握边界曲线的生成	投影、基准点、相交	30	
(3) 掌握曲面合并的方法	曲面合并	10	
(4) 掌握曲面镜像的方法	曲面镜像	10	

知识点导读

利用【边界混合】工具，可在参照实体(它们在一个或两个方向上定义曲面)之间创建边界混合的特征。在每个方向上选定的第一个和最后一个图元定义曲面的边界。添加更多的参照图元(如控制点和边界条件)能使用户更完整地定义曲面形状，如图 7.1 所示。

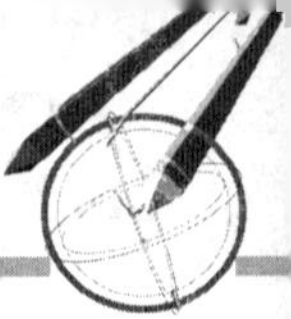

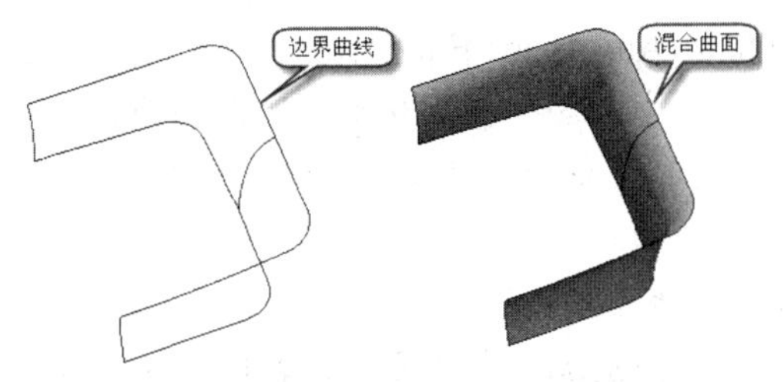

图 7.1　边界混合原理示意图

边界混合面是通过两个或两个以上方向上的序列曲线来构成面的，所以要创建边界混合面，首先要创建所有的边界，包括外部和内部边界。边界创建好之后只需按照顺序选择两个方向上的曲线便可，如图 7.2 所示。

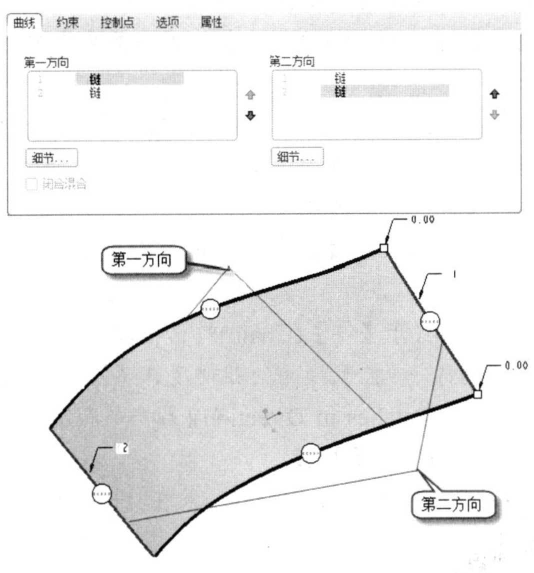

图 7.2　混合两个方向的曲线链

【边界混合】面板显示下列下滑面板：

(1) 曲线(Curves)——用在第一方向和第二方向选取的曲线创建混合曲面，并控制选取顺序。选中【封闭的混合】(Closed Blend)复选框，通过将最后一条曲线与第一条曲线混合来形成封闭环曲面。【封闭的混合】(Closed Blend) 只适用于其他收集器为空的单向曲线。【细节】(Details) 可打开【链】(Chain) 对话框，以便能修改链和曲面集属性。

(2) 约束(Constraints)——控制边界条件，包括边对齐的相切条件。可能的条件为“自由”(Free)、“相切”(Tangent)、“曲率”(Curvature)和“法向”(Normal)。

① 显示拖动控制滑块 (Display Drag Handles)——显示控制边界拉伸系数的拖动控制滑块。

② 添加侧曲线影响 (Add Side Curve Influence)——启用侧曲线影响。在单向混合曲面中，对于指定为“相切”(Tangent)或“曲率”(Curvature) 的边界条件，Pro/E 使混合曲面的侧边相切于参照的侧边。

③ 添加内部边相切(Add Inner Edge Tangency)——设置混合曲面单向或双向的相切内部边条件。此条件只适用于具有多段边界的曲面。可创建带有曲面片(通过内部边并与之相切)的混合曲面。某些情况下，如果几何复杂，内部边的二面角可能会与零有偏差。

(3) 控制点(Control Points)——通过在输入曲线上映射位置来添加控制点并形成曲面。可通过执行【集】(Sets)列中的【新集】(New Set) 命令添加控制点的新集。

控制点列表包含以下预定义的控制选项。

① 自然 (Natural)——使用一般混合例程混合，并使用相同例程来重置输入曲线的参数，可获得最逼真的曲面。

② 弧长 (Arc Length)——对原始曲线进行的最小调整。使用一般混合例程来混合曲线，被分成相等的曲线段并逐段混合的曲线除外。

③ 点至点 (Point to Point)——逐点混合。第一条曲线中的点 1 连接到第二条曲线中的点 1，以此类推。

④ 段至段 (Piece to Piece)——逐段混合。曲线链或复合曲线被连接。

⑤ 可延展 (Developable)——如果选取了一个方向上的两条相切曲线，则可进行切换，以确定是否需要可延展选项。

(4) 选项(Options)——选取曲线链来影响用户界面中混合曲面的形状或逼近方向。

① 细节 (Details)——打开【链】(Chain)对话框以修改链组属性。

② 滑度 (Smoothness)——控制曲面的粗糙度、不规则性或投影。

③ 在方向上的曲面片(Patches in Direction)(第一个和第二个)——控制用于形成结果曲面的沿 u 和 v 方向的曲面片数。

(5) 属性(Properties)——重命名混合特征，或在 Pro/E 软件中显示关于混合特征的信息。

7.1 课内任务：灯笼的设计

在 Pro/E 环境中，根据图 7.3 所示的灯笼的结构特点，利用边界曲面、阵列及自动倒圆角等命令创建灯笼的三维实体零件模型。

图 7.3 灯笼的三维图

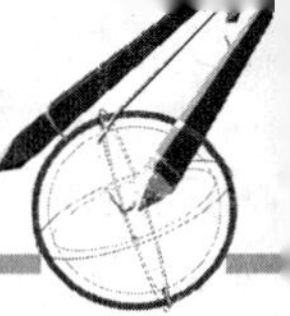

1. 设计思路

灯笼可分为笼面和提棒两个部分，笼面由 12 瓣曲面组成，每瓣曲面可用边界混合的方式生成，然后进行阵列、曲面合并、自动倒圆角、曲面加厚。提棒只要拉伸加上倒圆角即可。如图 7.4 所示，设计步骤包括以下几个：

(1) 制作单瓣笼面。

(2) 制作整个笼面。

(3) 制作提棒。

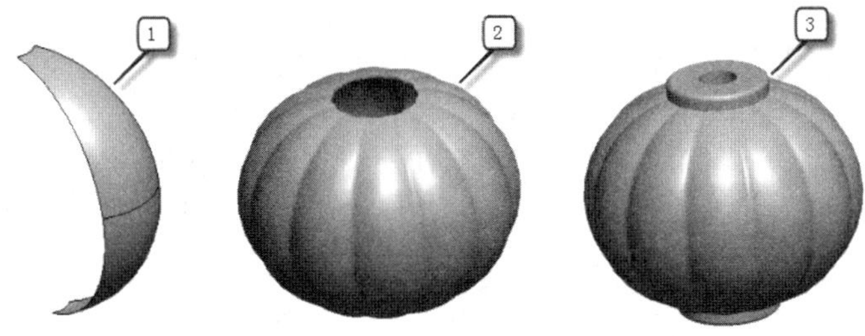

图 7.4　灯笼设计思路

2. 方法与技巧

设计中尽量化繁为简，将步骤细化，见表 7-1。

表 7-1　7.1 节设计步骤

序号	步　骤	知 识 要 点
1	制作单瓣笼面	基准面、边界混合
2	制作整个笼面	阵列、曲面合并、自动倒圆角、加厚
3	制作提棒	拉伸、倒圆角

步骤 1：制作单瓣笼面

(1) 单击▱(基准平面工具)按钮，创建基准面 DTMl，与 TOP 面平行，距离为“40”。

(2) 单击(草绘工具)按钮，在 TOP 面上绘制一段圆弧，截面尺寸如图 7.5 所示。

(3) 单击(草绘工具)按钮，在 DTM1 面上绘制一段圆弧，截面尺寸如图 7.6 所示。

(4) 单击(镜像工具)按钮，以 DTM1 为镜像平面，镜像 TOP 平面上绘制的基准曲线如图 7.7 所示。

(5) 单击(基准点工具)按钮，以所绘制 3 条基准曲线的端点(在 FRONT 面上)创建 3 个基准点 PNT0、PNT1、PNT2，如图 7.8 所示。

(6) 单击(基准轴)按钮，如图 7.9 所示，按住 Ctrl 键，选择 FRONT 及 RIGHT 基准面，生成基准轴 A1。

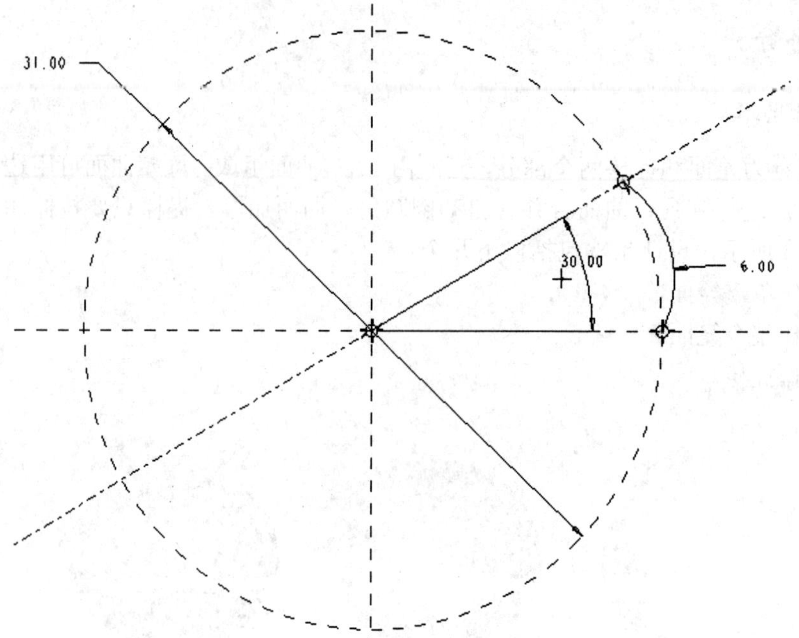

图 7.5　TOP 面上绘制的圆弧

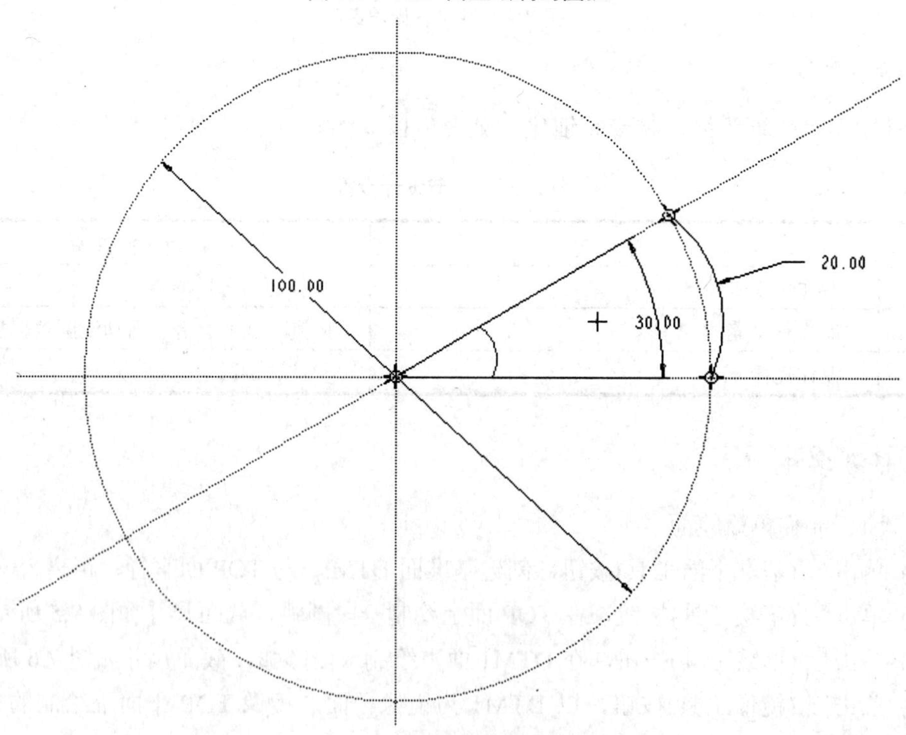

图 7.6　DTM1 面上绘制的圆弧

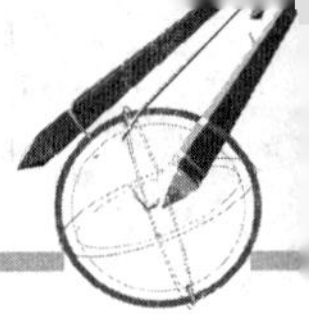

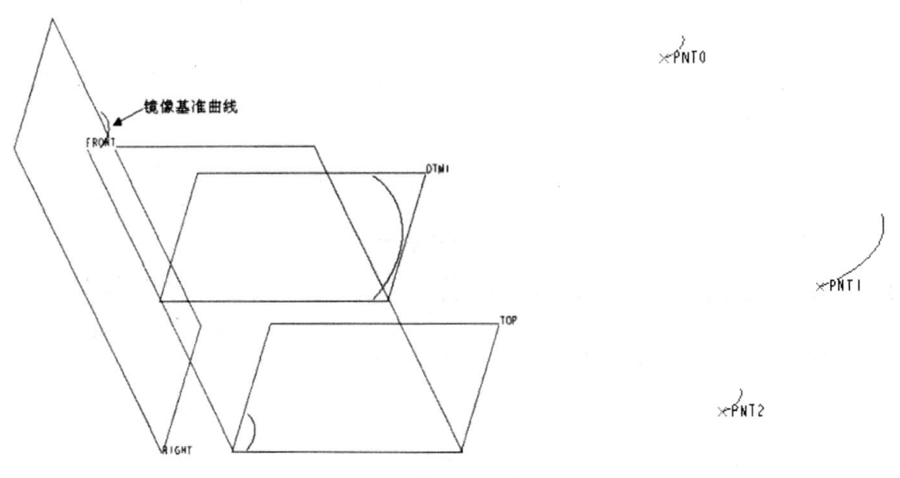

图 7.7　镜像后的基准曲线　　　　图 7.8　创建的 3 个基准点

(7) 单击(草绘)按钮，在 FRONT 面上过 PNT0、PNT1、PNT2 绘制曲线，如图 7.10 所示。

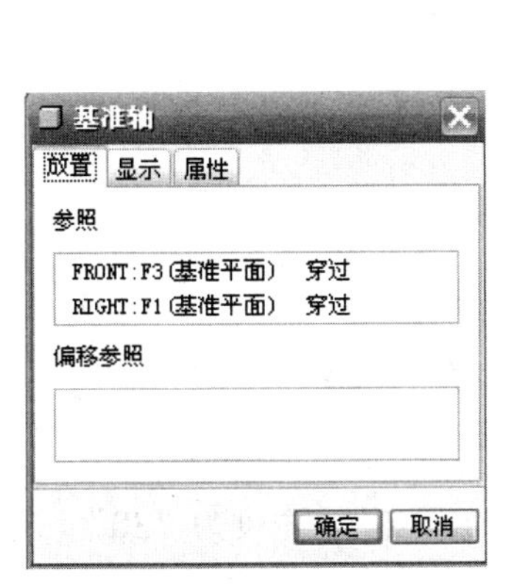

图 7.9 【基准轴】对话框

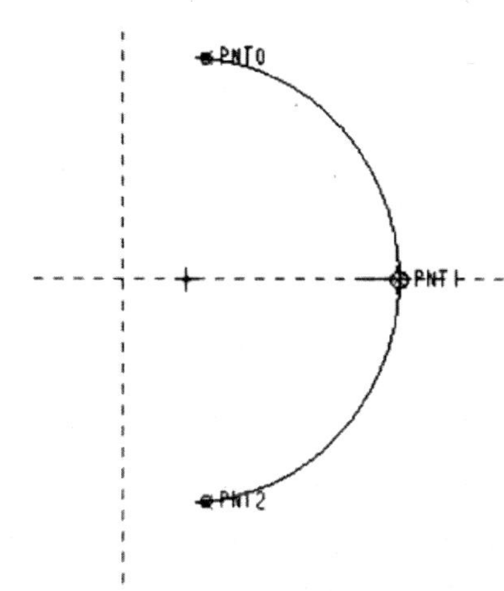

图 7.10　通过 PNT0、PNT1、PNT2 这 3 点的曲线

(8) 选择上一步所画曲线，然后单击(阵列)按钮，如图 7.11 所示，选择阵列方式为“轴”，单击已经生成的 A1 轴，再设置阵列数目为“2”，阵列角度为“30.00”。完成曲线的阵列如图 7.12 所示。

(9) 单击(边界混合工具)按钮，进入【边界混合】特征操作面板，如图 7.13 所示，在第一方向选取曲线 1、曲线 2，在第二方向依次选取曲线 3、曲线 4、曲线 5，单击(确定)按钮。

图 7.11 【阵列】控制面板

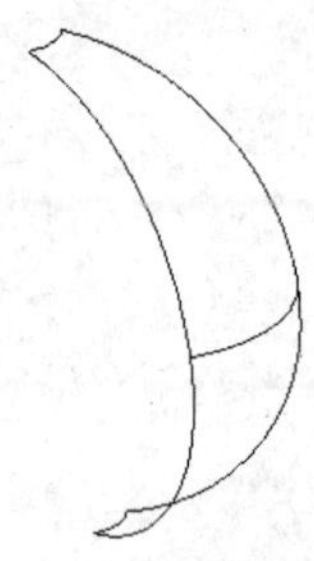

图 7.12　阵列后曲线

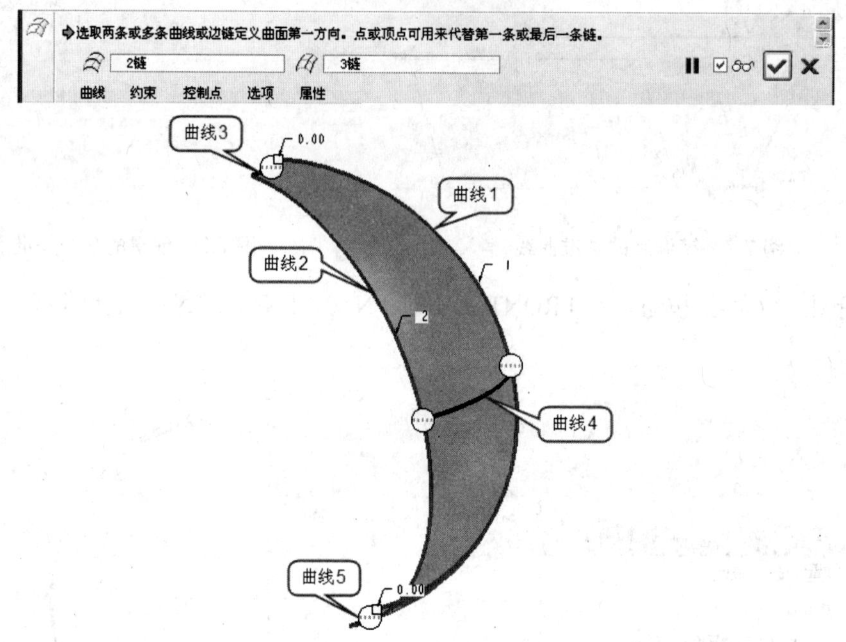

图 7.13 【边界混合】特征面板及 5 条特征曲线

步骤 2：制作整个笼面

(1) 单击(阵列工具)按钮，阵列单瓣笼面，数量为“12”，角度为“30”，阵列完成后的笼面如图 7.14 所示。

图 7.14　阵列完成后的笼面

(2) 单击(合并工具)按钮，将所有曲面选中，合并成一个整体。

(3) 执行【插入】｜【自动倒圆角】命令，设定圆角半径为“5.00”，选取整个曲面，

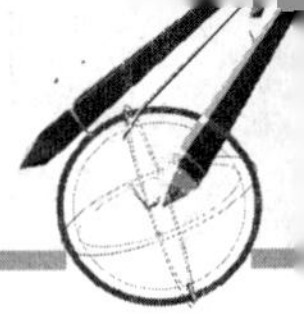

如图 7.15 所示。

图 7.15 【自动倒圆角】控制面板及自动倒圆角后的笼面

(4) 执行【编辑】|【加厚】命令，设定厚度为“2”，方向朝里，如图 7.16 所示。

图 7.16 曲面加厚以后的笼面

步骤 3：制作提棒

(1) 单击(拉伸工具)按钮，单击【放置】，以 DTM1 平面为草绘平面，绘制截面，如图 7.17 所示；单击(确定)按钮返回【拉伸】操作面板，修改拉伸方式为(两侧拉伸)，高度为“100”，单击(确定)按钮。

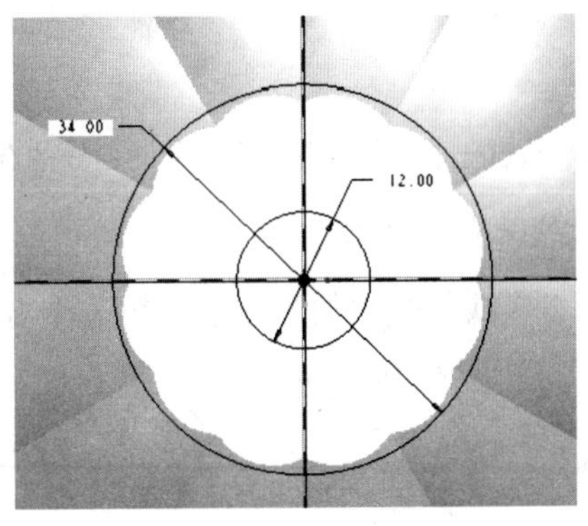

图 7.17 提棒拉伸截面图形

(2) 单击 (倒圆角工具)按钮，设定圆角半径为 2，选提棒上下两条边，完成后如图 7.18 所示。

图 7.18　完成造型后的灯笼三维图

归纳总结

任务详细介绍了边界曲面制作的方法及步骤，同时介绍了阵列、自动倒圆角等命令的使用方法。

边界混合面是通过一个或两个方向上的序列曲线来构成面的，所以要创建边界混合面，首先要创建所有的边界，包括外部和内部边界。边界创建好之后创建就简单了，只须按照顺序选择两个方向上的曲线便可。

1. 通过在一个方向混合曲线来创建曲面

如图 7.19 所示，可按 1-2-3 或 3-2-1 的顺序选择这些曲线，生成曲面特征。

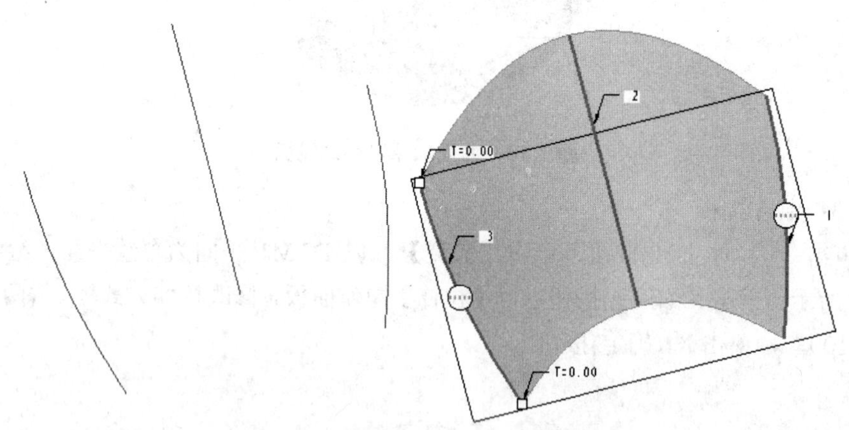

图 7.19　通过一个方向边界混合曲面时曲线的选择顺序

2. 通过两个方向混合曲线来创建曲面

如图 7.20 所示，可按 1-2-3 或 3-2-1 的顺序选择第一个方向的曲线，按 1-2 或 2-1 的顺序在第二方向上选取的曲线，生成曲面特征。

拓展提高

当边界选择完毕后，图形中除了出现预览的几何图形外，还有些白色的符号，它们实

际上就是边界条件的控制符号。

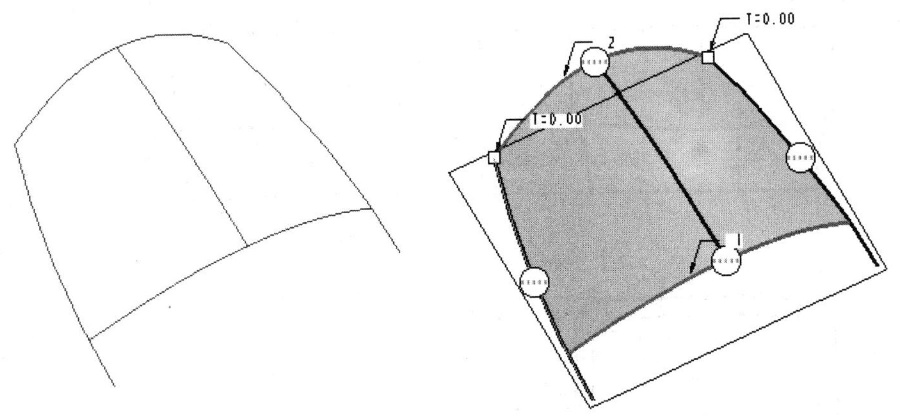

图 7.20　通过两个方向边界混合曲面时曲线的选择顺序

如果创建的边界混合面有相邻曲面的活，那么这条公共边的边界条件就可以定义成下面 4 种：

(1) 自由：新创建的曲面和原曲面没有约束关系。

(2) 切线：新创建的曲面将相切于原曲面 G1 连接。

(3) 垂直：新创建的曲面将垂直于原曲面。

(4) 曲率：新创建的曲面将和原曲面是曲率连续 G2 连接。

练习与实训

在 Pro/E 环境中，完成图 7.21 所示的曲面的建模。

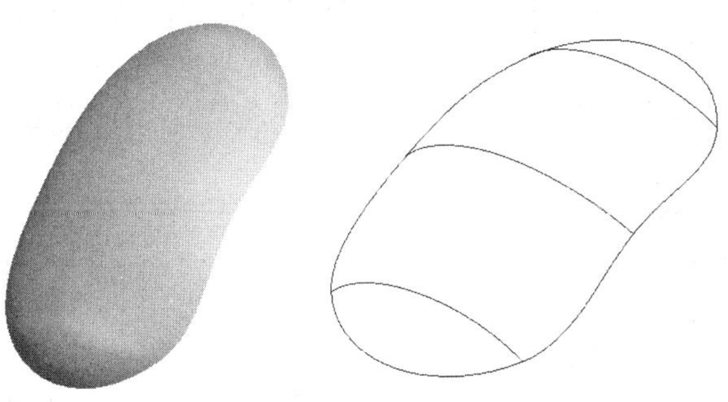

图 7.21　曲面三维图

7.2　课外任务：肥皂盒的设计

任务描述

根据图 7.22 想象出立体形状，在 Pro/E 环境中，利用边界曲面等命令，创建其三维实体零件模型。

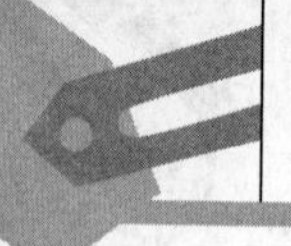

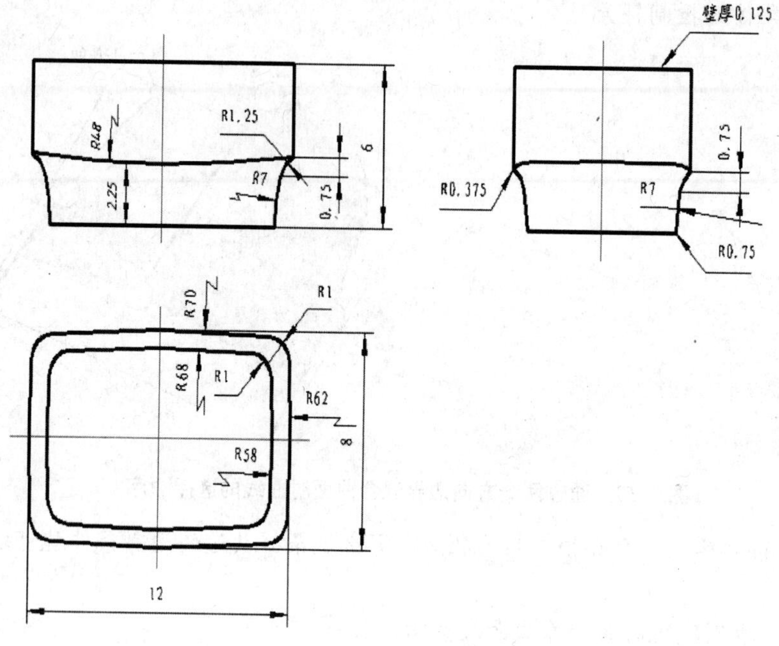

图 7.22　肥皂盒的零件图

任务分析

1. 设计思路

根据肥皂盒的外形，上部只需要拉伸即可，下部是一个典型的边界混合曲面。由于下部的曲线中有一条是空间曲线，可利作相交命令绘制出来。其方法如图 7.23 所示。

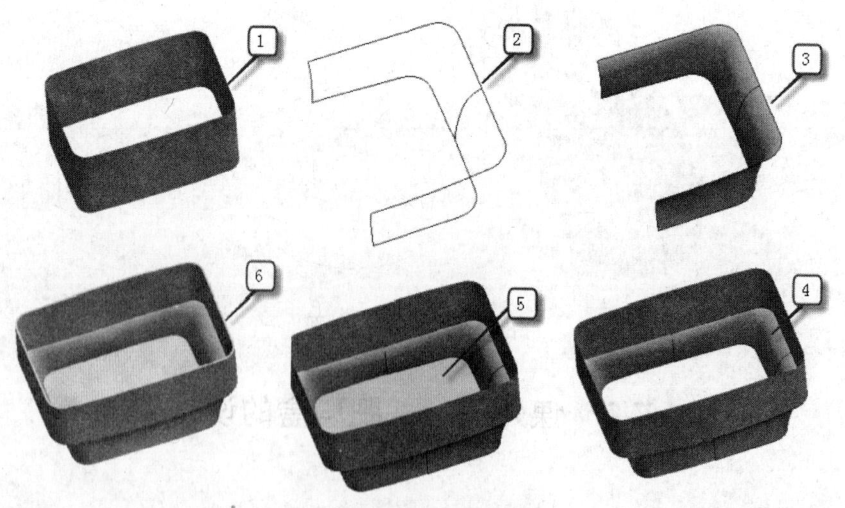

图 7.23　肥皂盒设计思路

2. 方法与技巧

设计中尽量化繁为简，将步骤细化，见表 7-2。

表 7-2　7.2 节设计步骤

序号	步　骤	知 识 要 点
1	拉伸肥皂盒上部曲面	拉伸、自动倒圆角
2	绘制下部边界曲线	投影、基准点、相交
3	绘制肥皂盒下部曲面	边界混合、镜像、曲面合并
4	绘制肥皂盒的底面	填充、曲面合并
5	曲面加厚完成肥皂盒造型	倒圆角、加厚

任务实施

按照设计思路及方法，独立完成设计过程。

归纳总结

任务从基准点、基准线的建立出发，详细讲解了边界曲面的制作方法。

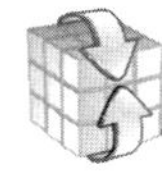

练习与实训

在 Pro/E 环境中，根据图 7.24 所示的实体，自行设计一款汤勺。

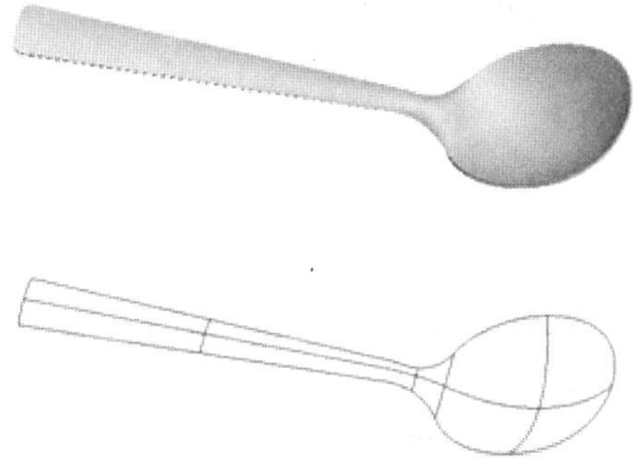

图 7.24　汤勺的三维图及骨架

项目 8

零件的装配

知识目标

(1) Pro/E 装配环境及基本操作;
(2) 装配的约束类型及应用;
(3) 零件装配的方法;
(4) 分解视图的生成。

能力目标

能 力 目 标	知 识 要 点	权重(%)	自测分数
(1) 掌握 Pro/E 装配环境及基本操作	组件环境、装配操作	10	
(2) 掌握装配的约束类型及应用方法	对齐、配对、插入、相切、偏距	40	
(3) 掌握零件装配的方法	元件装配	30	
(4) 掌握分解视图的方法	视图分解	20	

知识点导读

在 Pro/E 中设计的各个零件模型，可以通过组合模块的形式进行相互的装配，也可以爆炸开来展示组合产品的结构。在 Pro/E 软件中，装配的过程中只须定义相关零件之间的配合关系，而不须另外再建立一个包含所有零件资料的总档案。

8.1　课内任务：装配机用虎钳

任务描述

如图 8.1 所示，利用 Pro/E 的零件装配功能，将已经设计好的三维实体零件装配成完整的机用虎钳装配体。

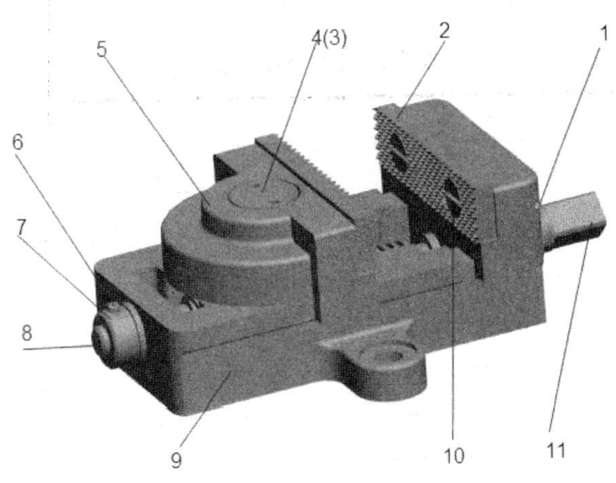

图 8.1　虎钳装配模型

图 8.1 中各零件名称、数量及材料见表 8-1。

表 8-1　零件明细表

序　号	零 件 名 称	数　量	材　料	备　注
1	垫圈 18-140HV	1		GB/T 97.1—2002
2	钳口板	2	Q255	
3	螺　钉	1	Q235	
4	螺　母	1	ZQSn6-6-3	
5	活动钳身	1	HT150	
6	销 4×25	1		GB/T 117—2000
7	挡　圈	1	Q235	
8	垫圈 12-140HV	1		GB/T 97.1—2002
9	固定钳身	1	HT150	
10	螺钉 M8×20	4		GB/T 68—2000
11	螺　杆	1	45	

1. 设计思路

本例的机用虎钳由 11 种零件装配而成，装配顺序为：固定钳身→螺母→垫圈 18→螺杆→垫圈 12→挡圈→销→活动钳身→螺钉→钳口板→螺钉 M8×20。

2. 方法与技巧

设计中尽量化繁为简，将步骤细化，见表 8-2。

表 8-2　8.1 节设计步骤

序号	步　骤	知 识 要 点
1	固定钳身-螺母的装配	装配约束
2	垫圈 18 的装配	装配约束
3	螺杆的装配	装配约束
4	垫圈 12 的装配	装配约束
5	挡圈的装配	装配约束
6	销的装配	装配约束
7	活动钳身的装配	装配约束
8	螺钉的装配	装配约束
9	钳口板的装配	装配约束
10	螺钉 M8×20 的装配	装配约束

步骤 1：固定钳身-螺母的装配

(1) 执行【文件】|【设置工作目录】命令，选择虎钳零件所在的目录作为工作目录。

(2) 执行【文件】|【新建】|【类型】(组件)命令，取消【使用缺省模板】复选框，输入文件名“huqianzp”，选择 mmns_asm_design 模板。

(3) 单击右边工具栏中的(将元件添加到组件)按钮，在弹出的【文件选择】列表框中选择固定钳身零件文件“GUDINGQS.PRT”，单击【打开】按钮，固定钳身零件出现在图形区，并弹出组件【装配】控制面板如图 8.2 所示。

图 8.2 【装配】控制面板

(4) 如图 8.3 所示，在选择约束类型栏中单击下三角按钮，弹出约束类型并选择【坐标系】。

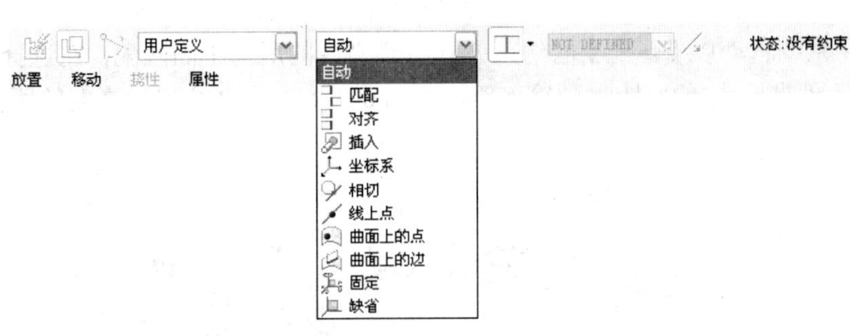

图 8.3 【装配】约束类型

(5) 单击选择装配环境坐标系 1“ASM_DEF_CSYS”，系统提示“从另一个模型中选择坐标系”，此时拉出一条红色虚线，单击固定钳身坐标系 2“GUDINGQS:CYS:F4(坐标系)”，此时两坐标系重合，单击☑(应用)按钮，完成钳身的放置，如图 8.4 所示。

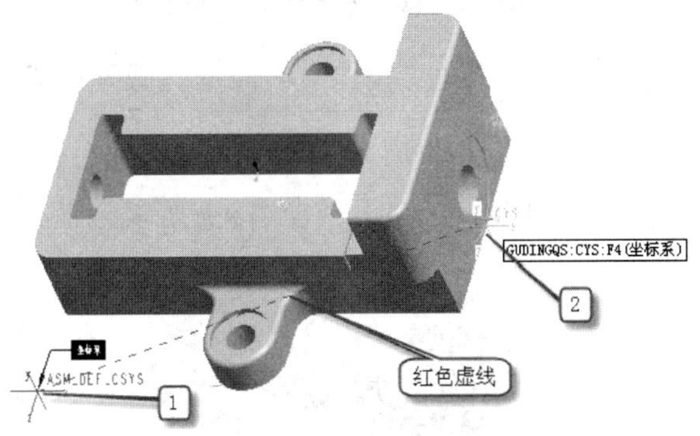

图 8.4　固定钳身的装配

(6) 单击右边工具栏中的(将元件添加到组件)按钮，在弹出的【文件选择】列表框中选择螺母零件“LUOMU.PRT”，单击【打开】按钮，螺母零件出现在图形区，并弹出组件【装配】控制面板。

(7) 选择约束类型为【对齐】，如图 8.5 所示，单击螺母孔的轴线，单击固定钳身左边孔的轴线，系统自动以【对齐】的约束方式将两零件的所选轴心对齐。

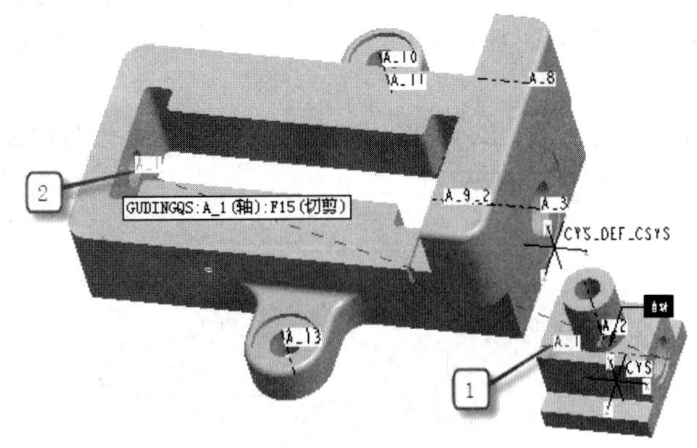

图 8.5　螺母轴心对齐关系图

(8) 如图 8.6 所示，单击螺母左端面，单击固定钳身箱体左端面，【装配】控制面板如

图 8.7 所示，系统自动以【匹配】的约束方式将两零件的所选平面匹配，在选择(将原件偏移放置在元件参照中)的间距栏中输入距离“10.00”，表示两个平面之间的距离为 10.00。

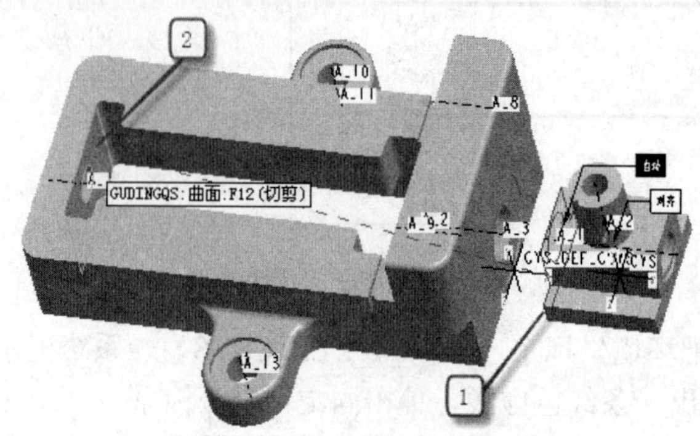

图 8.6　螺母左端面平面匹配

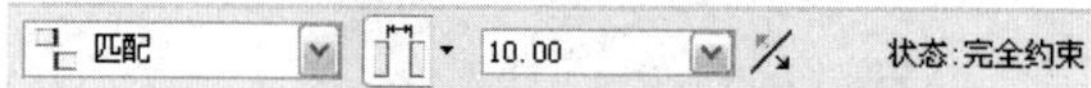

图 8.7　偏移位置

(9) 单击(应用)按钮，完成螺母的放置，如图 8.8 所示。

图 8.8　螺母装配结果图

步骤 2：垫圈 18 的装配

(1) 单击右边工具栏中的(将元件添加到组件)按钮，在弹出的【文件选择】列表框中选择垫圈 18 的零件文件“DIANQUAN18.PRT”，垫圈零件出现在图形区，并弹出组件【装配】控制面板。

(2) 如图 8.9 所示，单击垫圈孔的轴线，单击固定钳身右边孔的轴线，系统自动以【对齐】的约束方式将两零件的所选轴心对齐。

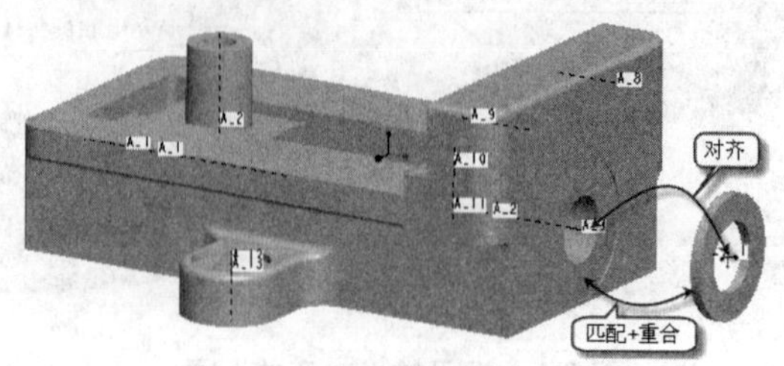

图 8.9　垫圈 18 装配位置关系

(3) 单击垫圈左端面，单击固定钳身箱体右端面圆环处，此时系统以【匹配】的约束方式将两零件的所选平面匹配，在【装配】控制面板中选择偏移选项为工(重合)。

(4) 单击☑(应用)按钮，完成垫圈的放置，如图 8.10 所示。

图 8.10　垫圈 18 装配结果图

步骤 3：螺杆的装配

(1) 单击右边工具栏中的(将元件添加到组件)按钮，在弹出的【文件选择】列表框中选择螺杆的零件文件“LUOGAN.PRT”，螺杆零件出现在图形区，并弹出组件【装配】控制面板。

(2) 如图 8.11 所示，单击螺杆的轴线，单击螺母孔的轴线，系统自动以【对齐】的约束方式将两零件的所选轴心对齐。

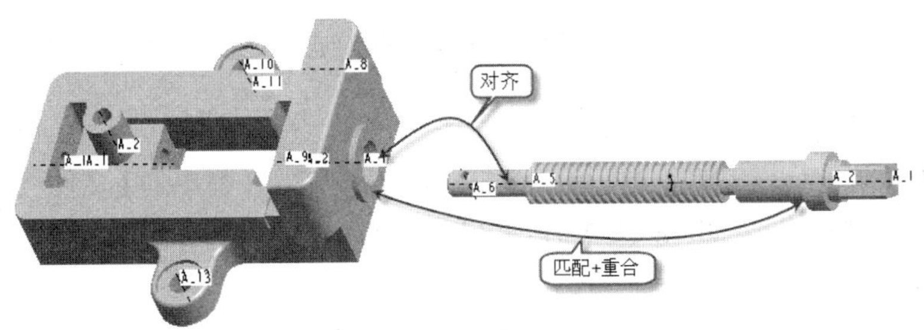

图 8.11　螺杆装配位置关系

(3) 单击螺杆轴肩左端面，单击垫圈 18 右端面，此时系统以【匹配】的约束方式将两零件的所选平面匹配，在【装配】控制面板中选择偏移选项为工(重合)，单击☑(应用)按钮，完成螺杆的放置，如图 8.12 所示。

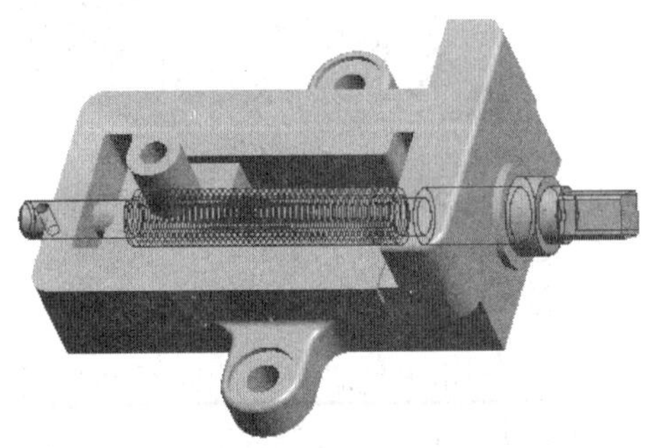

图 8.12　螺杆的装配结果图

操作技巧

以“匹配”的约束方式进行装配过程中，可能出现图 8.13 所示的反方向，此时单击图 8.14 所示的 （更改约束方向）按钮即可改变方向。在后面的步骤中出现相同情况时，按此操作方法进行调整。

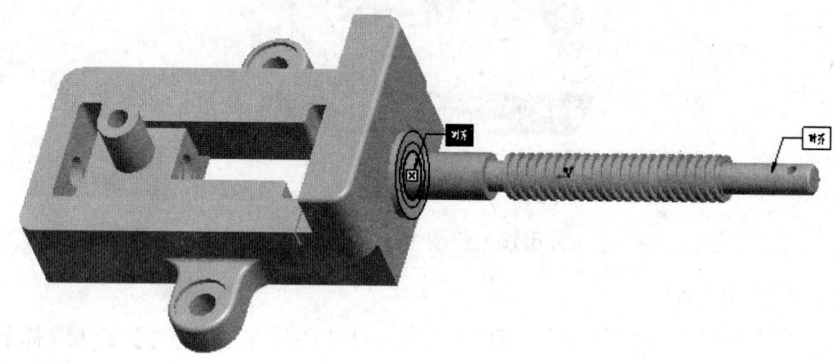

图 8.13　螺杆装配预览图

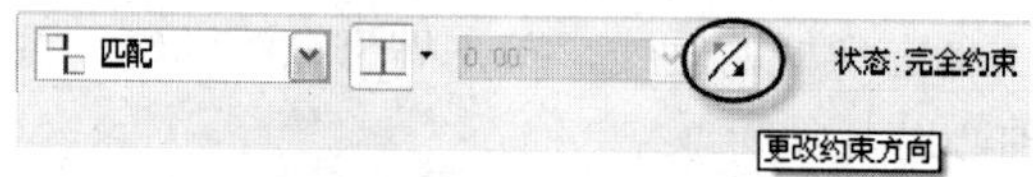

图 8.14　更改约束方向

步骤 4：垫圈 12 的装配

(1) 单击右边工具栏中的 (将元件添加到组件)按钮，在弹出的【文件选择】列表框中选择垫圈 12 的零件文件“DIANQUAN12.PRT”，垫圈零件出现在图形区，并弹出组件【装配】控制面板。

(2) 如图 8.15 所示，单击垫圈孔的轴线，单击螺杆的轴线，系统自动以【对齐】的约束方式将两零件的所选轴心对齐。

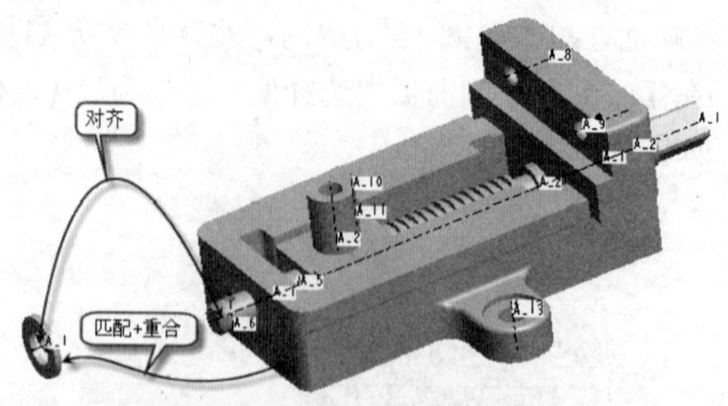

图 8.15　垫圈 12 装配位置关系

(3) 单击垫圈右端面，单击固定钳身左端面，此时系统以【匹配】的约束方式将两零件的所选平面匹配，在【装配】控制面板中选择偏移选项为 (重合)，单击 (应用)按钮，完成垫圈的放置，如图 8.16 所示。

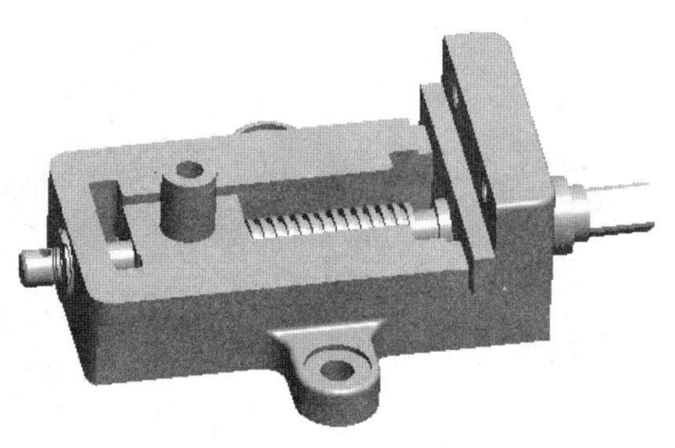

图 8.16　垫圈 12 装配结果图

操作技巧

在选择两轴心对齐后中，垫圈会自动与螺杆对齐，此时的垫圈可能重合在固定钳身之间而无法看见，给下一个约束带来困难。此时，可以采用移动选项将垫圈平移出来。详见以下步骤及图示。

(4) 单击【装配】控制面板的【移动】按钮，弹出下滑面板如图 8.17 所示，选择【平移】，单击图形区的空白处，此时拖动鼠标可见垫圈随着鼠标指针沿着轴线移动，移动出来到适当位置单击完成移动，如图 8.18 所示，单击【装配】控制面板的【移动】按钮，返回下一个装配的约束选择方式。

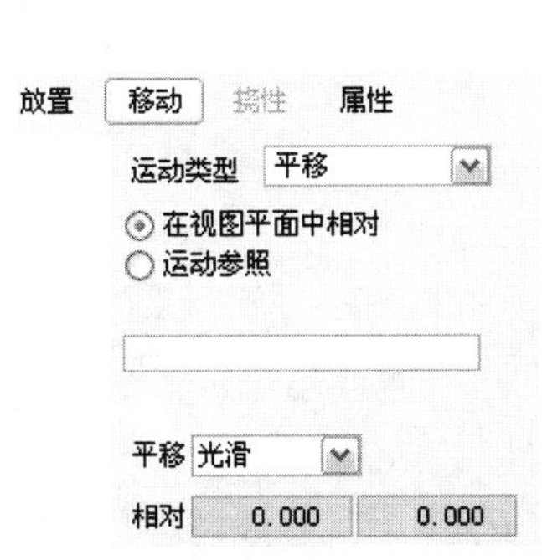

图 8.17 【移动】下滑面板

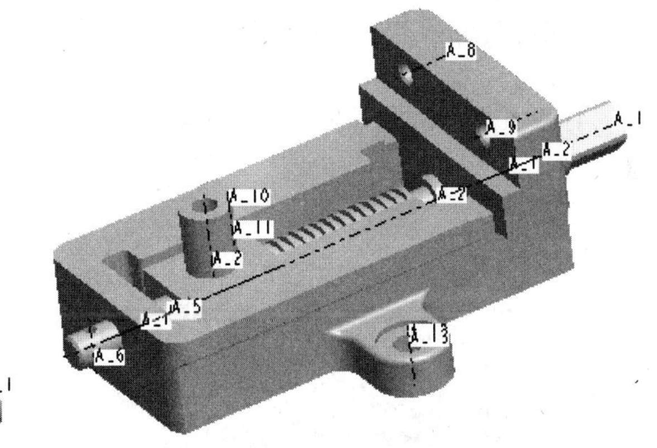

图 8.18　垫圈移动效果

步骤 5：挡圈的装配

(1) 单击右边工具栏中的(将元件添加到组件)按钮，在弹出的【文件选择】列表框中选择挡圈的零件文件“DANGQUAN.PRT”，挡圈零件出现在图形区，并弹出组件【装配】控制面板。

(2) 如图 8.19 所示，单击挡圈孔的轴线，单击螺杆的轴线，系统自动以【对齐】的约束方式将两零件的所选轴心对齐。

(3) 单击挡圈孔的销孔轴线，单击螺杆的销孔轴线，系统自动以【对齐】的约束方式将两零件的所选轴心对齐。单击(应用)按钮，完成挡圈的放置，如图 8.20 所示。

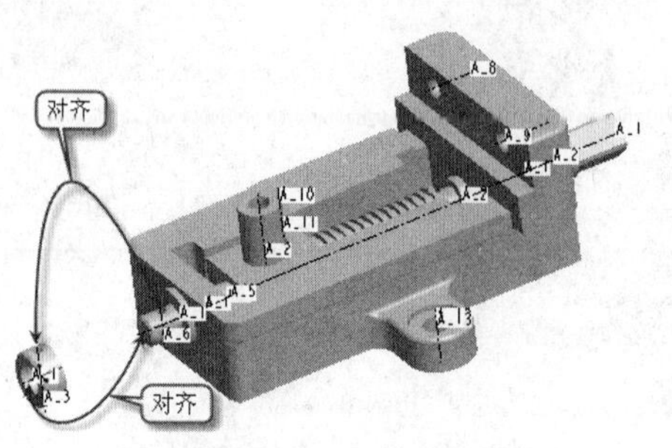

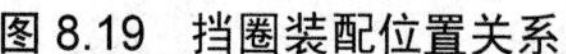

图 8.19　挡圈装配位置关系

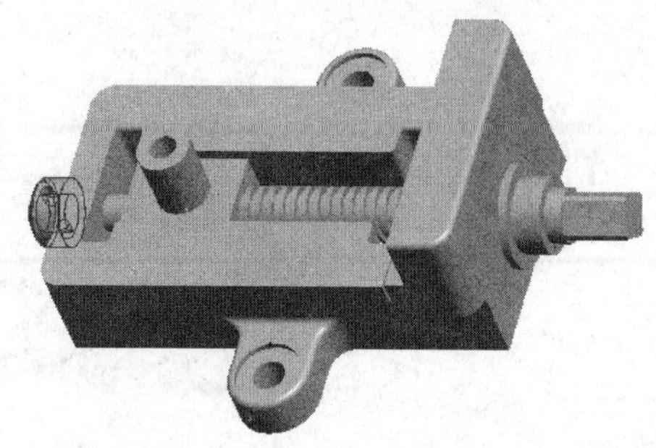

图 8.20　挡圈装配结果图

步骤 6：销的装配

(1) 单击右边工具栏中的[icon](将元件添加到组件)按钮，在弹出的【文件选择】列表框中选择销的零件文件“XIAO.PRT”，销零件出现在图形区，并弹出组件【装配】控制面板。

(2) 如图 8.21 所示，单击销的轴线，单击螺杆销孔的轴线，系统自动以“对齐”的约束方式将两零件的所选轴心对齐。

(3) 单击【装配】控制面板的【移动】按钮，弹出下滑面板，选择【平移】，单击图形区的空白处，此时拖动鼠标可见销随着鼠标指针沿着轴线移动，移动出来到适当位置单击完成移动。

操作技巧

此销的装配采用不完全约束，可沿着轴上下移动。

(4) 单击[icon](应用)按钮，完成销的放置，如图 8.22 所示。

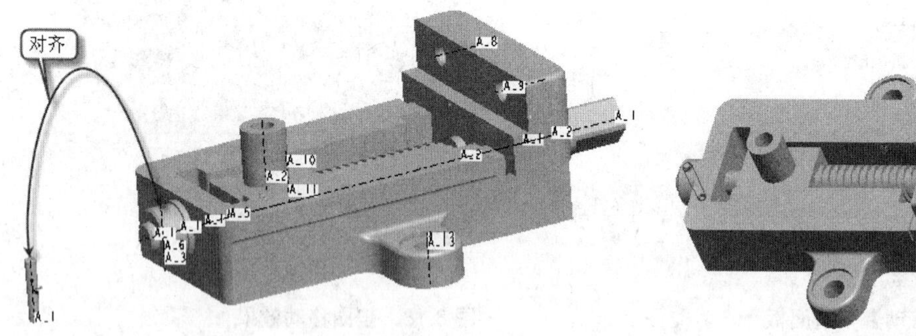

图 8.21　销装配位置关系

图 8.22　销装配结果图

步骤 7：活动钳身的装配

(1) 单击右边工具栏中的[icon](将元件添加到组件)按钮，在弹出的【文件选择】列表框中选择活动钳身的零件文件“HUODONGQS.PRT”，活动钳身零件出现在图形区，并弹出组件【装配】控制面板。

(2) 如图 8.23 所示，单击活动钳身内孔的曲面，单击螺母外圆柱面，系统自动以【插入】的约束方式将两零件的所选孔和轴配合。

(3) 单击装配控制面板的【移动】按钮，弹出下滑面板，选择【平移】，单击图形区的空白处，此时拖动鼠标可见活动钳身随着鼠标指针沿着轴线上下移动，移动出来到适当位置单击完成移动。

(4) 单击活动钳身的底面，单击螺母座的顶面，此时系统以【匹配】的约束方式将两零件的所选平面匹配，在装配控制面板中选择偏移选项为工(重合)，单击✓(应用)按钮，完成螺杆的放置，如图 8.24 所示。

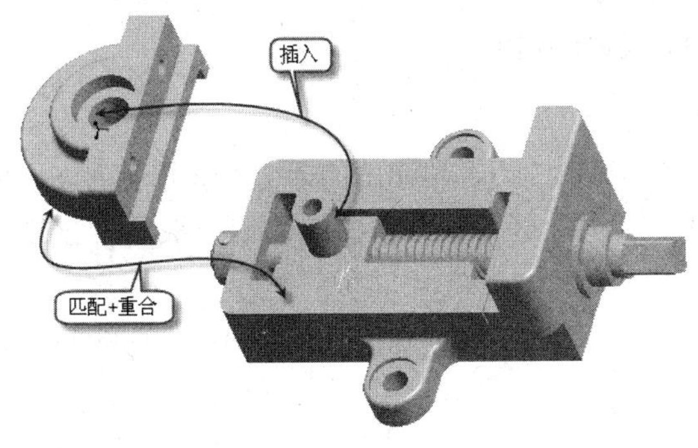

图 8.23　活动钳身装配位置关系

图 8.24　活动钳身装配结果图

步骤 8：螺钉的装配

(1) 单击右边工具栏中的(将元件添加到组件)按钮，在弹出的【文件选择】列表框中选择螺钉的零件文件“LUODING.PRT”，单击【打开】按钮，螺钉零件出现在图形区，并弹出组件【装配】控制面板。

(2) 如图 8.25 所示，单击螺钉的轴线，单击螺母孔的轴线，系统自动以【对齐】的约束方式将两零件的所选轴心对齐。

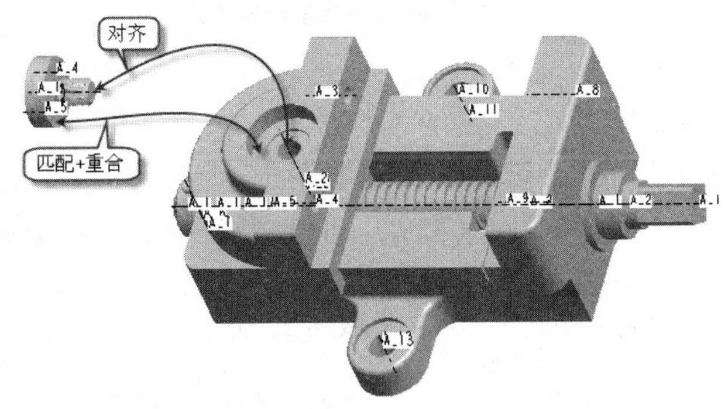

图 8.25　螺钉装配位置关系

(3) 单击【装配】控制面板的【移动】按钮，弹出下滑面板，选择【平移】，单击图形区的空白处，此时拖动鼠标可见螺钉随着鼠标指针沿着轴线上下移动，移动出来到适当位置单击完成移动。

(4) 单击螺钉头部与螺钉连接处平面，单击活动钳身内孔顶面，选择【匹配】的约束方式将两零件的所选平面匹配，选择偏移选项为工(重合)，单击✓(应用)按钮，完成螺钉的放置，如图 8.26 所示。

图 8.26　螺钉装配结果图

步骤 9：钳口板的装配

(1) 单击右边工具栏中的(将元件添加到组件)按钮，在弹出的【文件选择】列表框中选择钳口板的零件文件“QIANKOUBAN.PRT”，单击【打开】按钮，钳口板零件出现在图形区，并弹出组件【装配】控制面板。

(2) 如图 8.27 所示，单击钳口板的轴线 1，单击活动钳身螺纹孔的轴线 1，系统自动以【对齐】的约束方式将两零件的所选轴心对齐。

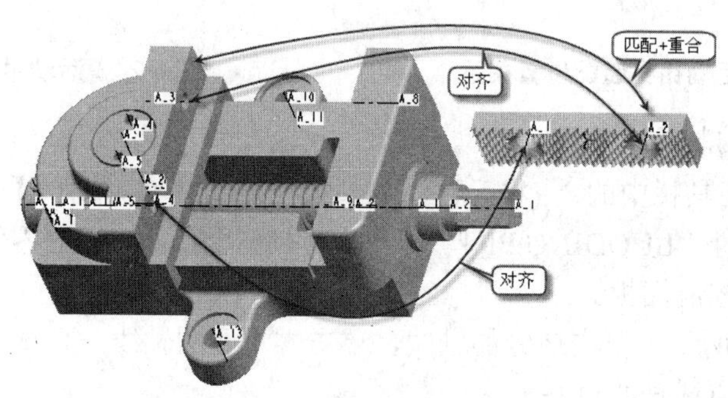

图 8.27　钳口板装配位置关系

(3) 单击钳口板的轴线 2，单击活动钳身螺纹孔的轴线 2，系统自动以【对齐】的约束方式将两零件的所选轴心对齐。

(4) 单击钳口板的后平面，单击活动钳身右端面，选择【匹配】的约束方式将两零件的所选平面匹配，选择偏移选项为(重合)，单击(应用)按钮，完成钳口板的放置，如图 8.28 所示。

(5) 同理，将钳口板装配在固定钳身，如图 8.29 所示。

图 8.28　左侧钳口板装配结果图

图 8.29　右侧钳口板装配结果图

步骤 10：螺钉 M8×20 的装配

(1) 单击右边工具栏中的 (将元件添加到组件)按钮，在弹出的【文件选择】列表框中选择螺钉的零件文件“LUODINGM8X20.PRT”，螺钉零件出现在图形区，并弹出组件【装配】控制面板。

(2) 如图 8.30 所示，单击螺钉的轴线，单击钳口板螺纹孔的轴线，系统自动以【对齐】的约束方式将两零件的所选轴心对齐。

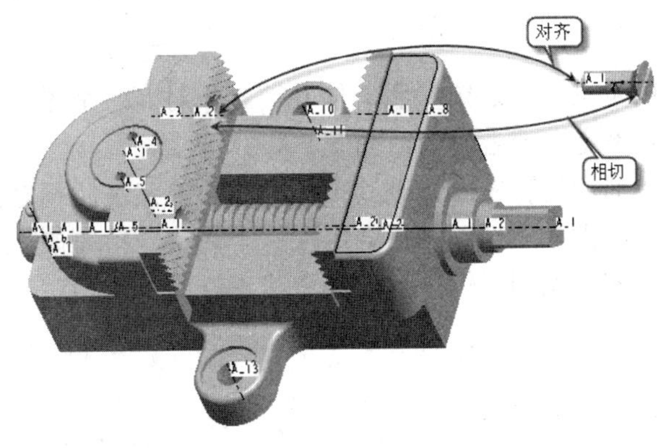

图 8.30　螺钉装配位置关系

(3) 单击螺钉的沉头圆锥面，选择约束方式为【相切】，单击钳口板沉头孔圆锥面。单击 (应用)按钮，完成螺钉的放置，如图 8.31 所示。

(4) 同理，重复 3 次，将 3 个螺钉分别装配钳口板的其他螺纹孔，如图 8.32 所示。

图 8.31　螺钉装配结果图

图 8.32　4 个螺钉装配结果图

(5) 执行【文件】|【保存】命令，或单击【标准】工具条中的 (保存)按钮，弹出【保存】对话框，单击【确定】按钮，保存当前建立的零件模型。

归纳总结

使用放置约束

放置约束指定了一对参照的相对位置。在 Pro/E 中，系统提供了 10 种基本约束供用户使用，分别为匹配、对齐、插入、坐标系、相切、线上点、曲面上的点、曲面上的边、固定、缺省。

当使用匹配和对齐约束时，系统还提供了以下 3 种偏移选项：

(1) 重合，使元件参照和组件参照互相重合。

(2) 定向，使元件参照和组件参照位于同一平面上，且平行于组件参照。

(3) 偏移，根据在【偏距输入】文本框中输入的值，从组件参照偏移元件参照。

10 种基本约束中，包括了机械设计中所使用的几乎所有基本放置约束。通过这 10 种基本约束，用户可以自由地定义零件间的相对位置。

1. 匹配约束

使用【匹配】约束定位两个选定参照，使其彼此相对。一个【匹配】约束可以将两个选定的参照匹配为重合、定向或者偏移，如图 8.33 所示。

如果基准平面或者曲面进行匹配，则其黄色的法向箭头彼此相对。如果基准平面或曲面以一个偏移值相匹配，则在组件参照中会出现一个箭头，指向偏移的正方向。如果元件配对时重合或偏移值为零，说明它们重合，其法线正方向彼此相对。创建基准或曲面时，同时定义了法向。

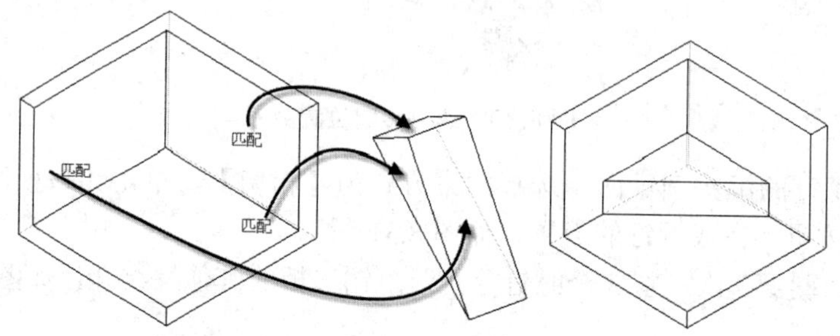

图 8.33　使用【匹配】约束

使用【匹配】约束定位时，系统默认使用偏移选项为【重合】，还可以使用【偏移】方式定义【匹配】约束。用【匹配】约束可使两个平面平行并相对，偏移值决定两个平面之间的距离，使用偏移拖动控制滑块来更改偏移距离，如图 8.34 所示。

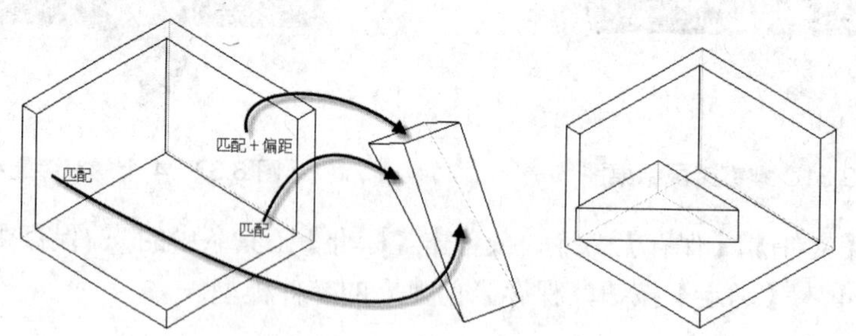

图 8.34　使用【匹配+偏移】约束

2. 对齐约束

【对齐】约束可使两个平面共面(重合并朝向相同)、两条轴线同轴或两个点重合，可以对齐旋转曲面或边。对齐偏移值决定两个参照之间的距离，使用偏移句柄可改变偏移值。【对齐】约束可以将两个选定的参照对齐为重合、定向或者偏移，如图 8.35 所示。

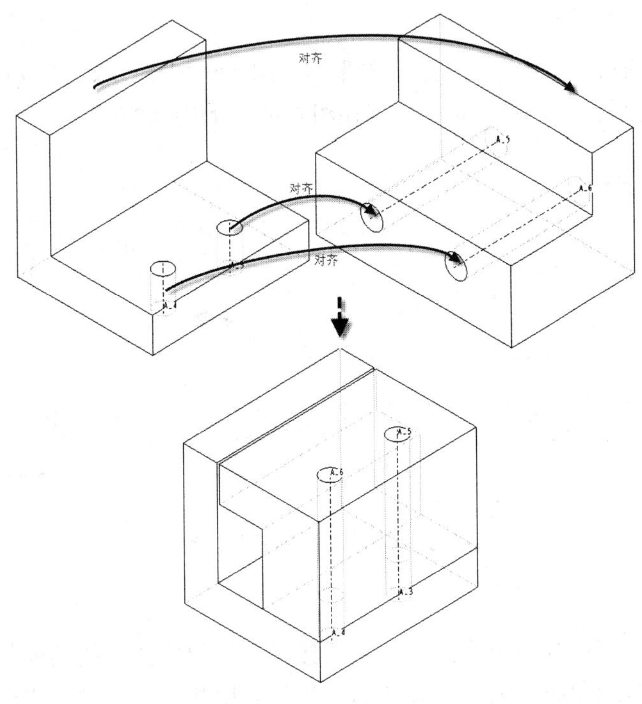

图 8.35　使用【对齐】约束

3. 插入约束

用【插入】约束可将一个旋转曲面插入另一旋转曲面中，且使它们各自的轴同轴。当轴选取无效或不方便时可以用这个约束，如图 8.36 所示。

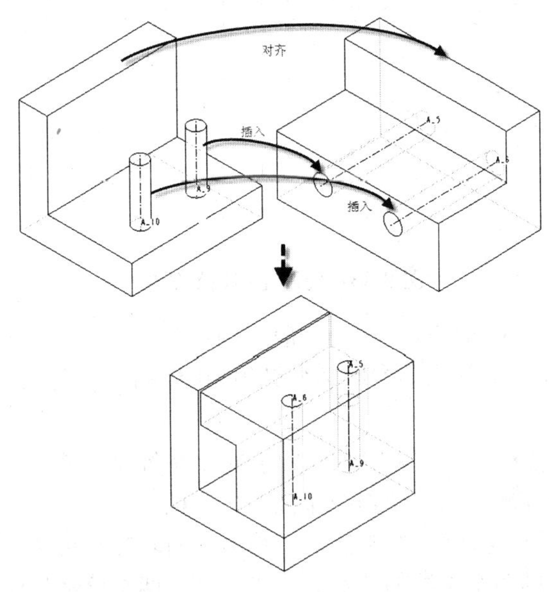

图 8.36　使用【插入】约束

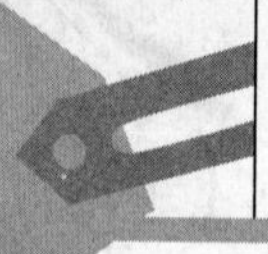

4. 坐标系约束

用【坐标系】约束，可通过将元件的坐标系与组件的坐标系对齐(既可以使用组件坐标系又可以使用零件坐标系)，将该元件放置在组件中，如图 8.37 所示。

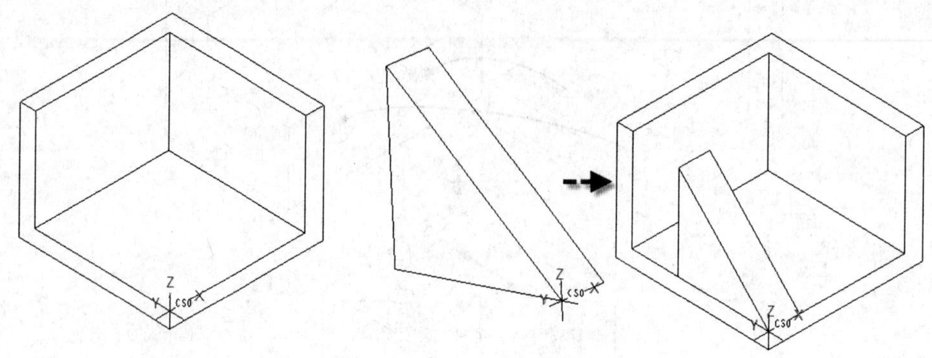

图 8.37 使用【坐标系】约束

5. 相切约束

用【相切】约束可控制两个曲面在切点的接触。该放置约束的功能与【匹配】约束功能相似，但该约束匹配曲面，而不对齐曲面，包括利用相切、接触点或接触边来控制两曲面接触的方式。该约束的应用实例，如图 8.38 所示。

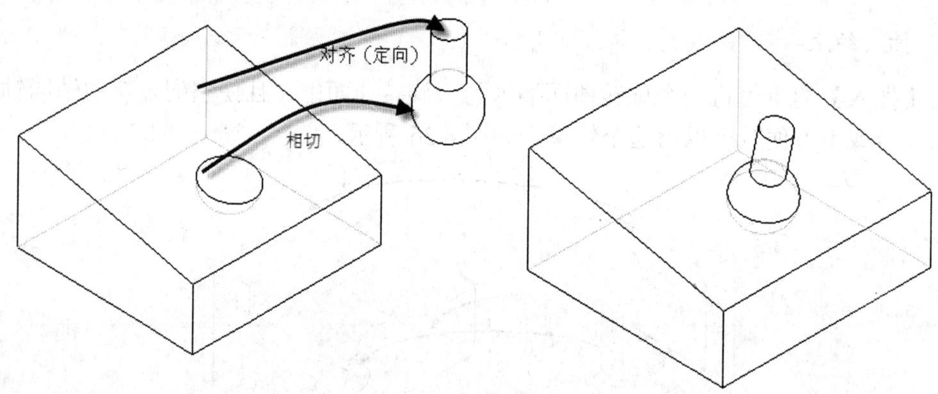

图 8.38 使用【相切】约束

在使用放置约束时，应该遵守下面的一般原则：

(1) 【匹配】和【对齐】约束的参照类型必须相同(平面对平面、旋转对旋转、点对点、轴对轴)。

(2) 为【匹配】和【对齐】约束输入偏距值时，系统显示偏移方向。要选取相反的方向，可输入一个负值或在图形窗口中拖拉【拖动控制柄】。

(3) 一次只能添加一个约束。不能使用一个单一的对齐约束选项将一个零件上两个不同的孔与另一个零件上的两个不同的孔对齐。必须定义两个单独的对齐约束。

(4) 放置约束集用来完全定义放置位置和方向。例如，可以将一对曲面约束为【匹配】，另一对约束为【插入】，还有一对约束为【对齐】。

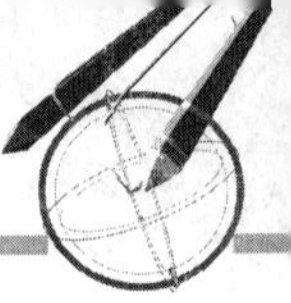

(5) 旋转曲面是指通过旋转一个截面，或者拉伸圆弧/圆而形成的曲面。可在放置约束中使用的曲面仅限于“平面、圆柱面、圆锥面、环面和球面”。

拓展提高

组件装配的一般步骤

组件装配就是使用放置约束或者连接约束，将元件按照设计要求插入组件之中。一般情况，组件装配遵循以下步骤：

① 在组件环境中，单击【工程特征】工具栏中的(装配)按钮或执行【插入】|【元件】|【装配】命令，系统弹出【打开】对话框。

② 选取要放置的元件，然后单击【打开】按钮，显示【元件放置】面板，同时选定元件出现在图形窗口中。

③ 单击(单独窗口)按钮在单独的窗口中显示元件，或单击(组件窗口)按钮在组件窗口中显示该元件(默认选项)。

④ 选取约束类型。可以使用连接约束或者放置约束(默认选项)。为元件和组件选取参照，不限顺序。使用系统默认的放置约束的【自动】类型后，选取一对有效参照，系统将自动选取一个相应的约束类型。

操作技巧

也可打开【放置】下滑面板。在【约束类型】列表中选取一种约束类型，然后选取参照。

⑤ 从【偏距】列表中选取偏距类型，默认偏距类型为【重合】。

⑥ 如果用户使用放置约束，在一个约束定义完成后，系统会自动激活一个新约束，直到元件被完全约束为止。用户可以选取并编辑用户定义集中的约束。

⑦ 要删除约束，可右击，然后从快捷菜单中执行【删除】命令。要配置另一个约束集，单击【新建集】按钮。先前配置的集收缩，出现新集，并显示第一个约束。

⑧ 当元件状态为“全约束”、“部分约束”或“无约束”时，单击(应用)按钮。系统就在当前约束的情况下放置该元件。

操作技巧

如果元件处于“约束无效”状态下，则不能将其放置到组件中。首先必须完成约束定义。

练习与实训

在 Pro/E 环境中，完成图 8.39 所示的减速箱的装配。

图 8.39 减速箱装配图

8.2 课外任务：生成装配分解图

如图 8.40 所示，在 Pro/E 的零件装配环境，将已经在课内任务中生成的装配图生成分解示意图。

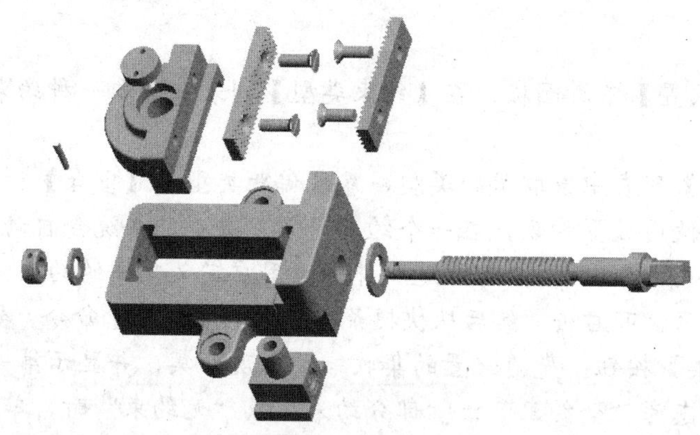

图 8.40 虎钳零件分解图

1. 设计思路

根据已经生成的装配图，将各实体零件分解到合适的位置。先将固定钳身设为固定零件，其他零件相对向 *X*、*Y*、*Z* 这 3 个方向移动。根据零件装配及拆装特点，按照分解路线，先将零件往 *Z* 方向上、下移动分解，然后零件往 *X* 方向左、右移动分解。

2. 方法与技巧

设计中尽量化繁为简，将步骤细化，见表 8-3。

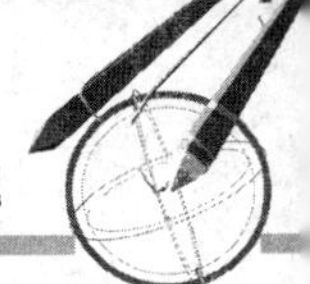

表 8-3　8.2 节设计步骤

序号	步　骤	知 识 要 点
1	进入分解状态	运动参照
2	Z 方向分解	拆装路线
3	X 方向分解	拆装路线

任务实施

按照设计思路及方法，独立完成设计过程。

归纳总结

任务介绍了装配体分解示意图的生成方法，在分解过程中应该考遵循机器的拆装顺序。

练习与实训

在 Pro/E 环境中，完成课内任务中所生成的装配体的分解。

项目9

工程图的生成

知识目标

(1) Pro/E 工程图环境及基本操作;
(2) 三视图投影及生成的方法;
(3) 全剖视图、半剖视图的生成方法;
(4) 尺寸标注方法;
(5) 旋转剖的生成方法;
(6) 剖面的处理方法。

能力目标

能力目标	知识要点	权重(%)	自测分数
1. 掌握 Pro/E 工程图基本操作	工程图各页面工具及操作方法	10	
2. 掌握三视图投影及生成	主视图、投影视图、视图显示	30	
3. 掌握全剖视图、半剖视图的生成	截面、全剖设置、半剖设置、剖视的标注	30	
4. 掌握尺寸标注的方法	自动标注、手工标注	10	
5. 掌握旋转剖的生成方法	视图管理器、选择剖面	10	
6. 掌握剖面的处理方法	简化表示、添加排除列	10	

知识点导读

产品设计制造过程中，有时候还需要使用一组二维图形来表达一个复杂三维模型，这组二维图形就称做工程图。

在完成三维模型的设计后，Pro/E 软件直接调用该模型的数据库，可方便地绘制出该模型的工程图。由于工程图和三维实体模型基于同一个数据库，数据具有关联性，当用户对三维模型进行修改后，工程图也会按照实体模型中的修改自动加以修改，大大减少了工程图修改时的工作量，提高了工作效率。

Pro/E 工程图中包括两种基本元素：视图和标注。而在 Pro/E 中，根据视图的使用目的和创建原理的不同，可将视图分为：一般视图、投影视图、辅助视图、详细视图、旋转视图。

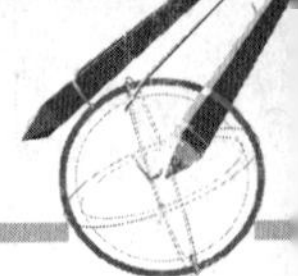

视图就是实体模型对某一方向投影后所得到的全部或者部分二维图形，根据表达细节的方式和范围的不同，视图可以分为全视图、半视图、局部视图、破断视图(剖视图)等。

9.1　课内任务：轴承座工程图的生成

任务描述

利用 Pro/E 的工程图绘图功能，将图 9.1 所示的轴承座三维实体零件生成相应的二维工程图。

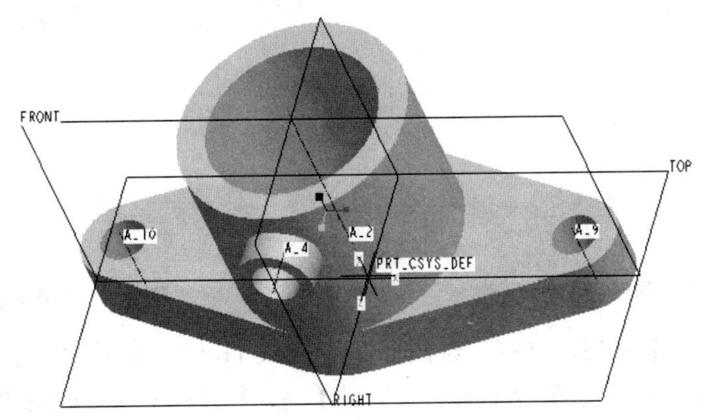

图 9.1　轴承座三维实体

任务分析

1. 设计思路

为了清楚表达轴承座的形状结构，考虑采用 3 个视图加 1 个辅助立体图来表达，分别为主视图、俯视图和左视图，其中主视图采用半剖，左视图采用全剖，最后进行尺寸标注。

2. 方法与技巧

设计中尽量化繁为简，将步骤细化，见表 9-1。

表 9-1　9.1 节设计步骤

序号	步　骤	知 识 要 点
1	主视图生成	一般视图
2	俯视图、左视图生成	投影视图
3	立体图的生成	一般视图
4	生成全剖的左视图	2D 剖面
5	生成半剖的主视图	2D 剖面、半视图
6	剖视图的标注	剖面标注
7	尺寸标注	尺寸标注

步骤 1：主视图生成

(1) 执行【文件】|【新建】|【绘图】(类型)命令，输入名称“zhczgct”，取消【选择缺省模板】复选框，弹出【新建绘图】对话框，如图 9.2 所示。

图 9.2 【新建绘图】对话框

图 9.3 设置绘图

(2) 单击【浏览】按钮，选择三维图形文件“zhou.prt”，选中【空】模板单选按钮，选择 A3 幅面图纸，设置如图 9.3 所示。单击【确定】按钮进入工程图的绘图环境，如图 9.4 所示。

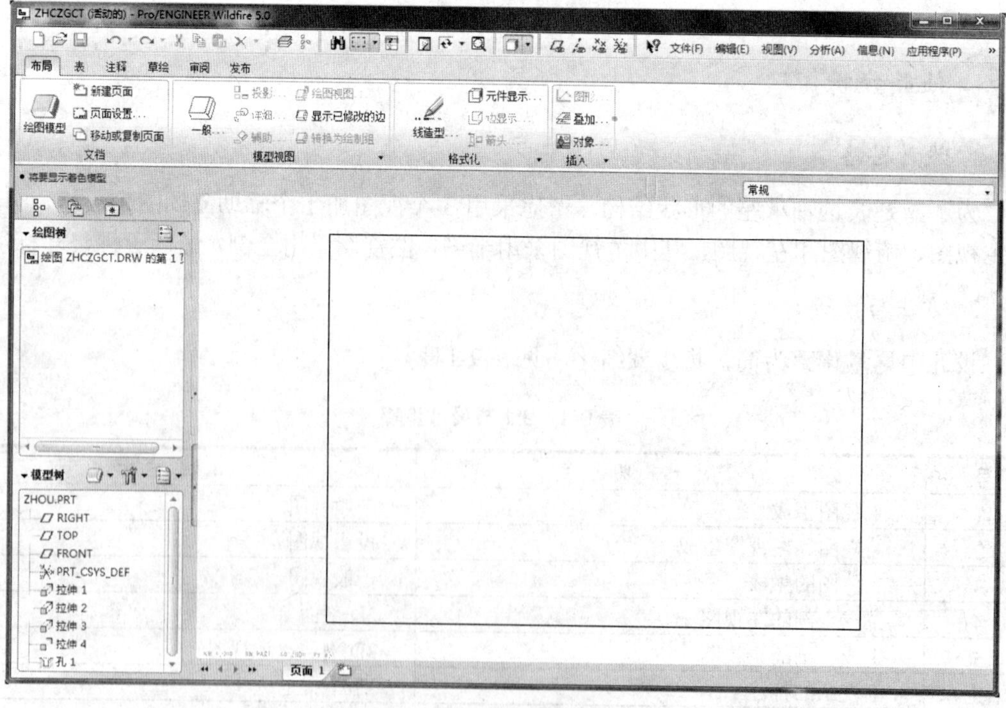

图 9.4 工程图的绘图环境

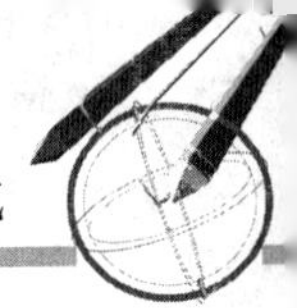

(3) 单击 一般 (创建普通视图)按钮，系统提示“选取绘制视图的中心点”，在绘图区适当位置单击确定主视图的中心位置，弹出【绘图视图】对话框，如图 9.5 所示。

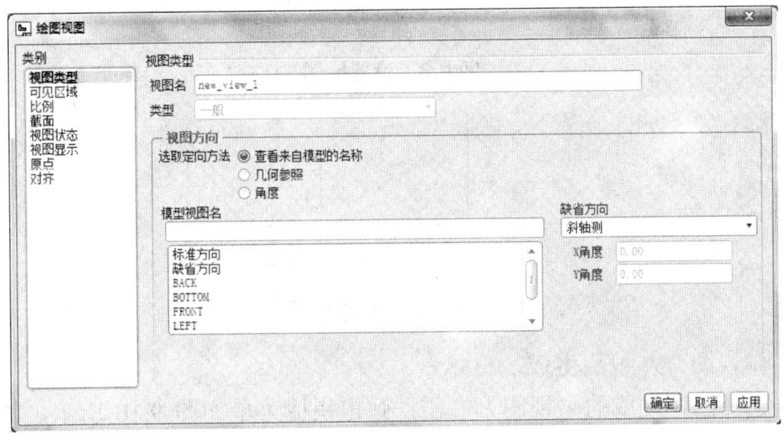

图 9.5 【绘图视图】对话框

(4) 在【视图类型】中，选择模型视图名为“FRONT”的主视图，单击【应用】按钮。

(5) 在【视图显示】中，如图 9.6 所示，更改显示线型为【消隐】，更改相切边显示为【无】，单击【应用】按钮，单击【关闭】按钮，得到的主视图，如图 9.7 所示。

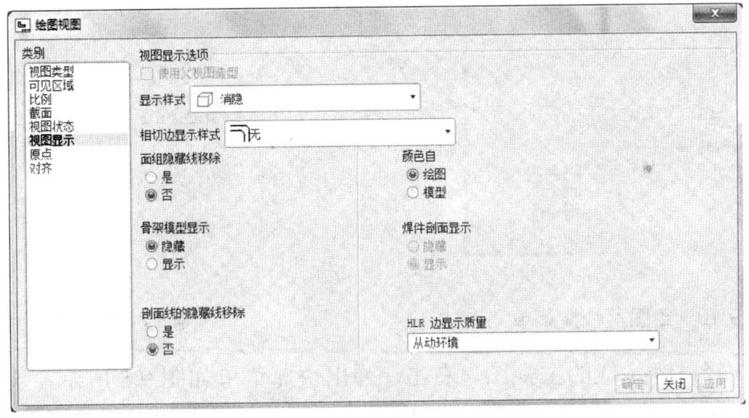

图 9.6 【视图显示】设置

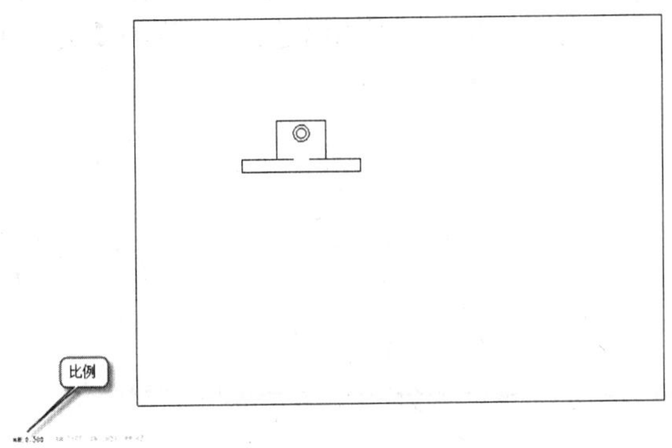

图 9.7　生成主视图

(6) 双击图 9.8 所示左下角的比例按钮，在消息栏弹出设置的总体比例为“1”，单击(应用)按钮，生成主视图如图 9.9 所示。(关闭基准平面、基准坐标、坐标系的显示。)

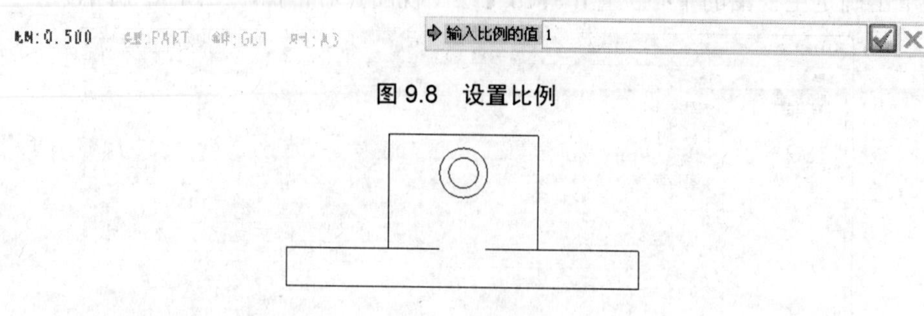

图 9.8 设置比例

图 9.9 主视图

步骤 2：俯视图、左视图生成

(1) 单击选择已经生成的主视图，右击，弹出快捷菜单如图 9.10 所示，执行【插入投影视图】命令，系统提示“选取绘制视图的中心点”，在主视图下方中心点处单击生成俯视图。

(2) 双击俯视图，在绘图【属性】对话框中单击【视图显示】按钮，更改显示线型为【消隐】，更改相切边显示为【无】，单击【应用】按钮，单击【关闭】按钮，生成俯视图，如图 9.11 所示。

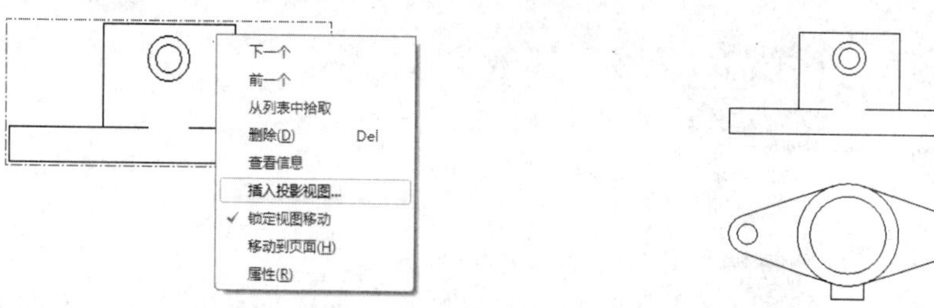

图 9.10 绘图区快捷菜单

图 9.11 俯视图生成

(3) 单击选择已经生成的主视图，右击，弹出快捷菜单如图 9.8 所示，执行【插入投影视图】命令，系统提示“选取绘制视图的中心点”，在主视图右方中心点处单击生成左视图，双击左视图，在绘图【属性】对话框中单击【视图显示】按钮，更改显示线型为【消隐】，更改相切边显示为【无】，单击【应用】按钮，单击【关闭】按钮，最终生成的三视图如图 9.12 所示。

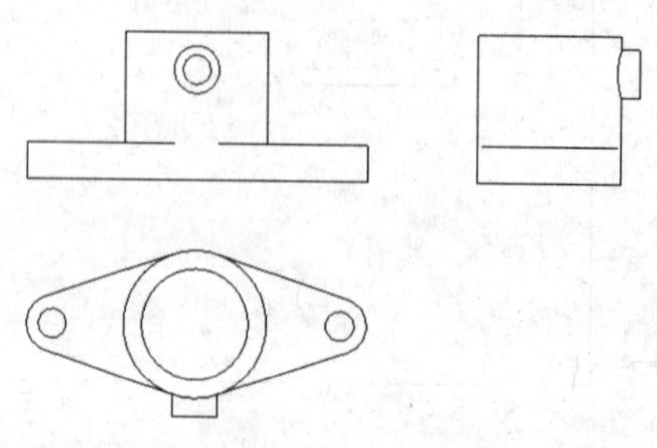

图 9.12 三视图生成

(4) 在上工具栏中，选中【注释】工具栏，切换到页面选项工具，如图 9.13 所示。

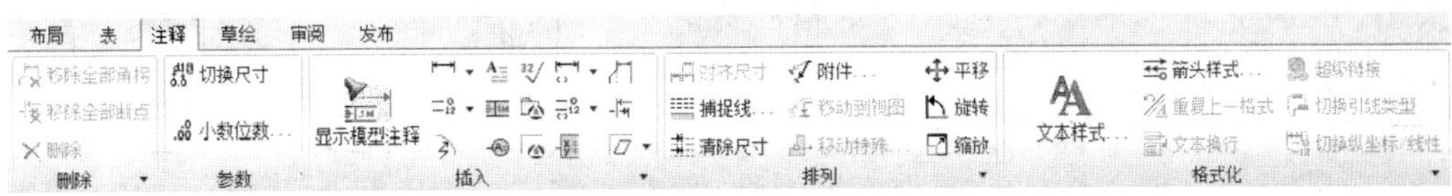

图 9.13　【注释】工具页面

(5) 单击(显示模型注释)按钮，弹出对话框，如图 9.14 所示，单击最右侧的轴图标，对话框如图 9.15 所示，选择【轴】类型。

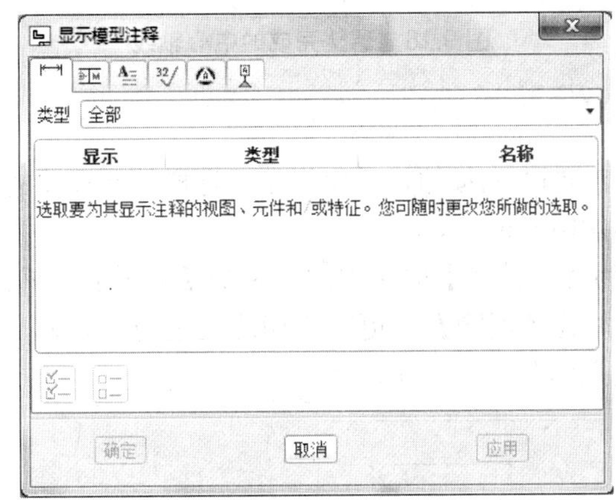

图 9.14　显示模型的标注

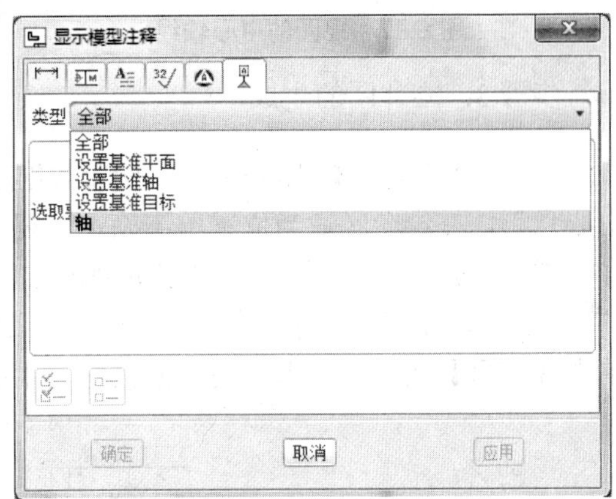

图 9.15　显示模型的轴

(6) 选择俯视图中间圆形，然后在对话框中勾选【显示】轴，如图 9.16 所示，此时圆的中心线显示出来。

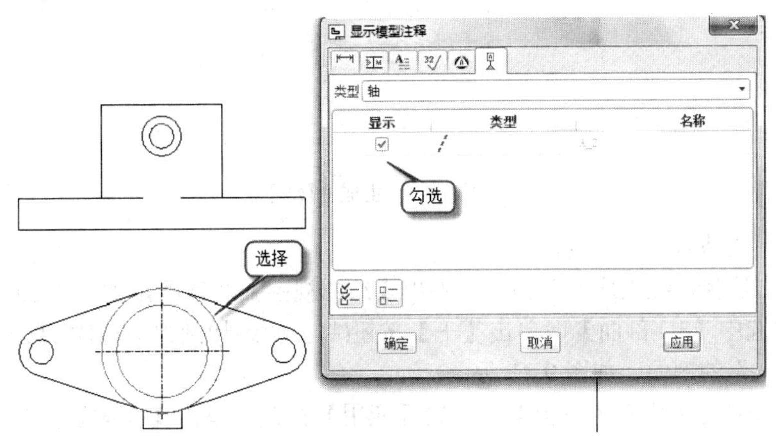

图 9.16　选择显示模型中的轴

(7) 同理，可得到各视图的中心轴线，如图 9.17 所示。

(8) 单击轴中心线，移动其夹点，调整后的中心线如图 9.18 所示。

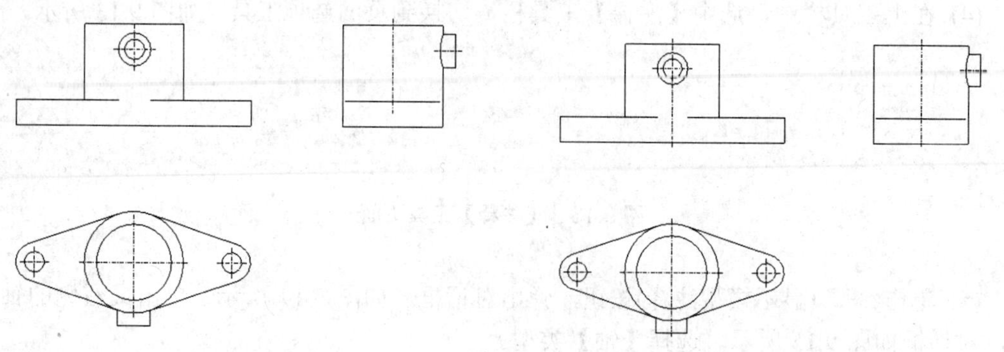

图 9.17 视图的中心轴线　　　　图 9.18 调整完成的中心轴线

步骤 3：立体图的生成

(1) 返回【布局】工具栏，单击 (创建普通视图)按钮，系统提示“选取绘制视图的中心点”，在绘图区适当位置单击确定主视图的中心位置。

(2) 在【缺省方向】中选择模型视图方向为【等轴测】的主视图，单击【应用】按钮。

(3) 单击【视图显示】按钮，更改显示线型为【消隐】，更改相切边显示为【无】，单击【应用】按钮，单击【关闭】按钮，生成立体图，如图 9.19 所示。

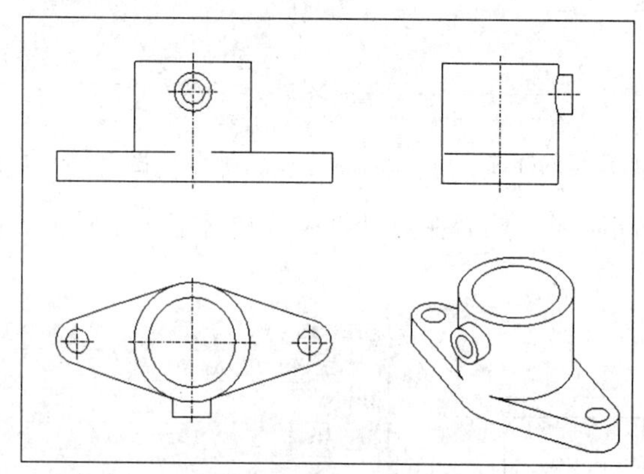

图 9.19 生成立体图

步骤 4：生成全剖的左视图

(1) 双击选择已经生成的左视图，弹出【绘图视图】对话框，如图 9.20 所示，在【截面】选项中选中【2D 剖面】，单击【+】按钮(将截面添加到视图)创建截面，自动创建截面名称为“A”的剖面，如图 9.21 所示。

(2) 默认剖切区域为【完全】，单击【应用】按钮，单击【关闭】按钮完成全剖的左视图，如图 9.22 所示。

步骤 5：生成半剖的主视图

(1) 双击选择已经生成的主视图，弹出【绘图视图】对话框，在【截面】选项中选中【2D 剖面】单选按钮，单击【+】按钮(将截面添加到视图)创建截面，如图 9.23 所示，自动创建截面名称为“B”的剖面。

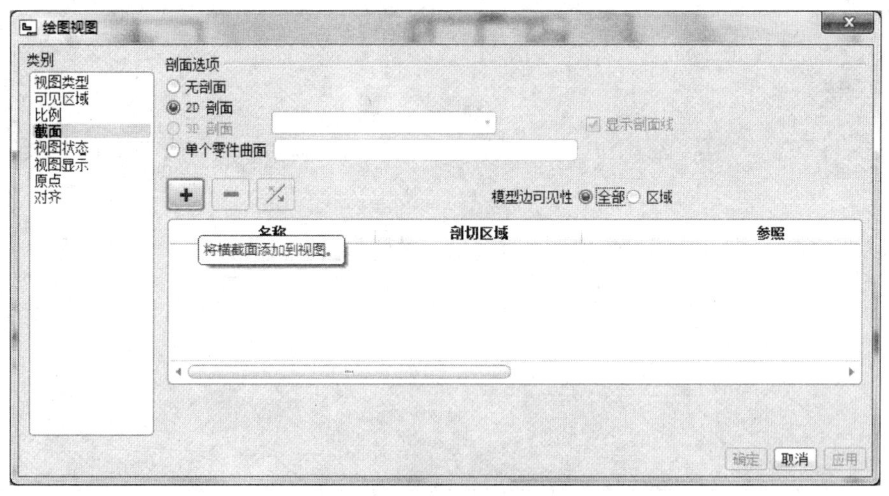

图 9.20　【绘图视图】对话框

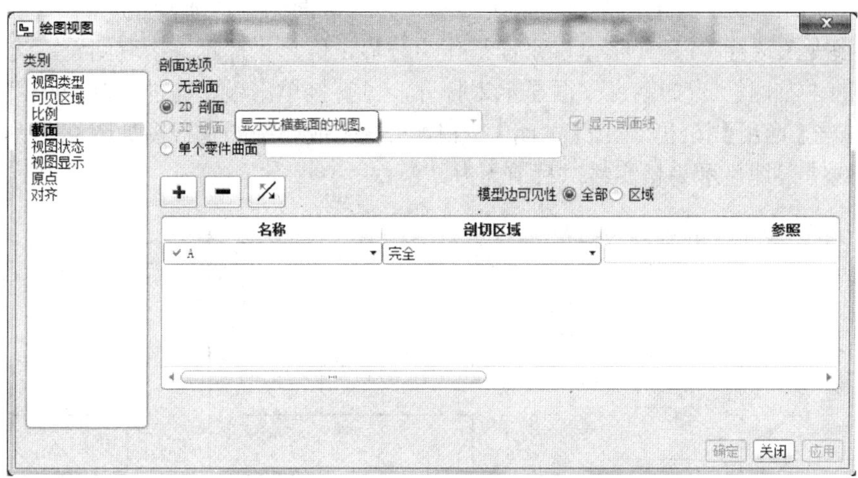

图 9.21　绘图剖面 A 设置

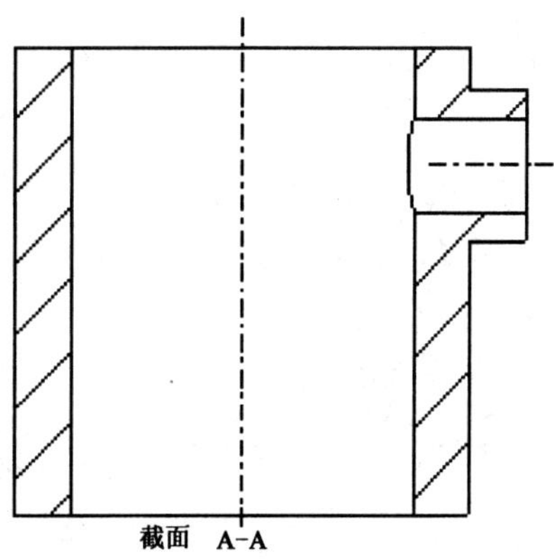

图 9.22　生成全剖左视图

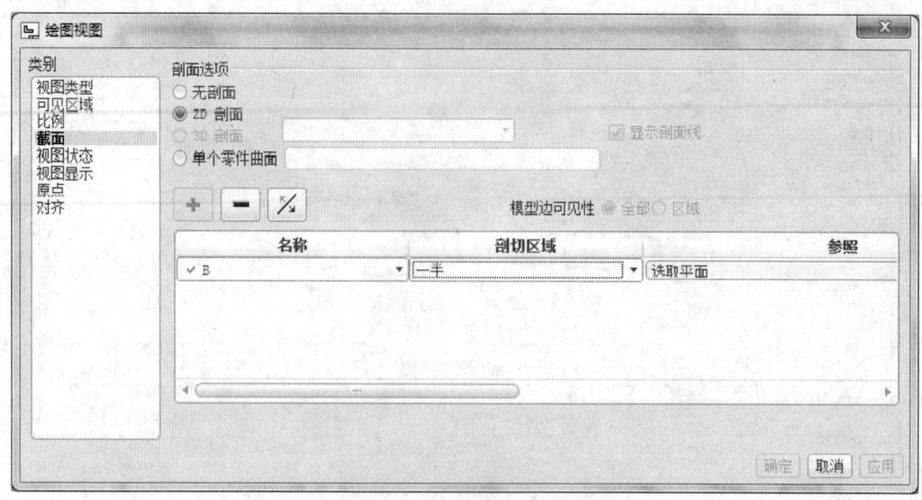

图 9.23　绘图剖面 B 的设置

(2) 将剖切区域改为【一半】，系统提示“为半截面创建选取参照平面”，如图 9.24 所示。在主视图选择“FRONT 基准平面”作为分界，信息栏提示“拾取侧”，默认为红色箭头所示的“右侧”。(如基准平面显示未打开，可直接单击模型树的“FRONT”。)

(3) 单击【应用】按钮，单击【关闭】按钮，系统生成半剖的主视图如图 9.25 所示。(注：图中分界线错误地显示为粗实线，目前无办法解决。)

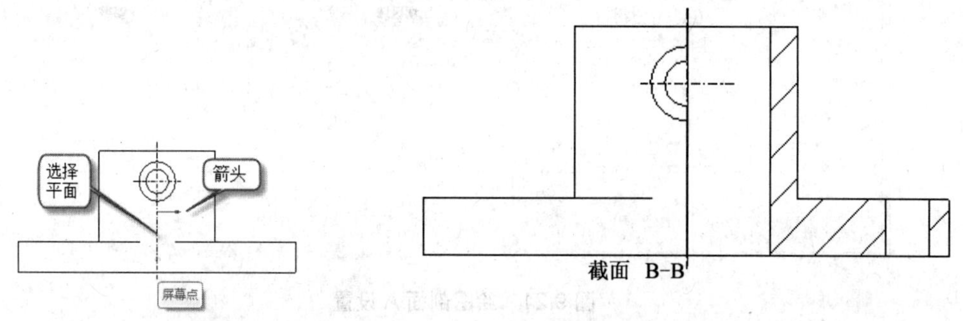

图 9.24　选择半剖分割面　　图 9.25　半剖主视图

步骤 6：剖视图的标注

(1) 双击选择已经生成的左视图，在弹出【绘图视图】对话框中选择【截面】，如图 9.26 所示，单击截面 A 中单击【箭头显示】的空白处，系统提示“给箭头选出一个截面在其处垂直的视图。中键取消”。

(2) 单击主视图，表示标注在主视图上，系统自动进行“A－A”剖面位置的标注，生成的标注如图 9.27 所示，单击【关闭】按钮退出。同理生成“B－B”剖面位置的标注。

操作技巧

图中剖面名称的移动及修改，一定要切换到【注释】栏才能进行。而主视图中两小孔中心线，也等剖视图生成后再到【注释】页面生成。

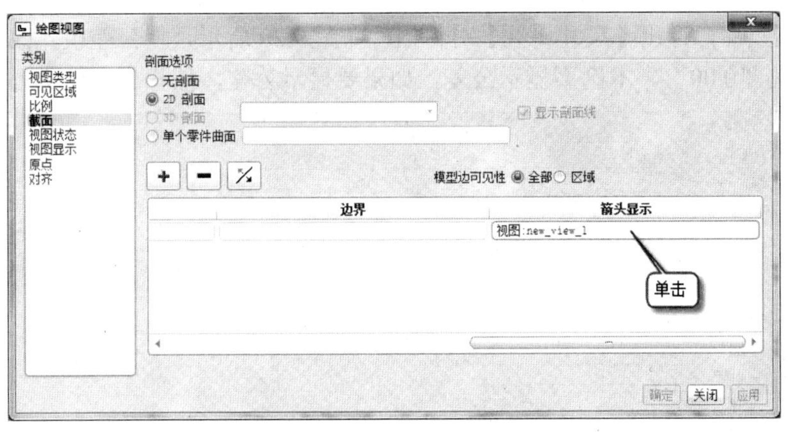

图 9.26　剖面符号显示

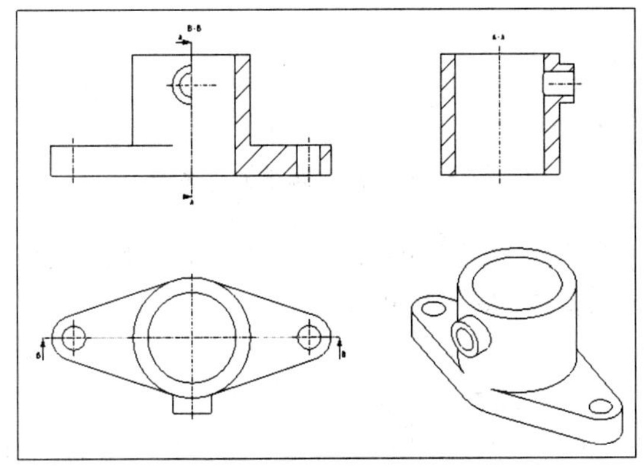

图 9.27　标注完成的剖视图

步骤 7：尺寸标注

(1) 单击(显示模型注释)按钮，单击最左边的尺寸选项，选择【类型】中的第一项【全部】，然后单击主视图，显示相关尺寸后在对话框中勾选相应尺寸，如图 9.28 所示。

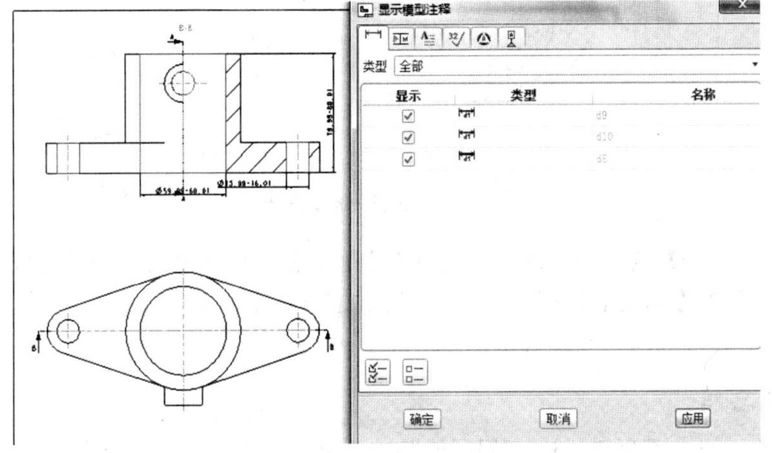

图 9.28　主视图尺寸显示

(2) 双击尺寸，弹出【尺寸属性】对话框，如图 9.29 所示，将公差模式改为【公称】，上、下公差为“0.00”。本例不显示公差，如果要显示公差，按相应办法进行设置。

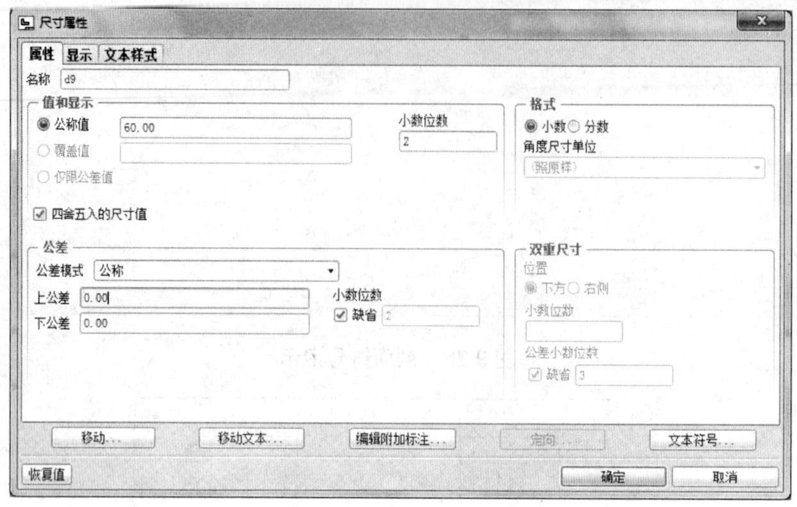

图 9.29 【尺寸属性】对话框

(3) 单击(使用新参照创建标准尺寸)按钮，选择要标注的尺寸图线，可与草绘中标注尺寸的方法进行尺寸标注，如图 9.30 所示。

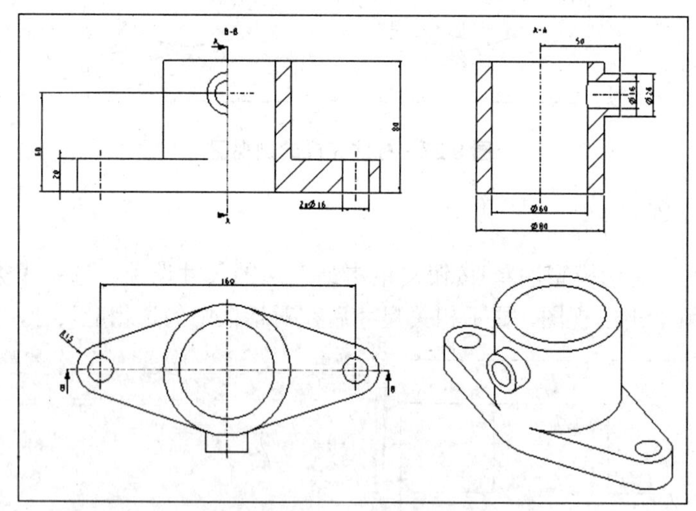

图 9.30 标注完成的图形

(4) 执行【文件】|【保存】命令，或单击【标准】工具条中的(保存)按钮，弹出【保存】对话框，单击【确定】按钮，保存当前建立的零件模型。

归纳总结

通过任务，初步了解 Pro/E 工程图的基本类型，学习工程图创建的操作步骤，学习剖视图的生成方法及标注，学习工程图尺寸标注的方法。

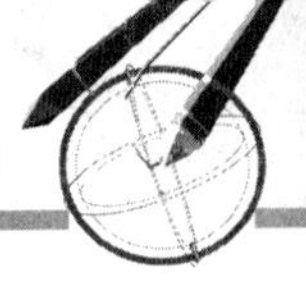

拓展提高

工程图环境的配置

国家标准中各视图的产生是采用第一角投影，Wildfire 4.0 前的版本中系统默认的投影方式(Projection Type)为第三角投影(Third Angle)，Wildfire 5.0 简体中文版采用第一角投影。

如果需要改变投影方式的设置，可按下面讲述的方法设置投影方式。

进入工程图环境后，执行【文件】|【绘图选项】命令，如图 9.31 所示。进去后查找出 projection_type ，设置为第三角(third_angle)或第一角(first_angle)。

选项

显示：活动绘图　　排序：按类别

	值	缺省	状态	说明
aux_view_note_format	VIEW %viewname-%viewname		●	定义辅助视图注解
broken_view_offset	5.000000	1.000000	●	设置破断视图两部
create_area_unfold_segmented	yes *	yes	●	使局部展开的横截
def_view_text_height	0.000000 *	0.000000	●	设置横截面视图和
def_view_text_thickness	0.000000 *	0.000000	●	设置新创建的横截
default_view_label_placement	bottom_left *	bottom_left	●	设置视图标签的缺
detail_circle_line_style	phantomfont	solidfont	●	对绘图中指示详细
detail_circle_note_text	DEFAULT *	default	●	确定在非 ASME-94
detail_view_boundary_type	circle *	circle	●	确定详细视图的父
detail_view_circle	on *	on	●	对围绕由详细视图
detail_view_scale_factor	2.000000 *	2.000000	●	确定详细视图及其
half_view_line	symmetry	solid	●	确定对称线的显示
model_display_for_new_views	follow_environment *	follow_environment	●	确定在创建视图时
projection_type	first_angle	third_angle	●	确定创建投影视图
show_total_unfold_seam	yes *	yes	●	确定全部展开横截
tan_edge_display_for_new_views	default *	default	●	确定创建视图时，
view_note	std_iso	std_ansi	●	如设置为 'std_di
view_scale_denominator	0 *	0	●	增加模型的第一个
view_scale_format	decimal *	decimal	●	确定比例以小数、
这些选项控制横截面和它们的箭头				
crossec_arrow_length	6.000000	0.187500	●	设置横截面切割平
crossec_arrow_style	head_online	tail_online	●	确定剖面箭头的一
crossec_arrow_width	3.500000	0.062500	●	设置横截面切割平
crossec_text_place	above_tail	after_head	●	设置横截面文本相
crossec_type	old_style *	old_style	●	控制平面剖面的外

选项(O)：projection_type　　值(V)：first_angle　　添加/更改

图 9.31　绘图选项设置

练习与实训

在 Pro/E 环境中，完成图 9.32 所示的实体零件的工程图。

图 9.32　练习模型三维图

9.2 课外任务：连杆工程图的生成

利用 Pro/E 的工程图绘图功能，将图 9.33 所示的连杆三维实体零件生成相应的二维工程图。

图 9.33 连杆三维图

1. 设计思路

为了清楚表达连杆的形状结构，考虑采用两个视图来表达，分别为主视图和俯视图，其中俯视图采用旋转剖。

2. 方法与技巧

设计中尽量化繁为简，将步骤细化，见表 9-2。

表 9-2 9.2 节设计步骤

序号	步 骤	知 识 要 点
1	旋转剖切面的生成	视图管理器、相交的剖切面
2	创建新的表达方案	表达方案的创建
3	设置并进入工程图绘图环境	绘图模版
4	主视图生成	一般视图
5	俯视图生成	投影视图
6	旋转剖视图的产生	旋转剖
7	肋板的不剖处理	新表达方案

任务实施

步骤 1：旋转剖切面的生成

(1) 打开连杆三维实体零件“liangan.prt”。

(2) 单击【标准】工具栏中的(视图管理器)按钮，或执行【视图】|【视图管理器】命令，弹出【视图管理器】对话框，如图 9.34 所示。

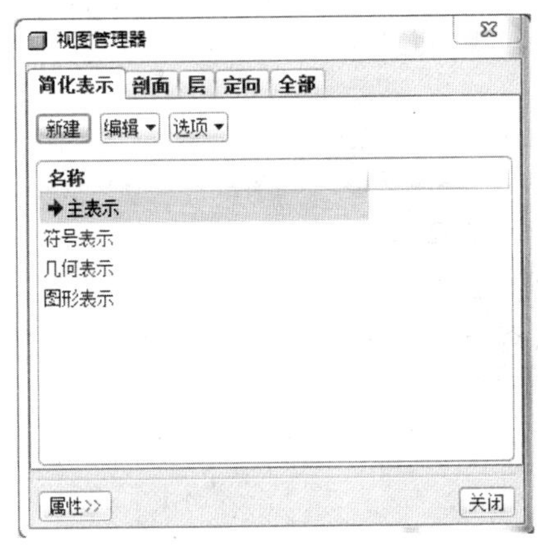

图 9.34 【视图管理器】对话框

图 9.35 【剖面】设置

(3) 选择【剖面】选项卡，如图 9.35 所示，单击【新建】按钮，输入名称为“A”，弹出【菜单管理器】，如图 9.36 所示。

(4) 选择【偏距】，默认选项单击【完成】按钮。然后执行【FRONT】|【正向】|【缺省】命令进入草绘环境，如图 9.37 所示。

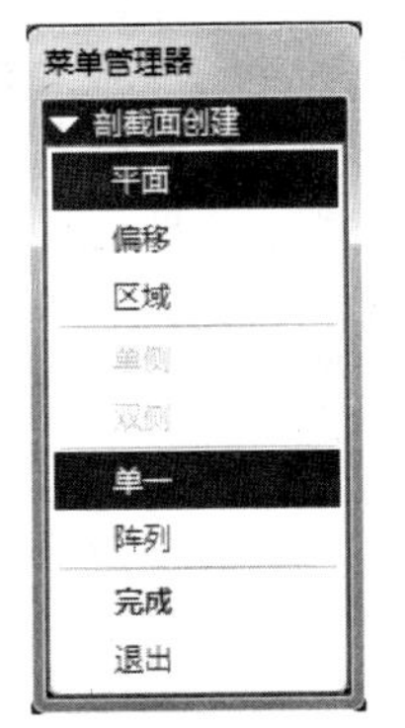

图 9.36 剖截面【菜单管理器】

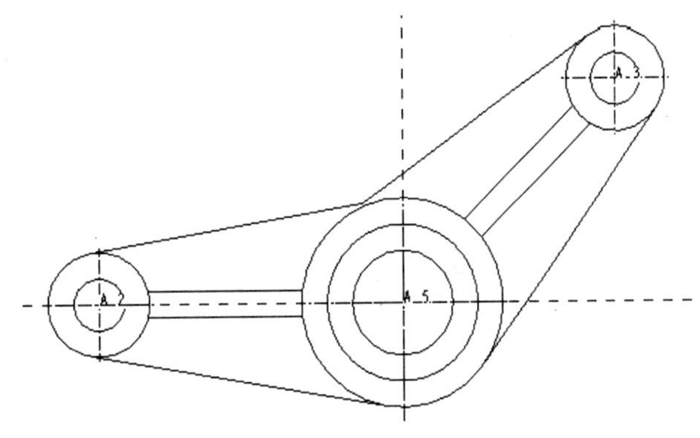

图 9.37 草绘环境图形

(5) 执行【草绘】|【参照】命令，选择图 9.38 所示的圆(a、b、c)作为参照，然后作过 3 个圆心的直线 1-2-3。

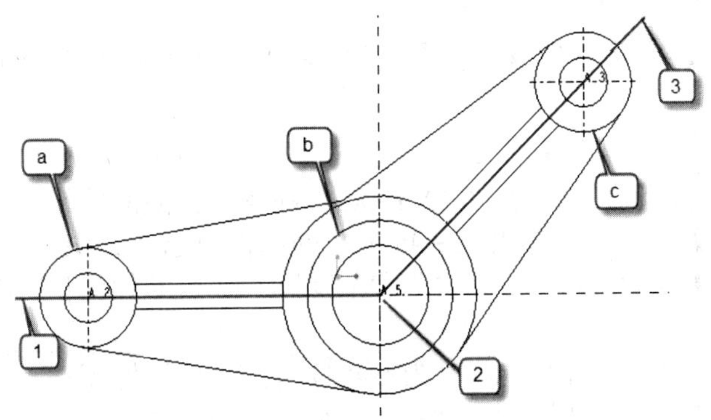

图 9.38 草绘剖面垂直投影线

(6) 单击✓(完成)按钮结束草绘，生成的截面如图 9.39 所示。

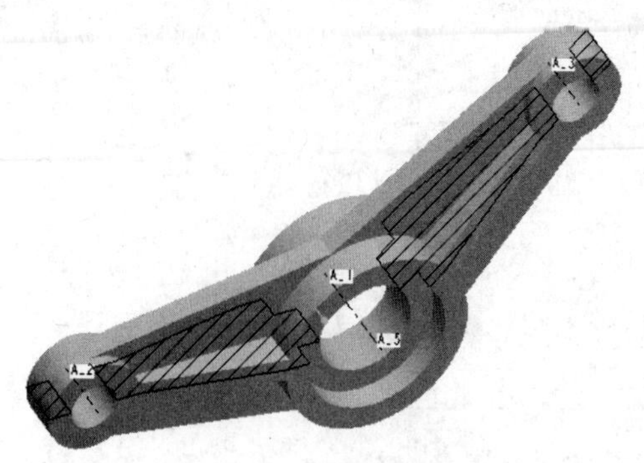

图 9.39　生成的截面

步骤 2：创建新的表达方案

(1) 在【视图管理器】中，选择【简化表示】选项卡，单击【新建】按钮，输入新的名称为“X”，弹出的菜单，如图 9.40 所示。

(2) 单击【完成/返回】按钮，生成新的表达方法 X 如图 9.41 所示，单击【关闭】按钮结束。

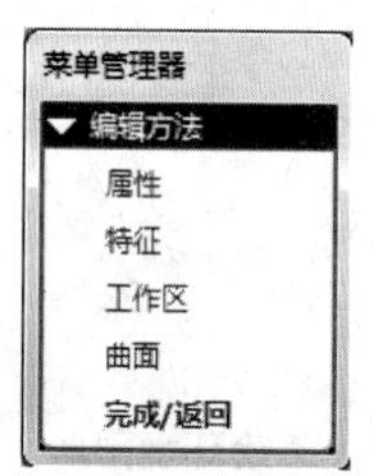

图 9.40　简化表示创建菜单

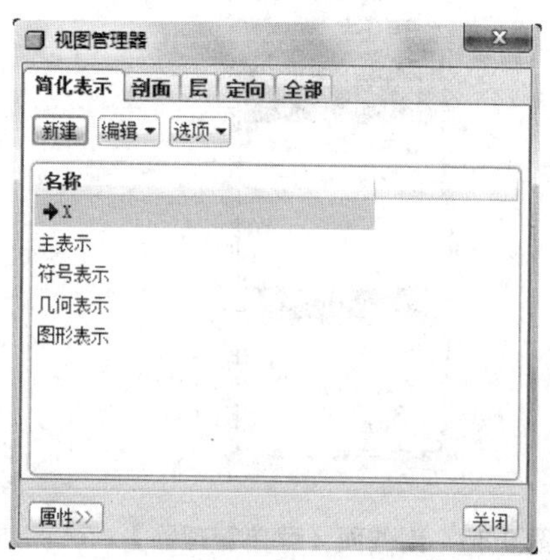

图 9.41　视图管理简化表示设置

步骤 3：设置并进入工程图绘图环境

(1) 执行【文件】|【新建】|【绘图】(类型)命令，输入名称“lggct”，取消【选择缺省模板】复选框。

(2) 如图 9.42 所示，单击【确定】按钮，在弹出的控制面板中选中【格式为空】单选按钮，单击【浏览】按钮选择名为“GTXY_A3”的 A3 图纸格式。

(3) 单击【确定】按钮，在弹出图 9.43 所示的面板中选择 X 表达方案。

(4) 单击【确定】按钮，在信息栏“为参数"班别"输入文本[无]:”中输入班别名称“机械 09-1”。

(5) 单击☑(应用)按钮，在信息栏“为参数"姓名"输入文本[无]:”中输入姓名“张三”。

(6) 单击☑(应用)按钮，进入工程图环境，如图 9.44 所示。

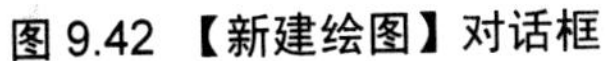
图 9.42 【新建绘图】对话框

图 9.43 【打开表示】对话框

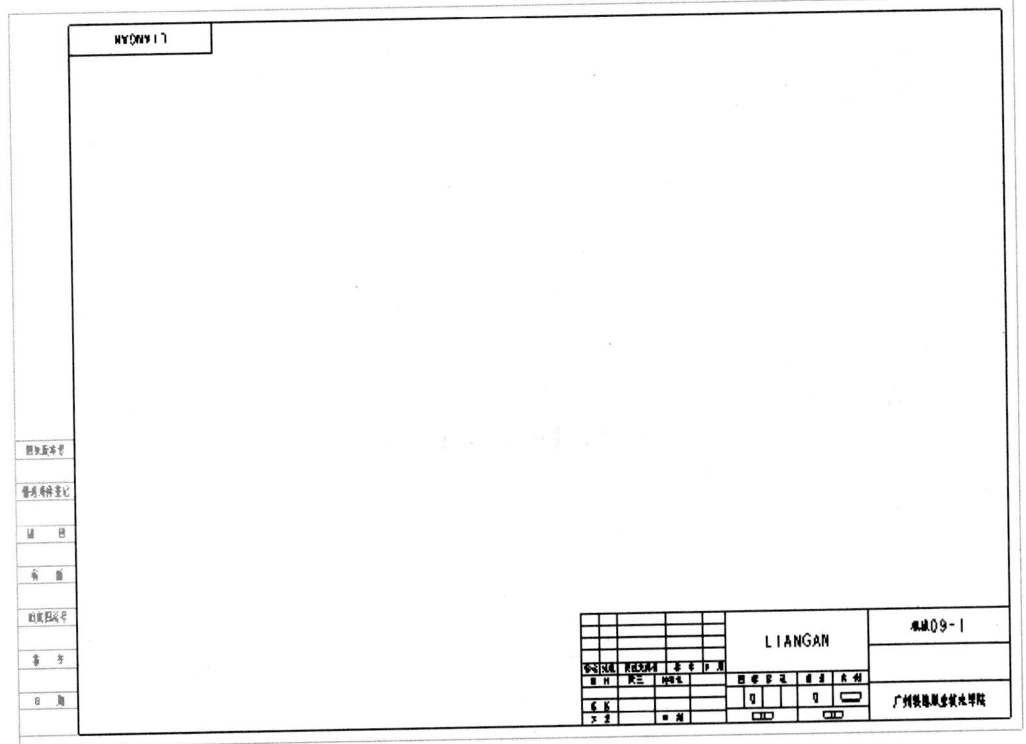

图 9.44 带图框的绘图环境

步骤 4：主视图生成

(1) 单击 (创建普通视图)按钮，系统提示“选取绘制视图的中心点”，在绘图区适当位置单击确定主视图的中心位置，弹出【绘图视图】的话框，如图 9.45 所示。

(2) 在【视图类型】中选择模型视图名为“FRONT”的主视图，单击【应用】按钮。

(3) 在【视图显示】中，如图 9.46 所示，更改显示线型为【消隐】，更改相切边显示

为【无】，单击【应用】按钮，单击【关闭】按钮，得到的主视图如图 9.47 所示。

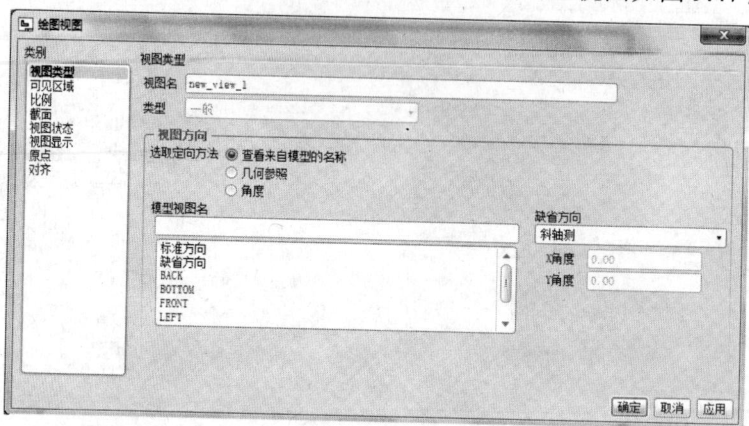

图 9.45 【绘图视图】对话框

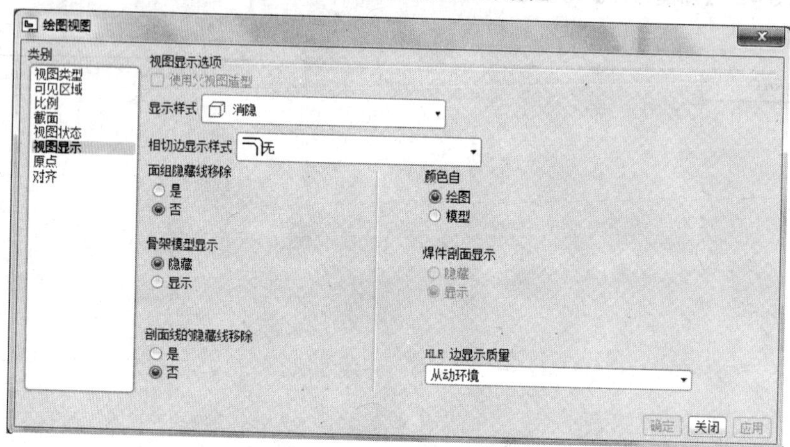

图 9.46 【视图显示】设置

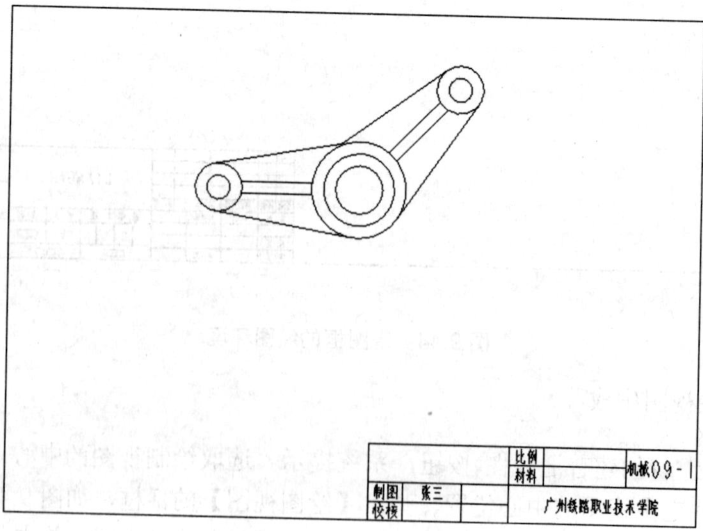

图 9.47 生成的主视图

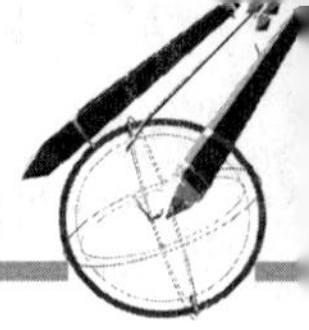

(4) 双击左下角的比例按钮，在消息栏中弹出设置的总体比例为“1”，单击☑(应用)按钮，生成主视图。

步骤 5：俯视图的生成

(1) 单击选择已经生成的主视图，右击，弹出快捷菜单，选择【插入投影视图】命令，系统提示“选取绘制视图的中心点”，在主视图下方中心点处单击生成俯视图。

(2) 双击俯视图，在绘图【属性】对话框中单击【视图显示】按钮，更改显示线型为【消隐】，更改相切边显示为【无】，单击【应用】按钮，单击【关闭】按钮，生成的俯视图如图 9.48 所示。

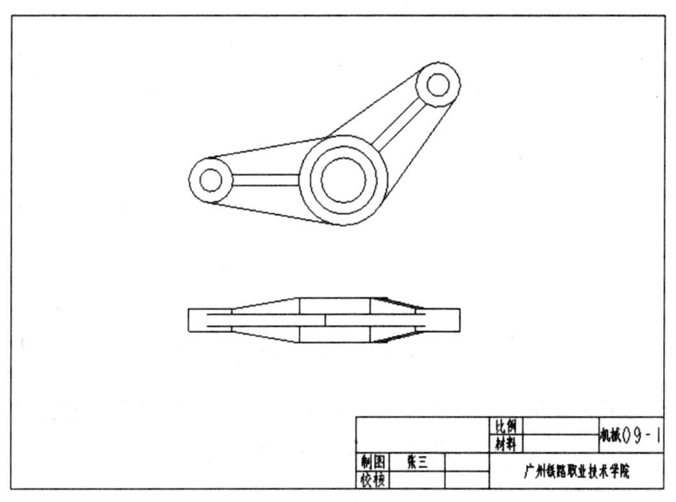

图 9.48　生成俯视图

(3) 在上工具栏中，选择【注释】工具栏，切换到页面选项工具，单击(显示模型注释)按钮，选择【轴】类型。然后选择视图中的圆，在对话框中勾选【显示】轴，显示中心轴。

(4) 执行【插入】|【轴对称线】命令，如图 9.49 所示，分别单击主视图的两个圆心，生成两条轴对称线。

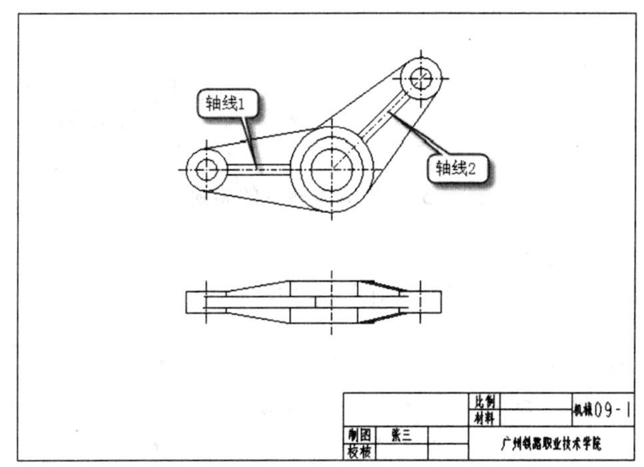

图 9.49　显示视图轴线

步骤 6：旋转剖视图的产生

(1) 切换回【布局】工具选项页面，双击选择已经生成的俯视图，弹出【绘图视图】对话框，在【剖面】选项中选中【2D 剖面】单选按钮，单击【+】按钮(将截面添加到视图)创建截面，选择已有截面名称为“A”的剖面。

(2) 如图 9.50 所示，单击在剖切区域的下拉框，选择最下方的【全部(对齐)】。

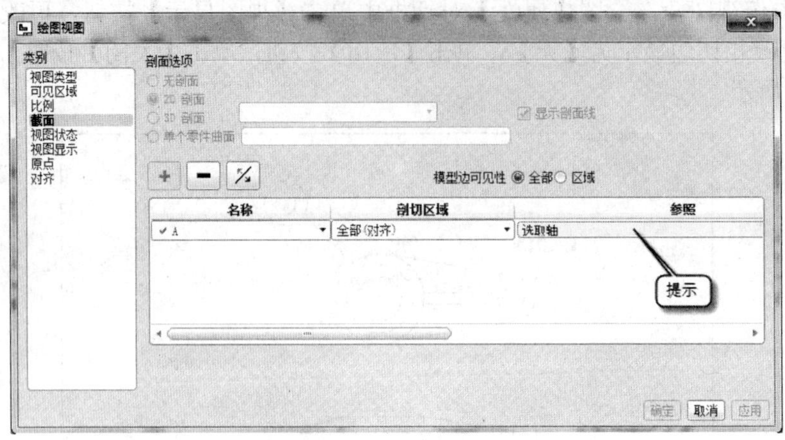

图 9.50 截面设置

(3) 此时系统提示“选取轴(在轴线上选取)”，单击俯视图中间的中心轴线，执行【应用】|【关闭】命令，生成的旋转剖视图，如图 9.51 所示。

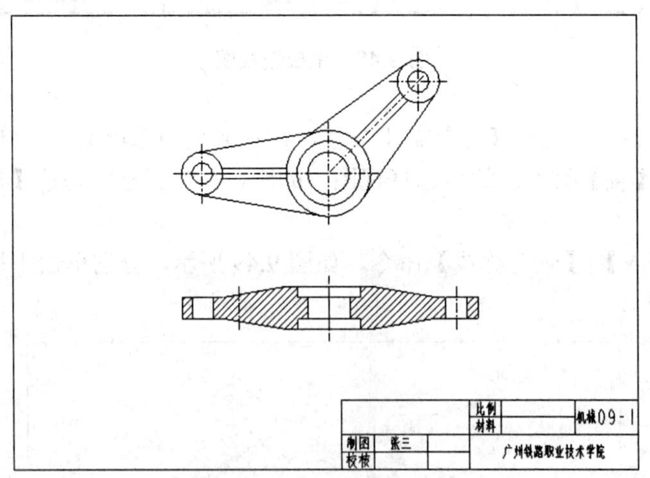

图 9.51 生成旋转剖的俯视图

步骤 7：肋板的不剖处理

(1) 切换到【草绘】工具栏页面，如图 9.52 所示。

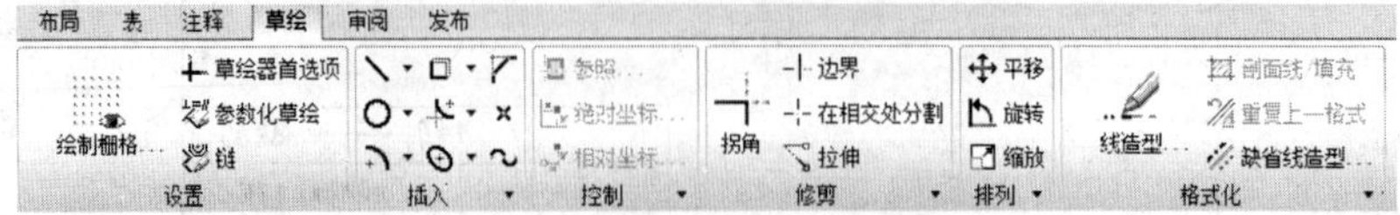

图 9.52 【草绘】工具栏页面

(2) 单击【草绘】工具栏的□(从边或基准线创建图元)按钮，按住 Ctrl 键，选择肋板在主视图的 4 条轮廓线，如图 9.53 所示，按鼠标中键完成 4 条边的创建。

(3) 选择 4 条轮廓线，右击，如图 9.54 所示，执行【与视图相关】命令，单击主视图区域完成所生成的 4 条边与主视图关联。

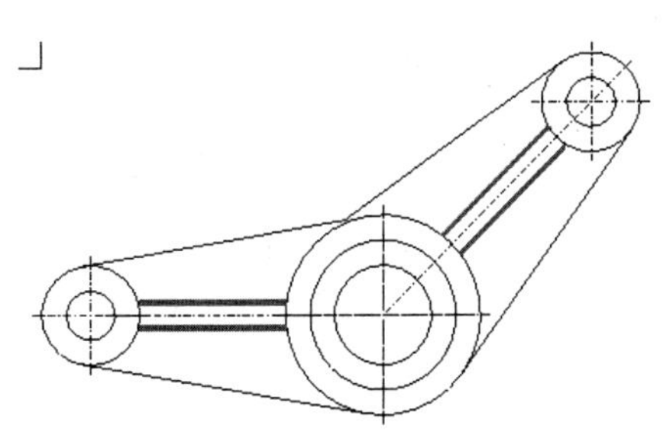

图 9.53　草绘轮廓线

图 9.54　草绘区快捷菜单

(4) 同理，完成俯视图的 4 条肋板轮廓线与俯视图的关联，如图 9.55 所示。

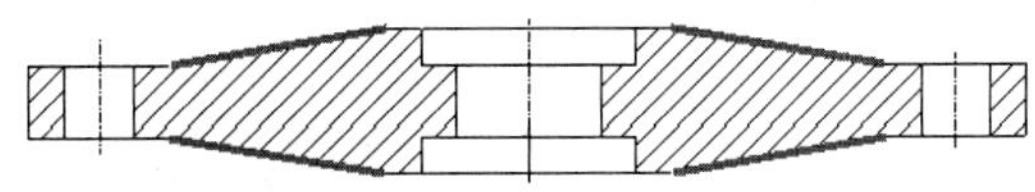

图 9.55　俯视图轮廓线

(5) 切换到连杆的实体零件图环境(并激活)，单击【标准】工具栏中的(视图管理器)按钮，在弹出的菜单中确定当前环境为 X 表达方案(红色箭头指向 X)。

图 9.56　简化表示 X 添加列

(6) 单击【选项】按钮，如图 9.56 所示，执行【添加列】命令，此时在模型树旁边多了一列(X 列)，如图 9.57 所示。

(7) 如图 9.58 所示，在 X 列中，单击肋板特征对应的行，将所有肋板特征对应的行改为排除。

(8) 单击【标准】工具栏中的(再生)按钮，此时连杆的肋板在图形中消失，如图 9.59 所示。

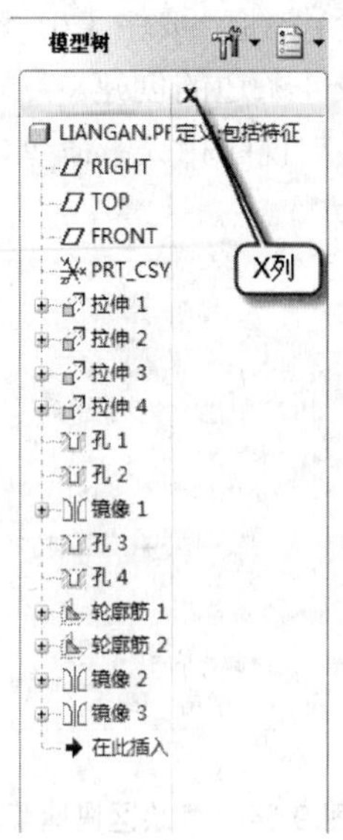

图 9.57 添加列 X 的模型树

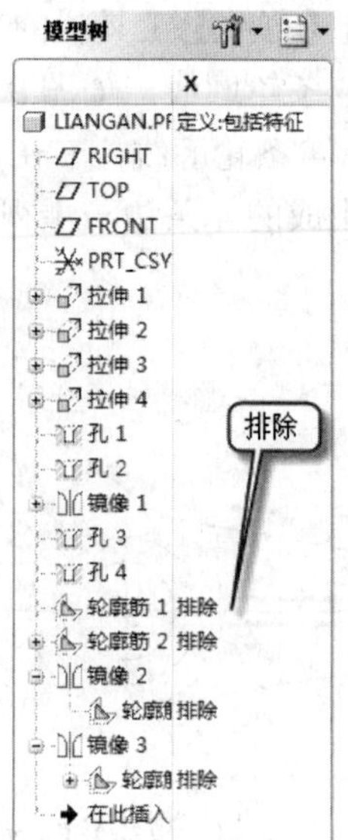

图 9.58 X 列排除模型树

图 9.59 无肋板三维图

(9) 切换到连杆工程图的环境(并激活)，单击 (重画)按钮刷新，右击俯视图，在弹出的菜单中执行【添加箭头】命令，然后单击主视图为剖面添加标注，得到的工程图如图 9.60 所示。

(10) 执行【文件】|【保存】命令，或单击【标准】工具条中的 (保存)按钮，弹出【保存】文本框，单击【确定】按钮，保存当前建立的图形。

归纳总结

通过详细的连杆工程图生成过程，进一步学习工程图制作的方法和技巧。本任务通过工程图生成的一些前期工作，认识了工程图和三维零件图的相关性。

通过任务学习，本任务介绍了旋转剖视图的生成过程及剖视图中肋板的处理方法等。

练习与实训

在 Pro/E 环境中，完成图 9.61 所示的实体零件的工程图。

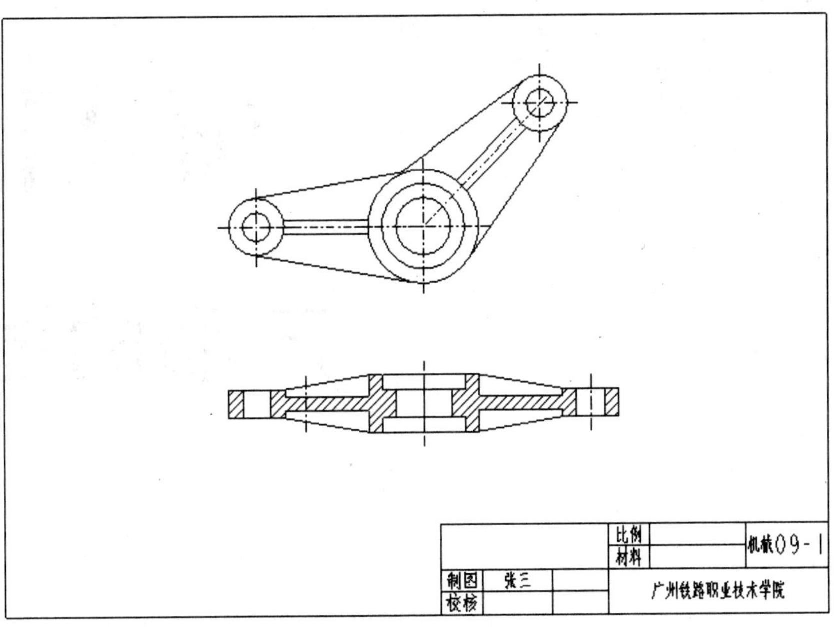

图 9.60　不剖肋板的旋转剖视图

图 9.61　练习模型三维图

项目10

产品的渲染

知识目标

(1) Pro/E 渲染环境及基本操作;
(2) 设置材质的方法;
(3) 设置渲染房间调色板;
(4) 完成渲染图像。

能力目标

能 力 目 标	知 识 要 点	权重(%)	自测分数
(1) 掌握 Pro/E 渲染基本操作	渲染工具及使用	10	
(2) 掌握材质的选取及应用	玻璃材质、石头材质的设置，材质贴图	40	
(3) 掌握场景的设置方法	房间编辑器的设置	30	
(4) 掌握渲染图像的方法	渲染设置及生成	20	

知识点导读

产品的三维建模完成以后，为了更好地观察产品的造型、结构、外观颜色等，需要对产品进行外观设置及渲染处理。使用 Pro/E 软件的渲染模块，调整各种样式来改进模型的外观，增强细节部分可以使模型获得照片级的视图效果，方便与客户的交流沟通和产品的展示。

本任务将通过产品的渲染过程来介绍 PhotoRender(渲染)模块的应用方法和原理。

10.1 课内任务：玻璃杯的渲染

任务描述

在 Pro/E 环境中，通过适当的材质、灯光等方式对图 10.1 所示的玻璃杯进行渲染。

图 10.1 杯子模型

任务分析

1. 设计思路

打开产品及【渲染】工具栏，对产品赋予玻璃材质，调整房间设置，调整渲染控制选项，从而得到照片级的渲染效果。

2. 方法与技巧

设计中尽量化繁为简，将步骤细化，见表 10-1。

表 10-1 10.1 节设计步骤

序号	步 骤	知 识 要 点
1	打开产品并激活渲染工具栏	渲染工具
2	设置材质	材质
3	调整房间设置	房间设置
4	调整渲染设置进行渲染	渲染设置

任务实施

步骤 1：打开产品并激活渲染工具栏

(1) 执行【文件】|【打开】命令，打开玻璃杯的原文件。

(2) 在上工具条区域右击，在弹出的快捷菜单中执行【渲染】命令，激活【渲染】工具栏，如图 10.2 所示。

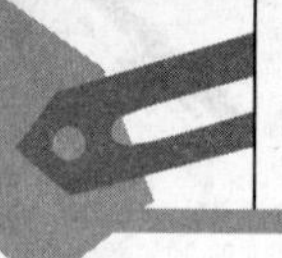

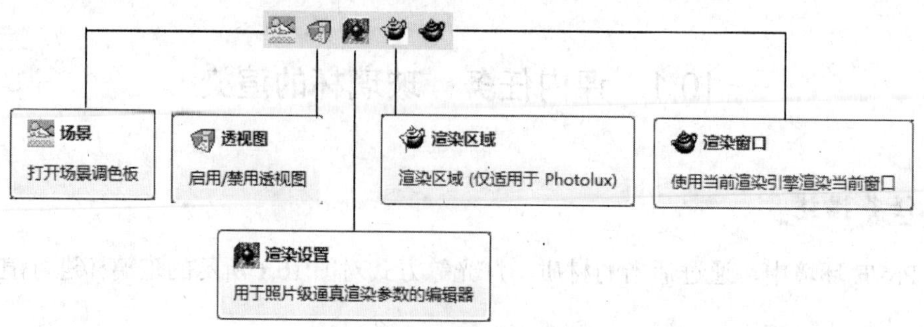

图 10.2 【渲染】工具

步骤 2：设置材质

(1) 单击上工具条中的 (外观库)的下三角按钮，弹出图 10.3 所示的下滑面板。单击库右侧的下三角按钮，弹出图 10.4 所示的材料库。

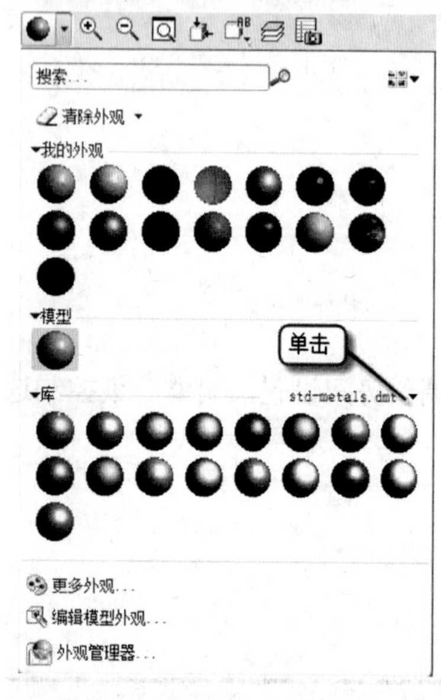

图 10.3 外观库

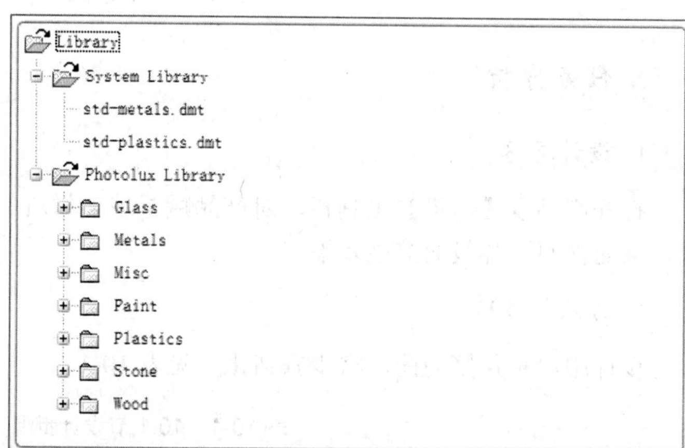

图 10.4 材料库

(2) 在列表中选择 Glass | adv glass.dmt，弹出图 10.5 所示的材质球。

(3) 选择其中一种玻璃材质，下滑面板退出，弹出图 10.6 所示【选取】对话框，此时鼠标变【毛笔刷】形状，信息提示“选择可见的几何形状”，单击【过滤器】，选择【零件】，然后用【毛笔刷】选择绘图区中的杯子，单击【选取】对话框中的【确定】按钮将材质赋予整个杯子，如图 10.7 所示。

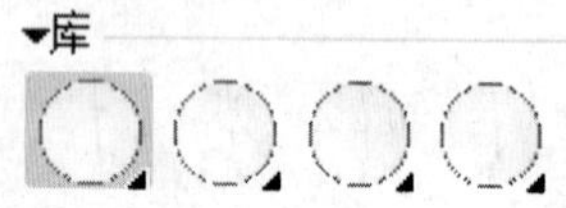

图 10.5 材质球

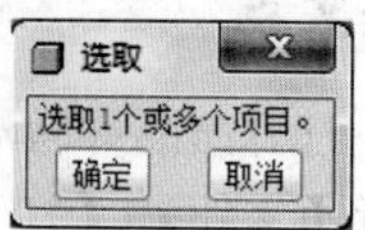

图 10.6 【选取】对话框

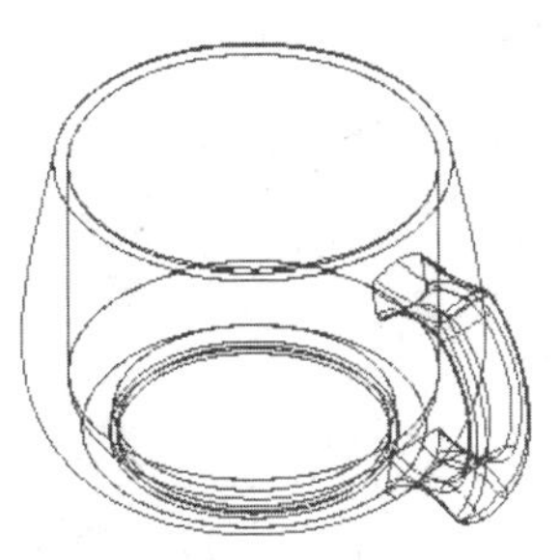

图 10.7　赋予玻璃材质的杯子

步骤 3：调整房间设置

(1) 单击【渲染】工具中的(场景调色板)按钮，在弹出的对话框中选择【房间】面板，得到的【房间】调色板，如图 10.8 所示。

(2) 单击【地板】栏右边的(对照着色模型对齐地板)按钮，让玻璃杯底与地板对齐，如图 10.9 所示。

图 10.8 【房间】调色板

图 10.9　赋予材质的玻璃杯

(3) 在对话框中只选择地板，单击房间外观中的地板部分图标，弹出【房间外观编辑器】对话框，如图 10.10 所示，对地板外观材质选择为 stone | adv stone.dmt | adv stone limestone，单击【关闭】按钮结束房间编辑，单击【关闭】按钮结束房间调色板的设置。

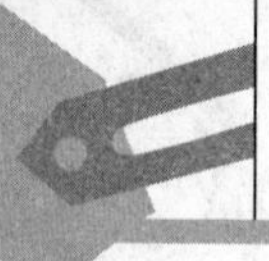

步骤 4：调整渲染设置进行渲染

(1) 单击 (修改渲染设置)按钮，弹出【渲染设置】控制面板，如图 10.11 所示。

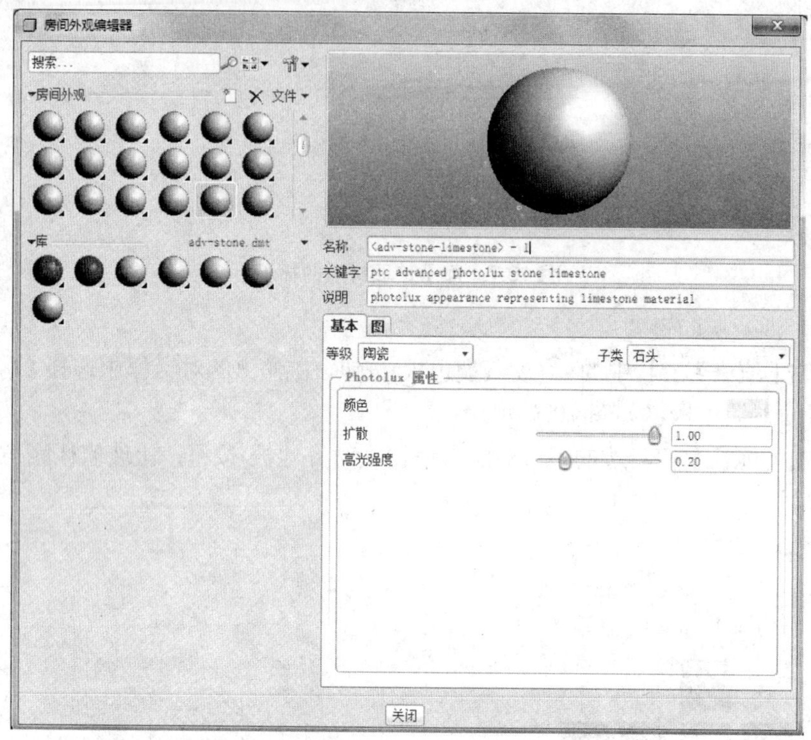

图 10.10 【房间外观编辑器】对话框

(2) 将渲染【质量】设置为【高】，默认其他选项，如图 10.12 所示，选择【输出】面板，将渲染到【全屏幕】改为【新窗口】。单击【关闭】按钮，结束渲染的设置。

(3) 单击(渲染窗口)按钮，得到渲染图形如图 10.13 所示。

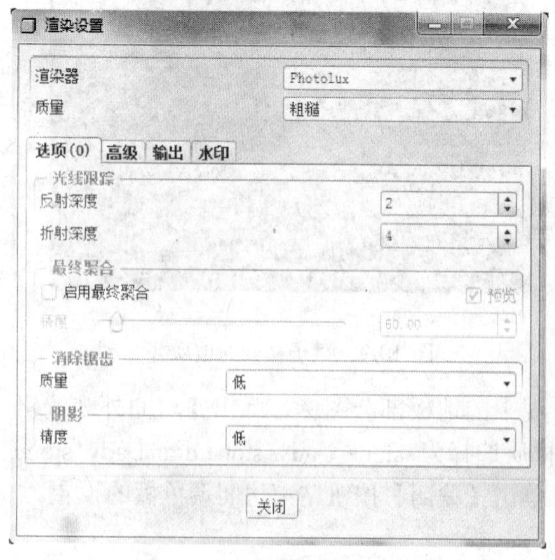

图 10.11 【渲染设置】面板

图 10.12 渲染设置修改

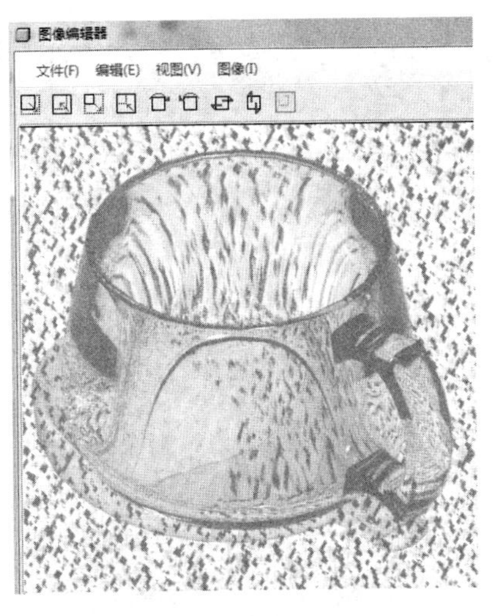

图 10.13　渲染结果图像

(4) 单击(保存图像的副本)按钮保存当前渲染图像，或在图像编辑器中执行【文件】|【另存为】命令，保存当前渲染图像。

归纳总结

任务介绍了渲染产品模型的详细过程。渲染工作需要细致和耐心，而且需要具备一定的艺术修养，希望大家能够认真揣摩渲染的奥秘，将自己的设计以最美的形象推荐给社会。

拓展提高

如果想将当前的材质、房间、渲染等设置与零件一起保存，可按以下步骤进行:

(1) 单击(场景调色板)按钮，弹出【场景】控制面板，如图 10.14 所示。

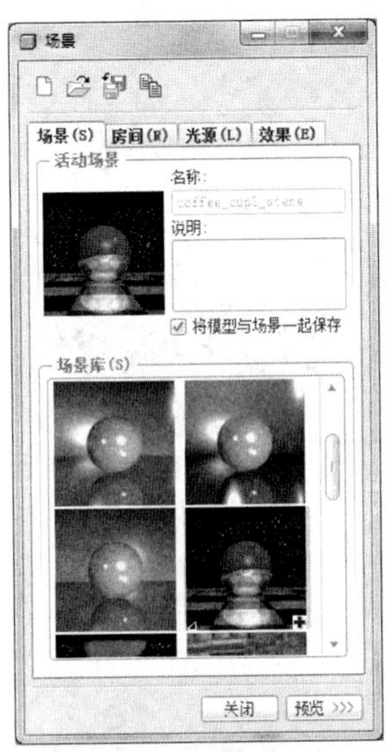

图 10.14 【场景】面板

(2) 选中【将模型与场景一起保存】复选框，单击【关闭】按钮。

(3) 执行【文件】|【保存】命令，或单击【标准】工具条中的(保存)按钮，在弹出的【保存】文本框中单击【确定】按钮，保存当前建立的零件模型及场景。

练习与实训

在 Pro/E 环境中，完成图 10.15 所示的产品的渲染。

图 10.15 玻璃杯

10.2 课外任务：瓷瓶的渲染

任务描述

在 Pro/E 环境中，通过适当的材质灯光等方式对图 10.16 所示的瓷瓶进行渲染。

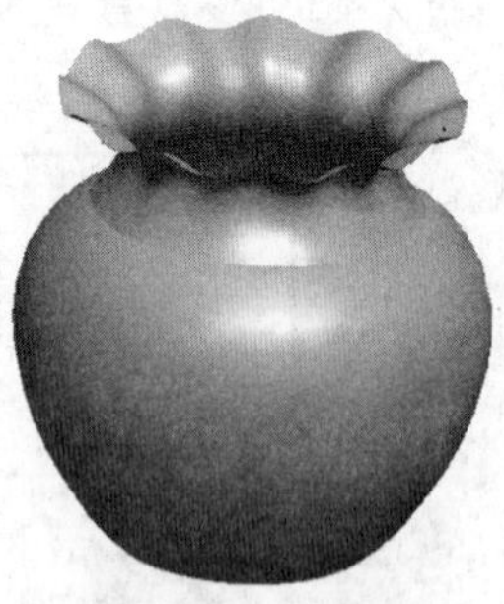

图 10.16 瓷瓶模型

任务分析

1. 设计思路

打开产品及【渲染】工具栏，对产品赋予银的材质，调整房间设置，设置灯光，调整渲染控制选项，从而得到照片级的渲染效果。

2. 方法与技巧

设计中尽量化繁为简，将步骤细化，见表 10-2。

表 10-2　10.2 节设计步骤

序号	步　骤	知 识 要 点
1	设置材质	材质、外观管理器、凹凸贴图
2	设置场景	场景设置、房间设置
3	调整渲染设置进行渲染	渲染设置

任务实施

步骤 1：设置材质

(1) 执行【文件】|【打开】命令，打开瓷瓶文件。

(2) 激活【渲染】工具栏。

(3) 单击工具条中的 (外观库)的下三角按钮，在下滑面板中执行【外观管理器】命令，弹出图 10.17 所示的材料库。(也可在主菜单的【工具】下拉菜单中执行【外观管理器】命令。)

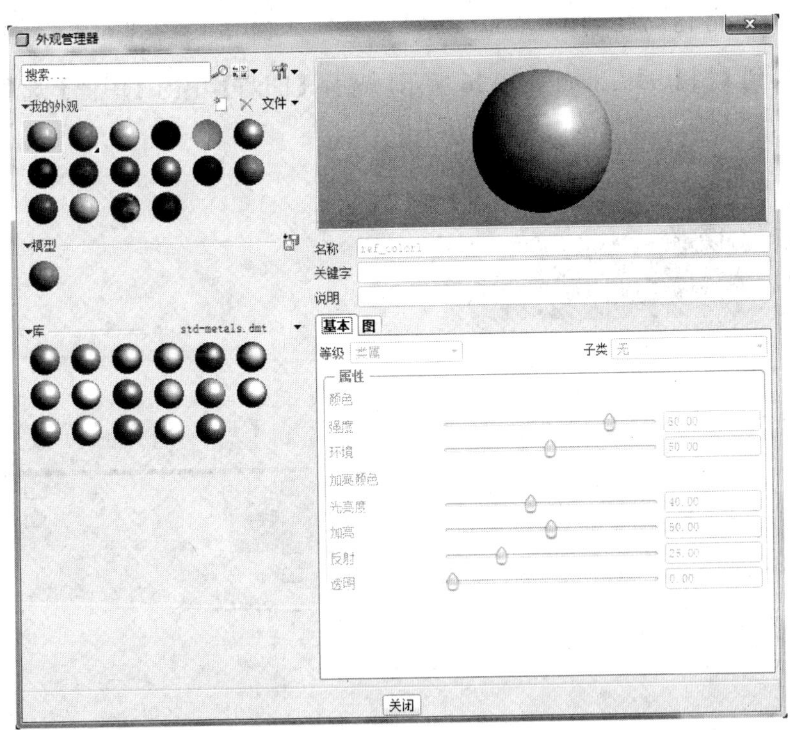

图 10.17 【外观管理器】对话框

(4) 在【我的外观栏】右击，弹出快捷菜单，执行【新建】材质命令，在【外观管理器】的右侧生成新的材质，如图 10.18 所示。

(5) 修改【名称】为“ciping”，选择【等级】为【陶瓷】，修改瓷器【颜色】和【反射颜色】，如图 10.19 所示。

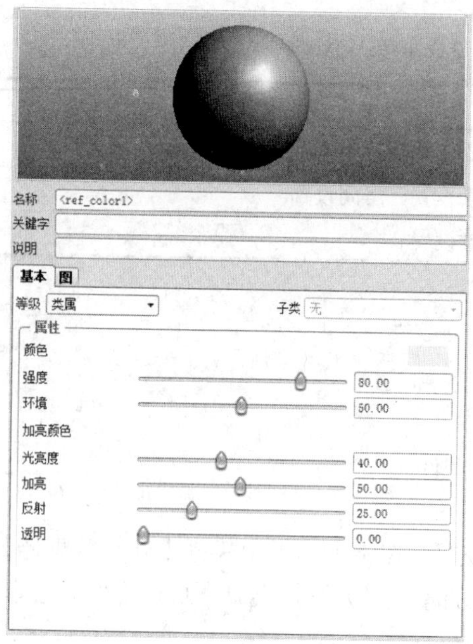

图 10.18　新的材质

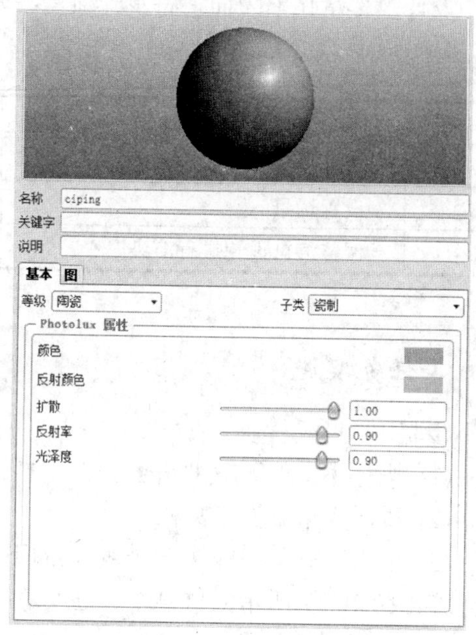

图 10.19　陶瓷材质基本设置

(6) 切换到【图】面板，如图 10.20 所示，选择【凹凸】中的【图像】选项，单击其左侧图标弹出系统材质贴图目录，如图 10.21 所示。

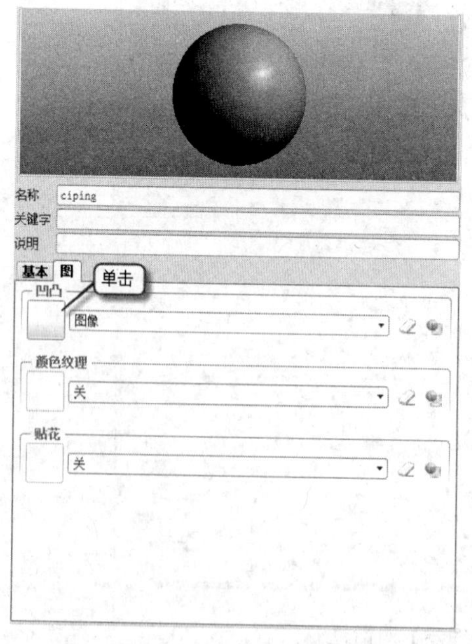

图 10.20　材质贴图

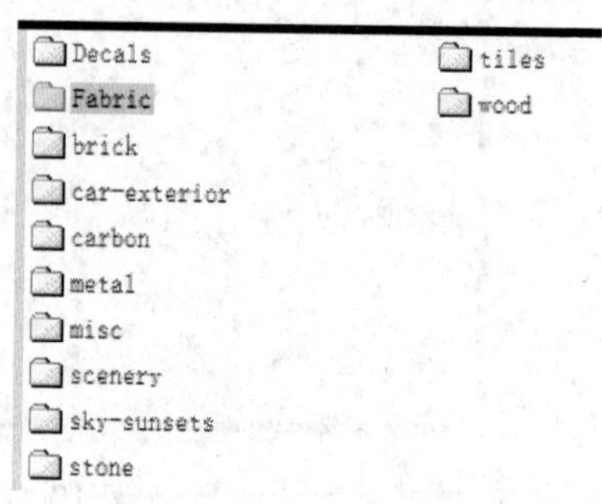

图 10.21　材质库

(7) 单击 Fabric 目录，选择其中的“tan-leather.tx3”图像，关闭外观管理器。

(8) 单击(外观库)的左边材质球，将选择过滤器改为【零件】，将材质赋予瓷瓶，如图 10.22 所示。

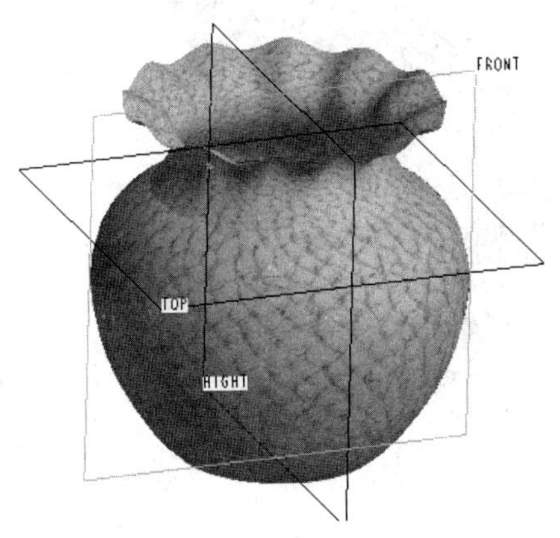

图 10.22　赋予材质的瓷瓶

步骤 2：设置场景

(1) 单击(场景调色板)按钮，弹出【场景】面板，在【库】中选择场景，如图 10.23 所示。

(2) 切换到【房间】面板，如图 10.24 所示，只选中【地板】复选框，单击该项右侧的按钮，对照着色模型将模型对齐到地板，结果如图 10.25 所示。

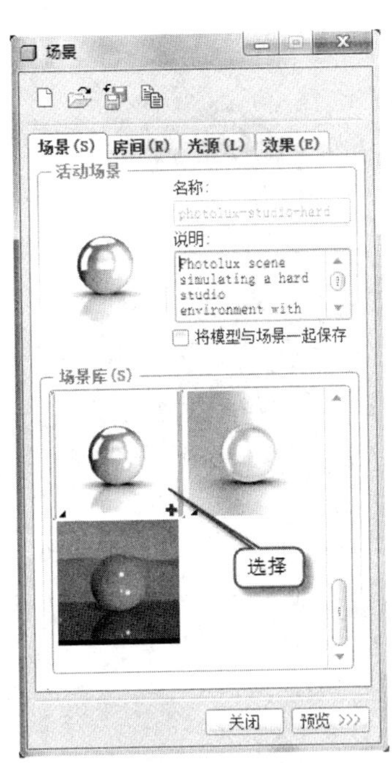

图 10.23　场景库的选择

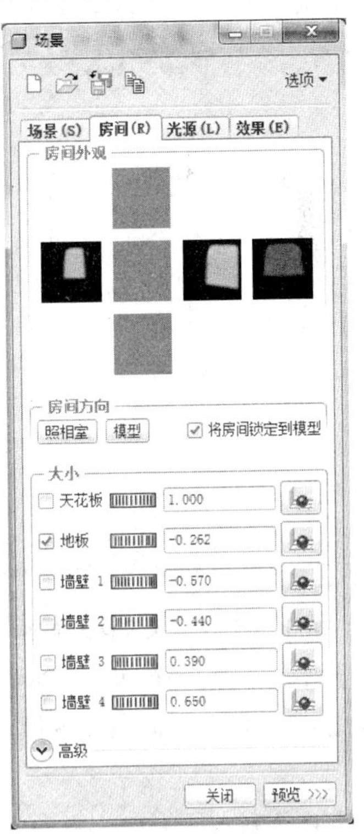

图 10.24　【房间】设置

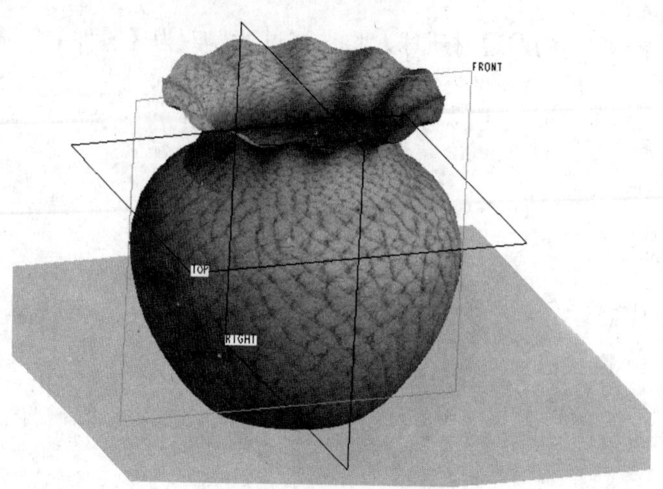

图 10.25　模型对齐到地板

步骤 3：调整渲染设置进行渲染

(1) 单击 (修改渲染设置)按钮，将渲染质量设置为【高】，默认其他选项，如图 10.26 所示。

(2) 选择【输出】面板，将渲染到【全屏幕】改为【新窗口】，单击【关闭】按钮，结束渲染的设置。

(3) 单击(渲染窗口)按钮，得到渲染图形如图 10.27 所示。

渲染设置
渲染器　Photolux
质量　高
选项(0)　高级　输出　水印
光线跟踪
反射深度　4
折射深度　4
最终聚合
启用最终聚合　预览
精度　200.00
消除锯齿
质量　中
阴影
精度　中
关闭

图 10.26 【渲染设置】面板

图 10.27　瓷瓶渲染结果图

(4) 单击(保存图像的副本)按钮保存当前渲染图像，或在图像编辑器中执行【文件】|【另存为】命令保存当前渲染图像。

归纳总结

任务通过介绍系统材质库的选用，以及渲染房间的材质改变等方法，学习在渲染中的材质应用的方法与步骤。

拓展提高

Pro/E 提供了各种各样可以在渲染中使用的灯光。除了默认的环境光外，还有 3 种灯光类型。下面就是这些灯光的特性：

(1) Ambient(环境光)：可以在暗区域中使用(没有方向性)。环境光光源的位置对光效果没有影响，因为环境光在整个场景中都是有相同的光密度的。

(2) Light bulb(灯泡)：作为点光源使用，一个灯泡可以从一个光源位置照亮它周围各方向的场景。

(3) Spot light(聚光灯)：锥形光束。在图形上聚光灯显示为两个同轴的锥形，内锥形是全密度的灯光而外锥形是调整光。

(4) Directional light(平行灯)：平行光源，类似于太阳光。平行光不是从一个特定点发出而是在一个方向上都有均匀的光密度。

在渲染中，光源设置的过程可以分为 3 部分：基本光源、填充光源和辅助光源。

基本光源是渲染场景中的主要光源，是用来照亮模型的主要光源。填充光源一般用在房间中加亮场景。辅助光源用来加亮模型中那些和背景融合到一起而导致难以分辨的部分。换言之，辅助光源用来提升模型边界的分辨度。例如，可以通过在模型背后加一个背光源来制造渲染场景的特殊效果。

练习与实训

在 Pro/E 环境中，完成图 10.28 所示的产品的渲染。

图 10.28　篮球模型

项目11

小家电产品设计

知识目标

(1) 拉伸建模的方法；
(2) 旋转建模的方法；
(3) 扫描建模的方法；
(4) 可变剖面扫描建模的方法；
(5) 混合建模的方法；
(6) 扫描混合建模的方法；
(7) 边界混合建模的方法；
(8) 曲面编辑的方法。

能力目标

能 力 目 标	知 识 要 点	权重(%)	自测分数
(1) 掌握拉伸的方法	拉伸实体(曲面或去除材料)	10	
(2) 掌握旋转的方法	旋转	10	
(3) 掌握扫描的方法	扫描	10	
(4) 掌握可变剖面扫描的方法	可变剖面扫描	10	
(5) 掌握混合的方法	混合	10	
(6) 掌握扫描混合的方法	扫描混合	20	
(7) 掌握边界混合的方法	边界混合	20	
(8) 掌握曲面编辑的方法	曲面合并/实体化	10	

知识点导读

本项目以台灯、小话筒、吹风机等小家电产品的设计为例，讲述 Pro/E 中产品设计的方法与步骤，重点提高学生 Pro/E 造型的实际运用能力。

(1) 台灯案例，利用边界混合、扫描曲面、旋转曲面等曲面建模方法进行产品综合设计。

(2) 小话筒，讲述 Pro/E 边界混合曲面、扫描混合曲面、可变剖面扫描等高级

曲面造型功能的综合使用，以提高学生的高级曲面造型能力及综合运用能力。

(3) 吹风机，综合运用拉伸、旋转、混合、扫描混合命令进行产品造型。

11.1　任务一：台灯的设计

在 Pro/E 环境中，利用边界混合曲面、扫描曲面、旋转曲面、曲面合并及倒圆角等命令创建台灯模型，效果如图 11.1 所示。

图 11.1　台灯的三维图

1. 设计思路

台灯是由底座、支架、灯罩 3 部分组成的，底座为边界混合而成的曲面，支架为扫描曲面，灯罩为一旋转的曲面，设计过程如图 11.2 所示。

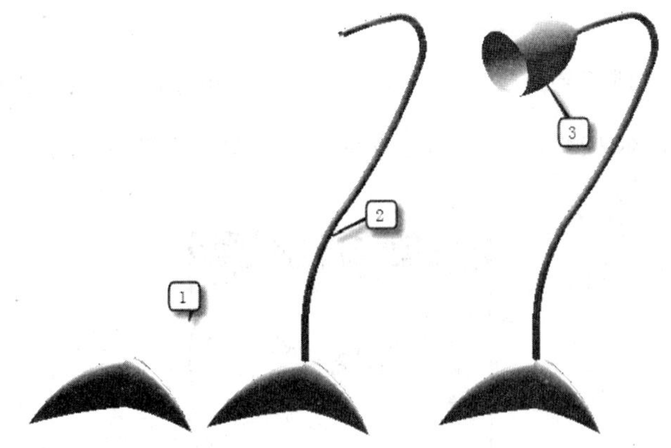

图 11.2　台灯设计思路

2. 方法与技巧

设计中尽量化繁为简，将步骤细化，见表 11-1。

表 11-1　11.1 节设计步骤

序号	步　骤	知 识 要 点
1	设计底座	边界混合、基准轴、阵列
2	设计支架	扫描
3	设计灯罩	旋转、曲面合并、倒圆角

任务实施

步骤 1：设计底座

(1) 新建实体零件。

(2) 单击(草绘工具)按钮，选择 RIGHT 平面为草绘平面，选择 TOP、顶为参照方向，绘制图 11.3 所示的草绘图形。

(3) 单击(草绘工具)按钮，选择 FRONT 平面为草绘平面，绘制图 11.4 所示的草绘图形。

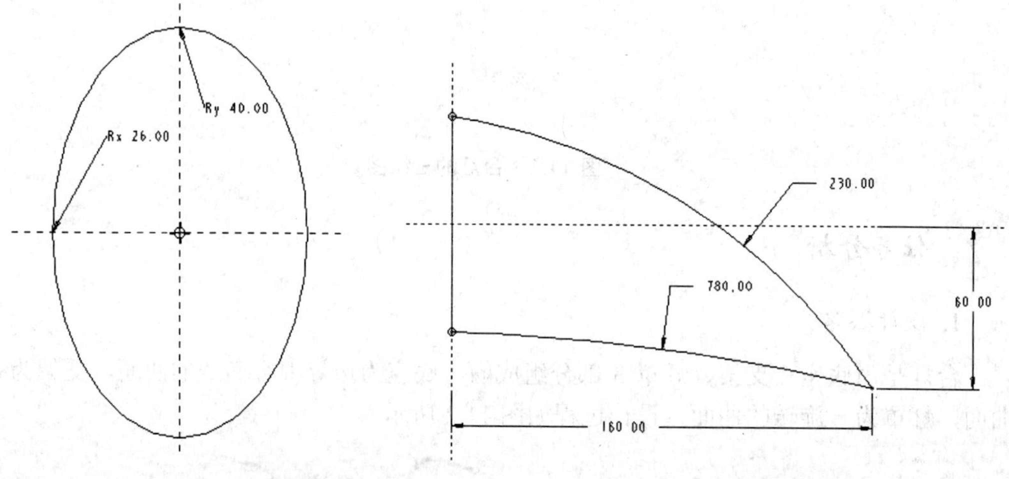

图 11.3　RIGHT 平面上草绘图形　　图 11.4　FRONT 平面上草绘图形

(4) 单击(基准轴)按钮，如图 11.5 所示，以 FRONT 和 RIGHT 平面的交线建立基准曲线 A _1。

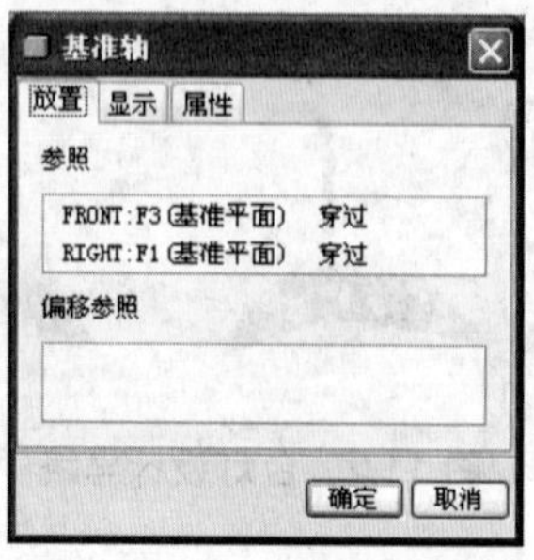

图 11.5 【基准轴】对话框

(5) 单击(边界混合)按钮，创建边界曲面如图 11.6 所示。

(6) 单击(阵列)按钮，选取基准轴来定义阵列中心，在绘图区选取 A_1 轴为基准轴，阵列上一步创建的边界混合曲面，数量为“3”，角度为“120”，如图 11.7 所示。

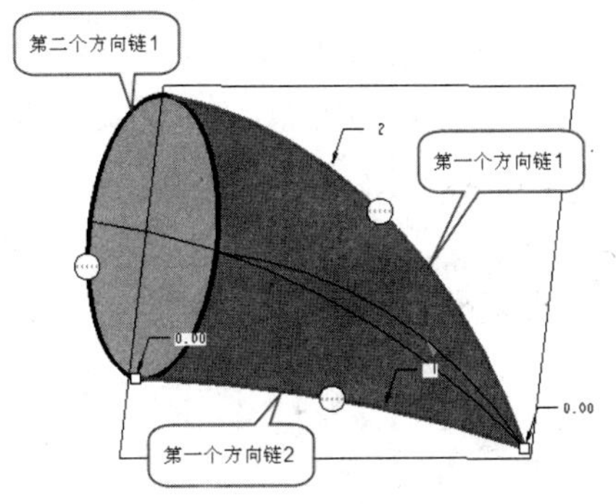

图 11.6 创建的边界曲面

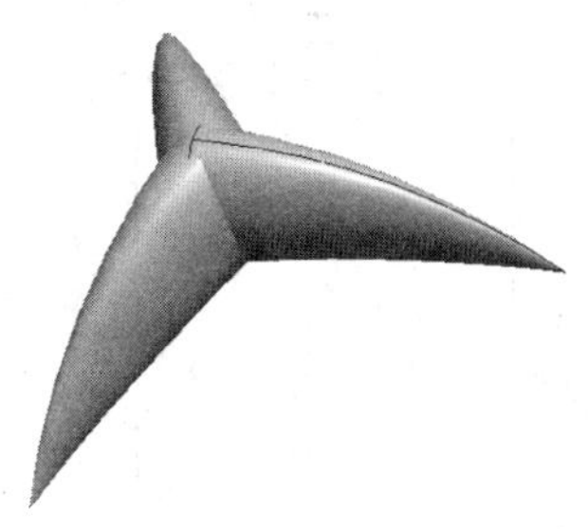

图 11.7 阵列后生成的底座曲面图

步骤 2：设计支架

(1) 执行【插入】|【扫描】|【曲面】命令，选择草绘轨迹，选择 FRONT 面为草绘平面，绘制图 11.8 所示的草绘图形，单击(完成)按钮确定。

(2) 在【属性】中选取开放端，进入截面草绘状态，绘制图 11.9 所示截面图形，单击(完成)按钮确定。

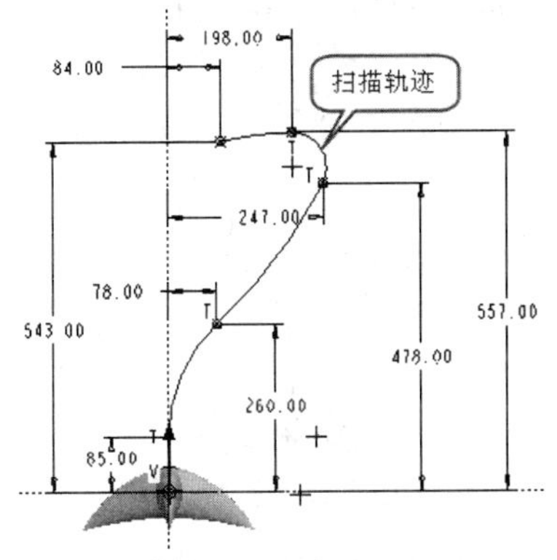

图 11.8 扫描轨迹曲线

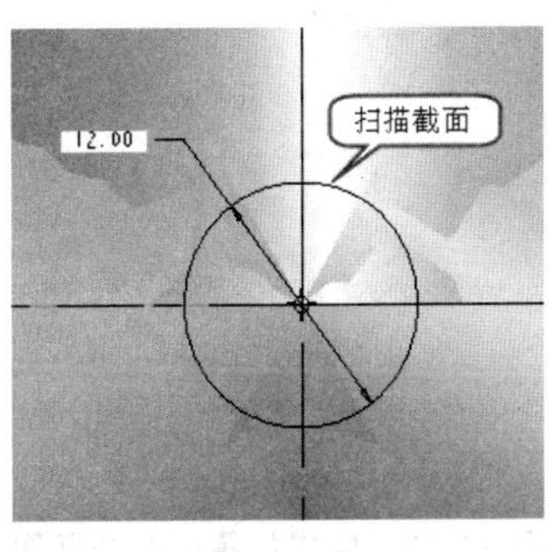

图 11.9 扫描截面图形

(3) 在【扫描】对话框中，单击【确定】按钮，得到图所示 11.10 图形。

图 11.10 支座曲面图

步骤 3：设计灯罩

(1) 单击 (旋转)按钮，改为 (曲面)方式，选取 FRONT 面为草绘平面，分别绘制图 11.11、图 11.12 所示的草绘图形。

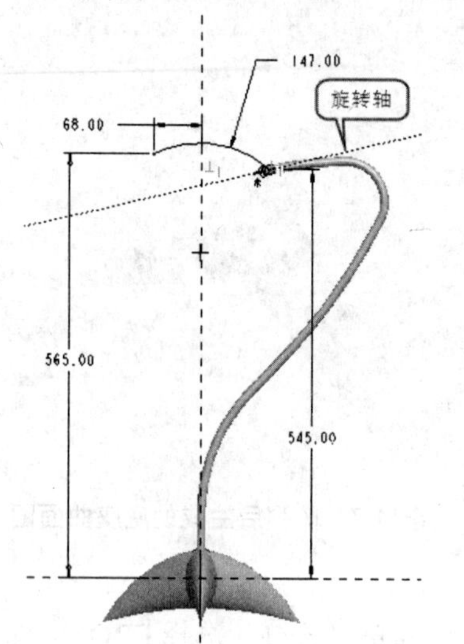

图 11.11　FRONT 面上灯罩截面图形

图 11.12　灯罩截面放大图

(2) 旋转完成后的图形，如图 11.13 所示。

(3) 单击 (合并工具)按钮，合并支架和灯罩的曲面，如图所 11.14 示。

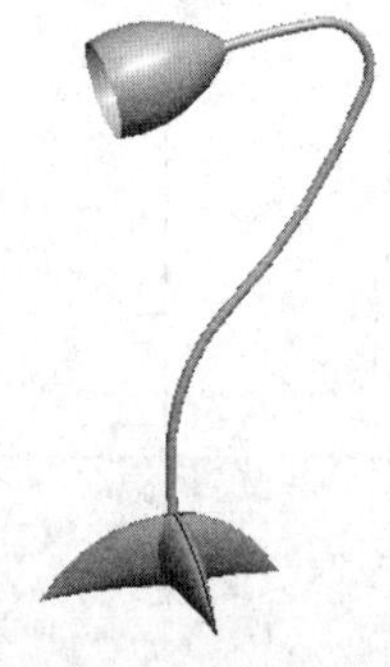

图 11.13　生成灯罩后的曲面图

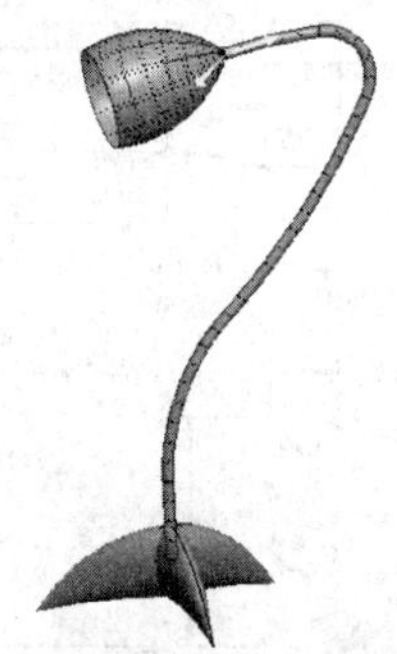

图 11.14　合并支架和灯罩的曲面

(4) 单击 (倒圆角工具)按钮，圆角半径为“16”，如图 11.15 所示。隐藏不必要的曲线，即可完成。

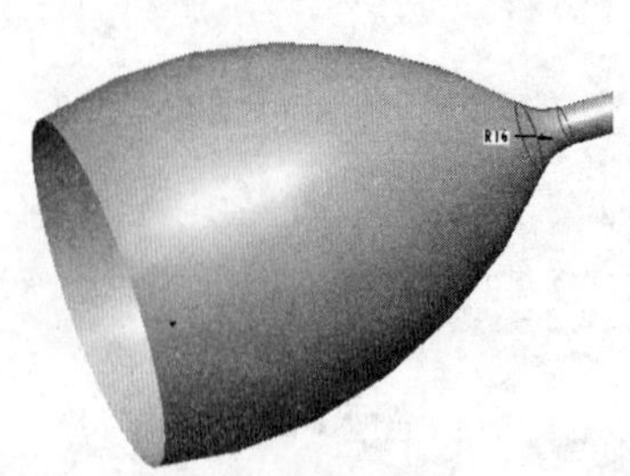

图 11.15　灯罩和支架连接处倒圆角

归纳总结

任务综合运用前面所学的边界曲面、扫描曲面、旋转曲面等进行台灯的造型。Pro/E 的曲面编辑功能强大，灵活掌握各种曲面建模技巧，可以极大地提高建模能力。

练习与实训

在 Pro/E 环境中，充分发挥想象力，通过适当的方法设计制作一盏台灯，并进行渲染。可参考如图 11.16、图 11.17、图 11.18 及图 11.19 所示的 4 盏台灯。

图 11.16　台灯 1 三维图

图 11.17　台灯 2 三维图

图 11.18　台灯 3 三维图

图 11.19　台灯 4 三维图

11.2　任务二：小话筒的设计

任务描述

在 Pro/E 环境中，利用边界混合曲面、扫描混合曲面、可变剖面扫描曲面、曲面合并等命令创建小话筒模型，效果如图 11.20 所示。

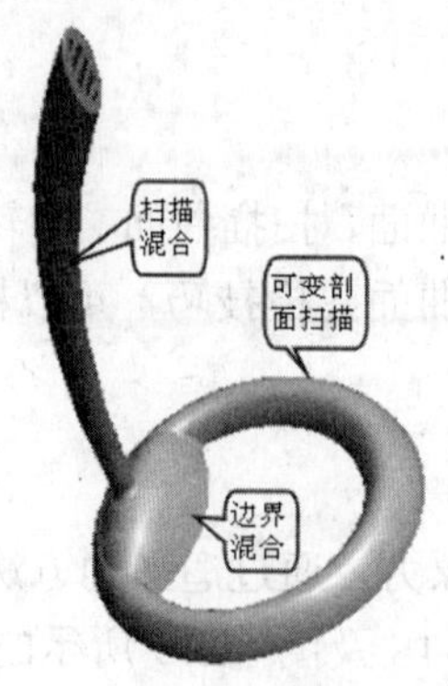

图 11.20　话筒三维图

1. 设计思路

如图 11.21 所示，小话筒主要由话筒座和话筒两部分组成，话筒座的环形圈通过可变截面扫描获得，凸起部分可用边界混合获得，话筒主体可用扫描混合获得。

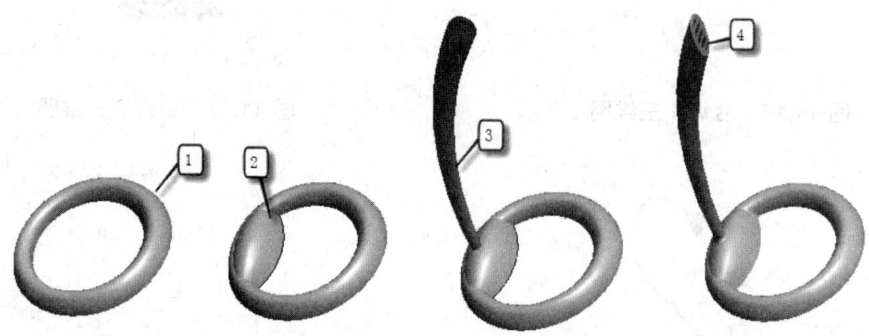

图 11.21　话筒设计思路

2. 方法与技巧

设计中尽量化繁为简，将步骤细化，见表 11-2。

表 11-2　11.2 节设计步骤

序号	步　骤	知 识 要 点
1	设计话筒座	可变剖面扫描、边界混合、倒圆角、曲面合并
2	设计话筒主体	扫描混合、拉伸(去除材料)、倒圆角、曲面合并

步骤 1：设计话筒座

(1) 新建文件，单击 (草绘工具)按钮，在 TOP 基准面上绘制图 11.22 所示的图形。

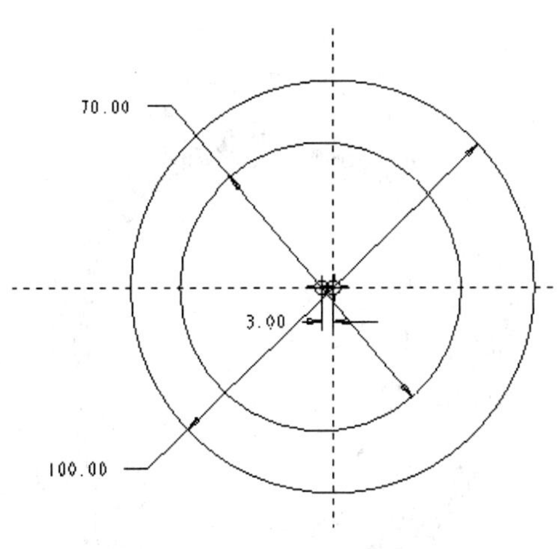

图 11.22　扫描所需轨迹

(2) 单击(可变剖面扫描工具)按钮，选取如图 11.23 所示两条曲线链为扫描轨迹。单击(剖面)按钮，绘制图 11.24 所示的图形作为截面，单击(完成)按钮确定。在可变截面扫描特征操作面板单击(完成)按钮，得到图 11.25 所示图形。

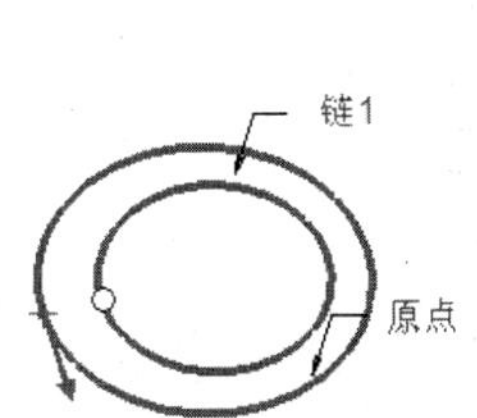

图 11.23　选取扫描轨迹

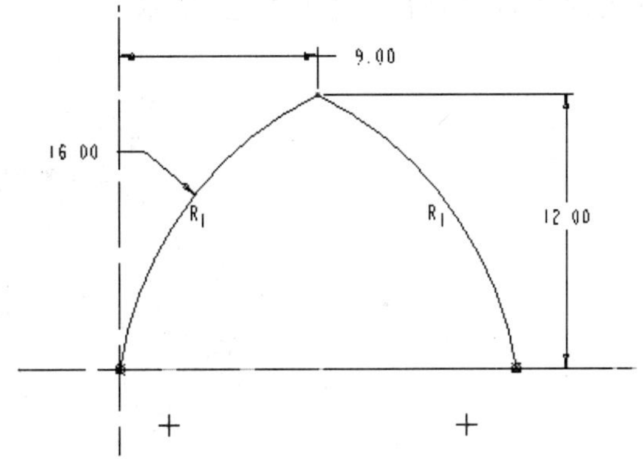

图 11.24　扫描截面图形

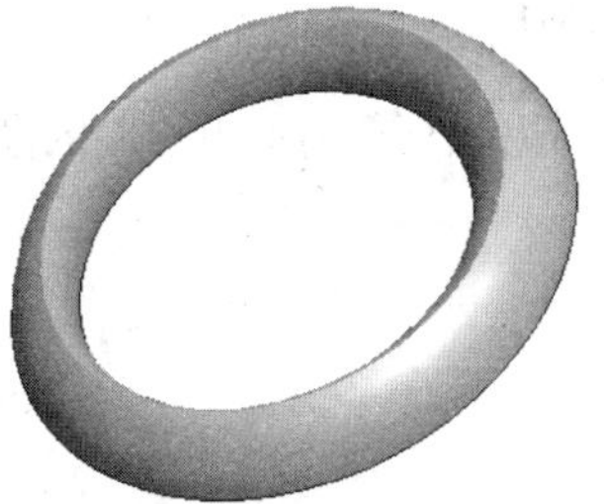

图 11.25　可变截面扫描生成的话筒座曲面

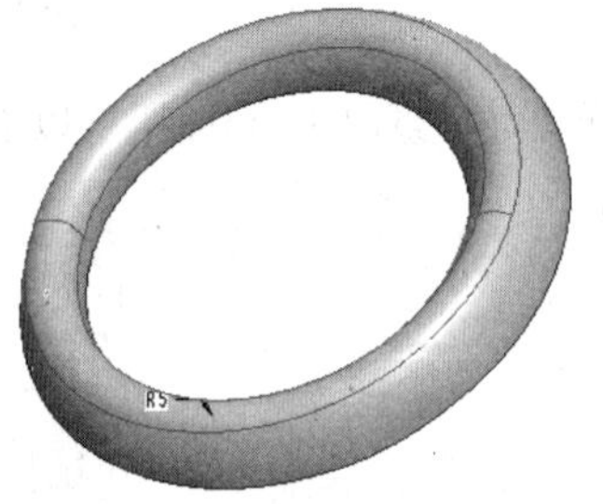

图 11.26　倒圆角后的话筒座曲面

(3) 单击(倒圆角工具)按钮，圆角半径为“5”，如图 11.26 所示。

(4) 单击(草绘工具)按钮，在 TOP 基准面上绘制图 11.27 所示的一段圆弧。

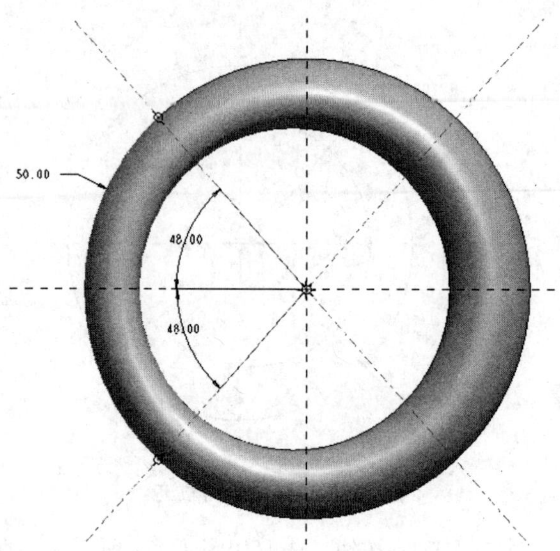

图 11.27　在 TOP 基准面上的圆弧

(5) 单击 (基准平面工具)按钮，过上一步所绘的圆弧的端点，新建一个与 RIGHT 面平行的基准面 DTM1，如图 11.28 所示。

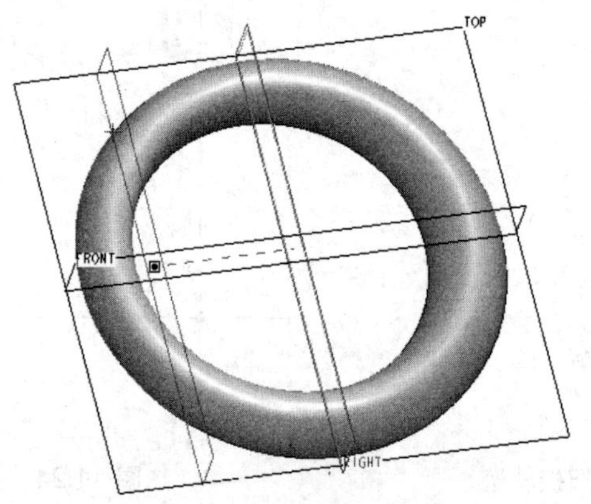

图 11.28　新建的基准面 DTM1

(6) 单击 (镜像工具)按钮，以 DTM1 为镜像平面，镜像在第(4)步中绘制的圆弧，如图 11.29 所示。

图 11.29　镜像后所得的圆弧

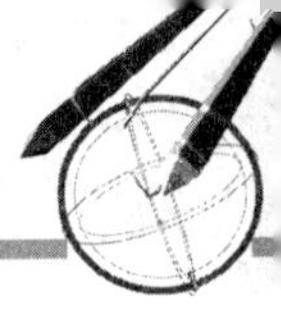

(7) 单击(草绘工具)按钮，在 DTM1 基准面上绘制图 11.30 所示的一段圆弧。

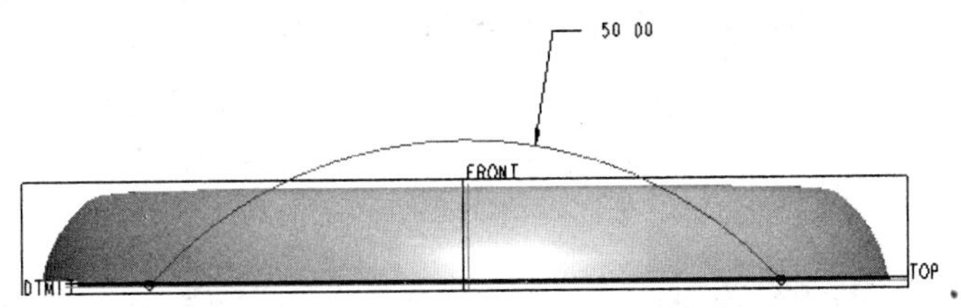

图 11.30　在 DTM1 基准面上的圆弧

(8) 单击(边界混合工具)按钮，选取前几步创建的 3 条圆弧创建边界混合曲面，如图 11.31 所示(可变剖面扫描曲面已隐藏)。

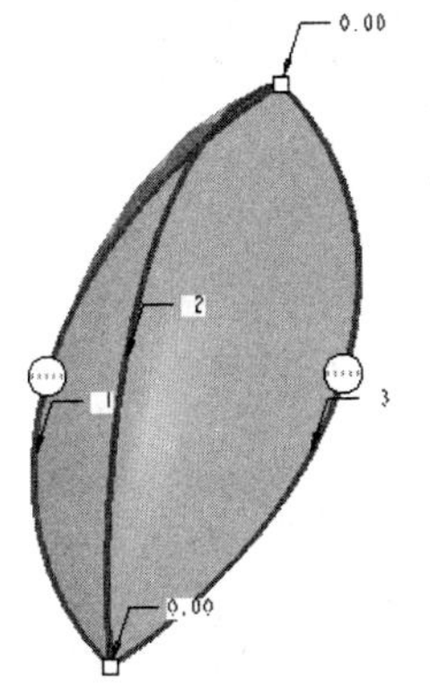

图 11.31　边界混合成的曲面

图 11.32　合并后的曲面

(9) 单击(合并工具)按钮，将可变剖面扫描曲面与边界混合曲面合并，如图 11.32 所示。

步骤 2：设计话筒全体

(1) 单击(草绘工具)按钮，在 FRONT 基准面上绘制图 11.33 所示的图形。

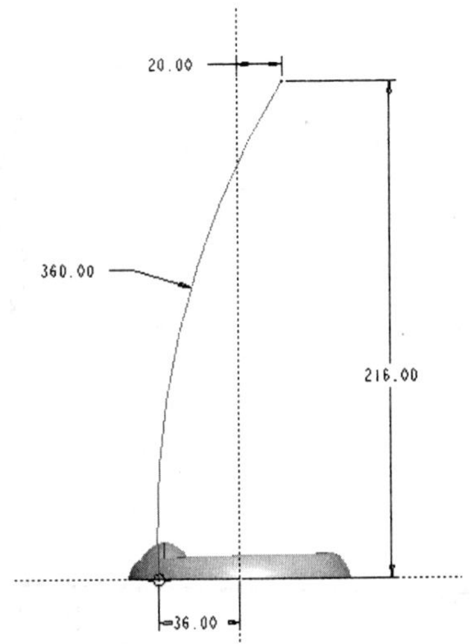

图 11.33　话筒的扫描轨迹

(2) 执行【插入】|【扫描混合】|【曲面】命令，以上一步所绘曲线为扫描轨迹，截面 1 尺寸如图 11.34 所示，截面 2 尺寸如图 11.35 所示。

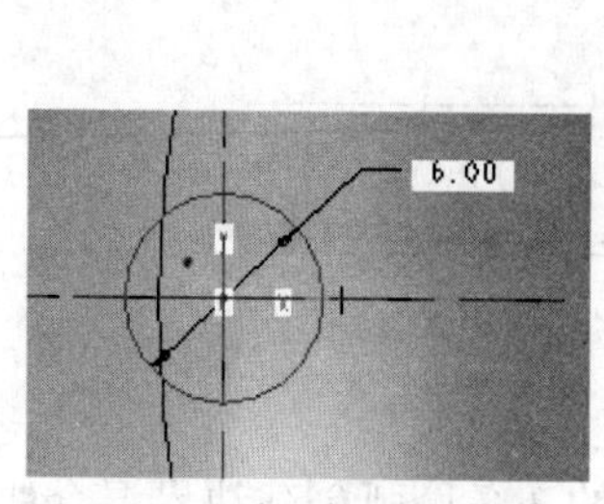

图 11.34 扫描截面 1

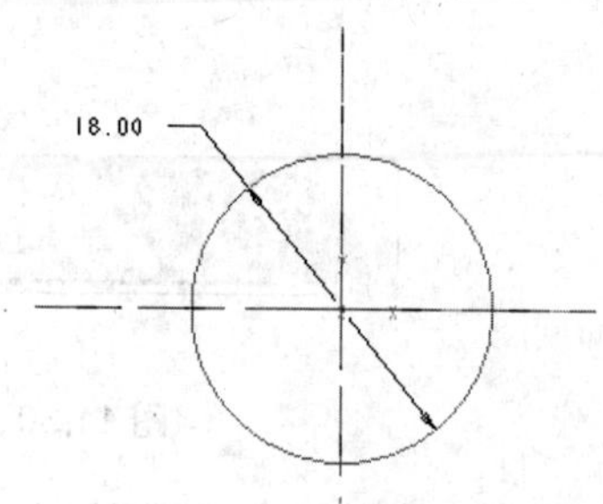

图 11.35 扫描截面 2

(3) 单击(合并工具)按钮，将上一步创建的曲面与原来的曲面进行合并，如图 11.36 所示。

图 11.36 合并所有曲面

(4) 执行【拉伸】|【曲面】命令，尺寸如图 11.37 所示，并将该曲面与先前曲面进行合并，合并后如图 11.38 所示。

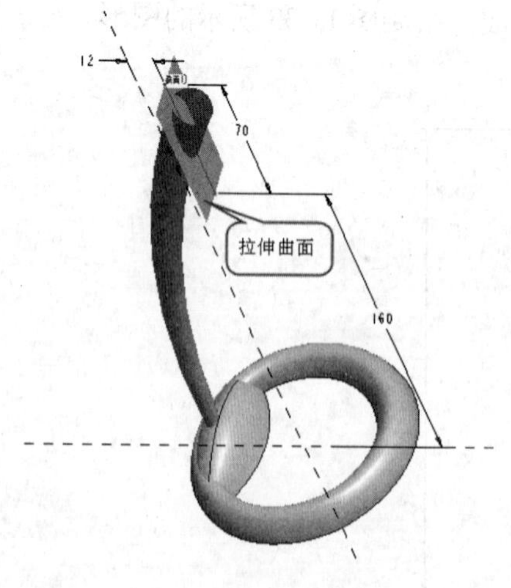

图 11.37 拉伸的曲面

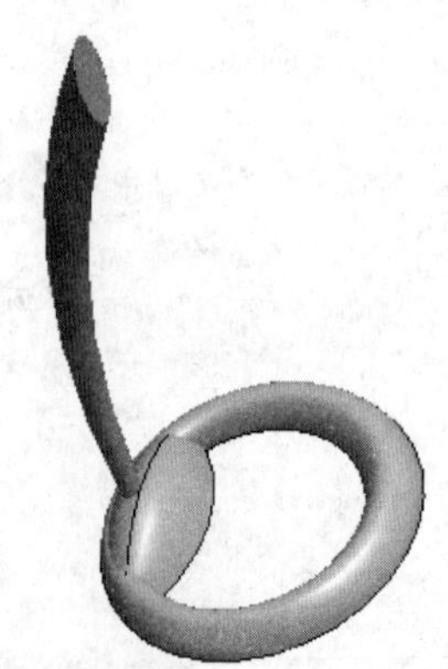

图 11.38 再次合并所有曲面

(5) 单击(拉伸工具)按钮，拉伸为曲面(曲面)，拉伸方式为(两侧拉伸)，深度为

“1”，单击 (去除材料按钮)。以图 11.39 所示的面为草绘平面，绘制图 11.40 所示的图形。

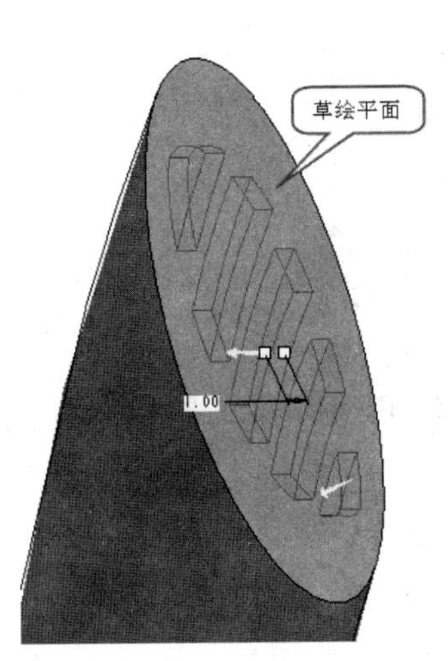

图 11.39 拉伸的草绘平面

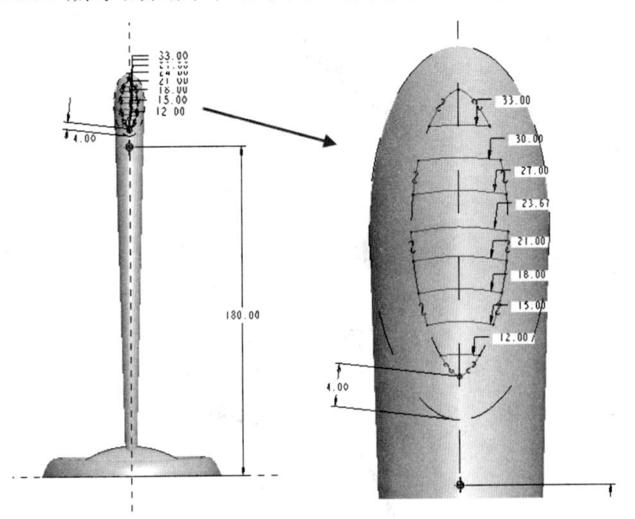

图 11.40 拉伸的截面图形

操作技巧

话筒创建过程的第(5)步可以通过执行【阵列】|【参照阵列】命令来实现。要完成参照阵列，首先要创建一个拉伸去除材料的孔，在创建过程中要将定义拉伸图形的轨迹约束到椭圆上，并且锁定椭圆的尺寸，然后采用参照阵列的方法，给定阵列的尺寸，即可完成话筒孔的创建。

(6) 倒圆角的圆角半径为“2”，如图 11.41 所示，完成话筒的制作。

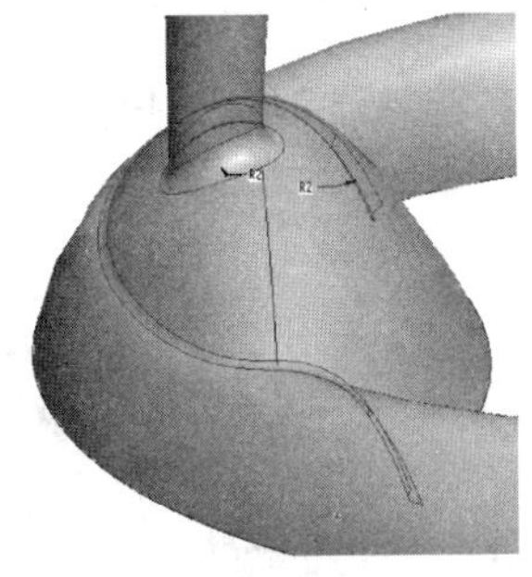

图 11.41 话筒上曲面倒圆角

归纳总结

任务以小话筒的制作为例，讲述了 Pro/E 高级曲面创建的方法和步骤。

练习与实训

在 Pro/E 环境中，充分发挥想象力，通过适当的方法设计制作一个话筒，并进行渲染。

可参考图 11.42、图 11.43、图 11.44 及图 11.45 所示的话筒。

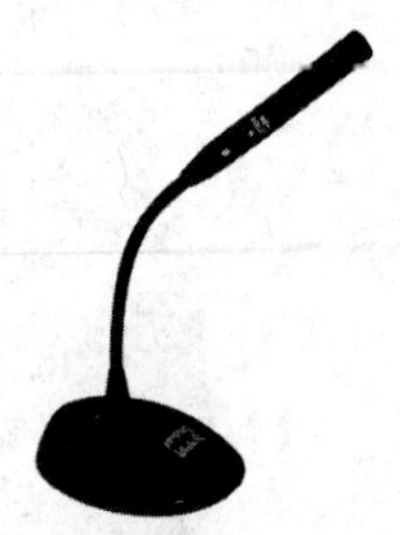

图 11.42　话筒 1 三维图

图 11.43　话筒 2 三维图

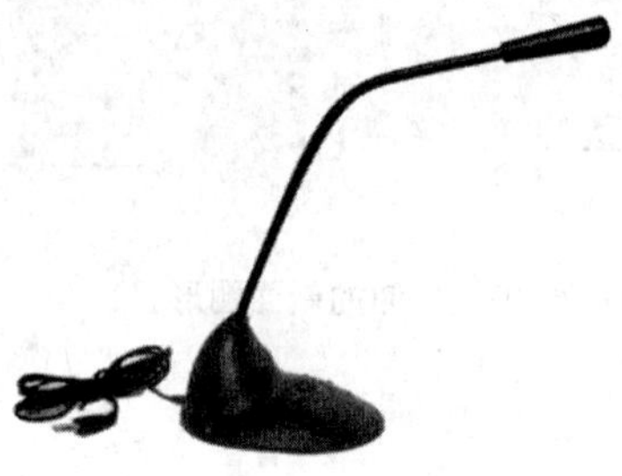

图 11.44　话筒 3 三维图

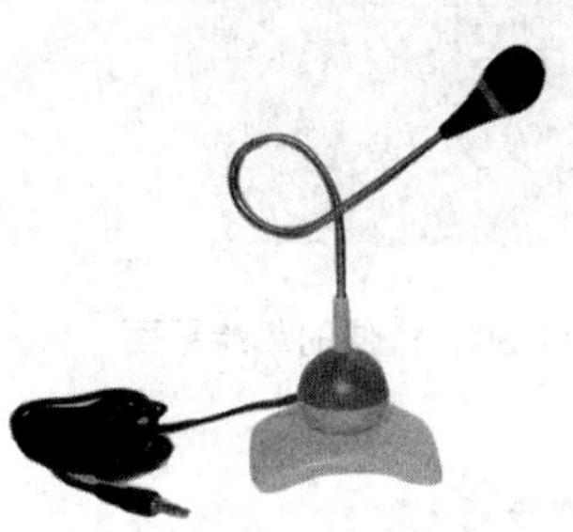

图 11.45　话筒 4 三维图

11.3　任务三：吹风机的设计

在 Pro/E 环境中，利用拉伸、旋转、混合、扫描混合实体、阵列等命令创建吹风机模型，效果如图 11.46 所示。

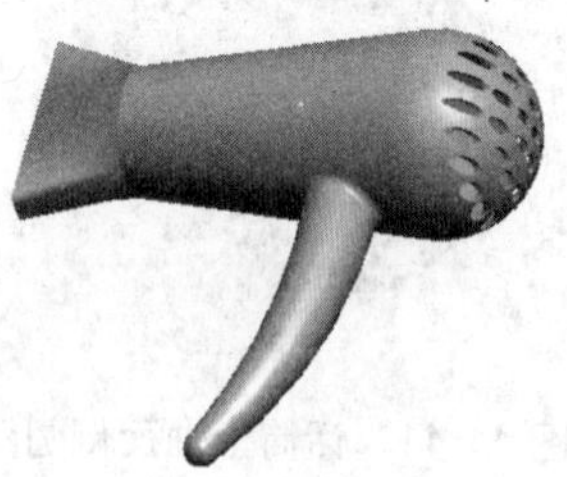

图 11.46　吹风机三维图

1. 设计思路

该吹风机由 3 部分组成的，主体部分为一旋转曲面，进风口处挖了呈圆形分布的椭圆

形孔，吹风口为一混合曲面，手柄处为扫描混合的曲面。设计过程如图 11.47 所示。

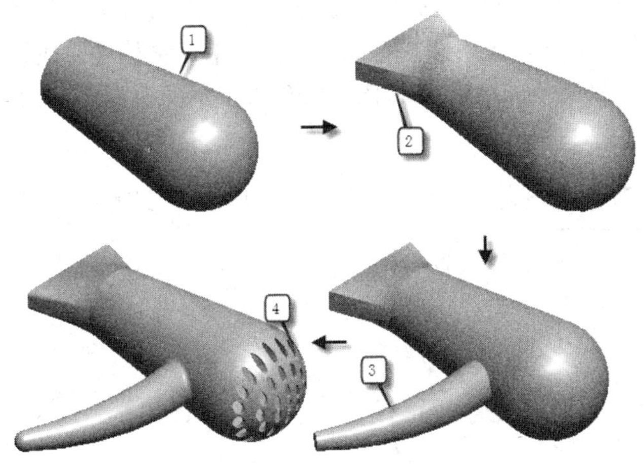

图 11.47　吹风机设计思路

2. 方法与技巧

设计中尽量化繁为简，将步骤细化，见表 11-3。

表 11-3　11.3 节设计步骤

序号	步　骤	知 识 要 点
1	旋转吹风机机身	旋转(实体)
2	混合吹风机吹风口	混合(实体)
3	扫描混合吹风机手柄	基准点、扫描混合(实体)
4	阵列吹风机出风口	倒圆角、抽壳、基准面、拉伸(去除材料)、阵列

任务实施

步骤 1：旋转吹风机机身

(1) 新建文件。

(2) 单击(旋转工具)按钮，选择 TOP 面作为草绘平面，截面尺寸如图 11.48 所示。单击【旋转】特征面板中的(应用)按钮确定，完成机身制作，如图 11.49 所示。

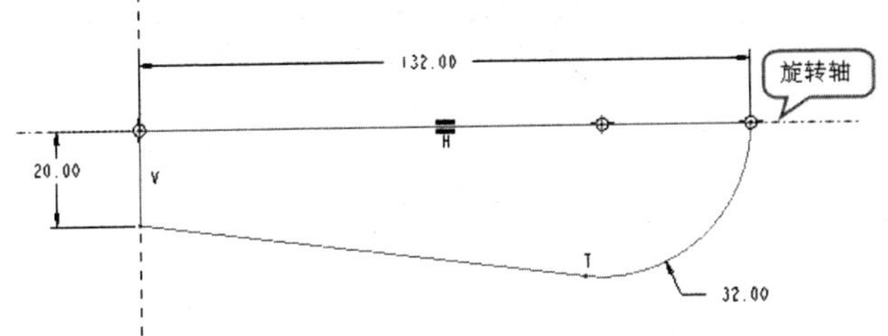

图 11.48　旋转截面

图 11.49　旋转后机身实体

步骤 2：混合吹风机吹风口

(1) 执行【插入】|【混合】|【伸出项】命令，执行【平行】|【规则截面】|【草绘截面】|【完成】命令，在【属性】对话框中执行【直的】|【完成】命令，选择机身左端面作为草绘平面，绘制截面 1 尺寸如图 11.50 所示。切换剖面，绘制截面 2 尺寸，如图 11.51 所示。

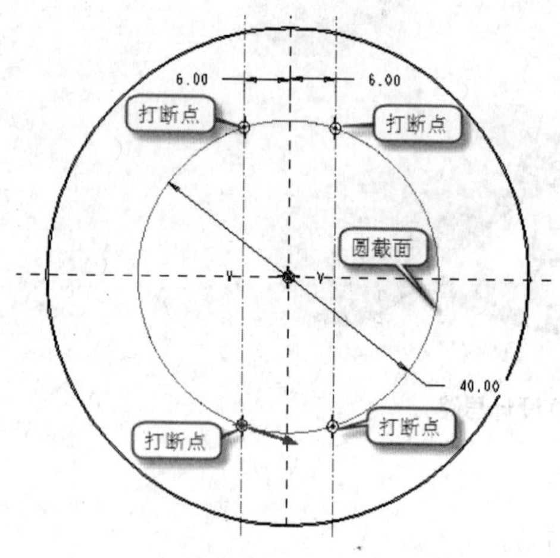

图 11.50　混合截面 1

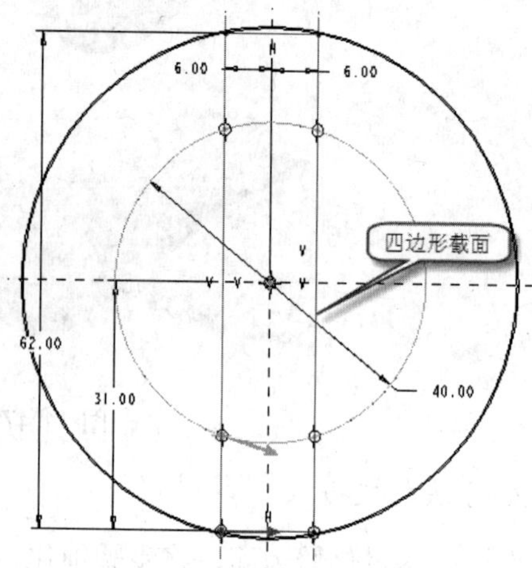

图 11.51　混合截面 2

(2) 输入两个截面之间的距离“35”，单击【确定】按钮，完成吹风口的制作，如图 11.52 所示。

图 11.52　混合后的风口

步骤 3：扫描混合吹风机手柄

(1) 单击 (草绘工具)按钮，在 TOP 面上绘制扫描曲线，如图 11.53 所示。

(2) 单击 (基准工具)按钮，以上一步创建的曲线的中点创建基准点 PNT0，作为第二个剖面的位置点，如图 11.54 所示。

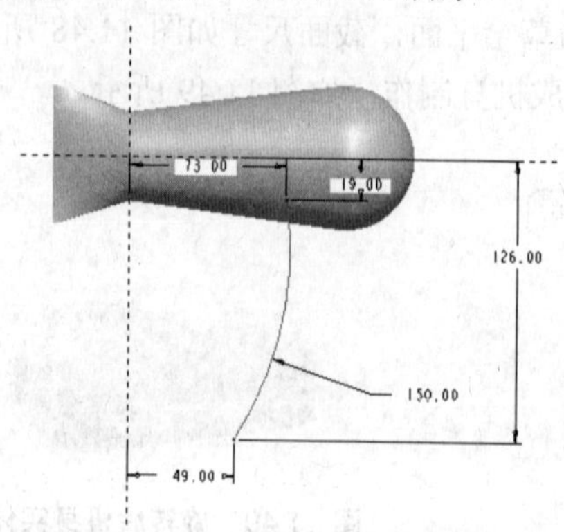

图 11.53　在 TOP 面上扫描曲线

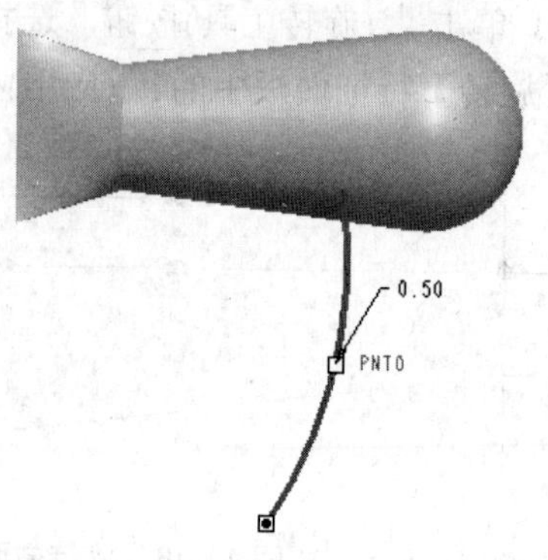

图 11.54　在曲线的中点的基准点 PNT0

(3) 执行【插入】|【扫描混合】|【伸出项】命令，剖面 1 尺寸如图 11.55 所示，剖面 2 尺寸如图 11.56 所示，剖面 3 尺寸如图 11.57 所示。

(4) 单击【完成】按钮，扫描混合后的手柄如图 11.58 所示。

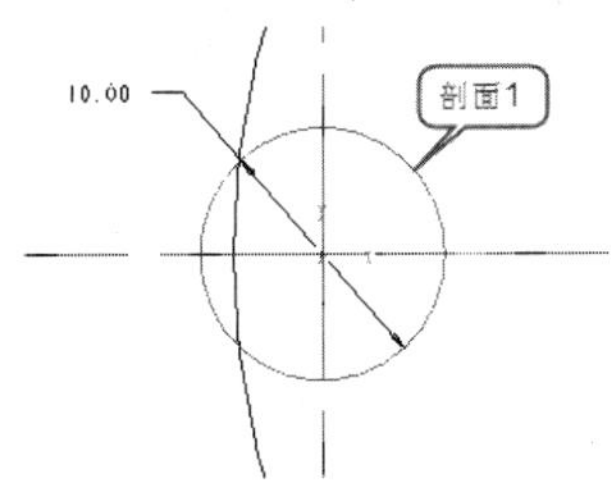

图 11.55　扫描混合剖面 1

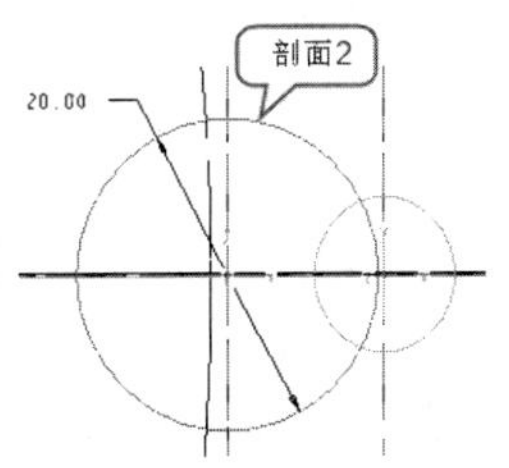

图 11.56　扫描混合剖面 2

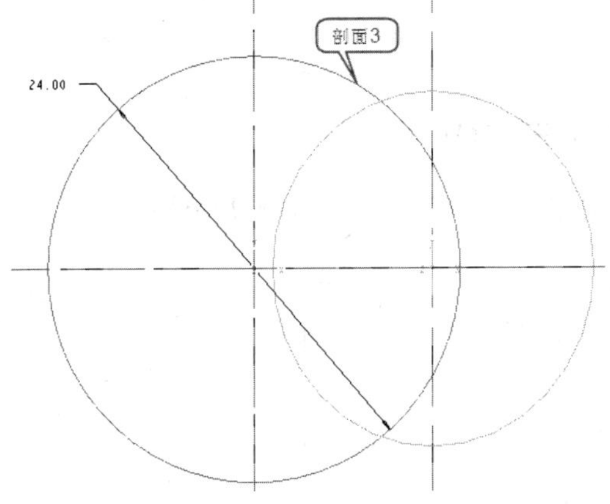

图 11.57　扫描混合剖面 3

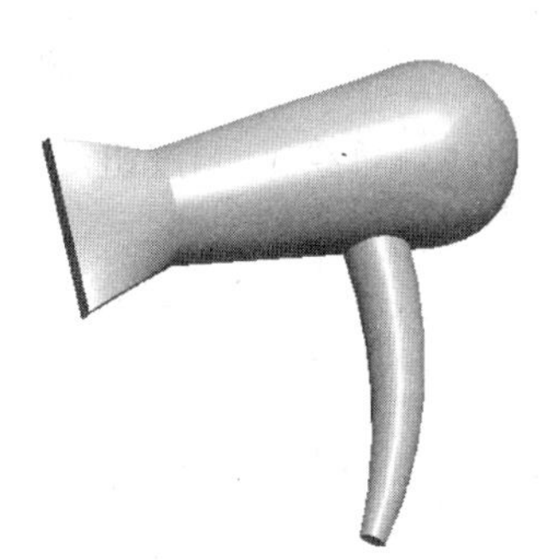

图 11.58　扫描混合后的手柄

步骤 4：阵列吹风机出风口

(1) 单击(倒圆角工具)按钮，倒圆角，手柄最下方圆角半径为“5.5”，其余为“3”，如图 11.59 所示。

(2) 单击(壳)按钮，设定壳的厚度为“1.50”，删除吹风口外曲面，如图 11.60 所示。

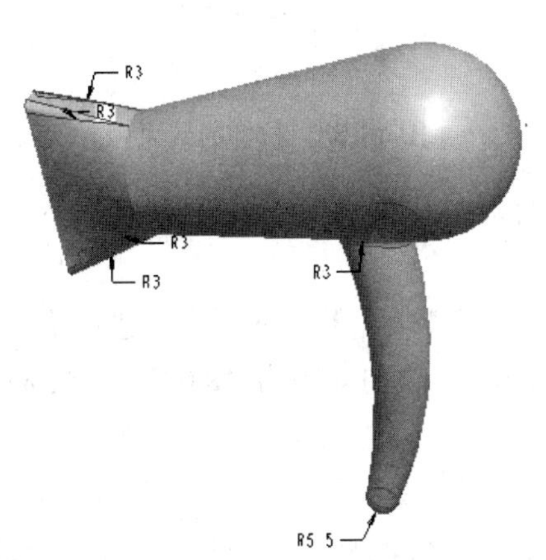

图 11.59　倒圆角位置及尺寸

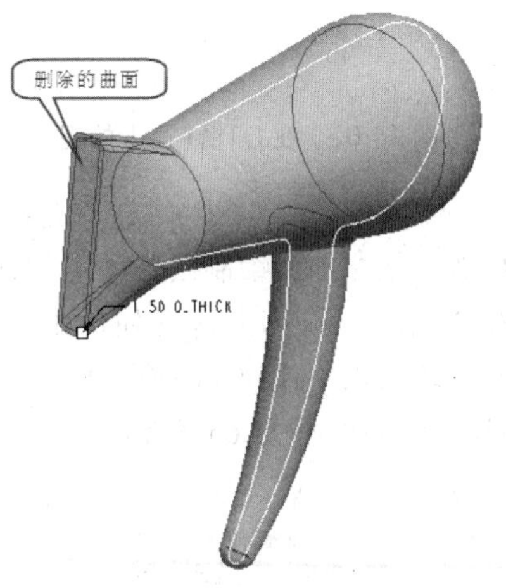

图 11.60　抽壳删除的曲面

(3) 单击(基准平面工具)按钮，创建一个与 FRONT 面平行，且距离为 100.00 的基准面 DTM1，如图 11.61 所示。

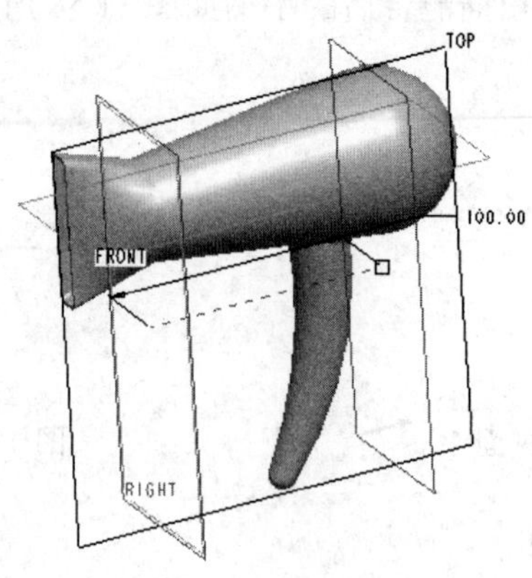

图 11.61　创建基准面 DTM1

(4) 单击(草绘工具)按钮，在 DTM1 面上绘制一个圆，尺寸如图 11.62 所示。

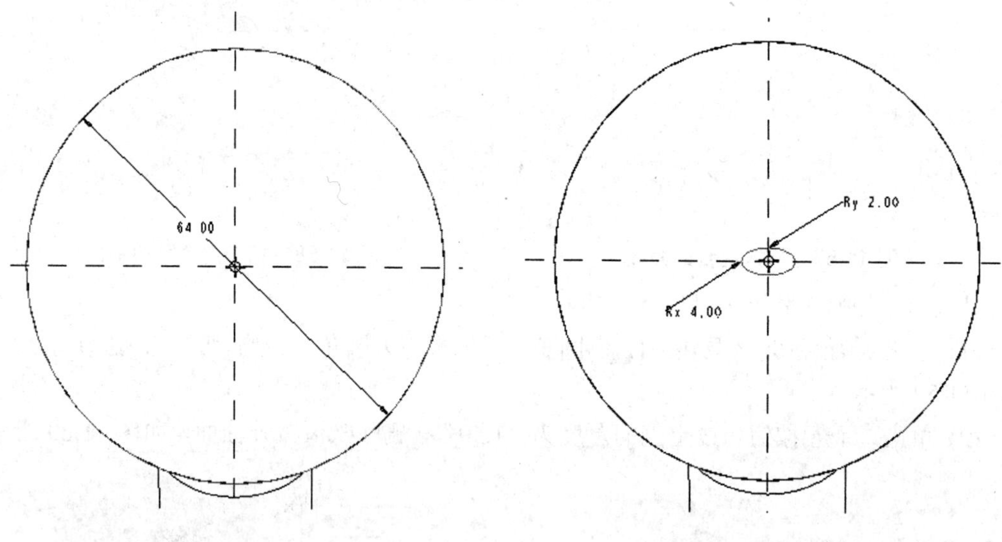

图 11.62　在 DTM1 面上的圆　　图 11.63　拉伸的截面

(5) 单击(拉伸工具)按钮，改拉伸深度为(贯通)，单击(去除材料按钮)，选取 DTM1 为草绘平面，绘制截面尺寸，如图 11.63 所示。

(6) 单击(阵列工具)按钮，如图 11.64 所示，选择【填充】阵列方式，选择【圆】阵列形状，输入水平阵列间距为“9.00”、边距为“2.00”、径向间距为“8.00”，单击(应用)按钮，结果如图 11.65 所示。

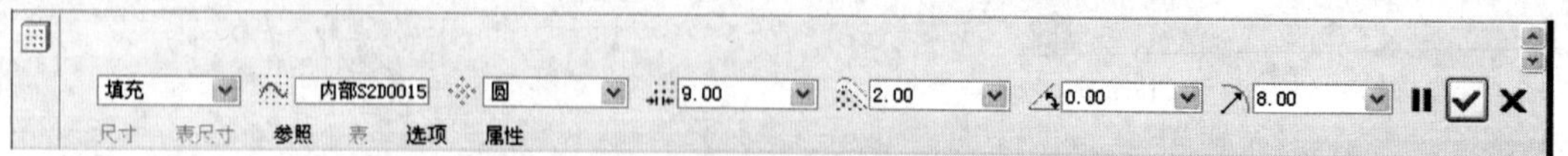

图 11.64　阵列参数设置

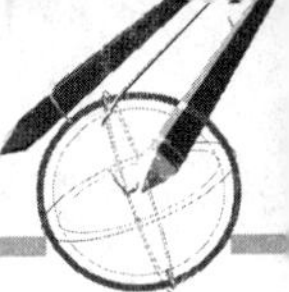

(7) 设置材质颜色灯光等，渲染产品，结果如图 11.66 所示。

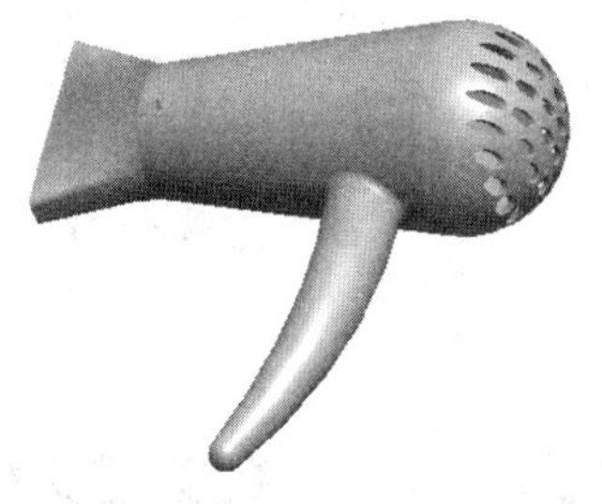

图 11.65　阵列后的吹风机三维图

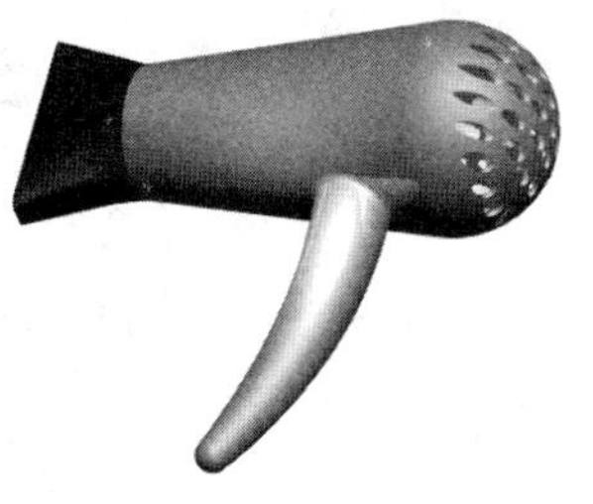

图 11.66　渲染出的产品图

归纳总结

任务详细讲述了吹风机的制作过程，巩固了混合及扫描混合命令的具体应用方法。

在混合实体时要特别注意各混合剖面中边的数目应相等。

练习与实训

在 Pro/E 环境中，充分发挥想象力，通过适当的方法设计制作一个吹风机，并进行渲染，可参考图 11.67、图 11.68、图 11.69 及图 11.70 所示的吹风机。

图 11.67　吹风机 1 三维图

图 11.68　吹风机 2 三维图

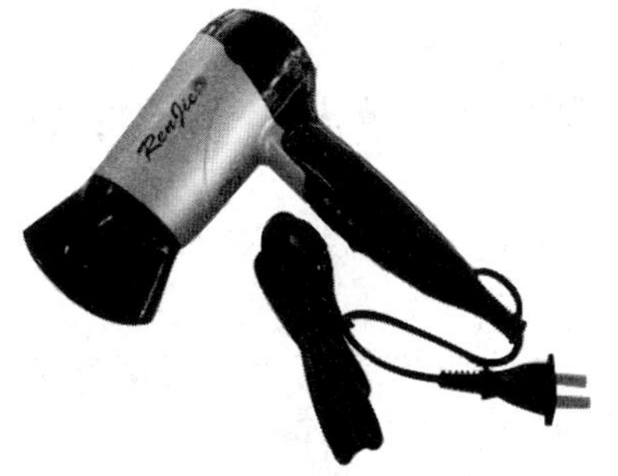

图 11.69　吹风机 3 三维图

图 11.70　吹风机 4 三维图

项目12

文体用品产品设计

知识目标

(1) 复杂产品建模的过程;
(2) 曲面建模的方法;
(3) 混合曲面建模的方法;
(4) 投影曲线的方法;
(5) 曲面编辑的方法;
(6) 渲染产品的方法。

能力目标

能 力 目 标	知 识 要 点	权重(%)	自测分数
(1) 掌握复杂产品建模的过程	前面的所学知识	30	
(2) 掌握曲面建模的方法	曲面合并、实体化	20	
(3) 掌握混合曲面的方法	混合曲面	10	
(4) 掌握投影曲线的方法	投影曲线	5	
(5) 掌握曲面编辑的方法	曲面偏移、修剪、复制、选择性粘贴	30	
(6) 掌握渲染产品的方法	渲染产品	5	

知识点导读

本项目以笔筒、排球、足球等文体用品的设计过程，重点讲述曲面建模的方式，学习复杂产品建模的方法和技巧。

在笔筒产品设计过程中，应用实体建模和曲面建模的方式创建零件的各部分结构，再进行叠加或切割形成整体。

球是生活中常见的产品，其造型也较为复杂，其中排球是由18块胶皮围成的，而足球则是由32块胶皮组成(12个正五边形和20个正六边形)的。任务将通过排球和足球的创建过程来介绍复杂形状的制作方法和原理。

12.1　任务一：笔筒的设计

在 Pro/E 环境中，根据图 12.1 所示笔筒的结构特点，利用拉伸实体、拉伸曲面、拔模、混合曲面、倒圆角等命令创建笔筒的三维实体零件模型。

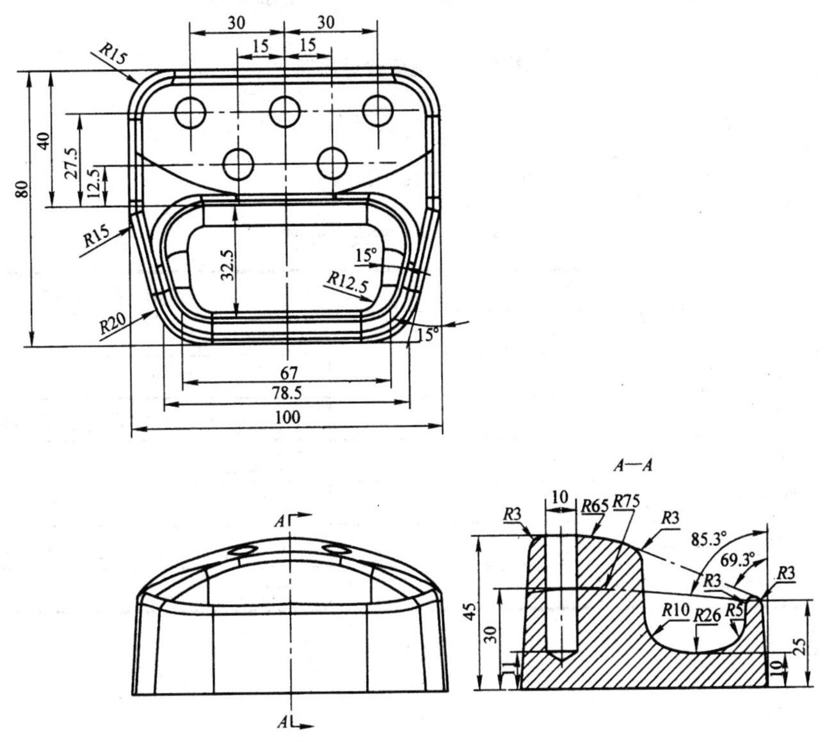

图 12.1　笔筒的零件图

1. 设计思路

笔筒造型较复杂，由笔筒主体、笔孔、凹槽组成。

笔筒主体顶面为一曲面，可由 3 条曲线混合而成，侧面倒圆并有拔模斜度；零件之前端为一凹槽，此凹槽之上视图为一梯形，侧视图为一圆弧形，因此可以利用两个曲面合并的方法建立此凹槽，侧面倒圆并有拔模斜度，底面含变半径圆角；笔孔为盲孔。

如图 12.2 所示，笔筒设计思路为：拉伸生成笔筒主体(实体、增料)→钻孔→挖凹槽(利用曲面)→侧面及凹槽倒圆角→侧面及凹槽拔模→顶面曲面生成→凹槽底面倒圆。

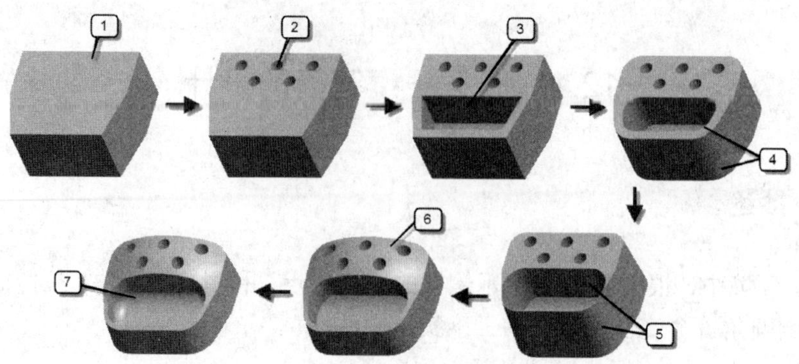

图 12.2 笔筒设计思路

2. 方法与技巧

设计中尽量化繁为简，将步骤细化，见表 12-1。

表 12-1 12.1 节设计步骤

序号	步　骤	知 识 要 点
1	生成笔筒主体	拉伸
2	钻孔	草绘孔、复制孔
3	挖凹槽	曲面拉伸、曲面合并、实体化
4	侧面及凹槽倒圆角	倒圆角
5	侧面及凹槽拔模	拔模
6	顶面曲面生成	混合曲面(平行方式)
7	凹槽底面倒圆角	倒圆角

任务实施

步骤 1：生成笔筒主体

(1) 单击 (新建文件)按钮，默认类型(零件)及子类型(实体)，取消【使用缺省模版】复选框，在名称处输入文件名“bitong”，单击【确定】按钮，选择 mmns_part_solid 模板，单击【确定】按钮进入零件实体建模环境。

(2) 单击 (拉伸工具)按钮，弹出【拉伸】特征面板，默认选中 (实体)，单击【放置】按钮，弹出【放置】下滑面板，单击【定义】按钮，弹出【草绘】提示对话框，提示选择拉伸剖面草绘平面，单击 TOP 基准平面作为草绘平面，系统自动选择草绘视图方向(参照为 RIGHT，方向为右)，单击【草绘】按钮进入草绘环境。

(3) 绘制草绘截面，如图 12.3 所示。

(4) 单击【草绘】工具栏中的 (完成)按钮，完成草绘图形。在【拉伸】特征面板的白色数字处单击并输入拉伸深度“20”，单击【拉伸】特征面板上的 (应用)按钮，完成笔筒主体结果如图 12.4 所示。

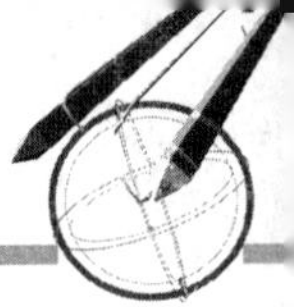

步骤 2：钻孔

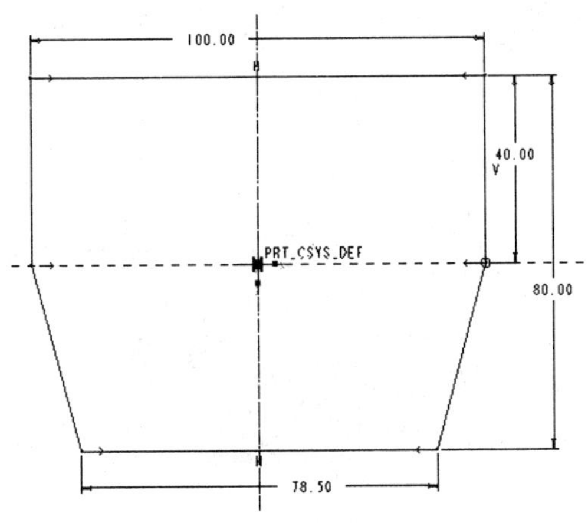

图 12.3　草绘的截面

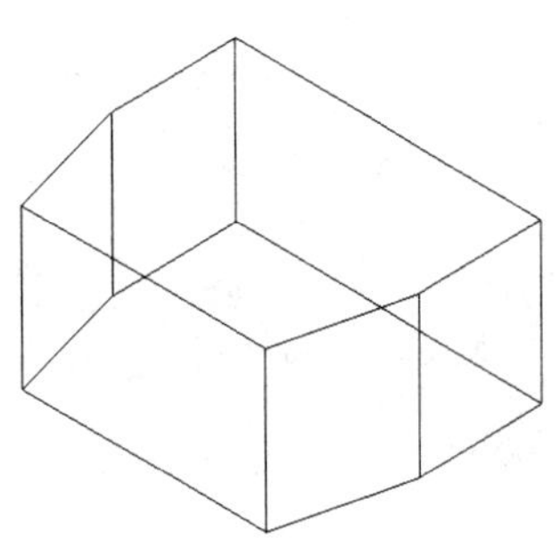

图 12.4　拉伸后的笔筒主体

(1) 单击(孔工具)按钮，弹出【孔】特征面板，如图 12.5 所示。

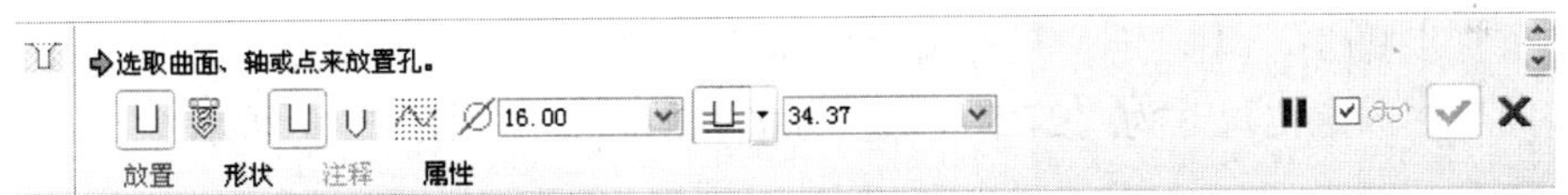

图 12.5 【孔】特征面板

(2) 单击(使用草绘定义钻孔轮廓)按钮，单击(激活草绘器以创建剖面)按钮，进入草绘环境。单击(中心线)按钮，绘制竖直中心线，单击(直线)按钮，绘制图 12.6 所示的孔截面。

(3) 单击【草绘】工具栏中的(完成)按钮，完成孔截面的绘制。此时消息栏提示“选取曲面、轴或点来放置孔”，选择笔筒主体顶面作为孔放置起始面。如图 12.7 所示。分别拖动孔两边的绿点到 RIGHT 及 FRONT 平面(选 RIGHT 及 FRONT 作为孔定位的参考面)。

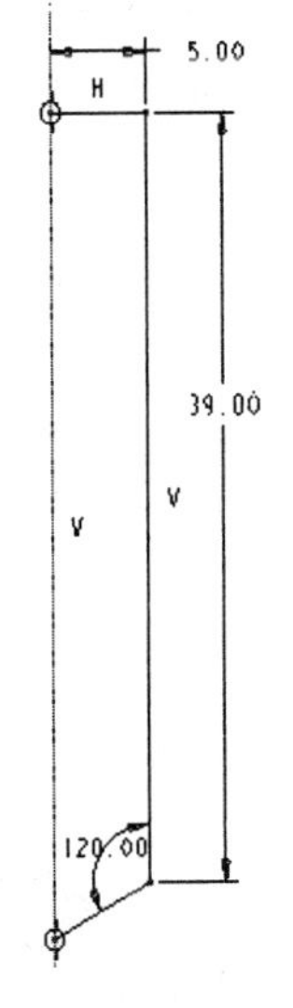

图 12.6　孔截面

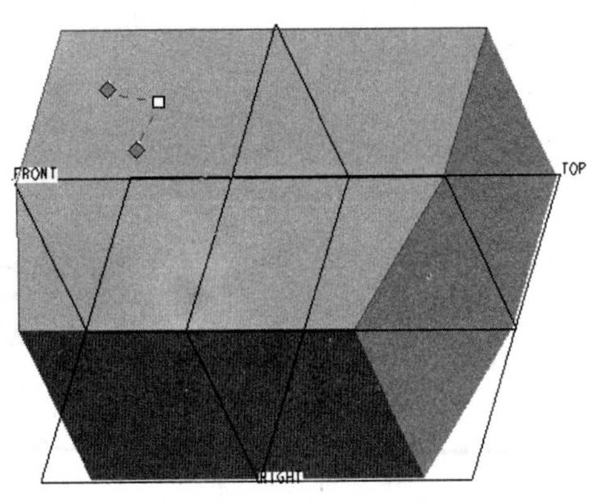

图 12.7　放置孔的曲面

(4) 修改定位尺寸为“27.50(与 FRONT 基准面)”及“30.00(与 RIGHT 基准面)”，如图 12.8 所示。单击【孔】特征面板上的☑(应用)按钮，完成孔 1，结果如图 12.9 所示。

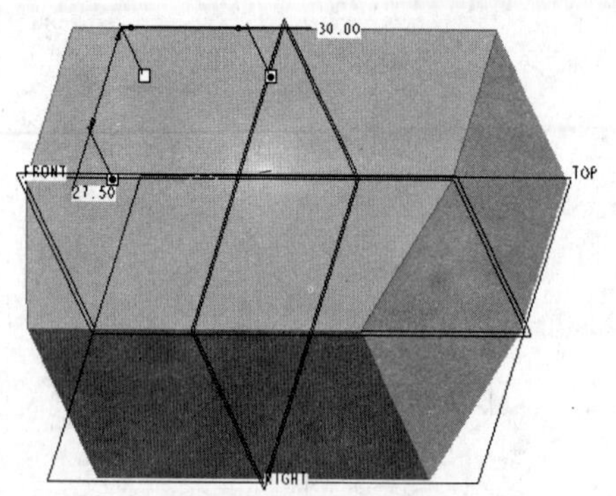

图 12.8　修改定位尺寸

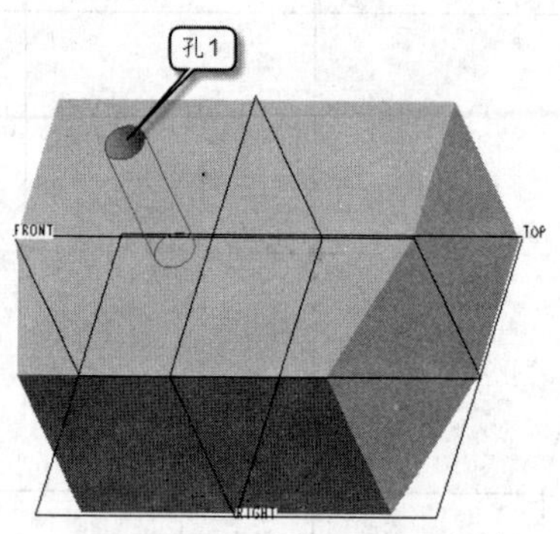

图 12.9　建模生成的孔 1

(5) 在模型特征树单击已生成的孔，按 Ctrl＋C 组合键复制孔，按 Ctrl＋V 组合键粘贴孔，弹出【孔】特征面板，消息栏提示“选取曲面、轴或点来放置孔”。

(6) 重复步骤(3)、(4)，定位尺寸为“12.50”、“15.00”生成孔 2，如图 12.10 所示。

(7) 同理生成定位尺寸为“27.50”及“0.00”的孔 3，如图 12.11 所示。

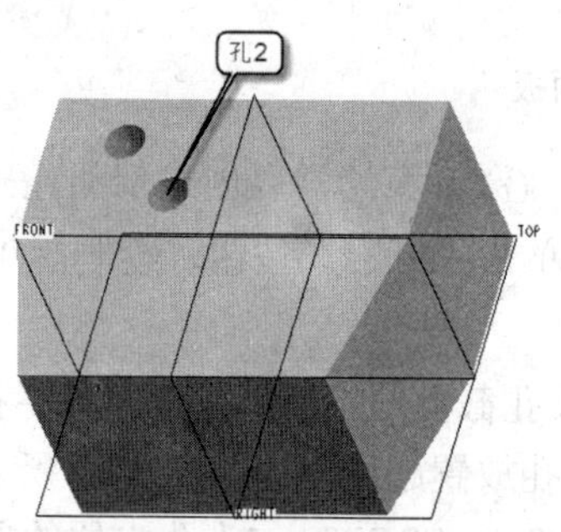

图 12.10　复制生成的孔 2

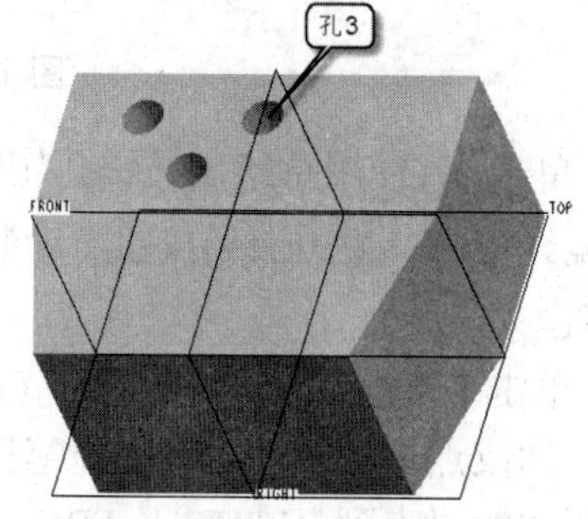

图 12.11　复制生成的孔 3

(8) 按住 Ctrl 键选择孔 1 及孔 2，单击(镜像工具)按钮，选择 RIGHT，完成笔孔的生成，如图 12.12 所示。

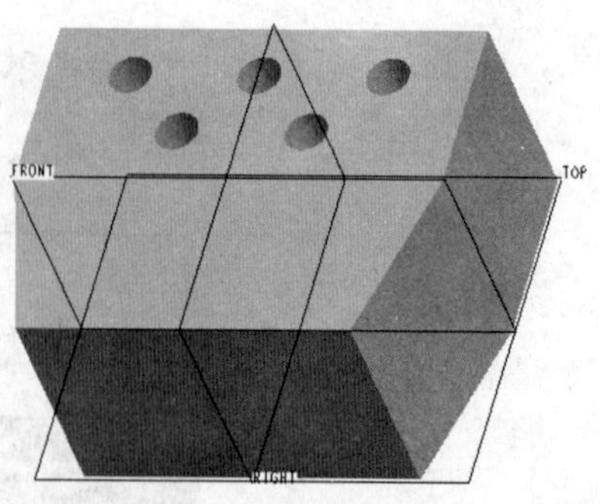

图 12.12　镜像生成其他孔

步骤 3：挖凹槽

(1) 单击(拉伸工具)按钮，弹出【拉伸】特征面板，选中(曲面)，单击【放置】按钮，弹出【放置】下滑面板，单击【定义】按钮，弹出【草绘】提示对话框，提示选择拉伸剖面草绘平面，选择笔筒主体右侧面作为草绘平面，单击长方体顶面作为草绘参照，选择【顶】作为草绘方向，单击【草绘】按钮进入草绘环境。

(2) 单击(圆弧)按钮，绘制图 12.13 所示的圆弧线，标注并修改尺寸；单击【草绘】工具栏中的(完成)按钮，完成草绘图形。

(3) 在【拉伸】特征面板单击(拉伸到选定的点、曲线、平面或曲面)按钮，选择笔筒主体另一侧面，单击【拉伸】特征面板上的 (应用)按钮，完成曲面 1 的拉伸，结果如图 12.14 所示。

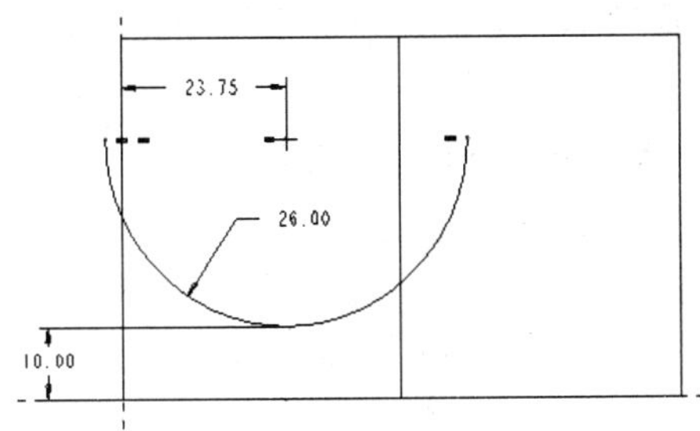

图 12.13　草绘圆弧

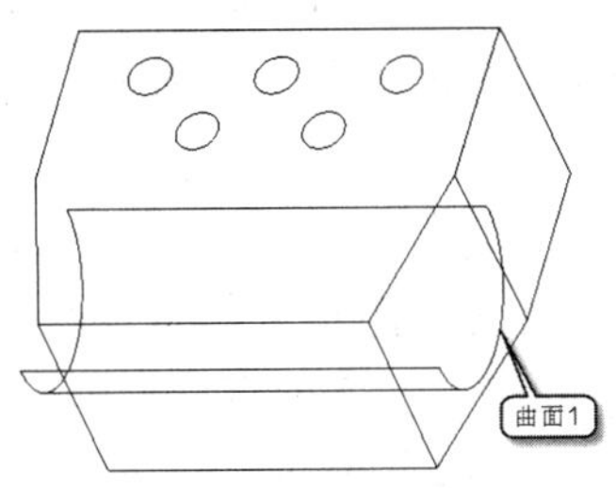

图 12.14　拉伸生成的曲面 1

(4) 单击(拉伸工具)按钮，弹出【拉伸】特征面板，选中(曲面)，单击【放置】按钮，弹出【放置】下滑面板，单击【定义】按钮，弹出【草绘】提示对话框，提示选择拉伸剖面草绘平面，选择笔筒主体顶面作为草绘平面，系统自动选择草绘视图方向参照(参照为 RIGHT，方向为右)，单击【草绘】按钮进入草绘环境。

(5) 绘制图 12.15 所示的图形，标注并修改尺寸，单击【草绘】工具栏中的(完成)按钮，完成草绘图形。

(6) 在【拉伸】特征面板单击(拉伸到选定的点、曲线、平面或曲面)按钮，选择笔筒主体底面或 TOP 面 ，单击【拉伸】特征面板上的(应用)按钮，完成曲面 2 的拉伸，如图 12.16 所示。

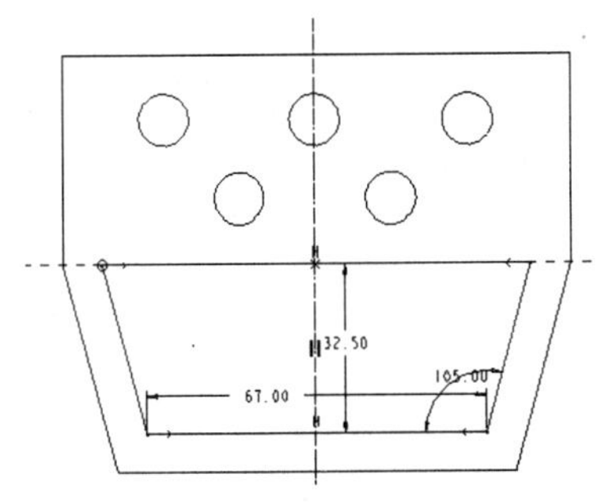

图 12.15　草绘凹槽特征截面

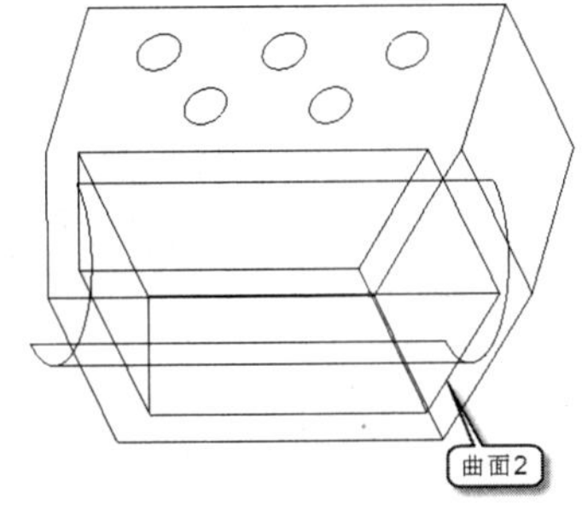

图 12.16　拉伸生成的曲面 2

(7) 按住 Ctrl 键选择曲面 1 及曲面 2，此时，(曲面合并图标)亮显，单击此图标弹出【合并】面板，结果如图 12.17 所示。单击【合并】特征面板上的(应用)按钮，完成曲面的合并。

(8) 选中合并后的曲面，执行【编辑】|【实体化】命令，弹出实体化面板；单击(去除材料)按钮，单击【实体化】特征面板上的(应用)按钮，完成笔筒凹槽。结果如图 12.18 所示。

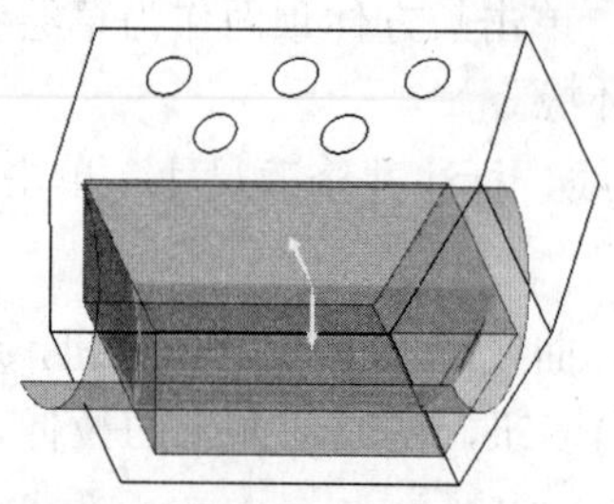

图 12.17　合并曲面 1、曲面 2

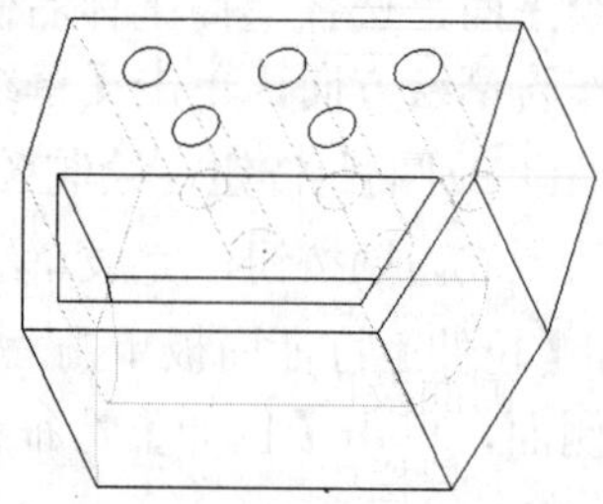

图 12.18　实体化完成凹槽后的笔筒三维图

步骤 4：侧面及凹槽倒圆角

(1) 单击工具栏中的(倒圆角工具)按钮，弹出【倒圆角】特征面板。

(2) 单击绘图窗口右下侧选择过滤器中的下拉按钮，选择【边】命令。

(3) 单击【倒圆角】特征面板上的数字框，修改倒圆角尺寸数值尺寸“20”；选择图 12.19 所示的 1、2 处直线，单击【倒圆角】特征面板上的(应用)按钮，生成倒圆角特征。结果如图 12.20 所示。

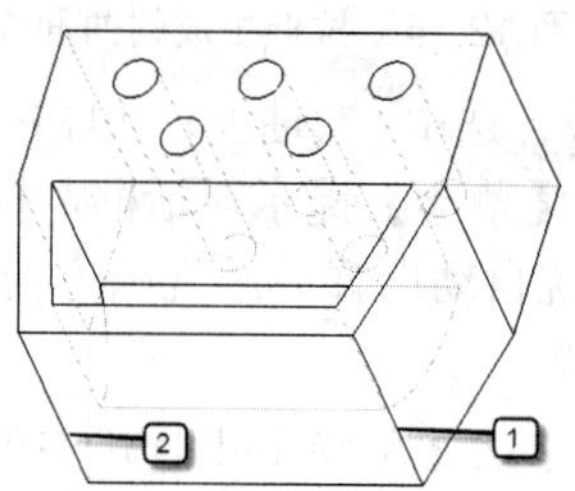

图 12.19　倒圆角位置 1、2

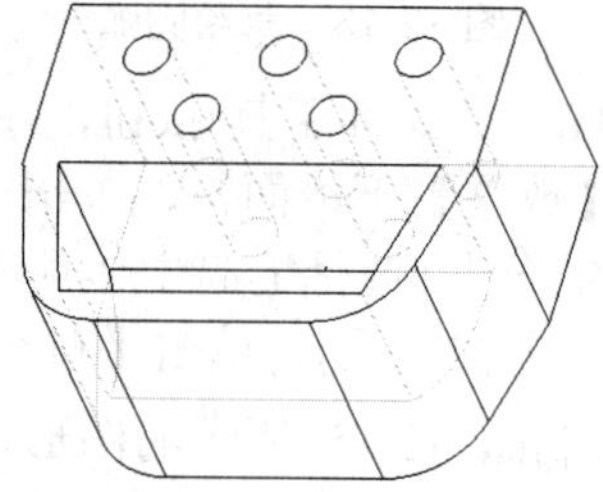

图 12.20　倒圆角生成圆角 1、2

(4) 单击【倒圆角】特征面板上的数字框，修改倒圆角尺寸数值尺寸为“15”；选择图 12.21 所示的 3、4 处直线，单击【倒圆角】特征面板上的(应用)按钮，生成倒圆角特征，结果如图 12.22 所示。

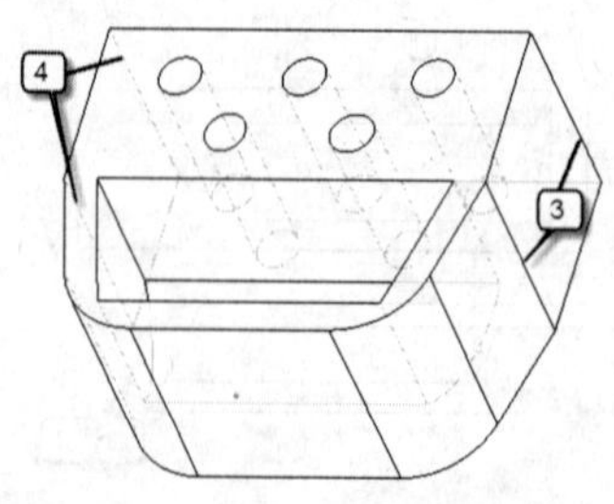

图 12.21　倒圆角位置 3、4

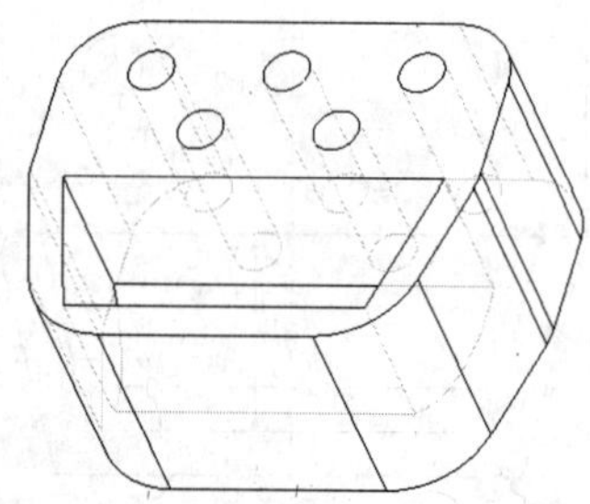

图 12.22　倒圆角生成圆角 3、4

(5) 单击【倒圆角】特征面板上的数字框，修改倒圆角尺寸数值尺寸为“12.5”；选择图 12.23 所示的 5、6 处直线，单击【倒圆角】特征面板上的(应用)按钮，生成倒圆角特征，结果如图 12.24 所示。

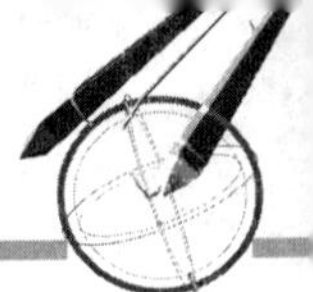

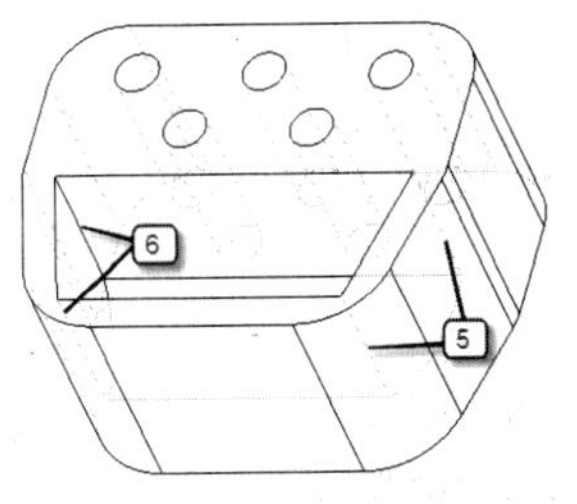

图 12.23　凹槽倒圆角位置

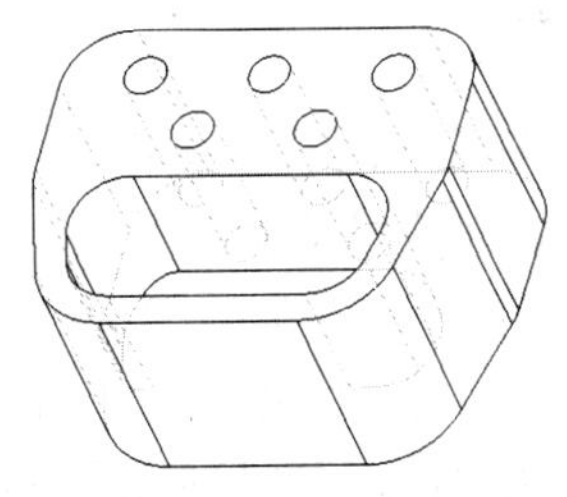

图 12.24　倒圆角生成凹槽内圆角

步骤 5：侧面及凹槽拔模

(1) 单击工具栏中的(拔模工具)按钮，弹出【拔模】特征面板，如图 12.25 所示。

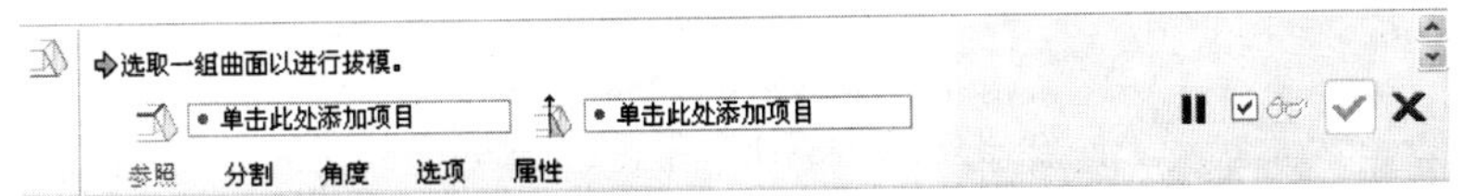

图 12.25 【拔模】特征面板

(2) 系统提示：选取一组曲面以进行拔模。单击选零件顶面，按住 Shift 键选零件顶面外侧的任一条边界线，此时画面以加亮显示零件四周所有的面为拔模面，如图 12.26 所示。

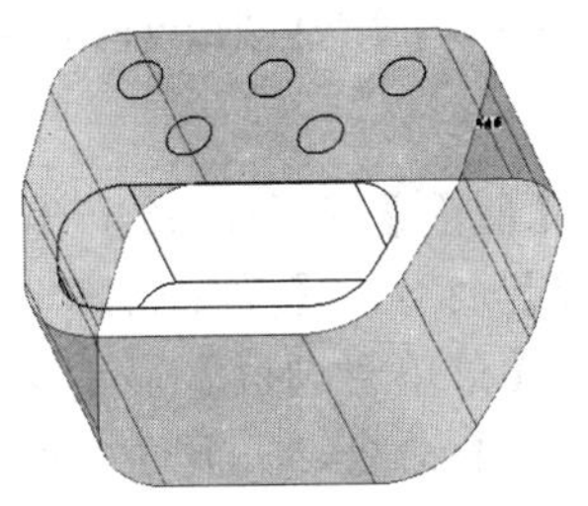

图 12.26　选择拔模面

(3) 单击【拔模】特征面板中(定义拔模枢轴的平面)处的“单击此处添加项目”，单击零件底面作为定义拔模枢轴的平面，在弹出的【拔模设置】面板中输入拔模角度“4.00”，如图 12.27 所示。单击【拔模】特征面板上的(应用)按钮，生成拔模特征，结果如图 12.28 所示。

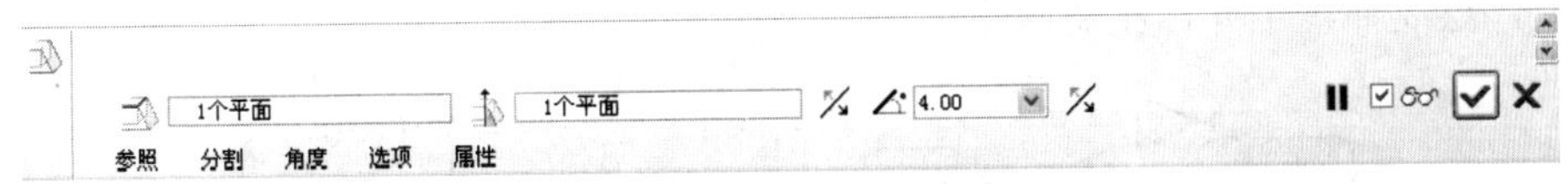

图 12.27　输入拔模角度

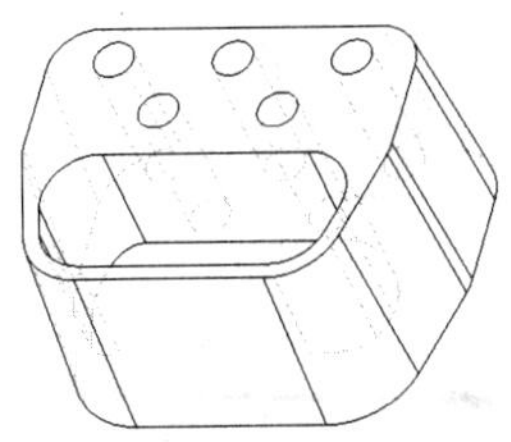

图 12.28　拔模生成笔筒外部特征

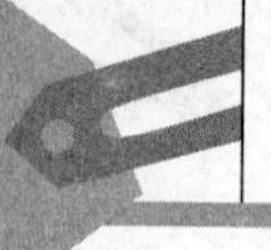

操作技巧

在拔模角度中输入负数的角度表示拔模材料方向与系统提示的方向相反。也在可输入角度数值后，单击其右侧的箭头来改变方向。

(4) 单击工具栏中的(拔模工具)按钮，弹出【拔模】特征面板。

(5) 系统提示：选取一组曲面以进行拔模。单击选零件顶面，按住 Shift 键选零件顶面凹槽处一条边界线，此时画面以加亮显示凹槽所有的侧面为拔模面。

(6) 单击【拔模】特征面板中(定义拔模枢轴的平面)处的“单击此处添加项目”，单击零件底面作为定义拔模枢轴的平面，在弹出的【拔模设置】面板中输入拔模角度“-4.00”。单击【拔模】特征面板上的(应用)按钮，生成拔模特征。结果如图 12.29 所示。

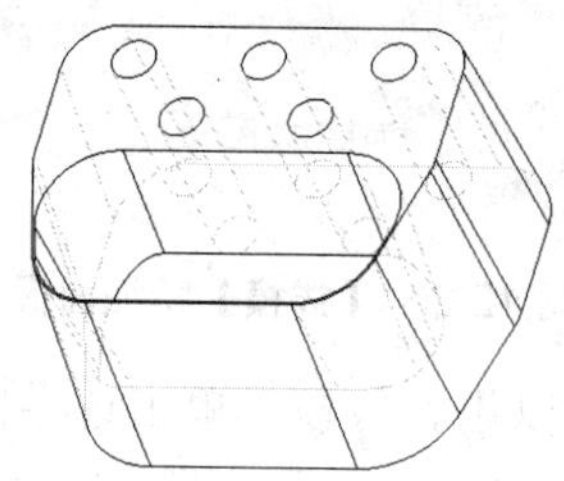

图 12.29　拔模生成凹槽内部特征

步骤 6：顶面曲面生成

(1) 执行【插入】|【混合】|【曲面】命令，弹出【混合选项】菜单，执行【平行】|【规则截面】|【草绘截面】|【完成】命令，【菜单管理器】显示【属性】菜单。

(2) 执行【光滑】|【完成】，【菜单管理器】显示【设置草绘平面】选项菜单。

(3) 执行【新设置】|【产生基准】命令，打开【基准平面】菜单；执行【偏距】(【平面】|【坐标系】|【小平面的面】)命令，在工作区中选择基准平面 RIGHT，弹出【偏距】菜单。

(4) 执行【输入值】命令，默认偏距的方向，弹出【输入指定方向的等距】消息，在数值处输入偏距距离为“50”，单击(接受值)按钮。

(5) 单击【完成】按钮，执行【正向】|【缺省】命令，进入草绘模式。

(6) 执行【草绘】|【参照】命令，如图 12.30 所示，选取参照平面；再根据图 12.30 绘制中心线，绘制曲线 1 并标注及修改尺寸。

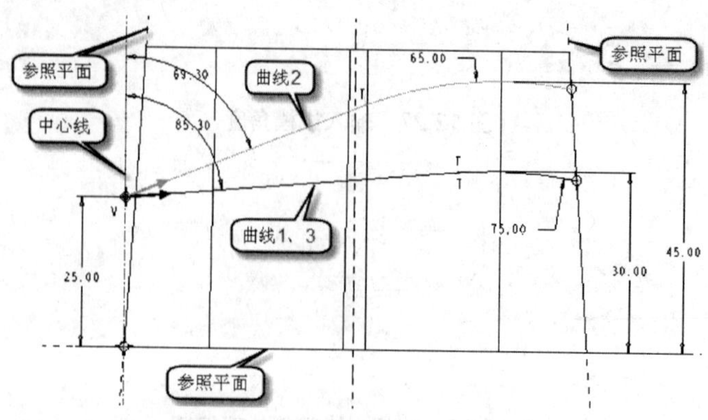

图 12.30　顶面曲面的草绘图形

(7) 执行【草绘】|【特征工具】|【切换剖面】命令，此时，曲线 1 变灰色表示已切换到下一个剖面。根据图 12.30 绘制曲线 2 并标注及修改尺寸。

(8) 执行【草绘】|【特征工具】|【切换剖面】命令，此时，曲线 2 变灰色表示已切换到下一个剖面。根据图 12.30 绘制曲线 3(同曲线 1，重合即可)。

(9) 单击【草绘】工具栏中的✔(完成)按钮，结束草绘。

(10) 执行【盲孔】|【完成】命令，在弹出的消息输入窗口【输入截面 2 的深度】的数字处，输入数值“50”，单击☑(接受值)按钮；在弹出消息输入窗口【输入截面 3 的深度】的数字处单击，输入数值“50”，单击☑(接受值)按钮。单击对话框中【确定】按钮，完成曲面的创建，结果如图 12.31 所示。

(11) 选中创建的曲面，执行【编辑】|【实体化】命令，弹出实体化面板。单击◿(去除材料)按钮，单击【实体化】特征面板上的☑(应用)按钮，完成笔筒顶面曲面，结果如图 12.32 所示。

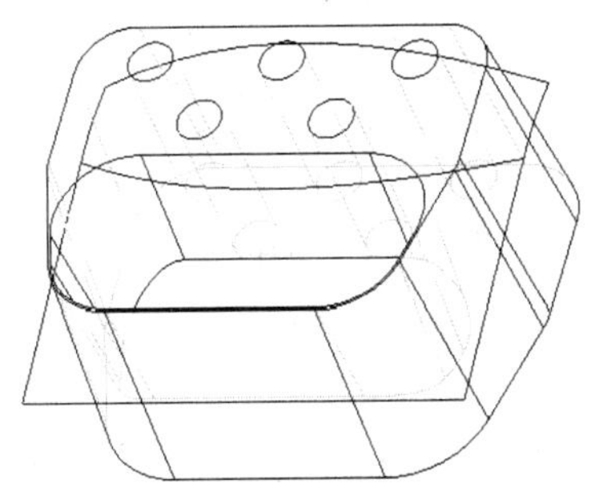

图 12.31　混合生成曲面

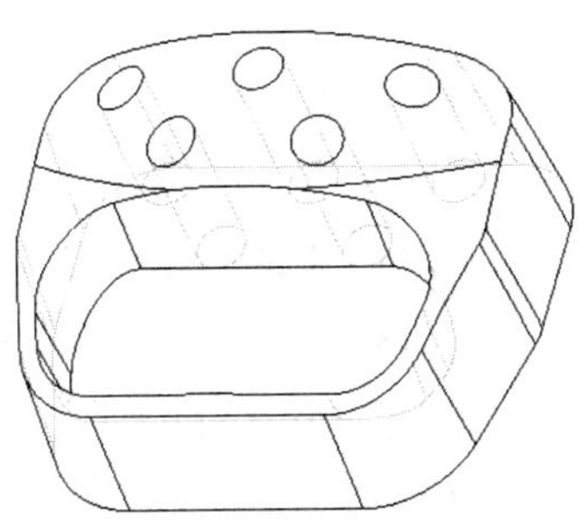

图 12.32　实体化完成笔筒顶面曲面

操作技巧

该步骤还可以通过边界混合命令实现。创建曲面的 3 条控制轨迹，通过边界混合命令实现曲面的创建。

步骤 7：凹槽底面倒圆角

(1) 单击工具栏中的↘(倒圆角工具)按钮，弹出【倒圆角】特征面板。

(2) 单击绘图窗口右下侧选择过滤器中的下拉按钮，选择【边】命令。选择凹槽底面边线，如图 12.33 所示。

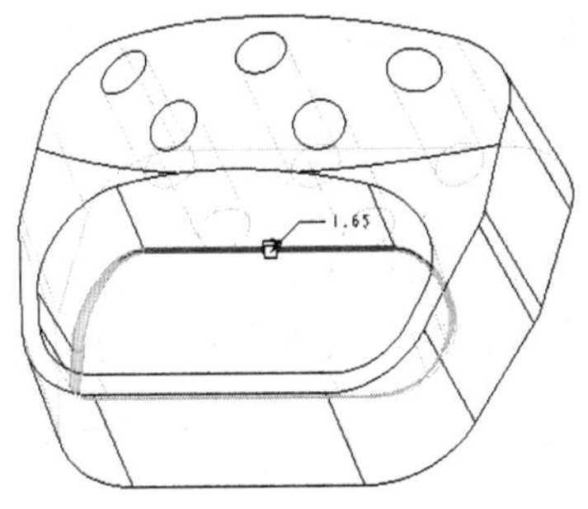

图 12.33　凹槽底面倒圆角边线

(3) 单击【倒圆角】特征面板上【设置】按钮，弹出下滑面板。在【半径】栏右击弹出菜单，选择【添加半径】命令增加半径 2，如图 12.34 所示；同理增加半径 3 和 4。

(4) 在【半径】栏单击半径 1，修改倒圆角尺寸数值尺寸为“10.00”→单击位置【比率】按钮改为【参照】，信息提示“选取一个点或顶点作为半径的位置参照”，如图 12.35 所示，选择凹槽左上点作为位置 1。

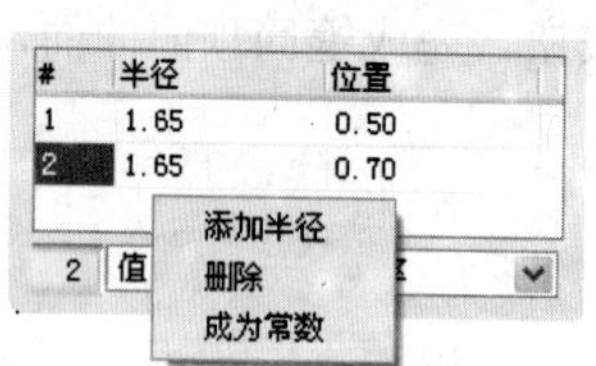

图 12.34　添加倒圆角半径

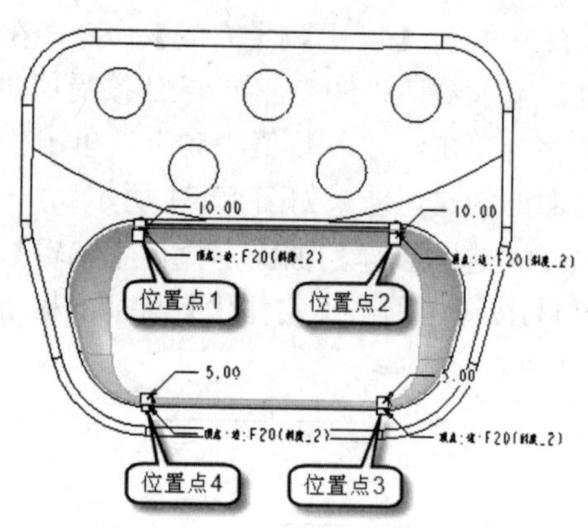

图 12.35　变半径位置点

(5) 按照图 12.35，采用上述方法分别设置右上点为位置点 2，尺寸为“10.00”，右下点为位置点 3，尺寸为“5.00”，左下点为位置点 4，尺寸为“5.00”。

(6) 单击【倒圆角】特征面板上的☑(应用)按钮，生成倒圆角特征。按 Ctrl+D 组合键，结果如图 12.36 所示。

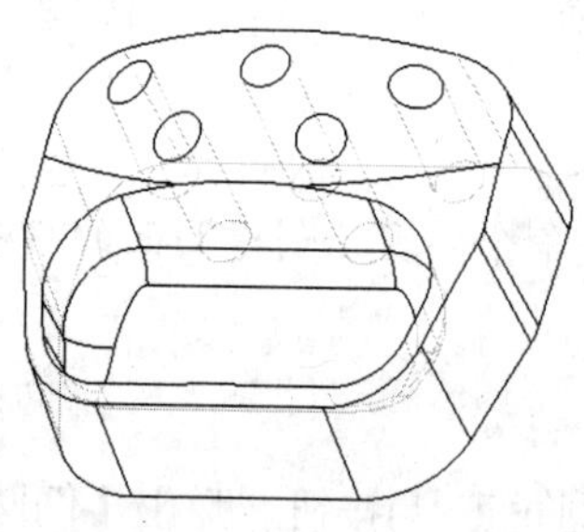

图 12.36　完成造型后的笔筒三维图

(7) 执行【文件】|【保存】命令，或单击【标准】工具条中的(保存)按钮，弹出【保存】文件对话框，单击【确定】按钮，保存当前建立的零件模型。

归纳总结

通过笔筒的创建，任务详述了采用拉伸实体、拉伸曲面、拔模、混合曲面、倒圆角等命令综合建模的过程，并详述了孔的生成及可变圆角的创建方法。

练习与实训

在 Pro/E 环境中，充分发挥想象力，通过适当的方法设计制作一个笔筒，并进行渲染。

可参考如图 12.37、图 12.38、图 12.39 及图 12.40 所示的笔筒。

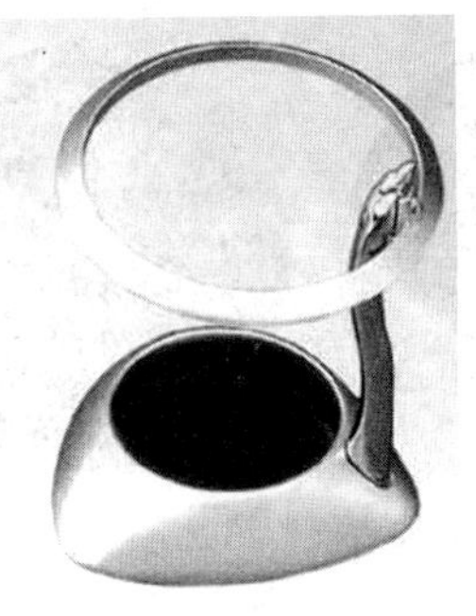

图 12.37　笔筒 1 三维图

图 12.38　笔筒 2 三维图

图 12.39　笔筒 3 三维图

图 12.40　笔筒 4 三维图

12.2　任务二：排球的设计

任务描述

如图 12.41 所示，在 Pro/E 环境中，制作一个排球并进行渲染。

图 12.41　排球三维图

1. 设计思路

生成投影曲线，然后生成具有拔模斜度的偏移曲面，通过旋转复制生成一半的球面，

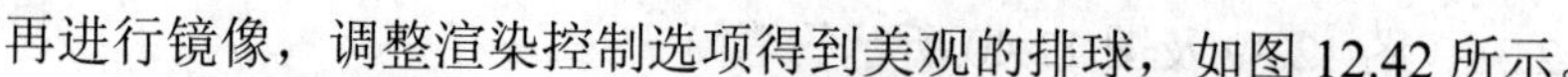

再进行镜像，调整渲染控制选项得到美观的排球，如图 12.42 所示。

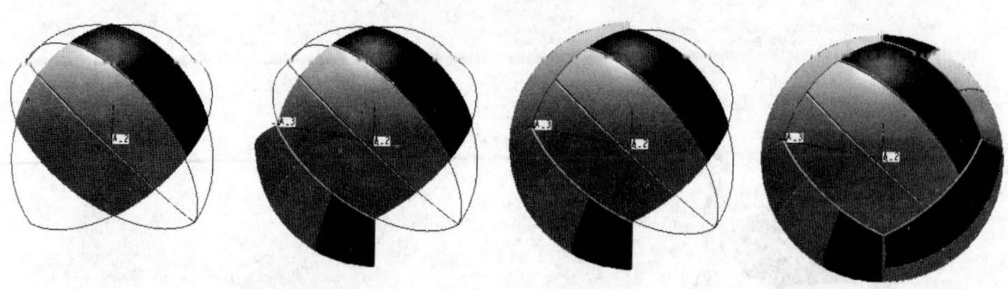

图 12.42　排球设计思路

2. 方法与技巧

设计中尽量化繁为简，将步骤细化，见表 12-2。

表 12-2　12.2 节设计步骤

序号	步　骤	知 识 要 点
1	创建半球面及投影曲线	投影曲线
2	生成偏移曲面	偏移、修剪
3	旋转复制曲面	复制、选择性粘贴
4	对排球进行渲染	渲染

任务实施

步骤 1：创建半球面及投影曲线

(1) 新建“paiqiu.prt”文件。

(2) 旋转生成一个图 12.43 所示的半球曲面，剖面如图 12.44 所示。

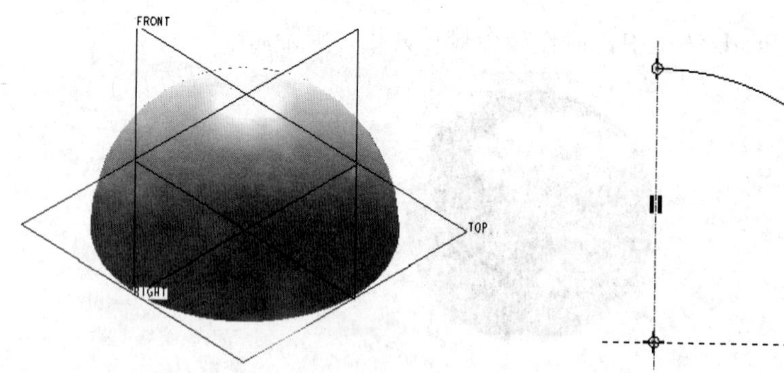

图 12.43　旋转生成的半球曲面

105.00

图 12.44　旋转半球曲面所需剖面

(3) 单击草绘，在 FRONT 基准平面上绘制图 12.45 所示的两条直线(草绘 1)。

(4) 单击草绘，在 RIGHT 基准平面上绘制图 12.46 所示的 4 条直线(草绘 2)。

(5) 在模型树上选中所生成的“草绘 1”两条直线，执行【编辑】|【投影】命令，出现【投影】控制面板，如图 12.47 所示，信息栏提示“选取一组曲面，以将曲线投影到其上”。

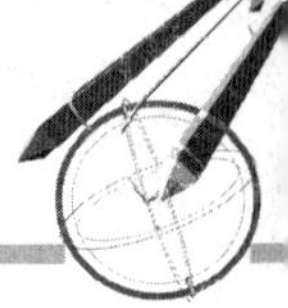

(6) 单击半球面，默认方向，单击☑(应用)按钮完成投影曲线，如图 12.48 所示。

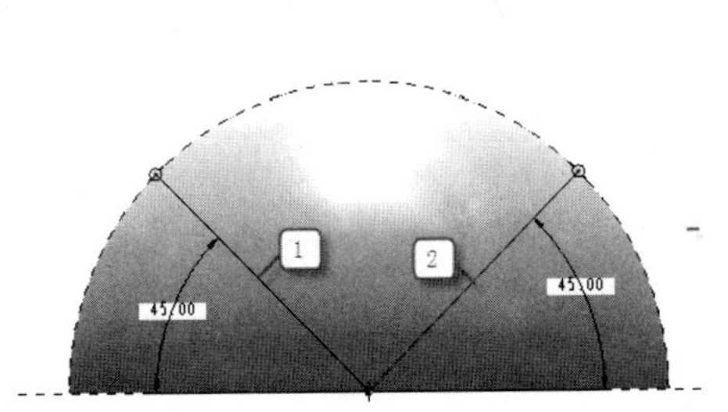

图 12.45　在 FRONT 基准平面上的两条直线(草绘 1)

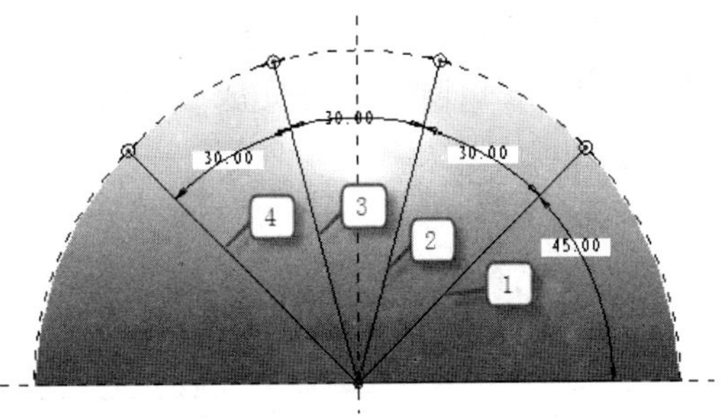

图 12.46　在 RIGHT 基准平面上的 4 条直线(草绘 2)

图 12.47　【投影】控制面板

(7) 同理，完成“草绘 2”在球面上的投影曲线，如图 12.49 所示(曲线 1~4)。

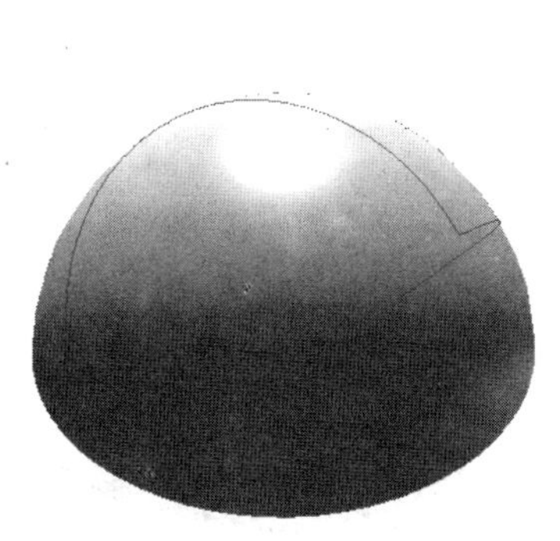

图 12.48　投影草绘 1 到半球面上生成的曲线

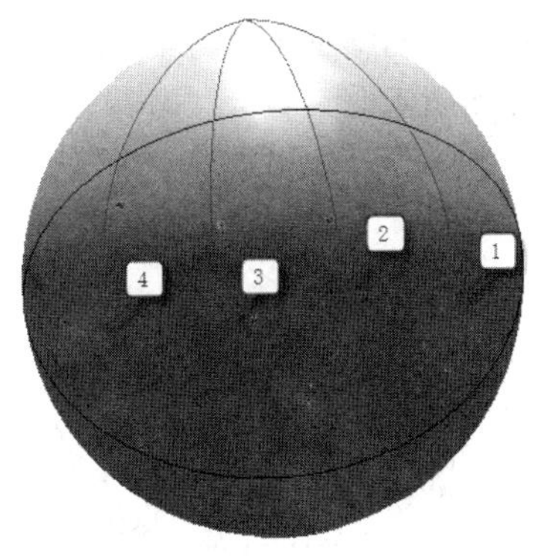

图 12.49　投影“草绘 2”到半球面上生成的曲线

步骤 2：生成偏移曲面

(1) 单击选中球面，执行【编辑】|【偏移】命令，弹出【偏移】控制面板，如图 12.50 所示。

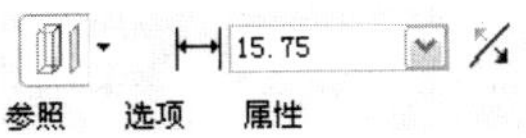

图 12.50　【偏移】控制面板

(2) 单击 (具有拔模特征)按钮，控制面板如图 12.51 所示。

选取 1 个项　15.75　0.00

参照　选项　属性

图 12.51　具有拔模特征编辑控制面板

(3) 单击【参照】按钮，在弹出的下滑面板中单击“草绘”中的【定义】按钮，选择

TOP 基准平面作为草绘平面，单击【草绘】按钮进入草绘环境。

(4) 使用(通过边创建图元工具)命令创建图元，得到封闭的草绘，如图 12.52 所示的 4 条线，单击(应用)按钮完成返回到控制面板。

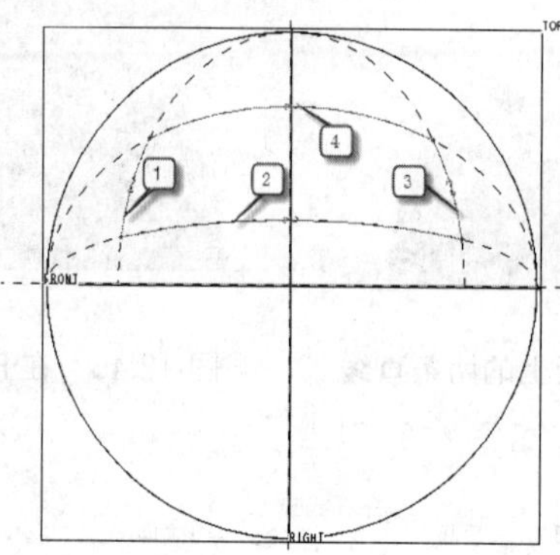

图 12.52　边创建生成的 4 条线(1)

(5) 在控制面板中输入偏移距离为“3”及拔模角度为“10”，单击(应用)按钮完成曲面偏移，如图 12.53 所示。

(6) 选中偏移曲面，单击【镜像】命令，选择 FRONT 基准平面完成曲面的复制，如图 12.54 所示。

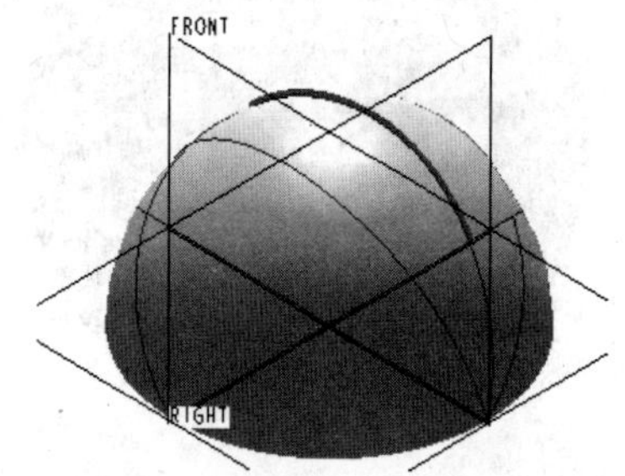

图 12.53　偏移生成的曲面(1)

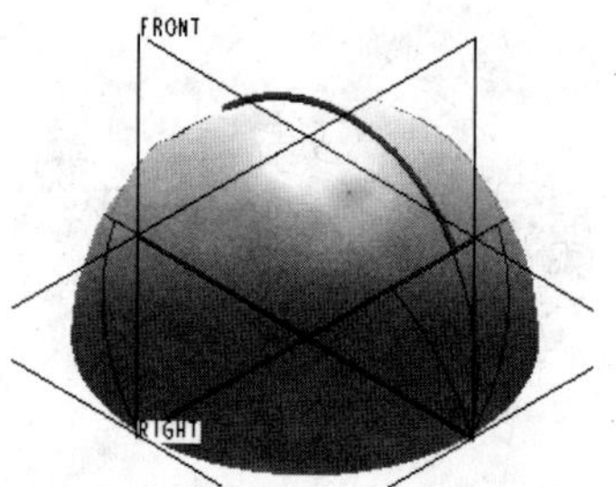

12.54　镜像偏移生成的曲面

(7) 同理，执行【偏移】命令，进入草绘环境绘制草绘，如图 12.55 所示，完成曲面偏移，如图 12.56 所示。

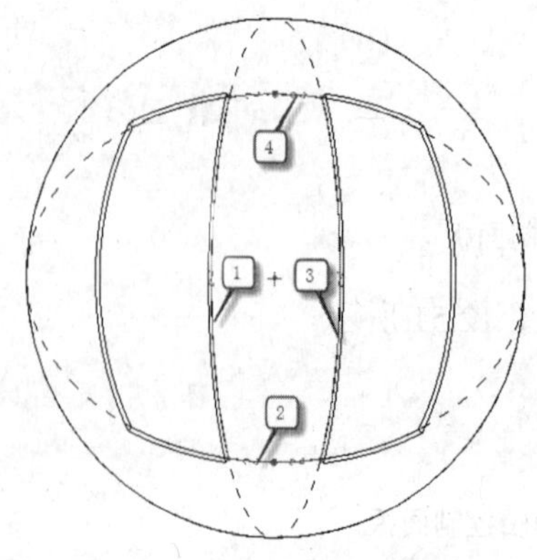

图 12.55　边创建生成 4 条线(2)

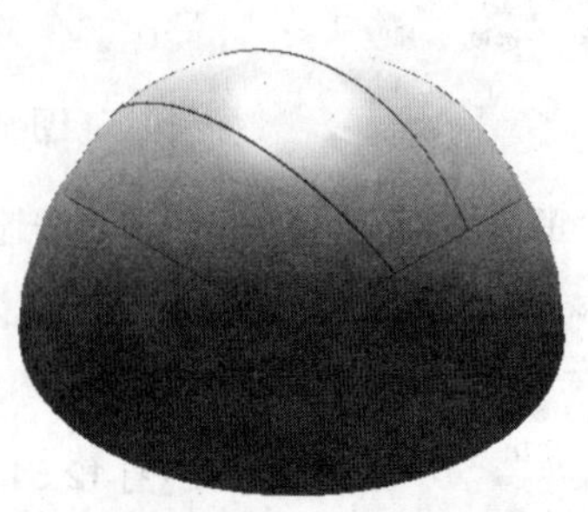

图 12.56　偏移生成的曲面(2)

(8) 选择球面，执行【编辑】|【修剪】命令，选择图 12.57 所示的投影曲线，改变保留方向为内部。

(9) 单击☑(应用)按钮完成曲面的修剪如图 12.58 所示。

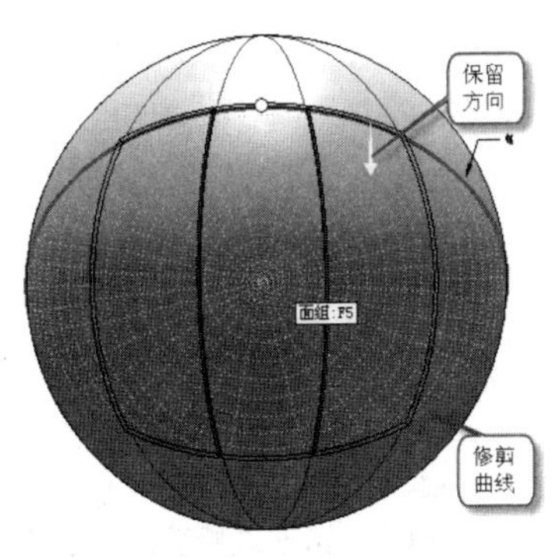

图 12.57　选择的投影曲线及保留方向(1)

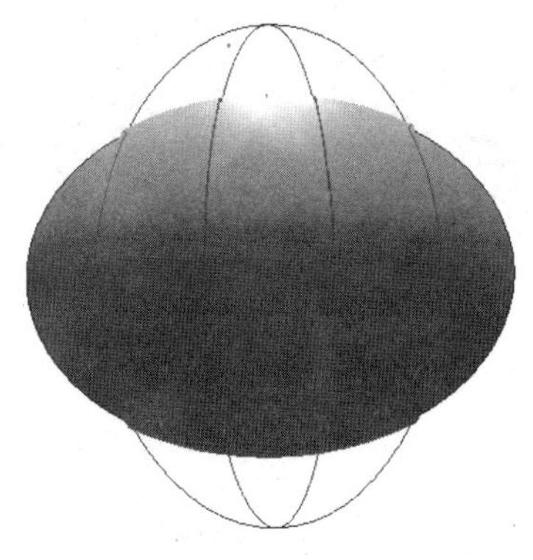

图 12.58　第一次修剪后的曲面

(10) 选择球面，执行【编辑】|【修剪】命令，选择图 12.59 所示的最右边的一条投影曲线，改变保留方向为内部。

(11) 单击☑(应用)按钮完成曲面的修剪，如图 12.60 所示。

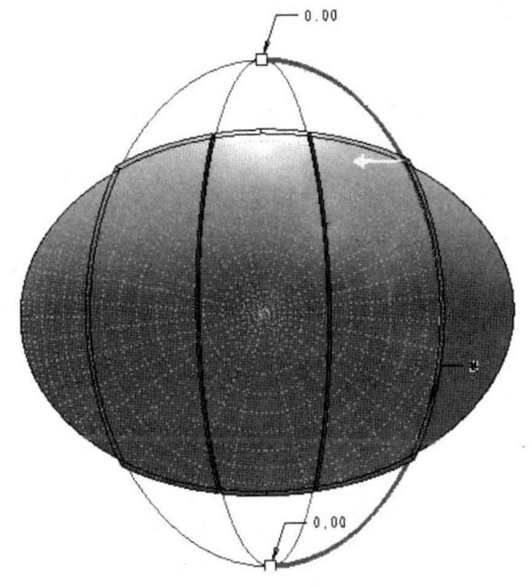

图 12.59　选择的投影曲线及保留方向(2)

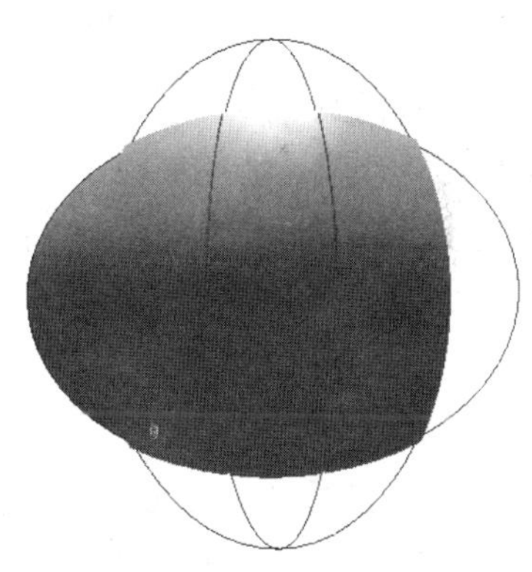

图 12.60　第二次修剪后的曲面

操作技巧

如果直接单击选择右边的一条曲线，会默认选中两条最右边的曲线构成的曲线链，可将鼠标放在最右一条曲线的上方，此时右边两条曲线都变为绿色，右击，系统就只选中了最右一条曲线，此时再单击完成选择最右的一条直线。

(12) 选择球面，执行【编辑】|【修剪】命令，选择图 12.61 所示的最左边的一条投影曲线，改变保留方向为内部，结果如图 12.62 所示。

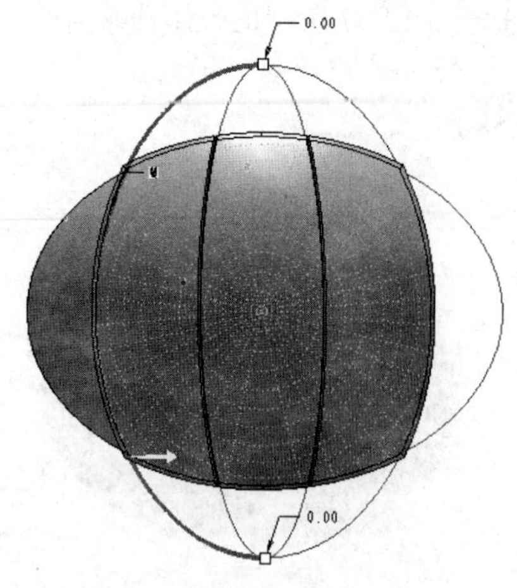

图 12.61 选择的投影曲线及保留方向(3)

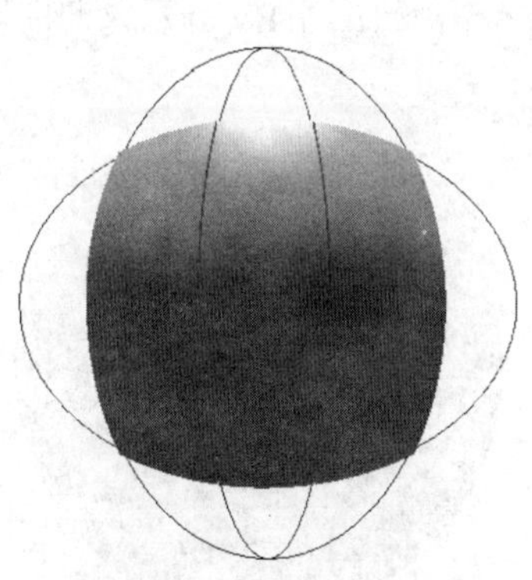

图 12.62 第三次修剪后的曲面

(13) 分别对生成的 3 块胶皮的上端进行 R1 的倒圆角，隐藏投影曲线，如图 12.63 所示。

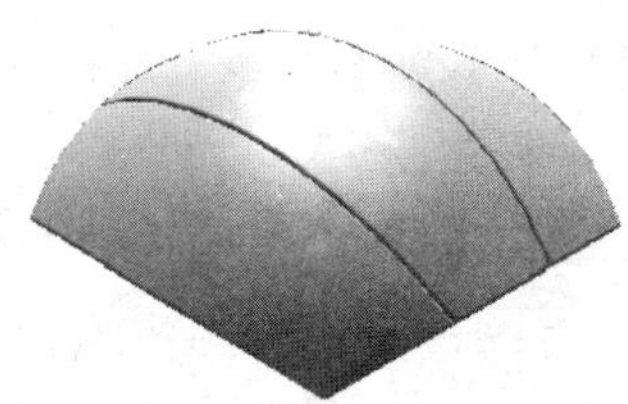

图 12.63 倒圆角后的 3 块胶皮三维图

步骤 3：旋转复制曲面

(1) 使用 (基准点)工具，按住 Ctrl 键分别选择 3 个基准平面，生成原点 PNT0。

(2) 使用 (基准轴)工具，如图 12.64 所示，按住 Ctrl 键分别选择 PNT0 及胶皮的角点，生成基准轴(A_3)，如图 12.65 所示。

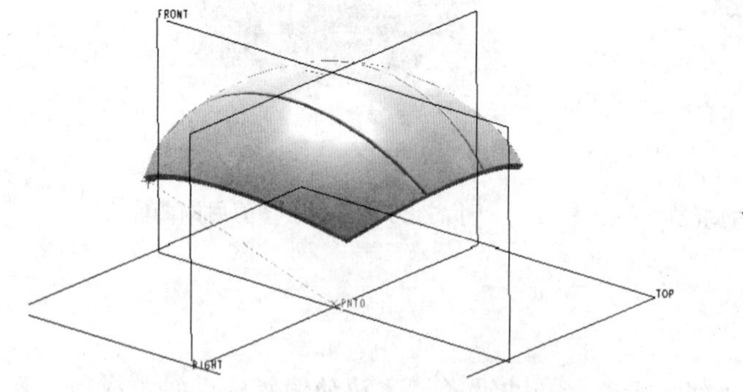

图 12.64 生成基准轴的原点 PNT0 及角点

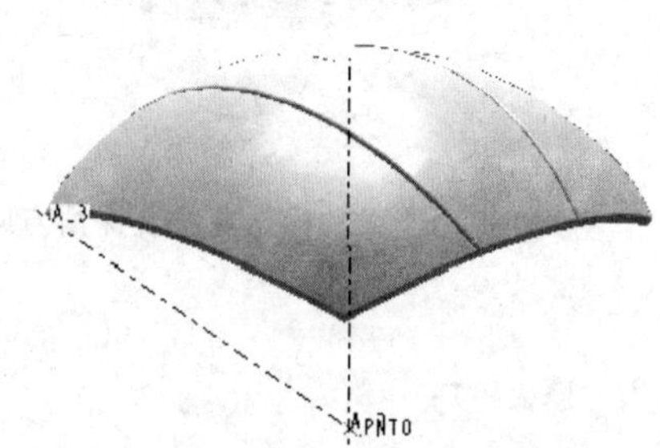

图 12.65 生成的基准轴(A_3)

(3) 单击选中所有曲面，执行【编辑】|【复制】命令，或直接单击 (复制)按钮。

(4) 执行【编辑】|【选择性粘贴】命令，或直接单击 (选择性粘贴)按钮，出现【选择性粘贴】控制面板，如图 12.66 所示，并提示“选取一个参照，如直曲线、边、平面或轴，沿其平移或绕其旋转”。

图 12.66 【选择性粘贴】控制面板

(5) 单击(绕着轴旋转)按钮，单击 A_3 基准轴，在控制面板输入角度“120.00”，单击选项，取消【隐藏原始几何】复选框，如图 12.67 所示。

图 12.67 【绕着轴旋转】控制面板

(6) 单击(应用)按钮完成曲面的复制，如图 12.68 所示。

(7) 再次选中原始的 3 块胶皮，单击(复制)按钮，单击(选择性粘贴)按钮，单击(绕着轴旋转)按钮，单击 A_3 基准轴，在控制面板输入角度“-120.00”，单击选项，取消【隐藏原始几何】复选框，生成图形如图 12.69 所示。

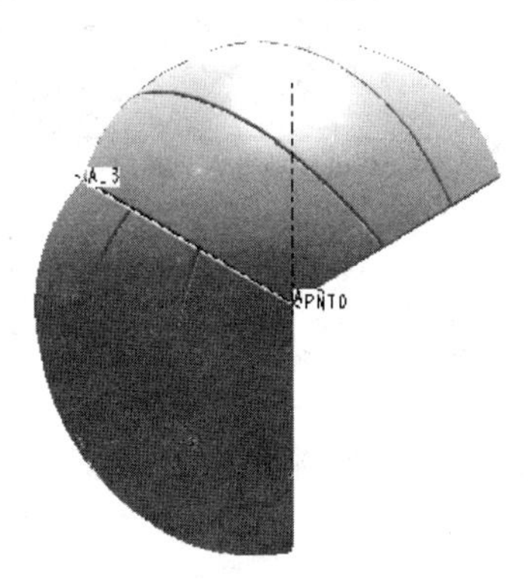

图 12.68　第一次复制三块胶皮

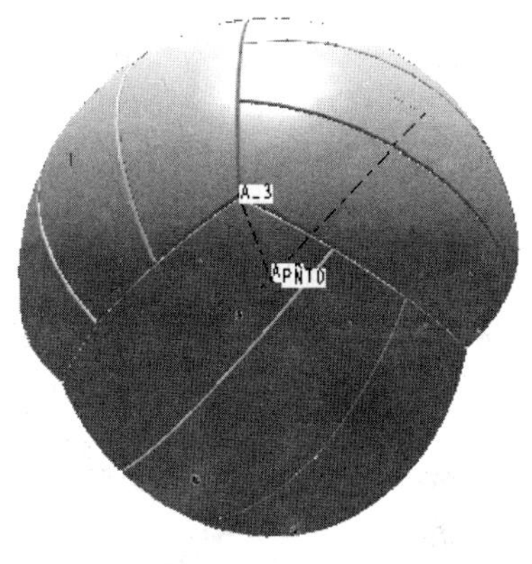

图 12.69　第二次复制三块胶皮

(8) 分别选中 3 次生成的胶皮，相对于 TOP、FRONT、RIGHT 作镜像，生成排球如图 12.70 所示。

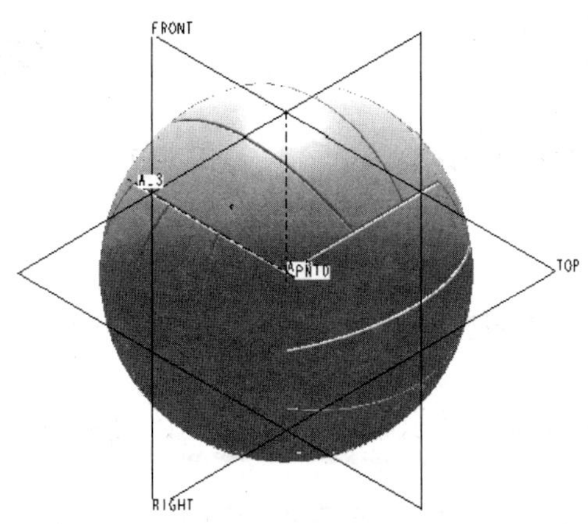

图 12.70　镜像生成的完整排球三维图

步骤 4：对排球进行渲染

(1) 执行【工具】|【外观管理器】命令，打开外观管理器，增加一个材质球，设置颜色为蓝，如图 12.71 所示。

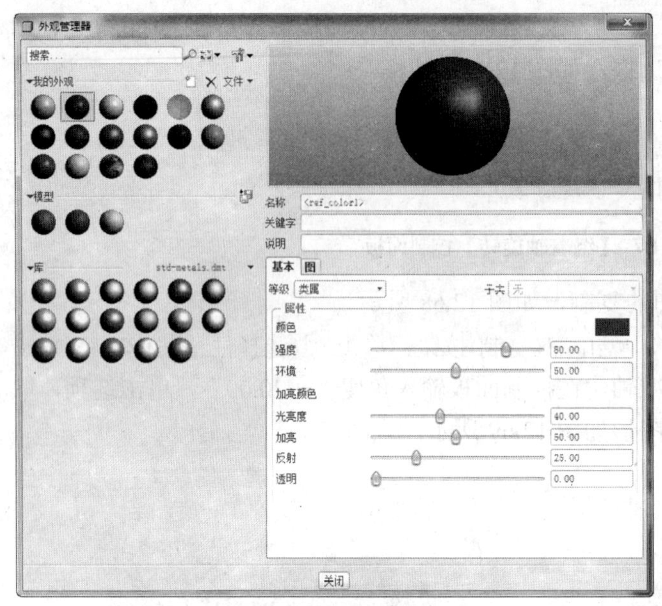

图 12.71　外观管理器

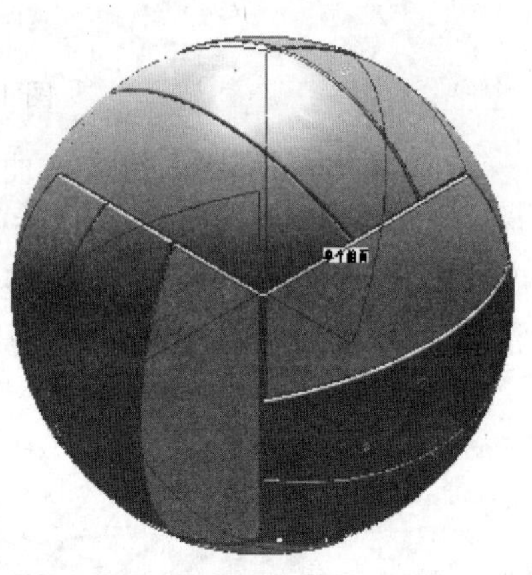

图 12.72　选择 6 块胶皮

(2) 单击工具条中的 (外观库)按钮，将指定外观的类型改为【曲面】，弹出，按住 Ctrl 键选择图 12.72 所示的 6 块胶皮表面。

(3) 选择完成后，按鼠标中键结束蓝色胶皮的外观设置，如图 12.73 所示。

图 12.73　完成蓝色胶皮设置后的排球

图 12.74　完成胶皮颜色设置后的排球

(4) 同理设置中间的 6 块胶皮为白色，其他 6 块胶皮为黄色，如图 12.74 所示。

(5) 执行【视图】|【模型设置】|【场景】命令，打开【场景】调色板，在弹出的【场景】编辑器中选择场景库为 Photolux-studio-hard，如图 12.75 所示，选中【将模型与场景一起保存】复选框。

(6) 在【房间】编辑器中调整地板及模型定向旋转，将渲染设置为高质量的 photolux 渲染模式。

(7) 单击 (渲染窗口)按钮，渲染得到图形如图 12.76 所示。

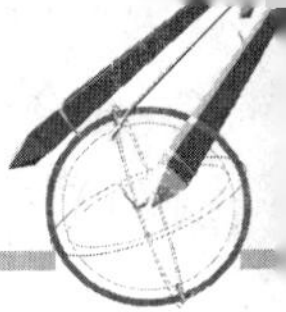

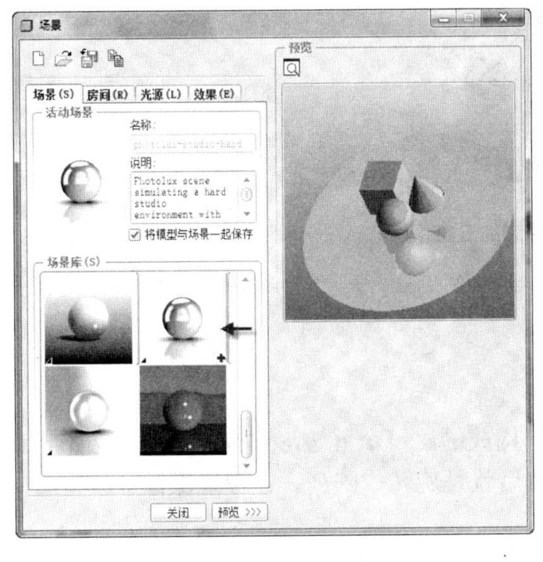

图 12.75 【场景】编辑器

图 12.76　渲染得到的排球图形

(8) 单击(保存图像的副本)按钮保存当前渲染图像，或在图像编辑器中执行【文件】|【另存为】命令保存当前渲染图像。

归纳总结

任务介绍了排球模型的详细制作过程，其中主要采用了曲线投影、曲面修剪、复制和旋转等方法的应用。

练习与实训

在 Pro/E 环境中，通过适当的方法制作一个图 12.77 所示的排球，并进行渲染。

图 12.77　排球的参考图

12.3　任务三：足球的设计

任务描述

在 Pro/E 环境中，通过适当的方法制作一个足球，并进行渲染，如图 12.78 所示。

图 12.78　足球的三维图

1. 设计思路

足球是由 12 个正五边形和 20 个正六边形构成的，每个五边形周围有 5 个六边形。考虑先做出五边形，再作出围绕它的六边形，然后就是旋转、阵列、镜像等操作了。

2. 方法与技巧

设计中尽量化繁为简，将步骤细化，见表 12-3。

表 12-3　12.3 节设计步骤

序号	步　骤	知 识 要 点
1	创建正五边形和正六边形曲线	旋转、交线
2	生成一个五角锥及六角锥曲面	曲线、边界混合曲面
3	生成球体	复制旋转，镜像、阵列

任务实施

步骤 1：创建正五边形和正六边形曲线

(1) 草绘正五边形截面(TOP 平面)，如图 12.79 所示。

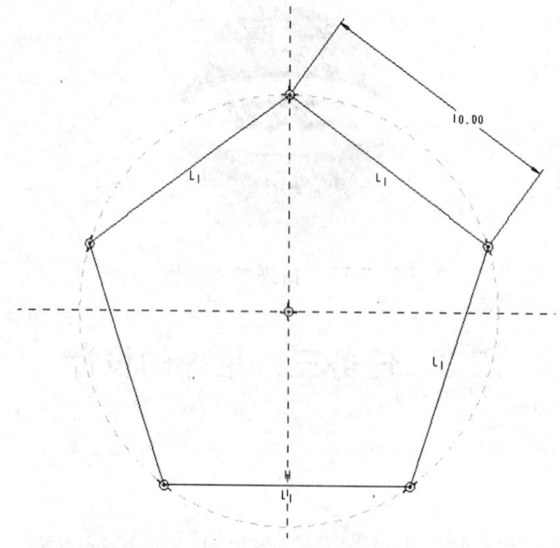

图 12.79　在 TOP 平面上草绘的正五边形截面

(2) 在 TOP 平面上旋转曲面(90 度)，截面如图 12.80 所示，结果如图 12.81 所示。

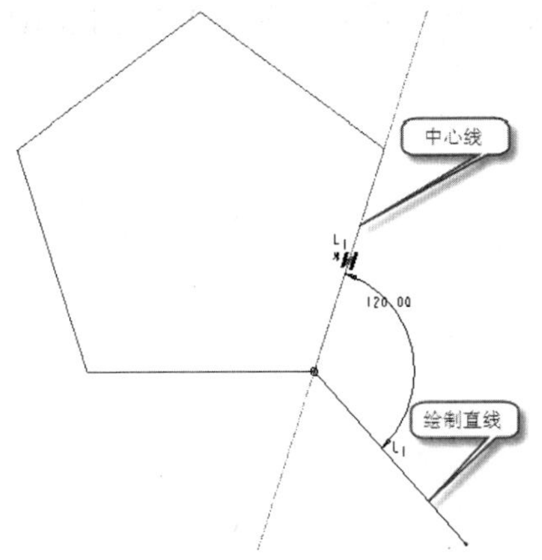

图 12.80　第一次旋转曲面的截面

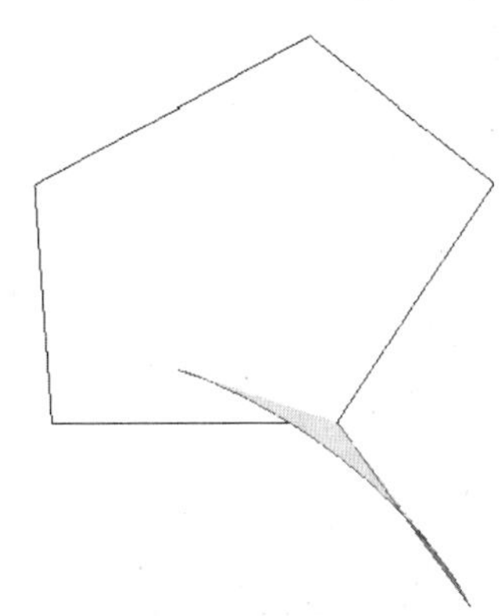

图 12.81　第一次旋转曲面后的图形

(3) 在 TOP 平面上旋转曲面(90 度)，截面如图 12.82 所示，结果如图 12.83 所示。

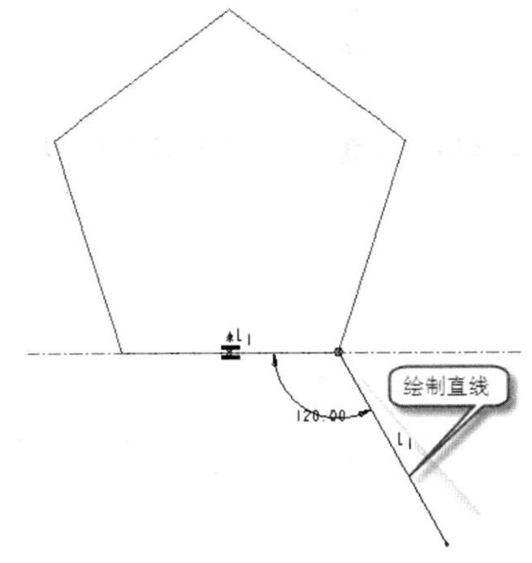

图 12.82　第二次旋转曲面的截面

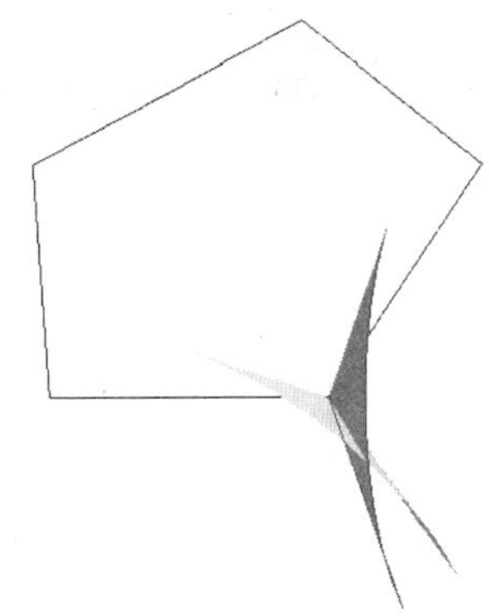

图 12.83　第二次旋转曲面后的图形

(4) 得到两曲面的交线如图 12.84 所示。选中两曲面后，执行【编辑】|【相交】命令。

(5) 产生基准平面 DTM1，如图 12.85 所示。

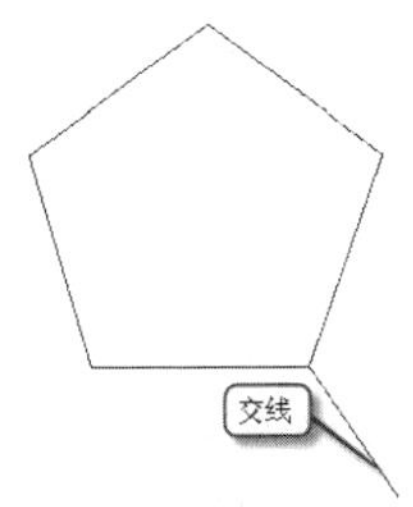

图 12.84　旋转所得两曲面的交线

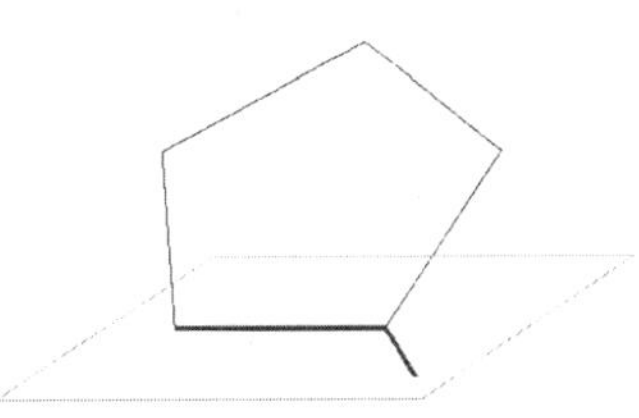

图 12.85　产生的基准平面 DTM1

(6) 在 DTM1 上绘制正六边形草绘，如图 12.86 所示。

步骤 2：生成一个五角锥及六角锥曲面

(1) 作图 12.87 所示的两直线中点 PNT0 及 PNT1，作一基准平面 DTM2 与 DTM1 垂直，如图 12.88 所示。

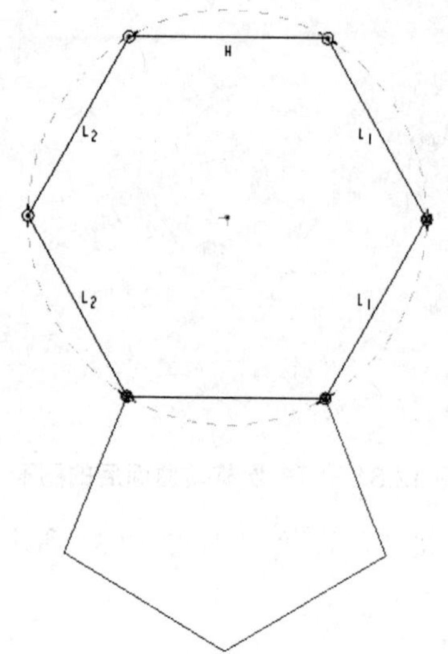

图 12.86　在 DTM1 上草绘的正六边形

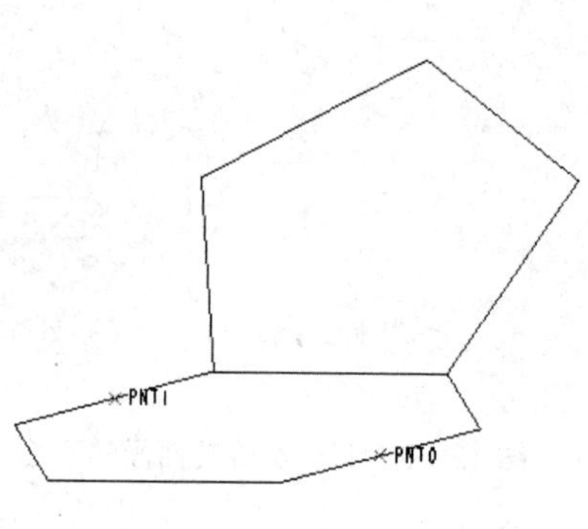

图 12.87　找直线的中点 PNT0 及 PNT1

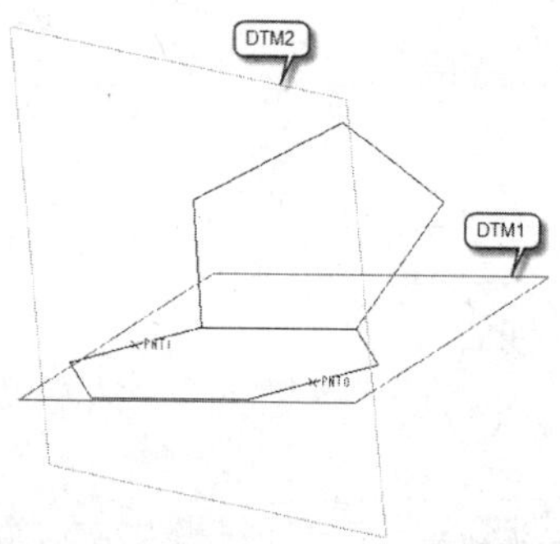

图 12.88　通过 PNT0 及 PNT1 垂直 DTM1 的基准平面 DTM2

(2) 生成 FRONT 和 RIGHT 相交的轴 A_3，如图 12.89 所示，DTM2 和 RIGHT 相交的轴 A_4，如图 12.90 所示。

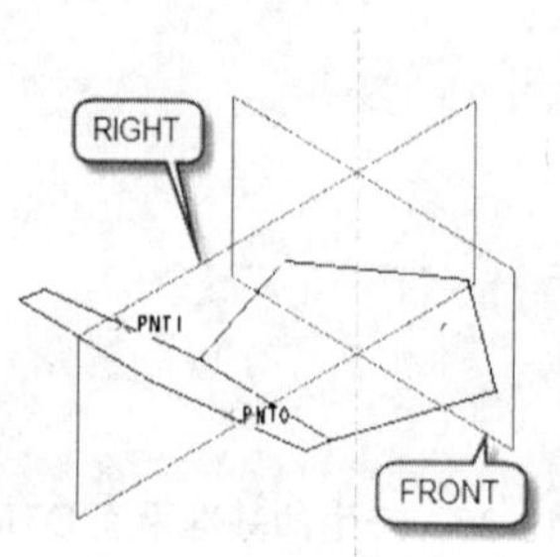

图 12.89　轴 A_3(FRONT 和 RIGHT 交线)

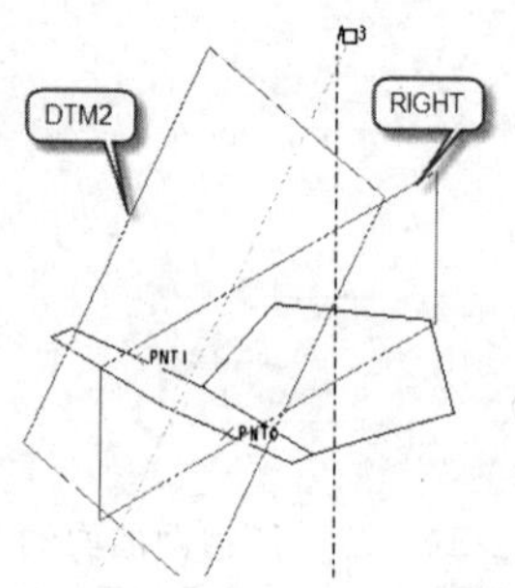

图 12.90　轴 A_4(DTM2 和 RIGHT 交线)

(3) 两轴相交生成点 PNT2，如图 12.91 所示。

(4) 过 PNT2 生成图 12.92 所示的两条直线，然后以这两条直线为第一方向，正五边形为第二方向生成边界混合曲面 1，如图 12.93 所示，正六边形为第二方向生成边界混合曲面 2，如图 12.94 所示。

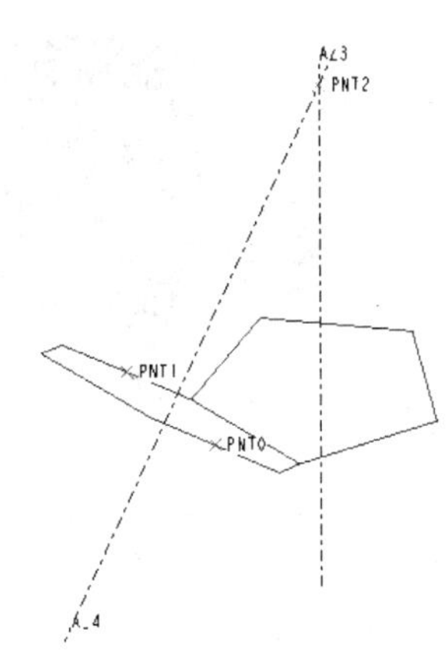

图 12.91　轴 A_3 和轴 A_4 的交点 PNT2

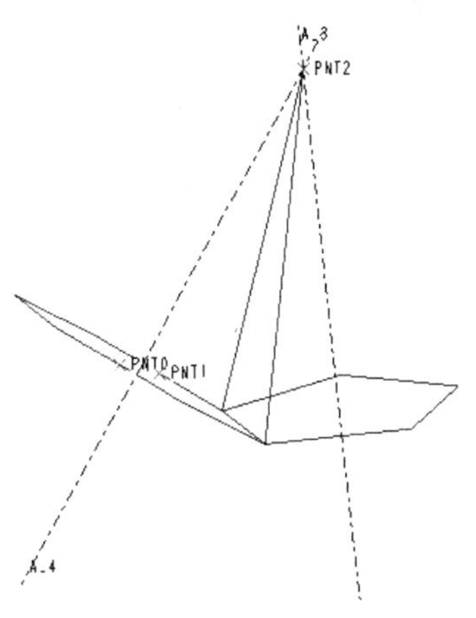

图 12.92　过 PNT2 的两条直线

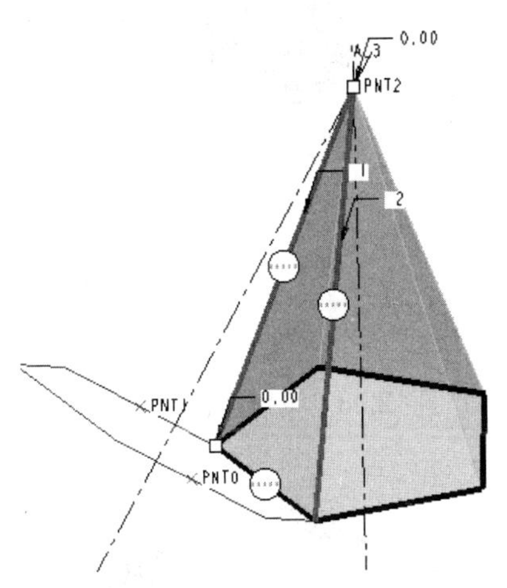

图 12.93　边界混合生成的曲面 1

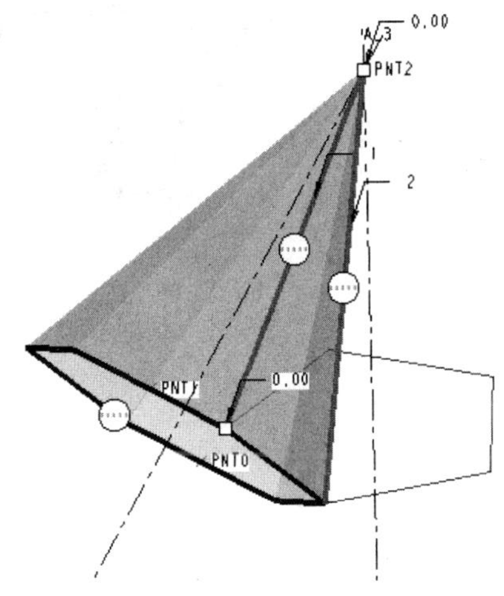

图 12.94　边界混合生成的曲面 2

(5) 以 PNT2 为球心，以到多边形中心的长度为半径作出球面，截面如图 12.95 所示。

(6) 复制球面的副本，以球面和混合曲面 1 合并生成五角锥，球面的副本和混合曲面 2 合并生成六角锥，分别自动倒圆角，如图 12.96 所示。

步骤 3：生成球体

(1) 以 A_3 轴为中心，复制旋转六角锥，如图 12.97 所示，其中旋转角度为 72°。

(2) 以 A_3 轴为中心，阵列六角锥(72°)，如图 12.98 所示。

(3) 以 DTM2 基准平面为对称平面，镜像五角锥，如图 12.99 所示。

(4) 同理，阵列五角锥(72°)，如图 12.100 所示。

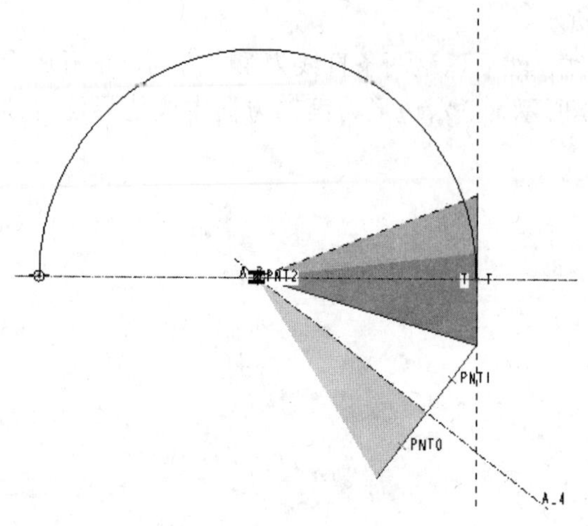

图 12.95　生成球面的截面

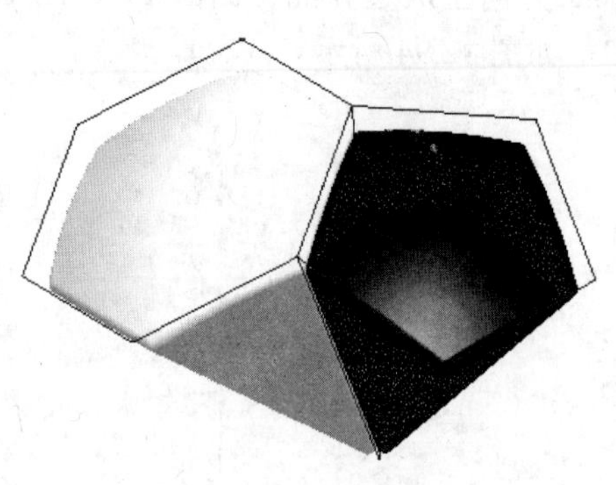

图 12.96　曲面合并生成的五角锥

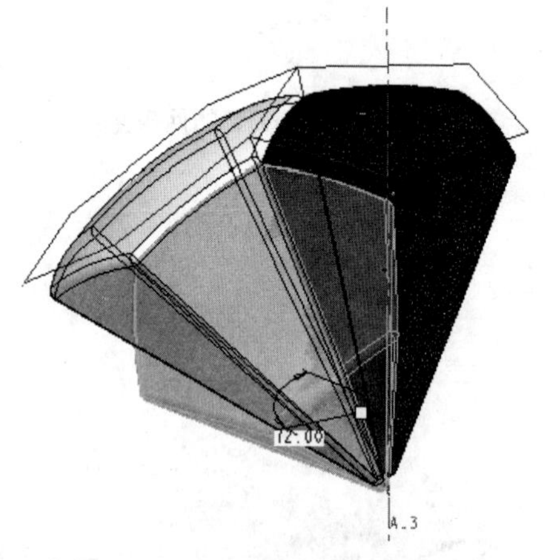

图 12.97　复制旋转后的六角锥

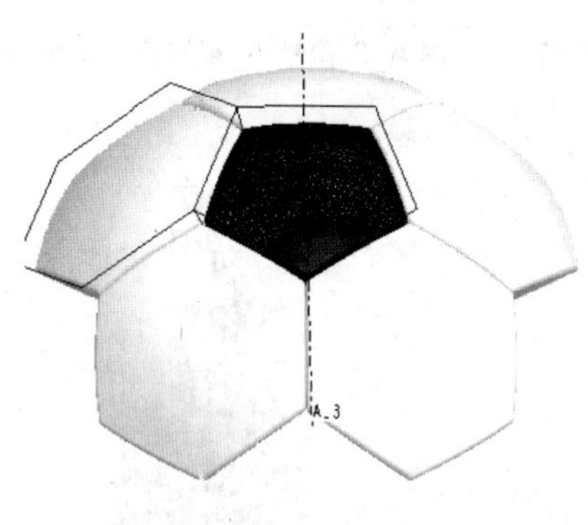

图 12.98　阵列后的六角锥

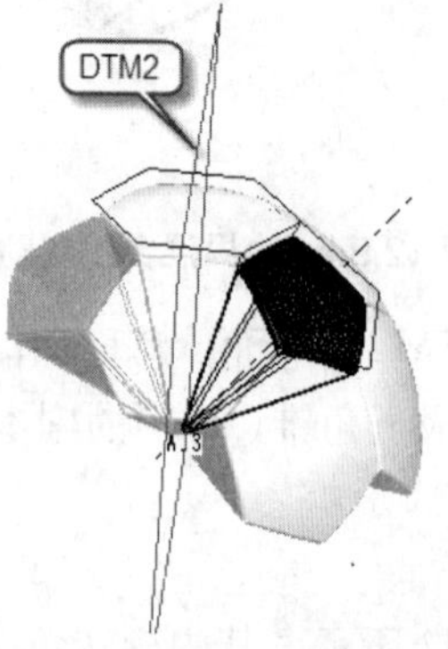

图 12.99　镜像后的五角锥

图 12.100　阵列后的五角锥

(5) 过图 12.101 所示直线和点 PNT2 作基准平面 DMT3，然后镜像相邻的六角锥，如图 12.102 所示。

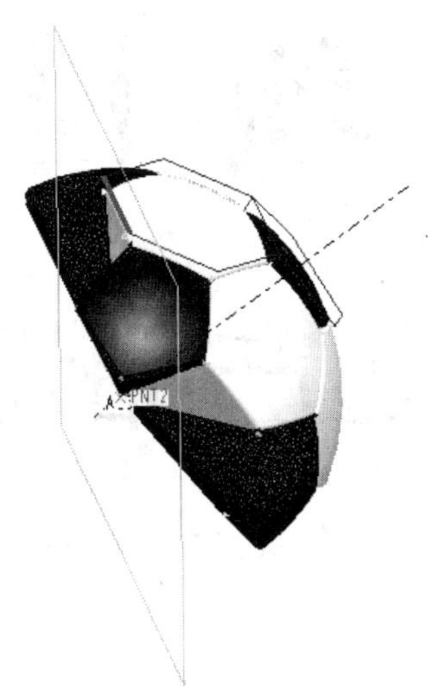

图 12.101　生成的基准平面 DMT3

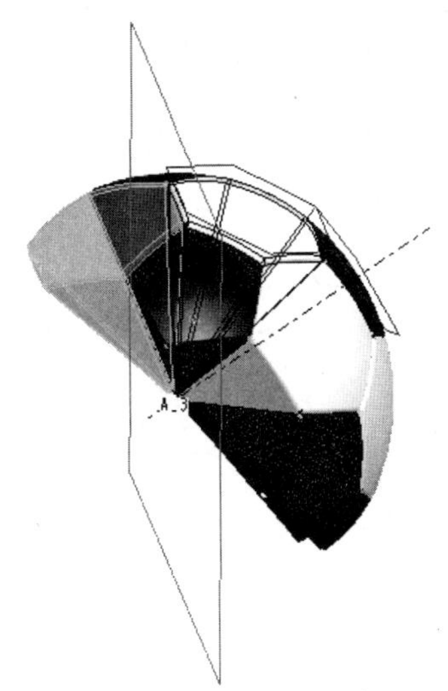

图 12.102　镜像基准平面 DMT3 相邻的六角锥

(6) 以 A-3 轴为中心，阵列六角锥，得到半个球，如图 12.103 所示。

图 12.103　再次阵列六角锥后所得的半个球

(7) 过 PNT2 作平行 TOP 基准平面的基准平面 DTM4，镜像半球，再旋转 36° 得到整个足球。

归纳总结

任务介绍了足球模型的详细制作过程，其中主要采用了相交曲线、复制旋转曲、镜像和阵列等方法的应用。

练习与实训

在 Pro/E 环境中，对足球进行渲染。请参照上一节的方法，其中“12 个正五边形曲面”为黑色，其余为白色。

项目13

工业产品设计

知识目标

(1) Pro/E 高级特征;
(2) 参数化建模的方法;
(3) 方程式曲线的生成。

能力目标

能力目标	知识要点	权重(%)	自测分数
(1) 掌握 Pro/E 高级特征的应用	环形折弯、骨架折弯	60	
(2) 掌握参数化建模的方法	参数、关系	30	
(3) 掌握方程式曲线的生成方法	渐开线曲线	10	

知识点导读

本项目通过轮胎、扳手等工业成品的设计过程，介绍“环形折弯”和“骨架折弯”等高级特征的生成方法；通过齿轮设计过程，讲述利用方程式创建曲线的参数化设计方法。

Pro/E 提供了几个高级特征来变形或改变(“扭曲”)零件的曲面，其中应用广泛的包括“骨架折弯”和“环形折弯”等。

1. 环形折弯

环形折弯(Toroidal Bend)，在两个方向上将所选实体、曲面或基准特征折弯以形成环形或旋转形状。可将实体、非实体曲面或基准曲线折弯成环(旋转)形。

例如，从平整实体对象创建汽车轮胎，图 13.1 所示。

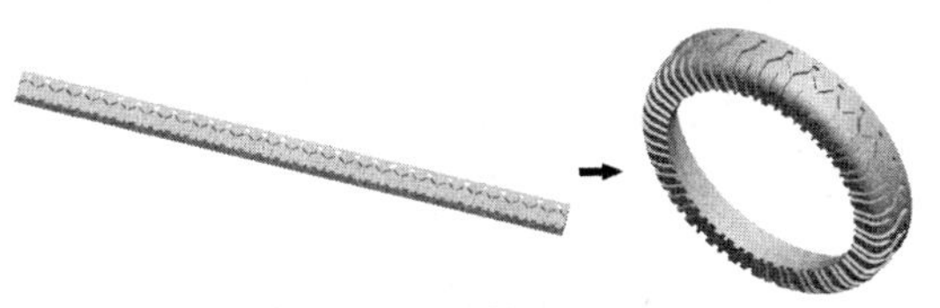

图 13.1 轮胎的创建方法

Pro/E 高级特征骨架折弯(Spinal Bend)通过沿曲线连续重新放置横截面来相对于弯曲骨架将对象折弯，可将实体按曲线折弯成弯曲形状。

2. 骨架折弯

"骨架折弯"中的"骨架"表示一条轨迹，"骨架折弯"用于将一个实体或曲面沿着某草绘折弯轨迹进行折弯。如果折弯前的实体或曲面的剖面垂直于某条轨迹，那么折弯后的实体的体积或表面积均可能发生变化。

例如从平整实体对象创建扳手，如图 13.2 所示。

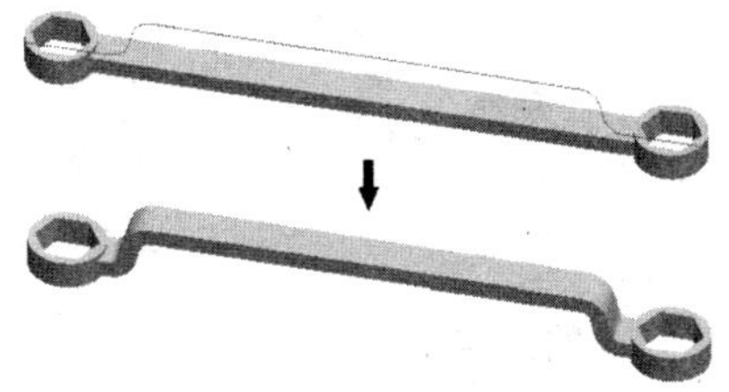

图 13.2 扳手的制作方法

3. 参数化设计

参数化设计是 Pro/E 重点强调的设计理念。参数是参数化设计的核心概念，在一个模型中，参数是通过"尺寸"的形式来体现的。参数化设计的突出要点在于可以通过变更参数的方法来方便地修改设计意图。关系式是参数化设计中的另外一项重要内容，它体现了参数之间相互制约的"父子"关系。

13.1 任务一：轮胎的设计

在 Pro/E 环境中，根据图 13.3 所示轮胎的结构特点，利用拉伸、阵列及环形折弯等命令创建三维实体零件模型。

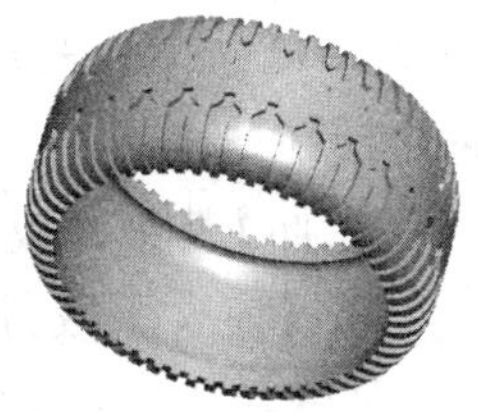

图 13.3 轮胎的三维图

任务分析

1. 设计思路

根据轮胎立体图所示，轮胎整体为环形结构，胎侧有护圈，胎面有花纹。考虑制作半边轮胎再镜像，先绘制展开后的半胎片，胎面压花纹，然后采用环形折弯的高级特征方法来生成半边轮胎，最后镜像复制而成整个轮胎。

如图 13.4 所示，轮胎设计思路为：拉伸生成半胎片(实体、增料)→拉伸(实体，减料)、阵列压胎面花纹→环形折弯(生成半边轮胎)→镜像(生成整个轮胎)。

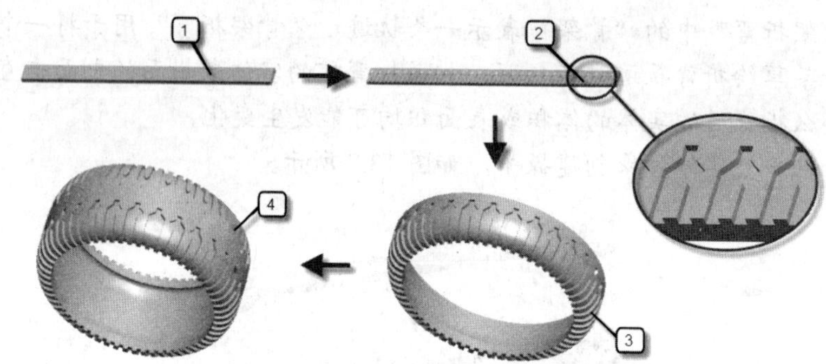

图 13.4　轮胎设计思路

2. 方法与技巧

设计中尽量化繁为简，将步骤细化，见表 13-1。

表 13-1　13.1 节设计步骤

序号	步　骤	知 识 要 点
1	半胎片生成	拉伸
2	花纹生成	拉伸、阵列
3	半轮胎生成	环形折弯
4	轮胎整体生成	镜像复制

任务实施

步骤 1：半胎片生成

(1) 单击(新建文件)按钮，默认类型(零件)及子类型(实体)，取消【使用缺省模板】复选框，在名称处输入文件名“luntai”，单击【确定】按钮，选择“mmns_part_solid”模板，单击【确定】按钮进入零件实体建模环境。

(2) 单击(拉伸工具)按钮，弹出【拉伸】特征面板，默认选中(实体)选项，单击【放置】按钮，弹出【放置】下滑面板，单击【定义】按钮，弹出【草绘】提示对话框，提示选择拉伸剖面草绘平面，单击 RIGHT 基准平面作为草绘平面，选择草绘视图方向参照(注意：参照为 FRONT ，方向为左)，单击【草绘】按钮进入草绘环境。

(3) 单击【特征】工具栏中的(矩形)按钮，通过两点创建矩形，修改尺寸，结果如图13.5 所示。

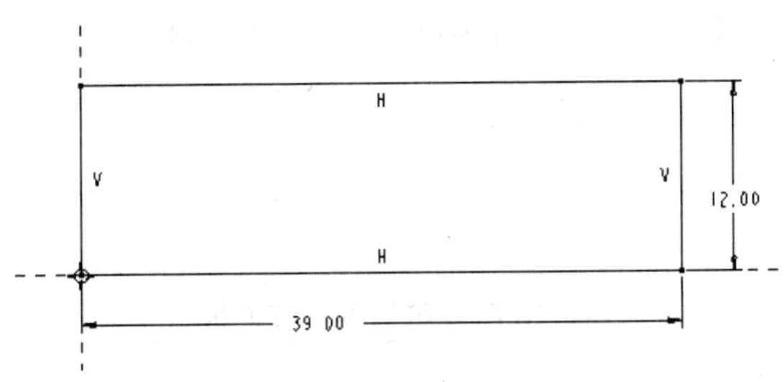

图 13.5

(4) 单击【草绘】工具栏中的(完成)按钮，完成草绘图形。在【拉伸】特征面板的白色数字处单击并输入拉伸深度“600”，单击【拉伸】特征面板上的(应用)按钮，完成实体的拉伸，结果如图 13.6 所示。

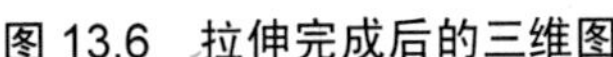

图 13.6　拉伸完成后的三维图

步骤 2：花纹生成

(1) 单击(拉伸工具)按钮，弹出【拉伸】特征面板，单击(去除材料)按钮，单击【放置】按钮，弹出【草绘】下滑面板，单击【定义】按钮，弹出【草绘】放置对话框，选择零件的顶面作为草绘平面，默认系统自动选择的草绘视图方向参照，单击【草绘】按钮进入草绘环境。

(2) 绘制草绘截面，修改尺寸，结果如图 13.7 所示。

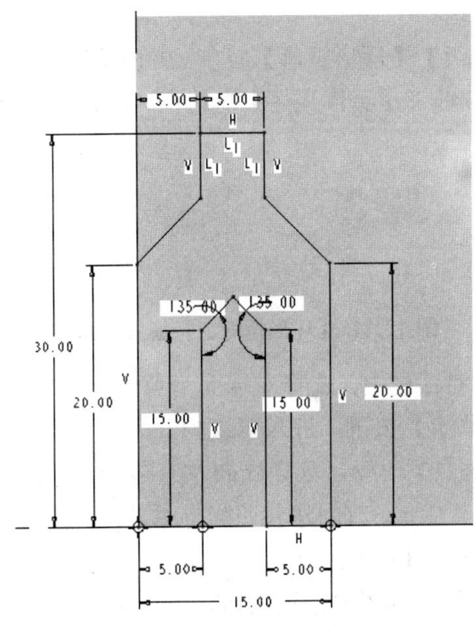

图 13.7　花纹的草绘截面

(3) 单击【草绘】工具栏中的(完成)按钮，完成草图的绘制。在【拉伸】特征面板的白色数字处单击并输入拉伸深度“3”，单击(应用)按钮，完成单个花纹的拉伸。

(4) 选中生成的单个花纹，单击(阵列工具)按钮，弹出【阵列】特征面板，如图 13.8 所示。

图 13.8 【阵列】特征面板

(5) 选择阵列方式为【方向】，选择零件的长边，表示按长度方向阵列。输入阵列个数“30”，长度方向尺寸增量“20.00”。屏幕显示如图 13.9 所示。

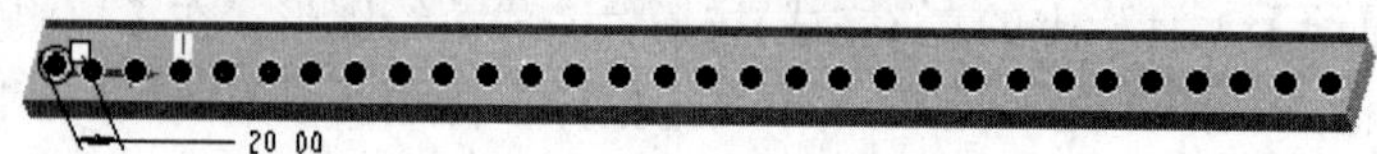

图 13.9 阵列参数的修改

(6) 单击【阵列】特征面板上(应用)按钮，完成花纹的阵列，结果如图 13.10 所示。

图 13.10 花纹阵列后的三维图

操作技巧

在阵列类型中，选择【方向】表示单向尺寸阵列特征，此时选择图形的一条边作为特征平行方向，生成一行或一列特征。

步骤 3：半轮胎生成

(1) 执行【插入】|【高级】|【环形折弯】命令，弹出【环形折弯】特征面板，如图 13.11 所示。选择【参照】面板，选中【实体几何】复选框，单击轮廓截面中的定义，如图 13.12 所示。

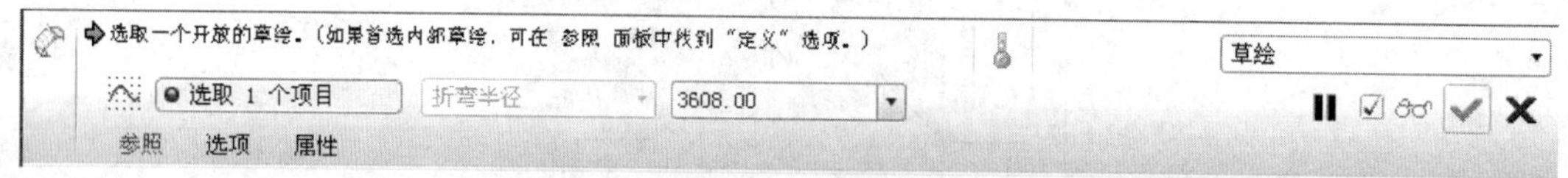

图 13.11 【环形折弯】特征操作面板

(2) 在弹出的【草绘】对话框中，选择右端面为草绘平面，系统默认 TOP 平面为参照，方向改为【顶】，单击【草绘】按钮，进入草绘模式。

(3) 执行【草绘】|【参照】命令，选择底面及右边作为参照。

(4) 单击【草绘】工具栏中的(创建参照坐标系)按钮，绘制坐标系；再草绘曲线，并标注、修改尺寸，结果如图 13.13 所示。

(5) 单击【草绘】工具栏中的(完成)按钮，完成草图的绘制。

(6) 修改折弯模式为 360° 折弯，分别选取半胎片的左右两端面，单击(应用)按钮，

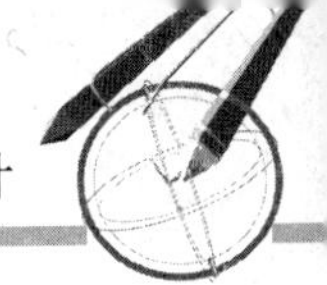

完成半轮胎的生成，结果如图 13.14 所示。

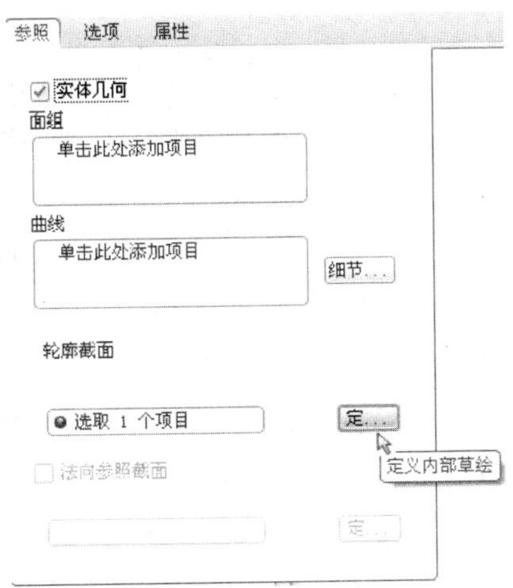

图 13.12 【参照】中子项目的选择

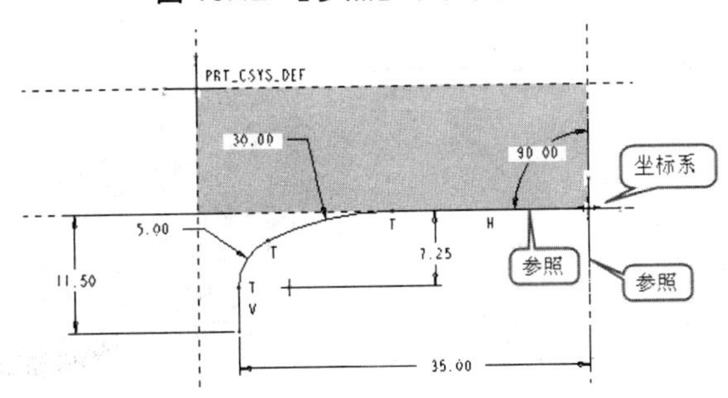

图 13.13　弯曲形状的曲线绘制

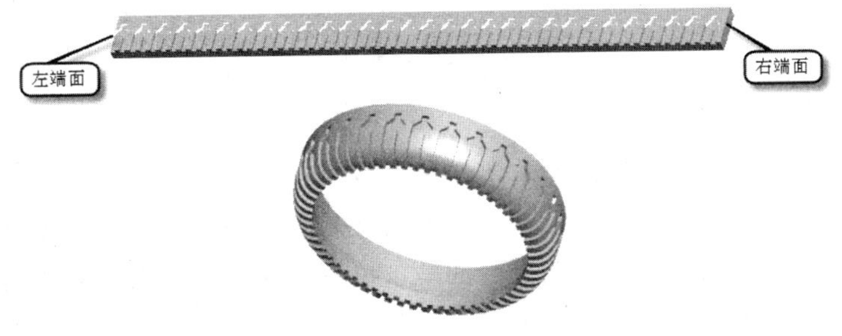

图 13.14　折弯量的选择及折弯后效果图

步骤 4：轮胎整体生成

(1) 执行【编辑】|【特征操作】命令，弹出【特征】菜单，如图 13.15 所示。

(2) 单击【复制】按钮，弹出【复制特征】菜单，如图 13.16 所示。

(3) 执行【镜像】|【所有特征】|【完成】命令，系统提示信息“选择一个平面或创建一个基准以其作镜像”。

(4) 选择半轮胎的后面作为镜像平面，完成轮胎整体生成，结果如图 13.17 所示。

(5) 执行【文件】|【保存】命令，或单击【标准】工具条中的 (保存)命令，弹出【保存】文件对话框，单击【确定】按钮，保存当前建立的零件模型。

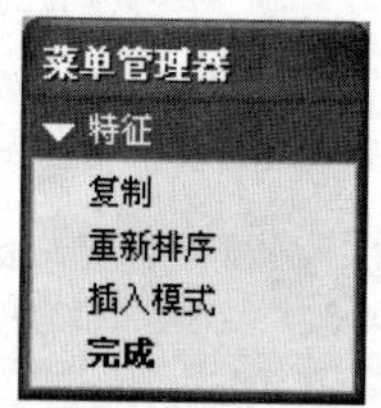

图 13.15 【特征】菜单

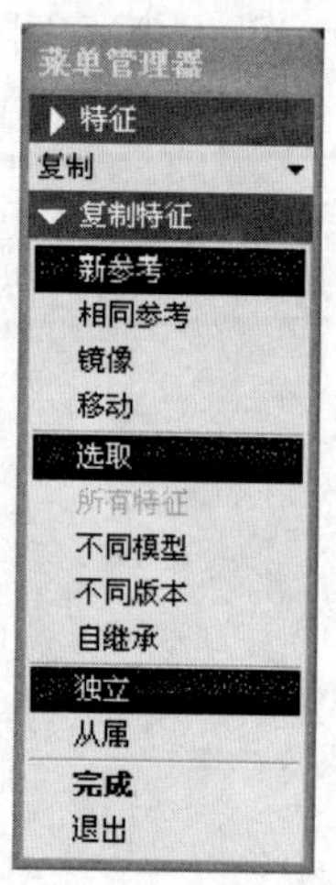

图 13.16 复制特征菜单

图 13.17 镜像平面的选择及镜像完成后的三维图

归纳总结

任务详述了环形折弯零件创建的方法和操作步骤。

该特征同时创建两个折弯。即默认以角度定义的圆环径向折弯，以及使用轮廓轨迹定义的折弯。要定义折弯轮廓或环形的截面曲率，可草绘图元链。第二个折弯是由定义圆环半径的两个平行平面确定的。

创建圆环时，系统按指定角度使每个平行平面绕中性平面和终止平面的交集来旋转。

要定义折弯，必须选取坐标系。坐标系的 X 向量定义折弯对象中的中性平面。点不必位于几何图元上；但为了几何透明性，建议如此。

注意：如果坐标系不位于轮廓上，那么草绘轮廓必须包括切向图元。中性平面定义了沿折弯材料的截面厚度为零变形(延长或压缩)的理论平面。位于该平面外部的材料延长以补偿折弯变形，而折弯内部的材料压缩以适应变形。

练习与实训

在 Pro/E 环境中，充分发挥想象力，通过适当的方法设计制作一款轮胎，并进行渲染。

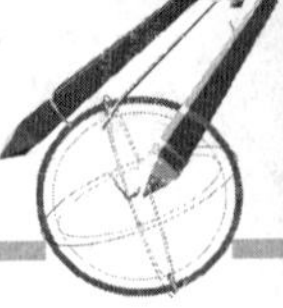

可参考图 13.18、图 13.19、图 13.20 及图 13.21 所示的轮胎。

图 13.18　轮胎参考图 1

图 13.19　轮胎参考图 2

图 13.20　轮胎参考图 3

图 13.21　轮胎参考图 4

13.2　任务二：扳手的设计

任务描述

在 Pro/E 环境中，根据图 13.22 所示的扳手的结构特点，利用拉伸、骨架折弯等命令创建三维实体零件模型。

图 13.22　扳手的三维图

任务分析

根据图 13.22 所示，从俯视图看，扳手两端夹持部为圆柱中间挖正六棱柱孔，中部为长方体连接的手柄，各边倒圆角；主视图看，扳手整体有折弯结构。考虑先按直的扳手来制作，然后再进行整体骨架折弯，扳手为左右对称，可以绘制左边再镜像生成。

1. 设计思路

如图 13.23 所示，扳手的设计思路为：拉伸生成手柄(实体，增料)→拉伸生成夹持部，镜像完成另一半→周边倒圆角→骨架折弯完成扳手。

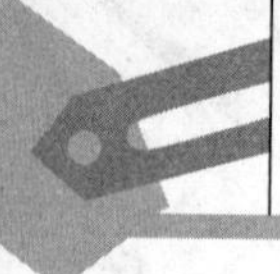

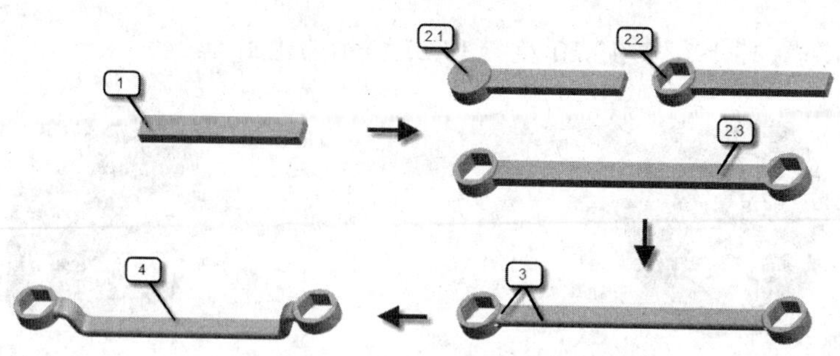

图 13.23 扳手的设计思路

2. 方法与技巧

设计中尽量化繁为简，将步骤细化，见表 13-2。

表 13-2 13.2 节设计步骤

序号	步 骤	知 识 要 点
1	手柄生成	拉伸
2	夹持部生成	拉伸、镜像
3	扳手倒圆角	倒圆角
4	扳手生成	骨架折弯

任务实施

步骤 1：手柄生成

(1) 单击 (新建文件)按钮，默认类型(零件)及子类型(实体)，取消【使用缺省模板】复选框，在名称处输入文件名“banshou”，单击【确定】按钮，选择 mmns_part_solid 模板，单击【确定】按钮进入零件实体建模环境。

(2) 单击 (拉伸工具)按钮，弹出【拉伸】特征面板，默认选中 (实体)，单击【放置】按钮，弹出【放置】下滑面板，单击【定义】按钮，弹出【草绘】放置对话框，提示选择拉伸剖面草绘平面，单击 RIGHT 基准平面作为草绘平面，系统自动选择草绘视图方向(参照为 TOP，方向为左)，单击【草绘】按钮进入草绘环境。

(3) 绘制图 13.24(a)所示的草绘截面，单击【草绘】工具栏中的 (完成)按钮，完成草绘图形。在【拉伸】特征面板的白色数字处单击并输入拉伸深度“44”，单击【拉伸】特征面板上的 (应用)按钮，完成手柄的生成，结果如图 13.24(b)所示。

步骤 2：夹持部生成

(1) 单击 (拉伸工具)按钮，弹出【拉伸】特征面板，默认选中 (实体)，单击【放置】按钮，弹出【放置】下滑面板，单击【定义】按钮，弹出【草绘】放置对话框，提示选择拉伸剖面草绘平面，单击 TOP 基准平面作为草绘平面，系统自动选择草绘视图方向(参照为 RIGHT，方向为右)，单击【草绘】按钮进入草绘环境。

(2) 绘制图 13.25 所示的草绘截面，单击【草绘】工具栏中的 (完成)按钮，完成草绘图形。在【拉伸】特征面板选择 (两侧拉伸)方式，在白色数字处单击并输入拉伸深度“5”，

单击【拉伸】特征面板上的☑(应用)按钮，完成左侧夹持部的外部实体。

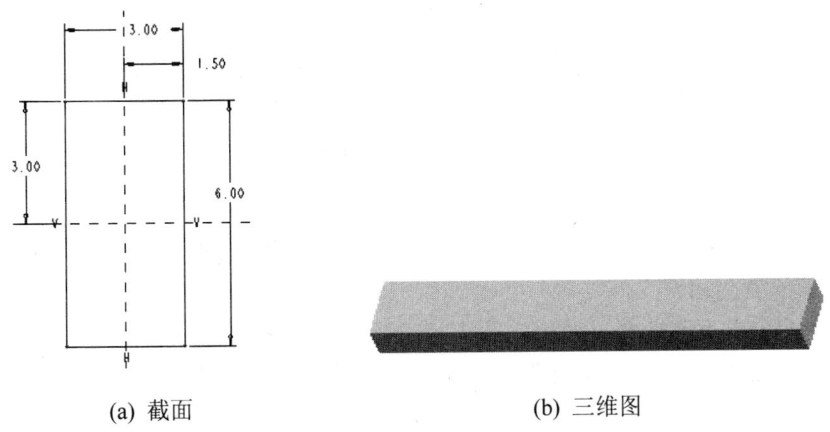

(a) 截面　　(b) 三维图

图 13.24　扳手手柄的草绘截面图及手柄的三维图

(3) 单击(拉伸工具)按钮，弹出【拉伸】特征面板，单击(去除材料)按钮，单击【放置】按钮，弹出【放置】下滑面板，单击【定义】按钮，弹出【草绘】放置对话框，提示选择拉伸剖面草绘平面，单击 TOP 基准平面作为草绘平面，系统自动选择草绘视图方向(参照为 RIGHT，方向为右)，单击【草绘】按钮进入草绘环境。

(4) 绘制图 13.26 所示的草绘截面，单击【草绘】工具栏中的✓(完成)按钮，完成草绘图形的绘制。在【拉伸】特征面板选择(两侧拉伸)方式，在白色数字处单击并输入拉伸深度“5”，单击【拉伸】特征面板上的☑(应用)按钮，完成夹持部左半边的实体，结果如图 13.27 所示。

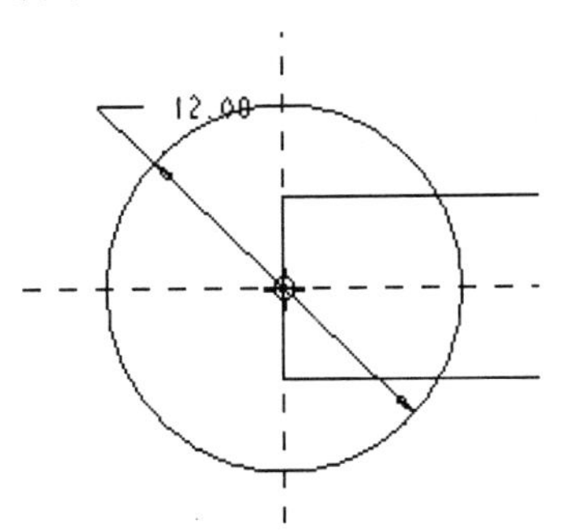

图 13.25　手柄夹持部外形的草绘截面

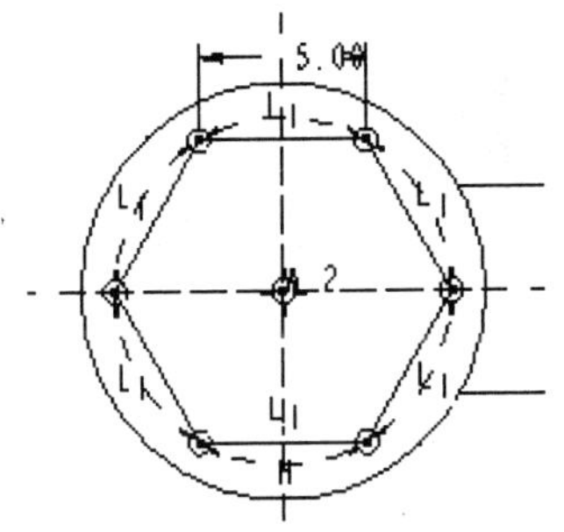

图 13.26　手柄夹持部内部孔的草绘截面

(5) 单击(基准平面工具)按钮，弹出【基准平面】放置对话框，选择图 13.27 所示实体右端面，默认偏移距离为“0”，单击【确定】按钮建立基准平面 DTM1。

图 13.27　手柄夹持部的三维图

(6) 按住 Ctrl 键，在模型树选择手柄和夹持部，单击(镜像工具)按钮，选择 DTM1

平面，完成夹持部左右两端实体，结果如图 13.28 所示。

图 13.28 镜像完成后的三维图

步骤 3：扳手倒圆角

(1) 单击【特征】工具栏中的 (倒圆角工具)按钮，弹出【倒圆角】特征面板，修改倒圆角尺寸数值尺寸为“1”。

(2) 单击窗口右下侧选择过滤器中的下拉按钮，选择【边】。

(3) 选择手柄 4 条棱边，单击【倒圆角】特征面板上的 (应用)按钮，生成倒圆角特征。

(4) 单击【特征】工具栏中的 (倒圆角工具)按钮，弹出【倒圆角】特征面板，选择手柄与夹持部连接边，单击【倒圆角】特征面板上的 (应用)按钮，生成倒圆角特征，结果如图 13.29 所示。

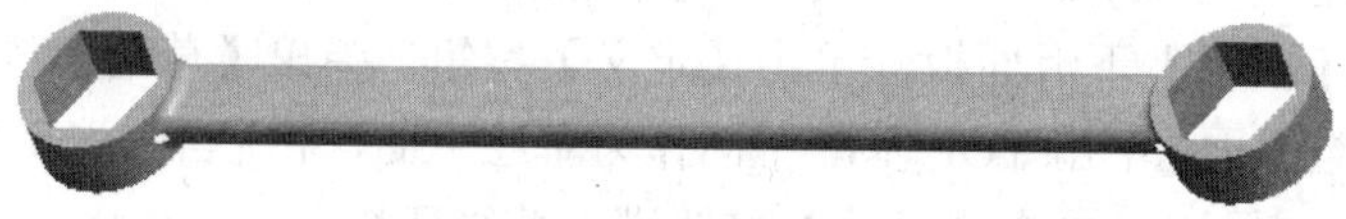

图 13.29 倒圆角完成后的三维图

步骤 4：扳手生成

(1) 单击 (基准平面工具)按钮，弹出【基准平面】放置对话框，选择 DTM1 平面，输入偏移距离为“50”，单击【确定】按钮在最右端建立基准平面 DTM2。

(2) 单击 (草绘工具)按钮，弹出【草绘】放置对话框，单击 FRONT 基准平面作为草绘平面，系统自动选择草绘视图方向(参照为 RIGHT，方向为右)，单击【草绘】按钮进入草绘环境。

(3) 绘制草绘曲线，如图 13.30 所示。

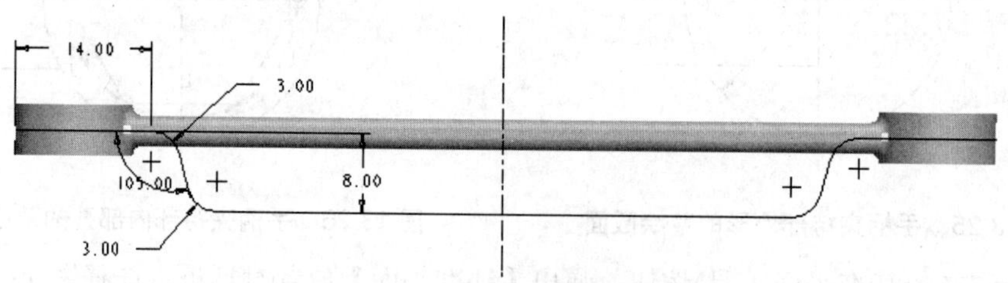

图 13.30 扳手折弯曲线的绘制

操作技巧

骨架折弯曲线很重要，曲线各段应相切，尺寸必须合理，否则无法进行折弯，从而引起特征失败。

(4) 执行【插入】|【高级】|【骨架折弯】命令，弹出骨架折弯【选项】菜单，如图 13.31 所示；执行【选取骨架线】|【无属性控制】命令，单击【完成】按钮，系统信息提示“选

取要折弯的一个面组或实体”，选择手柄上部表面后，弹出【链】选项菜单，系统提示选择【链】选项，如图 13.32 所示。

(5) 单击【曲线链】按钮，系统信息提示“从链选择一个曲线”，选择曲线，弹出【链选项】菜单，如图 13.33 所示；单击【全选】按钮，默认起始点在最左边，如图 13.34 所示。

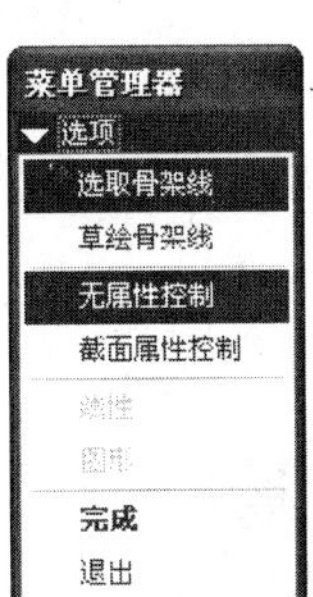

图 13.31 【选项】菜单

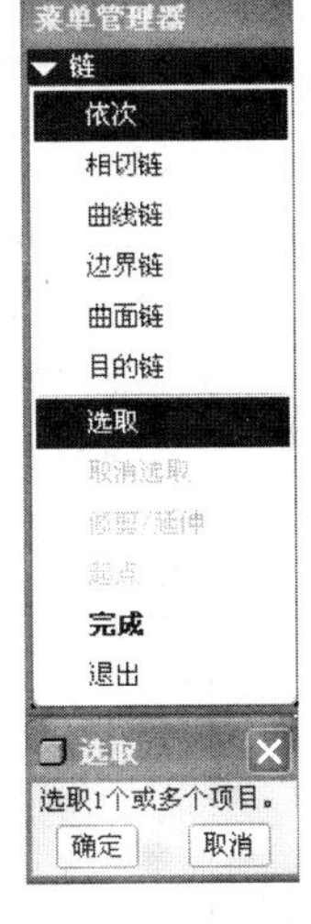

图 13.32 【链】菜单

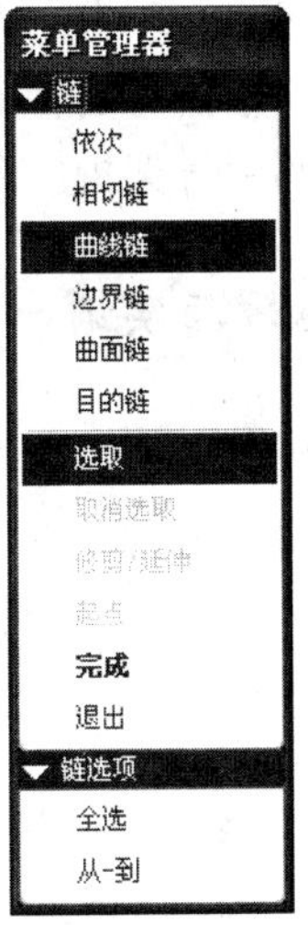

图 13.33 【链选项】菜单

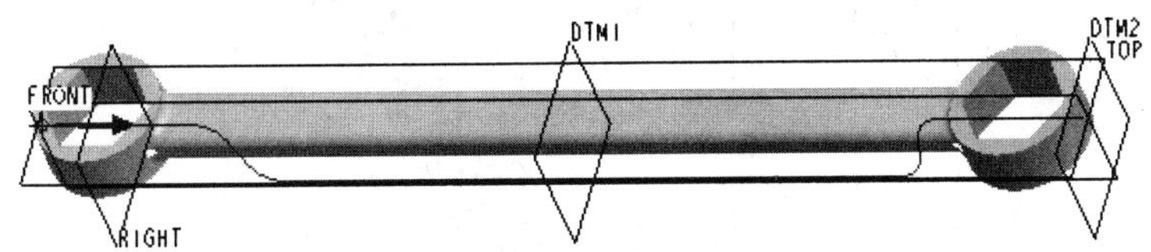

图 13.34 折弯曲线链的选取情况

(6) 单击【完成】按钮，弹出【设置平面】菜单，系统提示“指定要定义折弯量的平面”，选择 DTM2 作为终止平面，完成扳手的骨架折弯生成，结果如图 13.35 所示。

图 13.35 扳手折弯后的三维图

操作技巧

建立基准平面 DTM2 作为终止平面，折弯起始点到终止平面之间的距离为折弯量。作为终止平面，必须平行于与起始点方向垂直的“绿色起始平面”。否则特征生成失败。

(7) 执行【文件】|【保存】命令，或单击【标准】工具条中的(保存)按钮，弹出【保存文件】对话框，单击【确定】按钮，保存当前建立的零件模型。

归纳总结

骨架折弯零件创建的方法和操作步骤如下所示：

(1) 创建折弯前平直的模型。

(2) 建立一基准平面作为终止平面。

(3) 草绘折弯的骨架曲线。

(4) 利用骨架折弯命令完成模型。

练习与实训

在 Pro/E 环境中，完成图 13.36 所示实体建模。

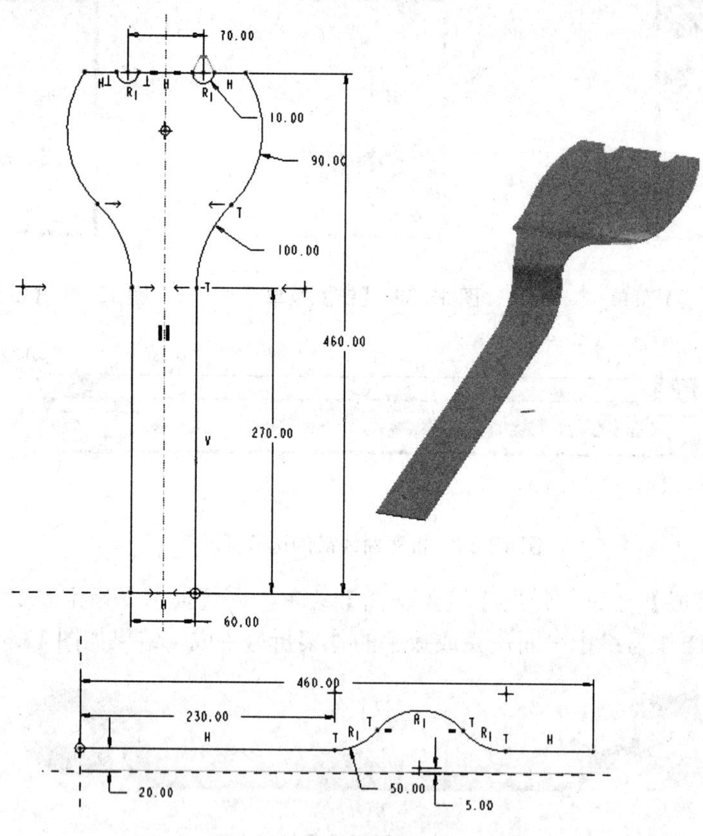

图 13.36 小铲的零件图和三维图

13.3 任务三：齿轮的设计

任务描述

创建一个标准渐开线直齿圆柱齿轮，齿数为 40，模数为 2，齿宽为 20，效果如图 13.37 所示。

图 13.37　齿轮模型

任务分析

1. 设计思路

在 Pro/E 环境中，创建一个标准渐开线直齿圆柱齿轮，齿数为 40，模数为 2，齿宽为 20，效果如果如图 13.38 所示。

图 13.38　齿轮生成思路

2. 方法与技巧

设计中尽量化繁为简，将步骤细化，见表 13-3。

表 13-3　13.3 节设计步骤

序号	步　骤	知 识 要 点
1	拉伸齿根圆	拉伸、关系式
2	拉伸齿轮的轮齿部分	从方程创建基准曲线、拉伸、阵列
3	修改参数，生成另一齿轮	

任务实施

步骤 1：拉伸齿根圆

(1) 新建文件。

(2) 执行【工具】|【参数】命令，在【参数】窗口中单击[+]按钮，增加参数 m、z、W，定义 m 为“3.000000”，z 为“40.000000”，W 为“20”，如图 13.39 所示。其中 m 为齿轮模数，z 为齿轮齿数，W 为齿轮的宽度。

(3) 执行【工具】|【关系】命令，如图 13.40 所示。其中 d 为齿轮分度圆直径，da 为齿轮齿顶圆直径，df 为齿轮齿根圆直径，db 为齿轮基圆直径。输入关系式：

d=m*z

da=m*(z+2)

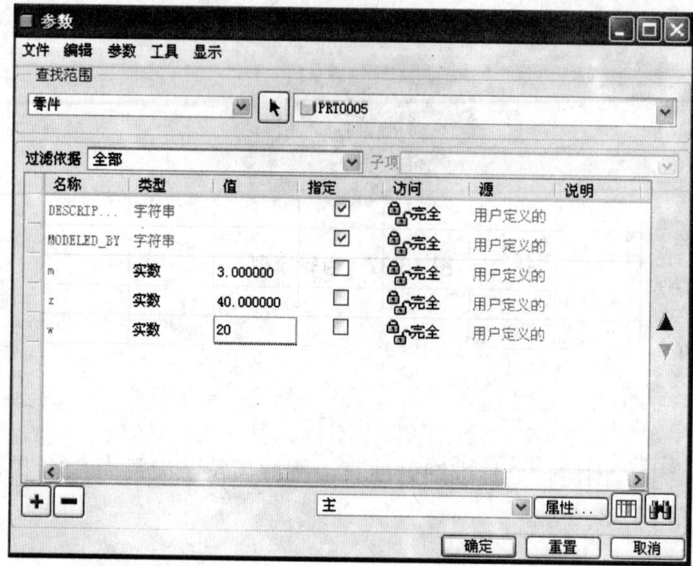

图 13.39 【参数】窗口

df=m*(z-2.5)

db=d*cos(20)

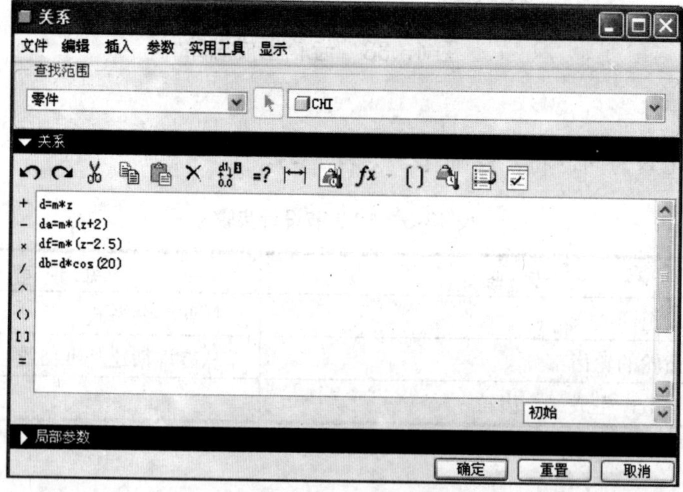

图 13.40 【关系】窗口

(4) 单击(草绘工具)按钮，选取 FRONT 面为草绘平面，绘制 4 个圆(无须确定尺寸)，如图 13.41 所示。执行【工具】|【关系】命令，添加关系式：

sd0=d

sd1=da

sd2=df

sd3=db

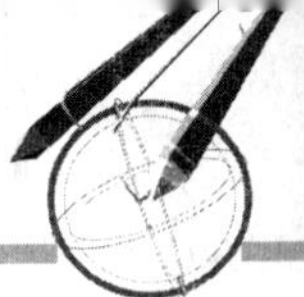

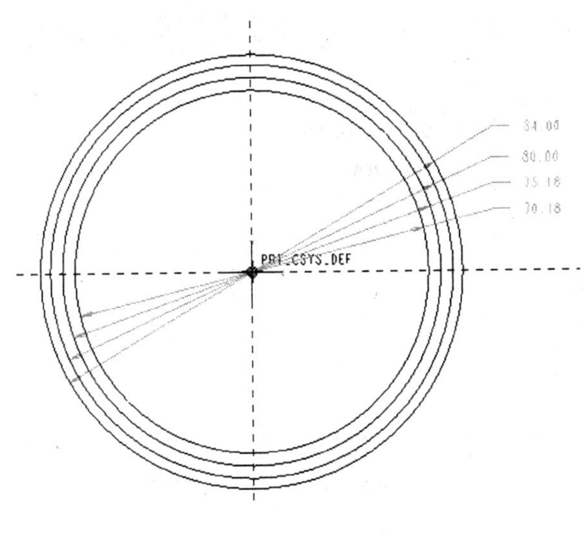

图 13.41　草绘圆

(5) 单击(拉伸工具)按钮，选取 FRONT 面为草绘平面，绘制一个圆，圆的直径为 df，单击按钮返回【拉伸】特征操作面板，设置拉伸深度为 W，如图 13.42 所示。

图 13.42　齿坯拉伸

步骤 2：拉伸齿轮的轮齿部分

(1) 单击(基准曲线工具)按钮，执行【从方程】|【完成】命令，选取 PRT_CSYS_DEF 坐标系，定义坐标系类型为【笛卡儿】，在弹出的 rel.ptd 记事本中输入渐开线的方程式，如图 13.43 所示。在 rel.ptd 记事本中执行【文件】|【保存】命令，执行【曲线：从方程】|【确定】命令，完成渐开线的绘制，如图 13.44 所示。

```
u=t*90
rb=db/2
s=(PI*rb*t)/2
xc=rb*cos(u)
yc=rb*sin(u)
x=xc+(s*sin(u))
y=yc-(s*cos(u))
z =0
```

rel.ptd - 记事本

文件(F) 编辑(E) 格式(O) 查看(V) 帮助(H)

```
/* 为笛卡儿坐标系输入参数方程
/*根据t (将从0变到1) 对x, y和z
/* 例如:对在 x-y平面的一个圆, 中心在原点
/* 半径 = 4, 参数方程将是:
/*          x = 4 * cos ( t * 360 )
/*          y = 4 * sin ( t * 360 )
/*          z = 0
/*-------------------------------------------------------------------
u=t*90
rb=db/2
s=(PI*rb*t)/2
xc=rb*cos(u)
yc=rb*sin(u)
x=xc+(s*sin(u))
y=yc-(s*cos(u))
z =0
```

图 13.43　记事本中的方程式

(2) 单击(基准点工具)按钮，在渐开线与分度圆的交点，创建基准点 PNT0，如图 13.45 所示。

图 13.44　渐开线曲线

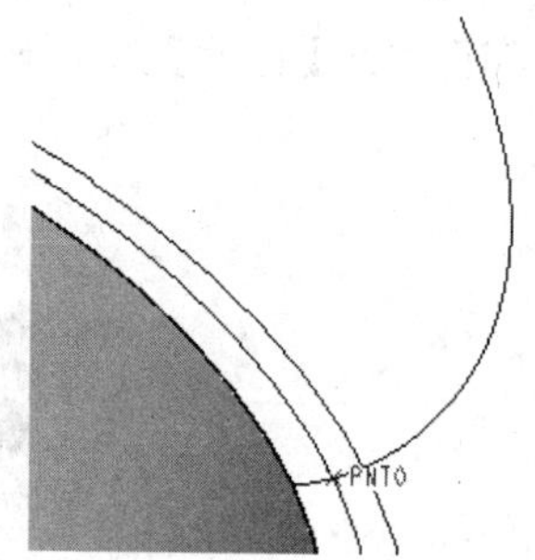

图 13.45　基准点 PNT0

(3) 单击(基准面工具)按钮，过 A_1 轴和 PNT0 点过作一基准面 DTM1，如图 13.46 所示。

(4) 单击(基准面工具)按钮，过 A_1 轴作一基准面 DTM2 与 DTM1 成 2.25°，如图 13.47 所示。

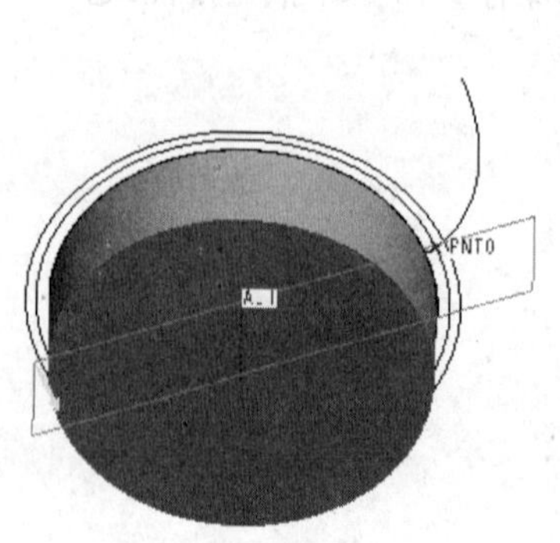

图 13.46 基准面 DTM1

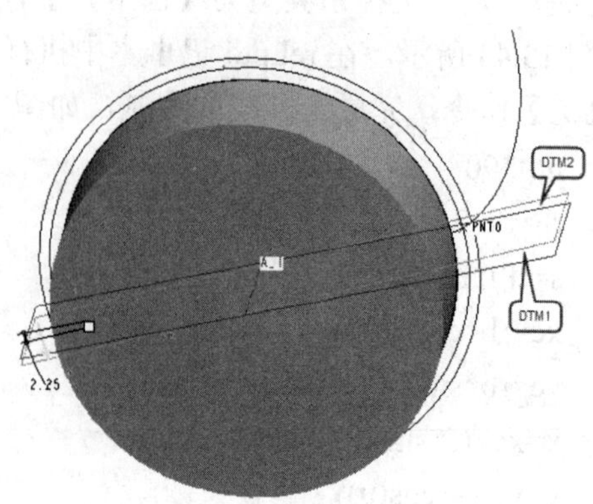

图 13.47　基准面 DTM2

(5) 右击 DTM2，选取【编辑】命令，双击图中的尺寸 2.25，输入关系式“360/z/4”，将尺寸 2.25 改为关系式驱动。

(6) 单击(镜像工具)按钮，以 DTM2 为镜像平面，镜像刚才创建的渐开线，如图 13.48 所示。

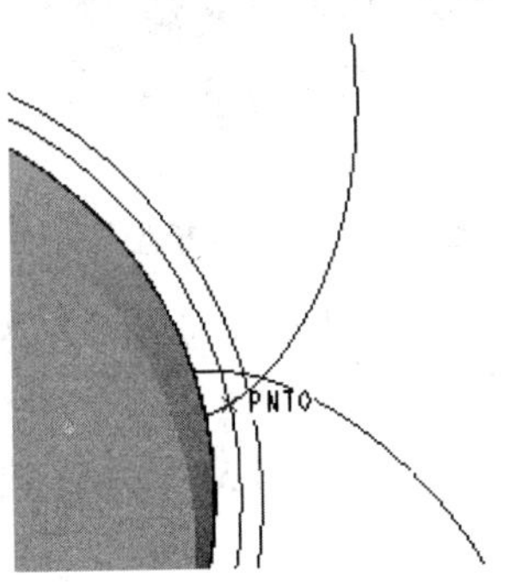

图 13.48　镜像的渐开线

(7) 单击(拉伸工具)按钮，以 FRONT 面为草绘平面，绘制截面形状，如图 13.49 所示，圆角半径为 1。单击(完成)按钮返回【拉伸】特征操作面板，设置拉伸深度为 W，完成单个轮齿的制作，如图 13.49 所示。

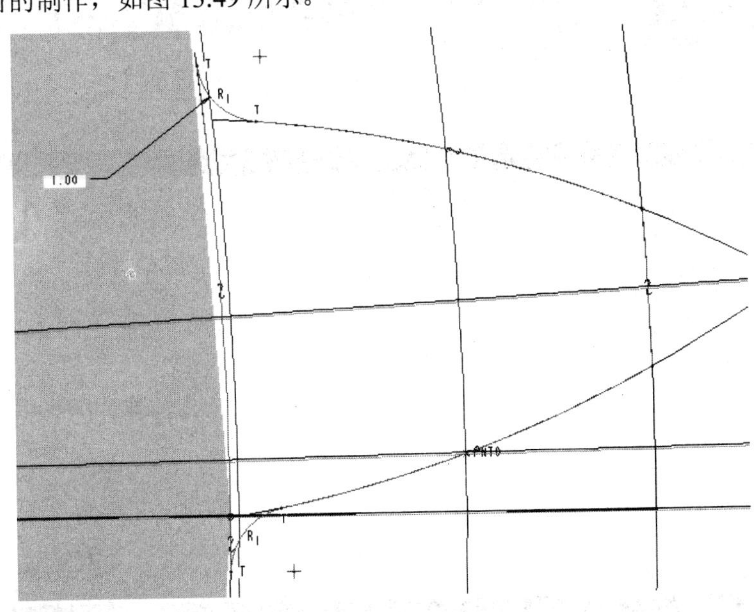

图 13.49　单轮齿的轮廓

(8) 选取拉伸 2，单击(阵列工具)按钮，阵列方式为轴，选取 A_1 轴为阵列轴，数量为“40”，角度为“9.00”，如图 13.50 所示。完成轮齿的阵列，得到齿轮，如图 13.51 所示。

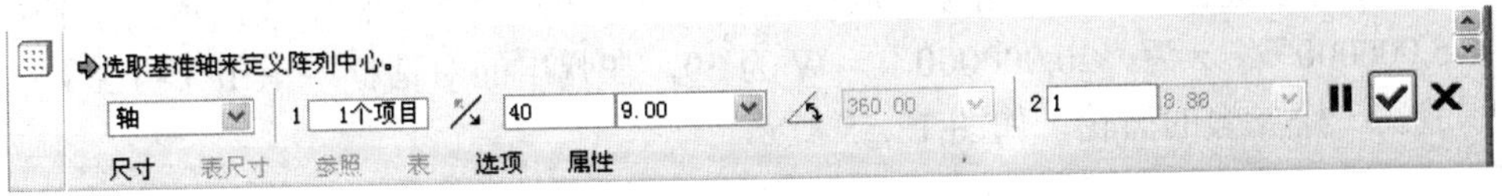

图 13.50　【轮齿阵列】选项参数

图 13.51　齿轮模型

(9) 右击阵列，选取【编辑】命令，双击图中的角度值 9.00 度，输入关系式“360/z”，将尺寸 2.25 改为关系式驱动。

(10) 执行【工具】|【关系】命令，如图 13.52 所示，输入关系式(尺寸不一定是 P18，而是当前所阵列数量的参数)：

P18＝z

步骤 3：修改齿轮的参数

(1) 单击(再生管理器)按钮，弹出的菜单如图 13.53 所示。单击【输入】按钮，弹出 INPUT SEL 菜单，如图 13.54 所示。

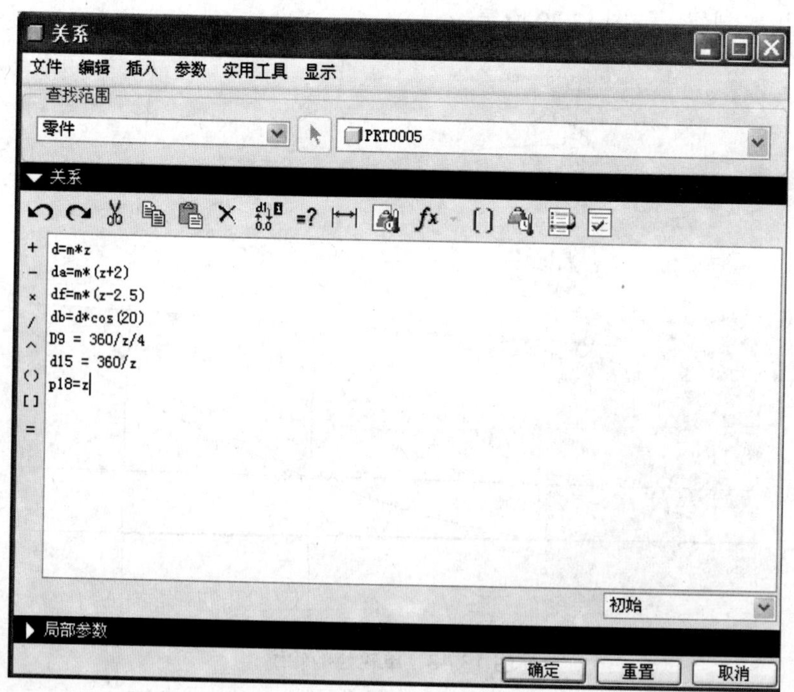

图 13.52　输入阵列数量关系

(2) 单击【全选】按钮，单击【完成选取】按钮，在弹出的屏幕中按提示，分别输入 m 值为“5.000000”，z 为“20.000000”，W 为 30，在弹出的对话框中单击【再生】按钮，即可得到另一个参数的齿轮，如图 13.55 所示。

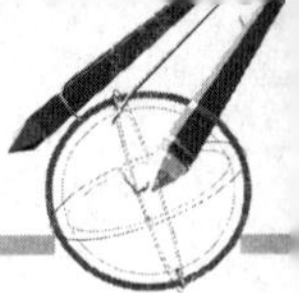

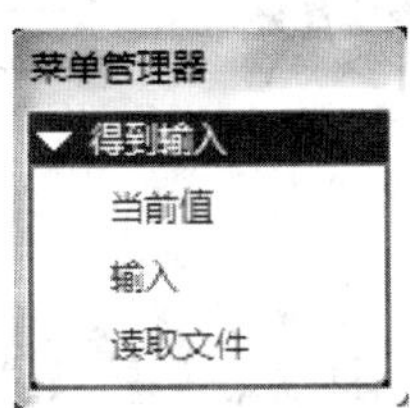

图 13.53 【得到输入】菜单

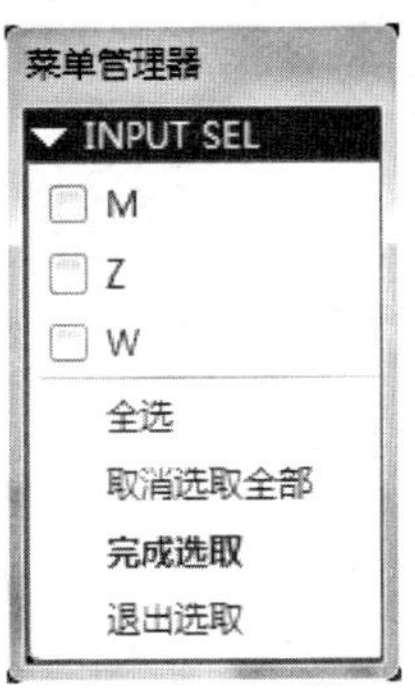

图 13.54 INPUT SEL 菜单

图 13.55　完成的齿轮零件

归纳总结

任务详细介绍了渐开线标准直齿轮圆柱齿轮的制作方法与步骤，讲述了 Pro/E 进行参数化设计的思路。

练习与实训

在 Pro/E 环境中，用参数化设计的方法，完成图 13.56 所示的实体的建模。

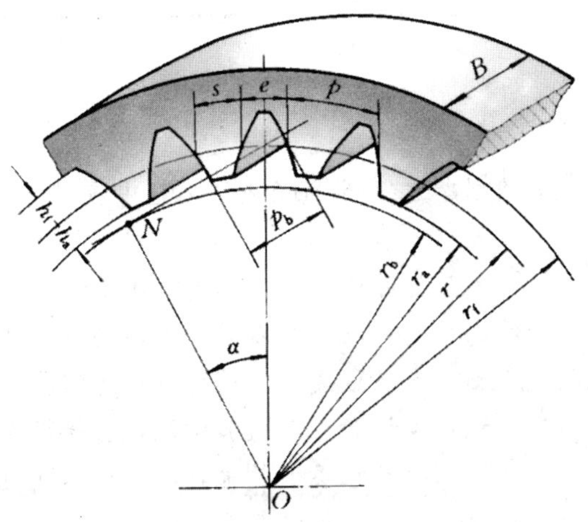

图 13.56　齿轮示意图

项目14

水龙头的设计

知识目标

(1) ISDX 自由曲面造型模块环境及工具；
(2) 造型曲线及编辑；
(3) G2 连续曲面的生成；
(4) 水龙头产品设计。

能力目标

能 力 目 标	知 识 要 点	权重(%)	自测分数
掌握自由曲面造型模块基本操作	造型模块界面及工具	10	
掌握造型曲线的绘制及编辑	活动平面、曲线绘制、曲线编辑、约束	30	
掌握 G2 曲面的创建及要点	曲面修剪、曲线还原、G2 连续知识	40	
掌握曲面编辑的方法	曲面合并/实体化	10	
掌握水龙头曲面创建过程	曲面分析、分解及创建	10	

知识点导读

本项目通过水龙头的创建过程，详细介绍 Pro/E 中应用 ISDX 曲面的方法来创建实体零件的过程。

ISDX 造型曲面设计(交互式曲面设计，又称自由曲面)以边界曲线为曲面的基本元素，通过对边界曲线的编辑来改变曲面的外形，还可以通过编辑曲面，改变曲面的连接方式来改变曲面的光顺程度，以获得设计者需要的曲面。造型曲面设计可以不设置尺寸参数，这样设计者可以随心所欲地直接调整曲线的外观，高效率地创建边界曲面。当曲面需要尺寸参数约束时，也可以通过设置基准点、基准平面等基准参数来建立参数联系，以便进行参数化设计。造型曲面特别适应于设计特别复杂的曲面，如汽车车身曲面、摩托艇或其他船体曲面等。

要访问 ISDX 造型曲面设计的模块，可单击【基础特征】工具栏上的【造型工具】按钮，或执行【插入】|【造型】命令，造型曲面设计的模块界如图 14.1 所示。

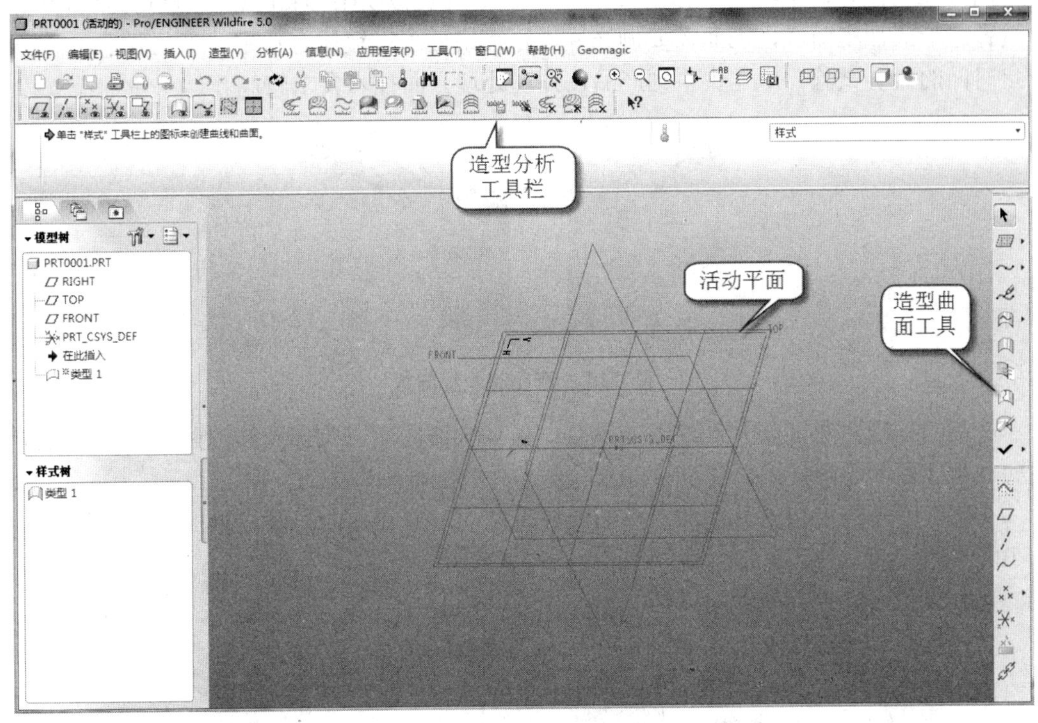

图 14.1 【造型曲面】设计界面

造型曲面设计的界面与零件设计的界面大致相同，只是在菜单栏增加了个【造型】菜单，工具栏中【基础特征】工具栏转换成【造型曲面】工具栏，另外增加了个【造型曲面】分析工具栏。

【造型曲面】工具栏各项介绍如下：

(1) 【选取工具】按钮，选取特征。

(2) 【设置活动平面工具】按钮，选择一平面/基准平面作为活动基准平面。

(3) 【内部平面工具】按钮，创建一基准平面用于定义活动平面。

(4) 【曲线工具】按钮，创建曲线。

(5) 【圆工具】按钮，创建圆。

(6) 【弧工具】按钮，创建弧。

(7) 【曲线编辑工具】按钮，选择曲线进行编辑。

(8) 【投影曲线工具】按钮，通过将曲线投影到曲面上来创建曲线。

(9) 【相交曲线工具】按钮，通过相交曲面创建曲线。

(10) 【边界曲面工具】按钮，从边界曲线创建曲面。

(11) 【曲面连接工具】按钮，连接曲面。

(12) 【修剪工具】按钮，修剪所选的曲面。

(13) 【曲面编辑工具】按钮，选择曲面进行编辑。

图 14.2 所示为一概念水龙头产品，产品的外观类似扶手形状(弧形，材料为锌合金)，通过铸造形式加工而成，表面需要抛光并进行镀铬处理。镀层有特定的工艺要求，需经过一定时间的盐雾试验。水龙头系列产品在外观处理方面技术要求较高。

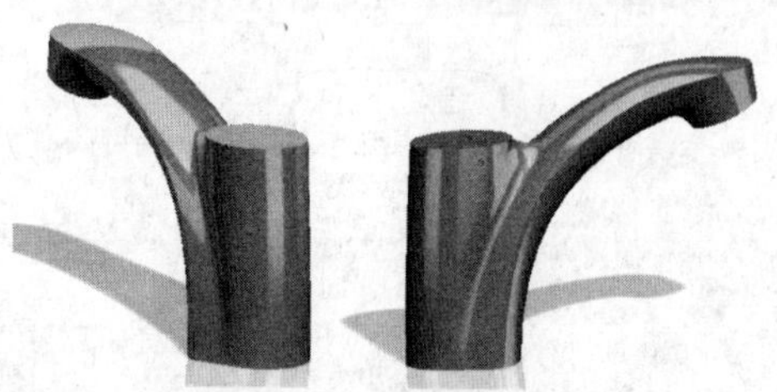

图 14.2 产品的外观形状

产品的外观曲面可以大致分成 4 部分：外观主体曲面、头部圆柱形曲面、出水口部分曲面、主体曲面与圆柱形曲面过渡部分。产品外观造型顺序如下。

主体曲面→出水口部分曲面、头部圆柱形曲面→主体曲面与圆柱形曲面过渡部分，如图 14.3 所示。

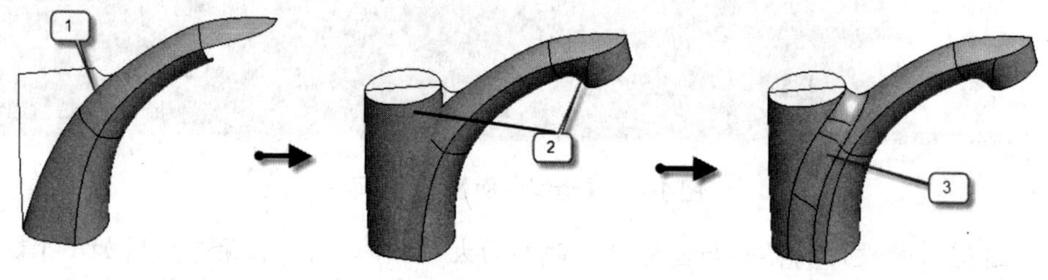

图 14.3 产品外观造型顺序

14.1 任务一：构建主体曲面

任务要完成的部分如图 14.4 所示。

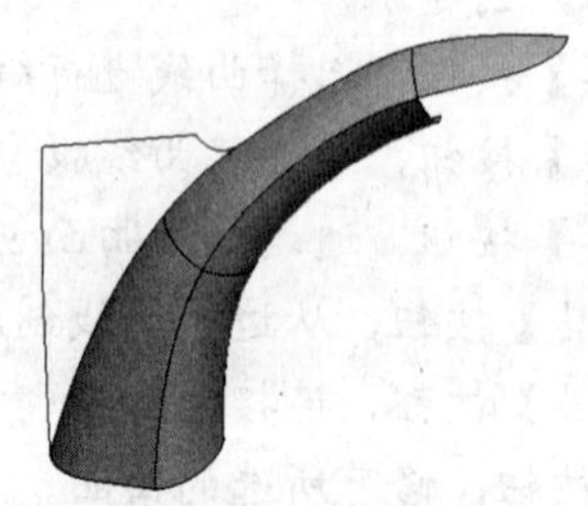

图 14.4 外观主体曲面部分

1. 设计思路

主体曲面将通过【边界混合】命令创建，主体曲面由 3 条外观构造框架线以及多条截面曲线组成，如图 14.5、图 14.6 所示。

(1) 在 ISDX 模块下绘制产品整体外观构造框架线，主体内侧曲线为平面自由曲线，如图 14.7 所示。外侧曲线为一自由曲线，在绘制曲线时将通过多个窗口进行调整，如图 14.8 所示。

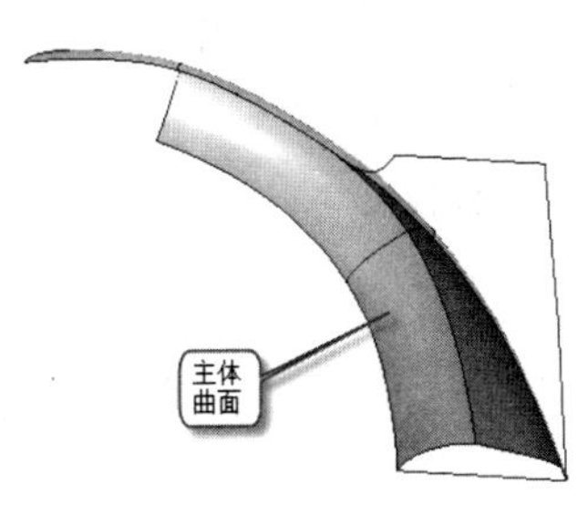

图 14.5　外观主体曲面

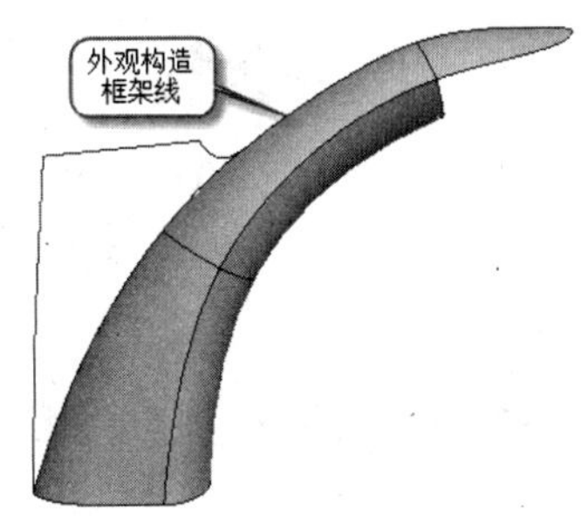

图 14.6　外观构造框架线

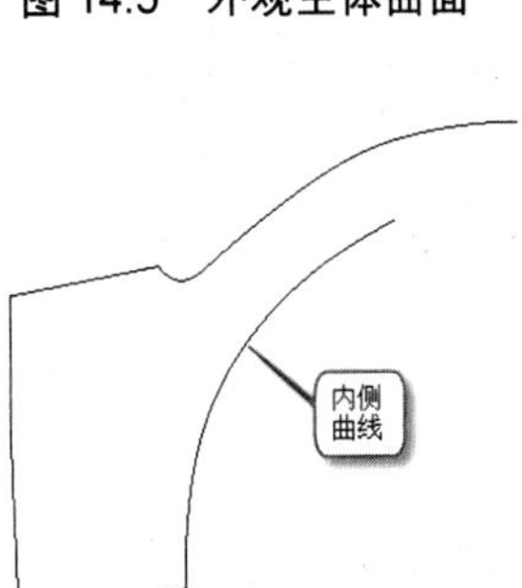

图 14.7　外观内侧曲线

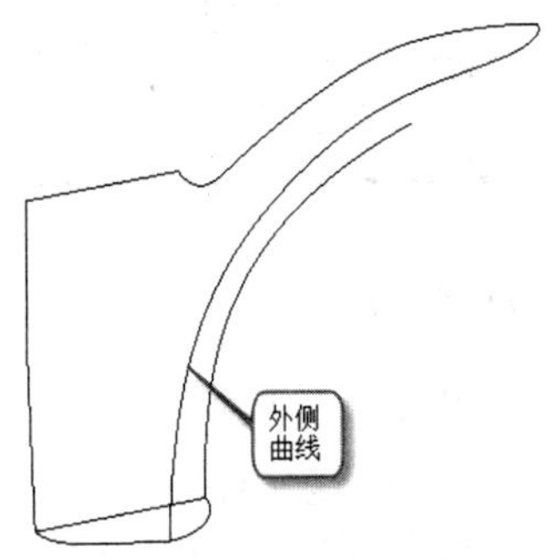

图 14.8　外观外侧曲线

(2) 内外侧外观曲线创建完成后，接着开始创建主体曲面截面曲线，截面曲线用于控制曲面的截面形状。在绘制截面曲线之前，先创建拉伸曲面用于辅助参考，如图 14.9 所示。在造型模块下创建完成的截面曲线，如图 14.10 所示。

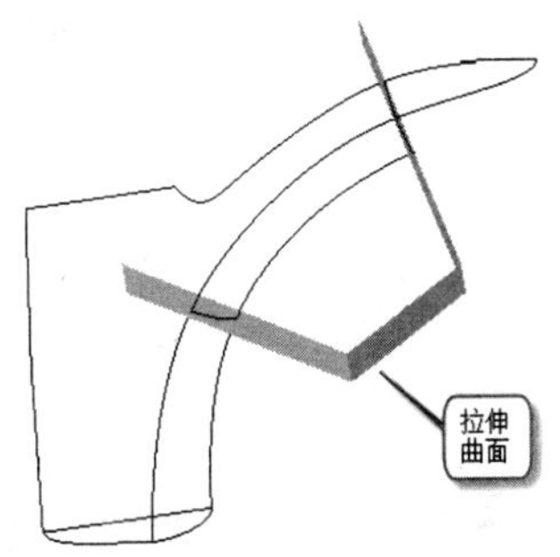

图 14.9　辅助基准

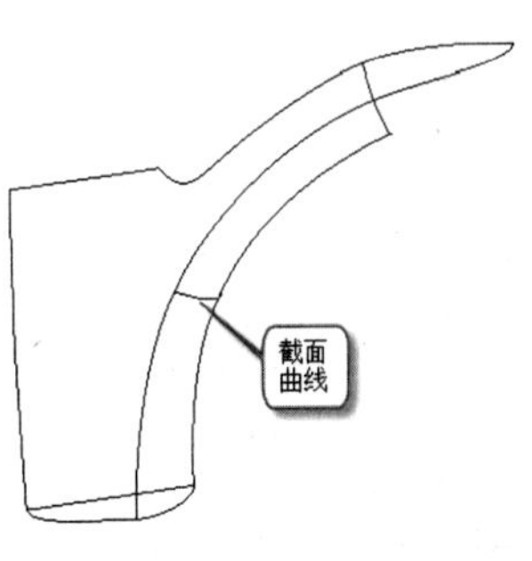

图 14.10　预览截面曲线

(3) 执行【边界混合】命令创建主体曲面，如图 14.11 所示。主体曲面的内侧端应设置为【法向】约束。

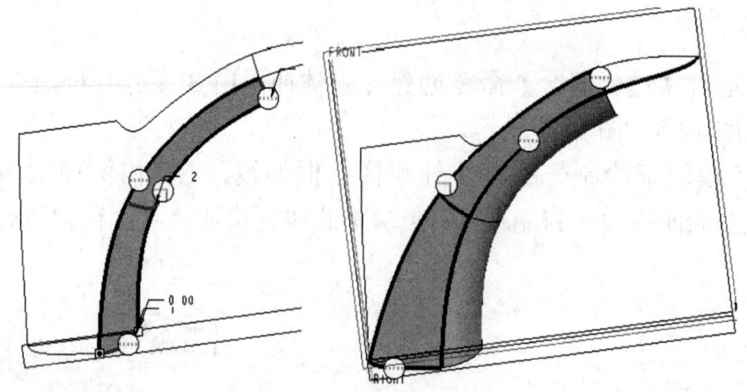

图 14.11　利用【边界混合】命令创建主体曲面

2. *方法与技巧*

设计中尽量化繁为简，将步骤细化，见表 14-1。

表 14-1　14.1 节设计步骤

序号	步　骤	知　识　要　点
1	构造主体框架曲线	造型特征曲线/曲线编辑/活动平面/约束
2	创建水龙头主体曲面	边界混合、还原曲线

任务实施

步骤 1：构造主体框架曲线

(1) 单击(新建文件)按钮，默认类型(零件)及子类型(实体)，取消【使用缺省模板】复选框项，在名称处输入文件名“shuilt”，单击【确定】按钮，选择 mmns_part_solid 模板，单击【确定】按钮进入零件实体建模环境。

(2) 单击(草绘工具)按钮，弹出【草绘】提示对话框，选择 FRONT 为草绘平面，默认选择进入草绘环境，绘制图 14.12 所示的截面。

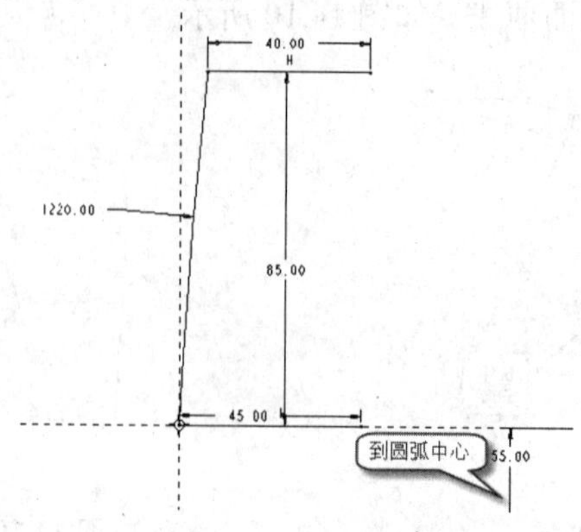

图 14.12　绘制曲线截面

(3) 单击(造型工具)按钮，进入造型模块环境。单击 (设置活动平面)按钮，选择 FRONT 平面为活动平面，如图 14.13 所示。

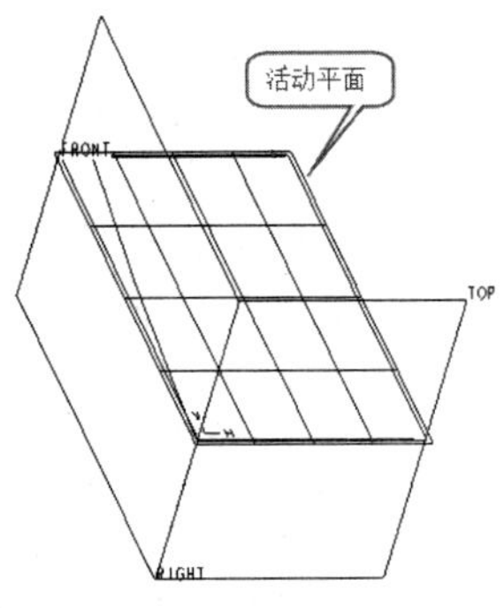

图 14.13 选择活动平面

(4) 单击 (曲线)按钮，在弹出的图 14.14 所示的【曲线】特征面板中单击 (创建平面曲线)按钮。按住 Shift 键选择上一步绘制的曲线端点，在工作窗口中绘制图 14.15 所示的曲线。

图 14.14 【曲线】特征面板

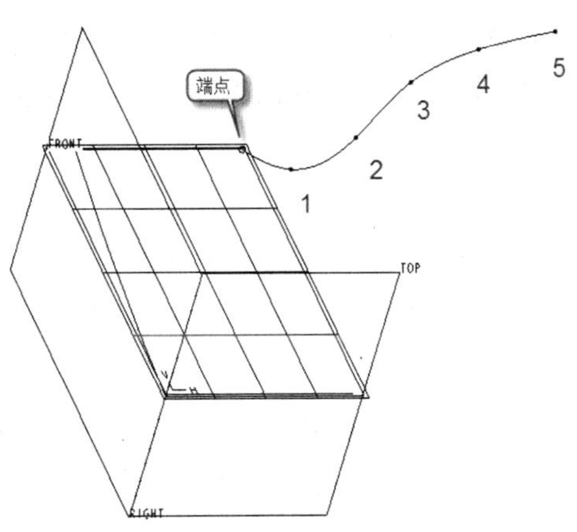

图 14.15 绘制曲线

(5) 单击 (曲线编辑)按钮，弹出【曲线】编辑面板，如图 14.16 所示。选择面板中的【点】下滑面板，如图 14.17 所示，编辑绘制的曲线，从左到右依次对曲线上的点进行编辑(除了左边第一点端点)，详细参数见表 14-2。设置完成后单击(完成)按钮退出。

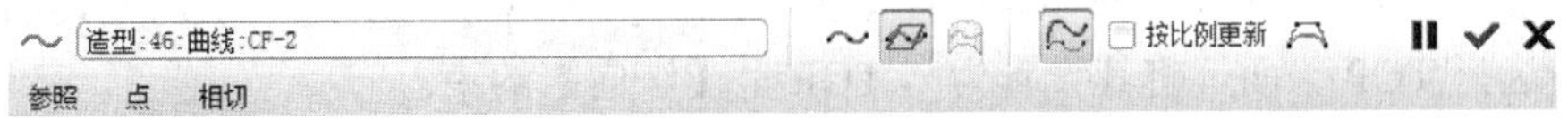

图 14.16 【曲线编辑】特征面板

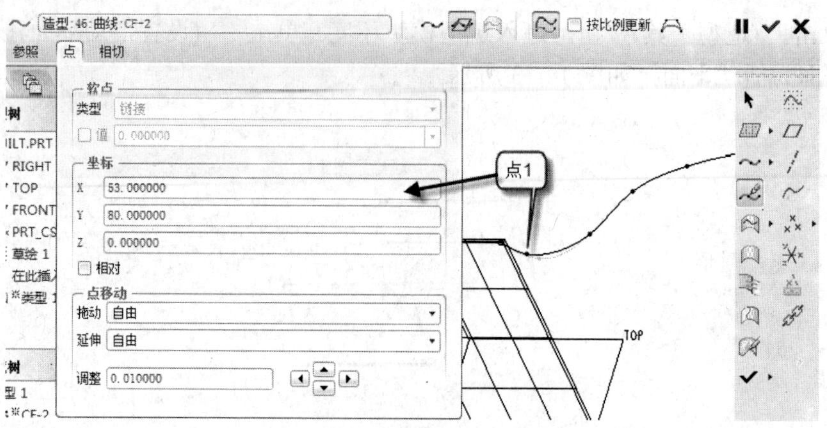

图 14.17　控制点及坐标设置

表 14-2　点坐标参数

点序号	X	Y	Z
1	53.000000	80.000000	0.000000
2	63.500000	85.000000	0.000000
3	92.050000	100.280000	0.000000
4	117.000000	106.000000	0.000000
5	145.000000	104.000000	0.000000

(6) 继续选择 FRONT 平面为活动平面，单击 (曲线)按钮，在弹出的【曲线】特征面板中单击 (创建平面曲线)按钮。按住 Shift 键选择上一步绘制的曲线端点，在工作窗口中绘制图 14.18 所示的曲线。

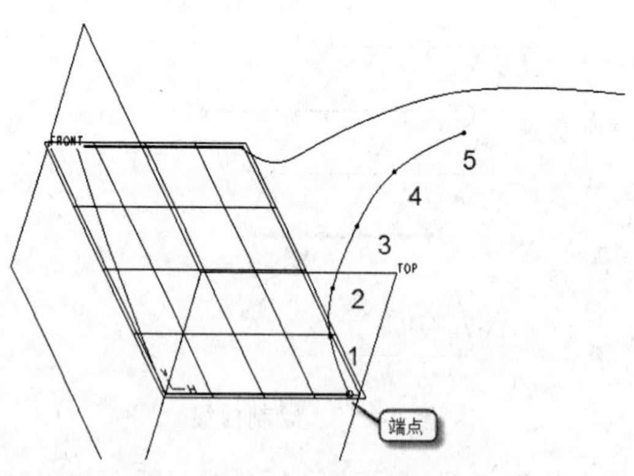

图 14.18　绘制外观底侧曲线

(7) 然后单击 (曲线编辑)按钮，如图 14.19 所示，选择底端第一点 1，选中出现的点曲率控制线 2，右击弹出快捷菜单，选择【法向】命令，信息提示“选取法向相切的平面”。此时单击选择 TOP 平面，将其设置为与 TOP 呈【法向】约束。

(8) 从左到右依次对曲线上的点进行编辑(除了左边第一点端点)，详细参数见表 14-3。设置完成后单击 (应用)按钮退出曲线编辑，单击造型工具中的 (完成)按钮，结束曲面造型环境。

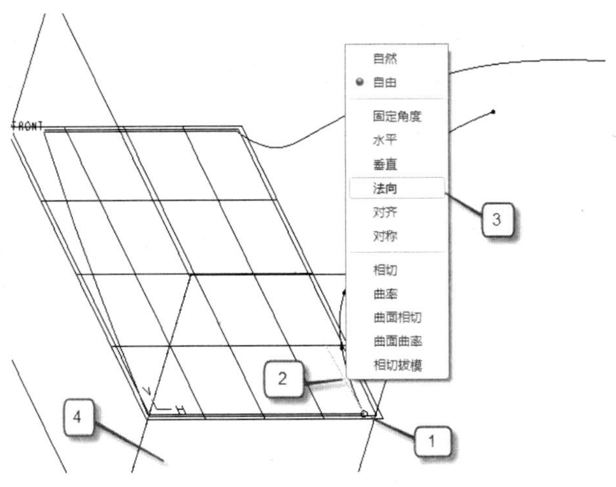

图 14.19　设置【法向】约束

表 14-3　点坐标参数

点序号	X	Y	Z
1	48.000000	22.000000	0.000000
2	55.000000	43.000000	0.000000
3	65.000000	58.000000	0.000000
4	86.000000	75.000000	0.000000
5	110.000000	85.000000	0.000000

(9) 单击(草绘工具)按钮，选择 TOP 为草绘平面，默认选择进入草绘环境，绘制图 14.20 所示的截面，其中右侧是一条两个点的样条曲线。

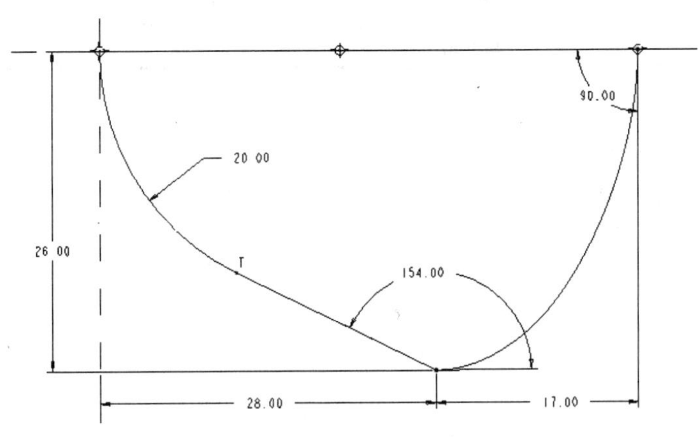

图 14.20　绘制截面曲线

操作技巧

图中的样条曲线的内侧应设置为 90°，相当于法向、垂直约束，如果不对样条曲线进行约束，后期创建的主体曲面将不能设置为【垂直】约束。

(10) 单击 (造型工具)按钮，进入造型模块环境。单击 (曲线)按钮，在弹出的【曲线】特征面板中单击 (创建自由曲线)按钮。按住 Shift 键选择上一步绘制的曲线端点，在工作窗口中绘制图 14.21 所示的曲线。

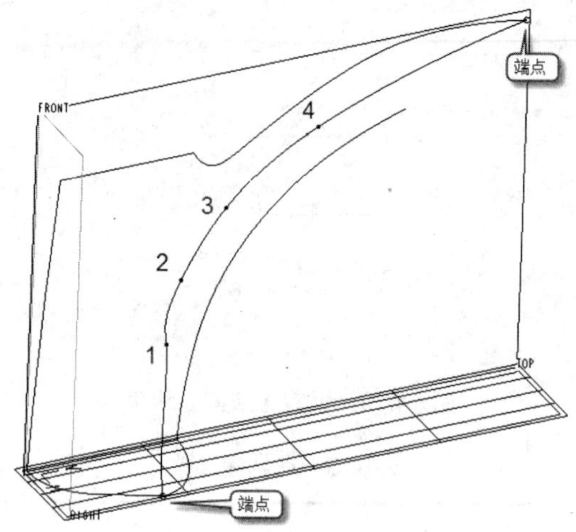

图 14.21 绘制自由曲线

(11) 从左到右依次对曲线上的点进行编辑(除了两个端点)，详细参数见表 14-4。

表 14-4 点坐标参数

点序号	X	Y	Z
1	38.660000	42.840000	23.000000
2	59.830000	73.230000	19.830000
3	98.060000	96.530000	17.450000
4	135.90000	103.420000	14.740000

(12) 如图 14.22 所示，选择曲线的尾端点，选择其曲率控制线，将其设置为与 FRONT 平面法向约束，设置完成后单击【应用】按钮退出曲线编辑，单击【造型】工具中的【完成】按钮结束曲面造型环境。

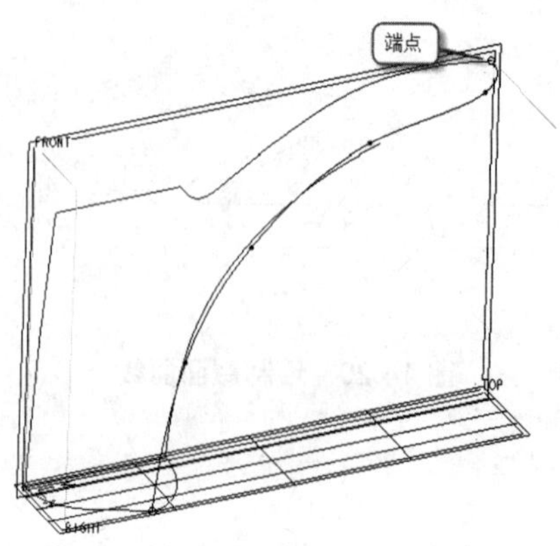

图 14.22 完成的自由曲线

(13) 单击 (草绘工具)按钮，选择 FRONT 为草绘平面，默认选择进入草绘环境，绘制图 14.23 所示的截面。

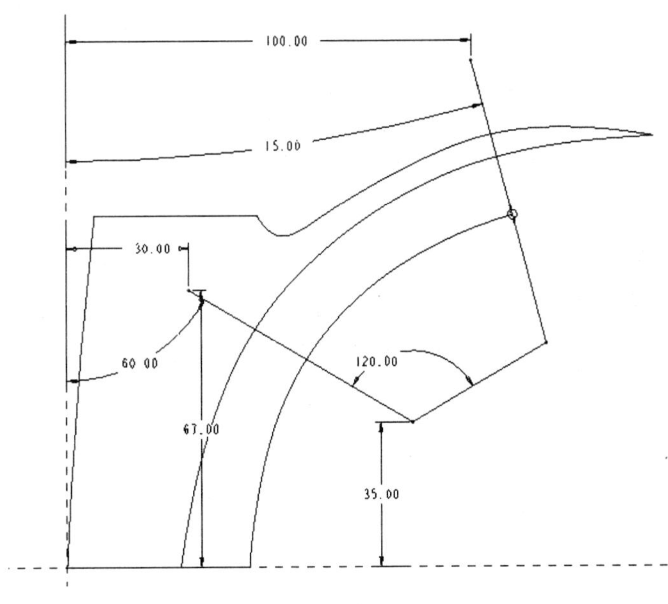

图 14.23　辅助基准截面

(14) 单击 (拉伸工具)按钮，选择拉伸为 (曲面)，输入拉伸深度为“30”，创建拉伸曲面，如图 14.24 所示。

(15) 单击 (造型工具)按钮，进入造型模块环境。单击 (设置活动平面)按钮，选择如图 14.25 所示的平面为活动平面。

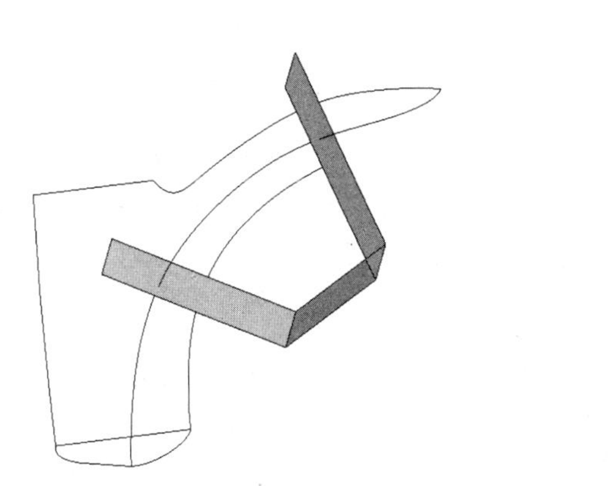

图 14.24　创建的拉伸曲面

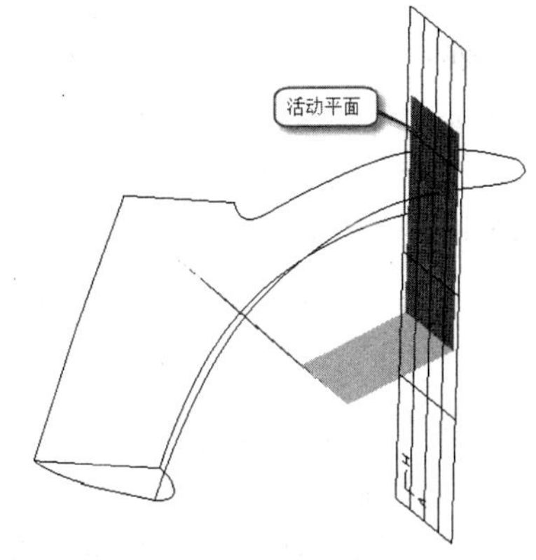

图 14.25　选择活动平面

(16) 单击 (曲线)按钮，单击 (创建平面曲线)按钮。按住 Shift 键选择曲线上的点，在工作窗口中绘制图 14.26 所示的曲线。

(17) 单击 (曲线编辑)按钮，如图 14.27 所示，选择点 1，选中出现的点曲率控制线，将其设置为与 FRONT 呈【法向】约束。选择点 2，选择【相切】下滑面板，如图 14.28 所示，将第一约束设置为【自由】，修改长度为“5.000000”，角度为“310.00000”。

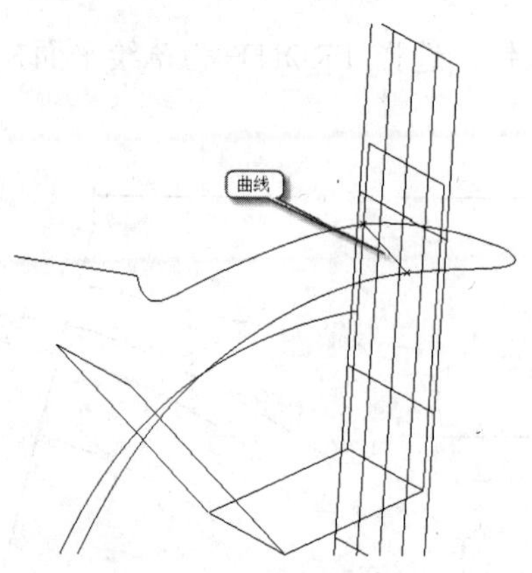

图 14.26 按住 Shift 键绘制曲线

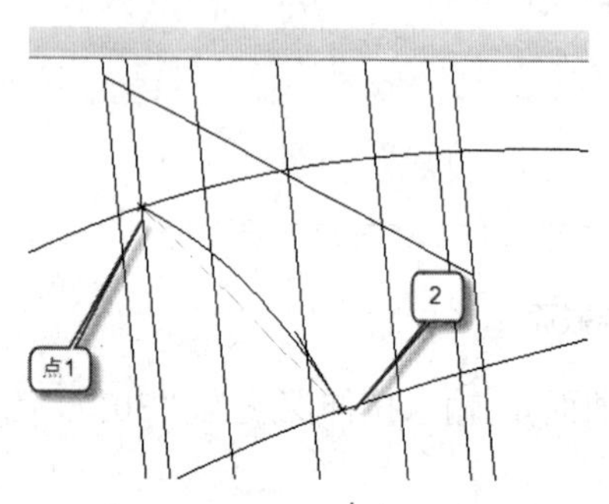

图 14.27 调整的曲线

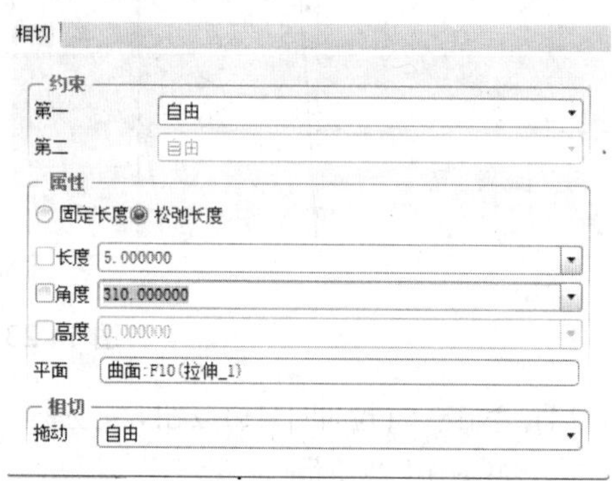

图 14.28 【相切】下滑面板

操作技巧

曲线的角度值为 310.000000，如果输入 230.000000 后曲线将下侧偏移，不符合图所示形状，此时可以输入 230.000000。310.000000 是 360.000000−50.000000 所得到的，也就是说将曲线与平面之间的角度为 50.000000。为什么输入 310.000000 不符合要求，这是因为在创建拉伸曲面时绘制拉伸截面有先后顺序。后面如出现角度不相符的情况，换算后输入即可。

(18) 单击 (曲线)按钮，单击 (创建平面曲线)按钮。按住 Shift 键选择曲线上的点，在工作窗口中绘制图 14.29 所示的曲线。单击 (曲线编辑)按钮，选择点 1，选中出现的点曲率控制线，将其设置为与 FRONT 呈【法向】约束。选择点 2，修改长度为“8.200000”，角度为“203.000000”。

(19) 单击 (设置活动平面)按钮，选择图 14.30 所示的平面为活动平面。

(20) 单击 (曲线)按钮，单击 (创建平面曲线)按钮。按住 Shift 键选择曲线上的点，在工作窗口中绘制图 14.31 所示的曲线。单击 (曲线编辑)按钮，选择点 1，选中出现的点曲率控制线，将其设置为与 FRONT 呈【法向】约束。选择点 2，选择【相切】下滑面板，将第一约束设置为【自由】，修改长度为 9.000000，角度为 344.000000。完成后单击【应用】按钮退出曲线编辑，单击【造型】工具中的【完成】按钮结束曲面造型环境。

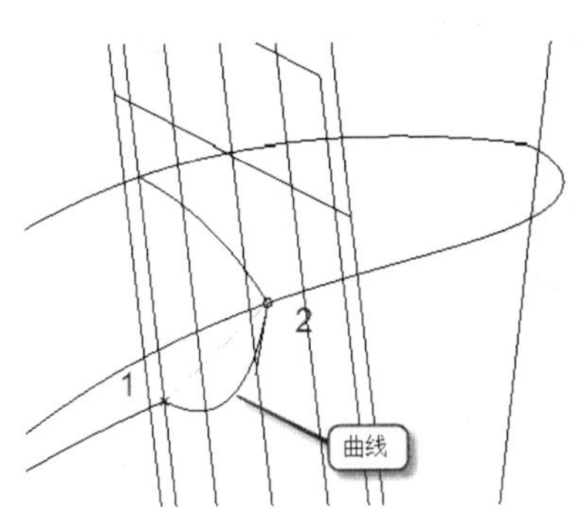

图 14.29　调整的曲线

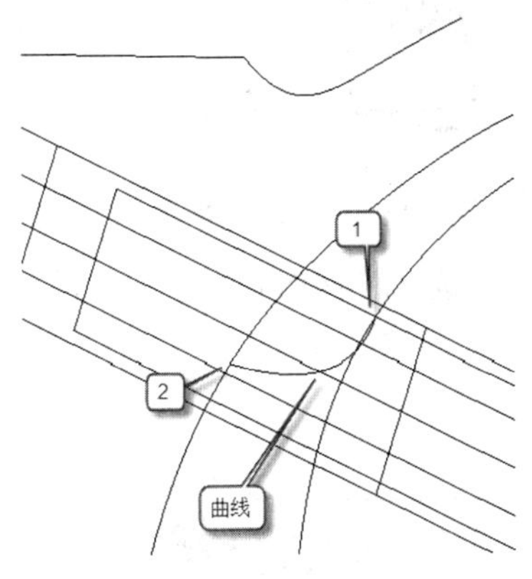

图 14.30　选择活动平面

1
2
曲线

图 14.31　调整的曲线

(21) 执行【文件】|【保存】命令，或单击【标准】工具条中的(保存)按钮，弹出【保存】文本框，单击【确定】按钮，保存当前建立的零件模型。

步骤 2：创建水龙头主体曲面

(1) 单击(边界混合)按钮，按住 Ctrl 键选择图 14.32 所示的曲线为第一方向曲线，切换至第二方向曲线，选择图 14.33 所示的曲线为第二方向曲线。

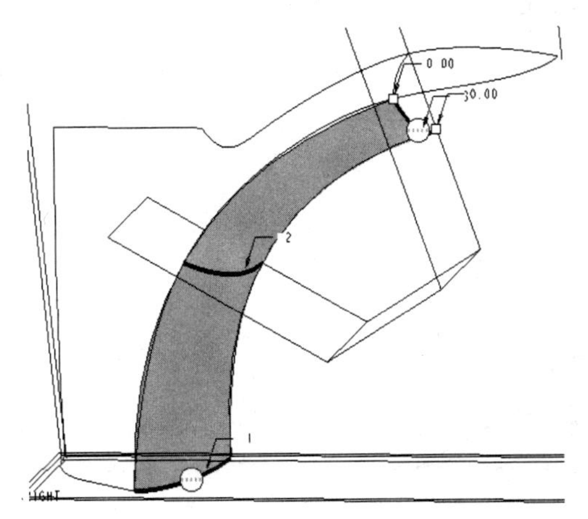

图 14.32　第一方向曲线

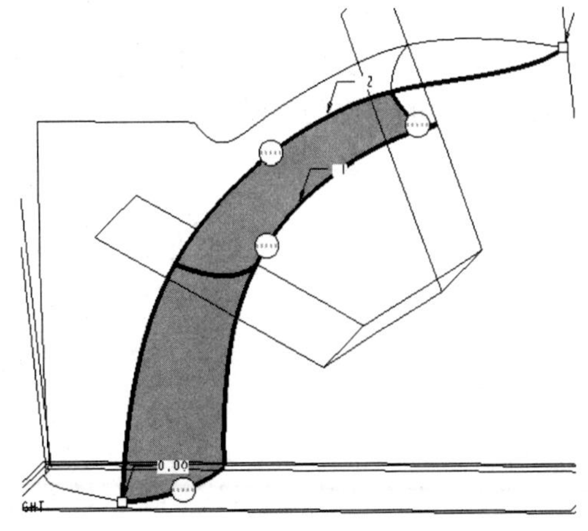

图 14.33　第二方向曲线

(2) 右击图 14.34 所示“约束”，在弹出的快捷菜单中选择【垂直】约束，然后选择 FRONT 平面为相垂直平面，其他选项参照系统默认设置，最后单击✓(应用)按钮完成边界曲面的生成。

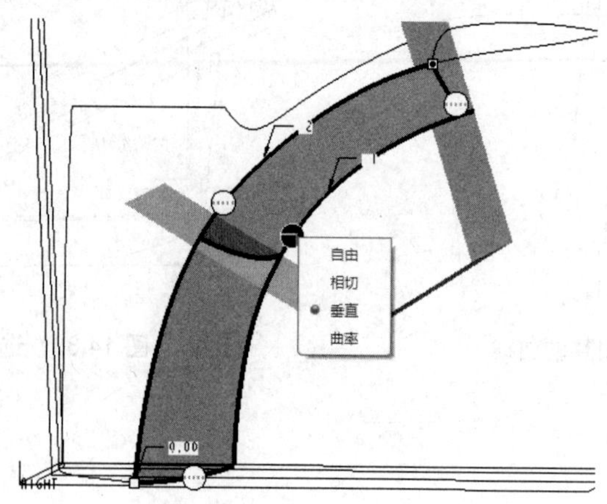

图 14.34 设置【垂直】约束

(3) 单击(草绘工具)按钮，选择 FRONT 为草绘平面，默认选择进入草绘环境，绘制完成图 14.35 所示的曲线。

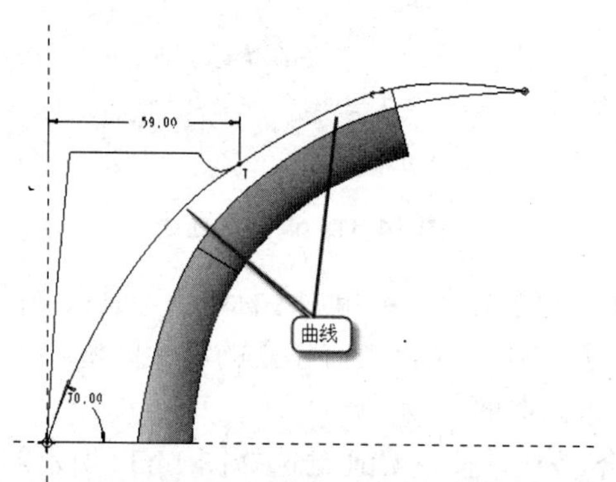

图 14.35 草绘曲线

(4) 单击(造型工具)按钮，进入造型模块环境。单击 (设置活动平面)按钮，选择图 14.36 所示的平面为活动平面。

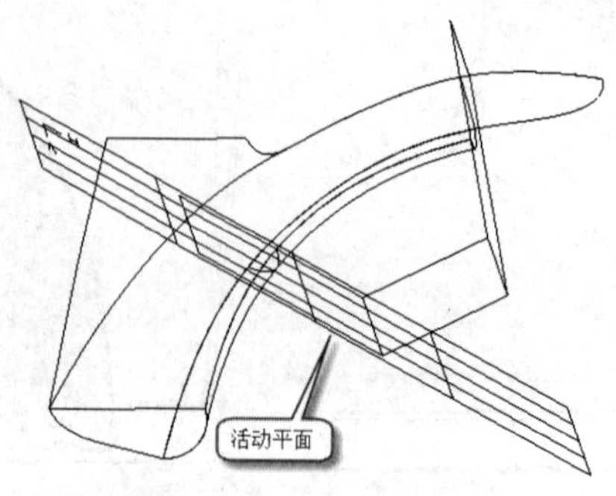

图 14.36 选择活动平面

(5) 单击 (曲线)按钮，单击 (创建平面曲线)按钮。按住 Shift 键选择曲线上的点，在工作窗口中绘制图 14.37 所示曲线，然后单击 (曲线编辑)按钮，选择点 1，选中出现的点曲率控制线，将其设置为与 FRONT 呈【法向】约束。选择点 2，选择【相切】下滑面板，将第一约束设置为【自由】，修改长度为 7.350000，角度为 210.000000。完成后单击 (应用)按钮退出曲线编辑，单击【造型】工具中的 (完成)按钮结束曲面造型环境。

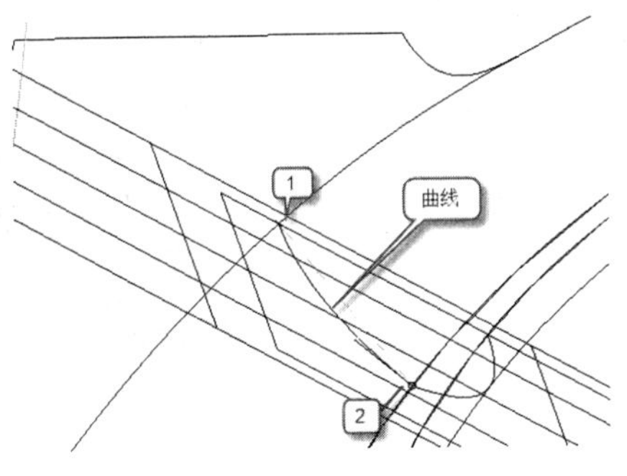

图 14.37　绘制曲线

(6) 选择还原过的曲线呈红色加亮显示，依次按 Ctrl+C 组合键、Ctrl+V 组合键进行复制粘贴，如图 14.38 所示，在弹出的【复制】面板中将曲线类型设置为【逼近】，如图 14.39 所示。

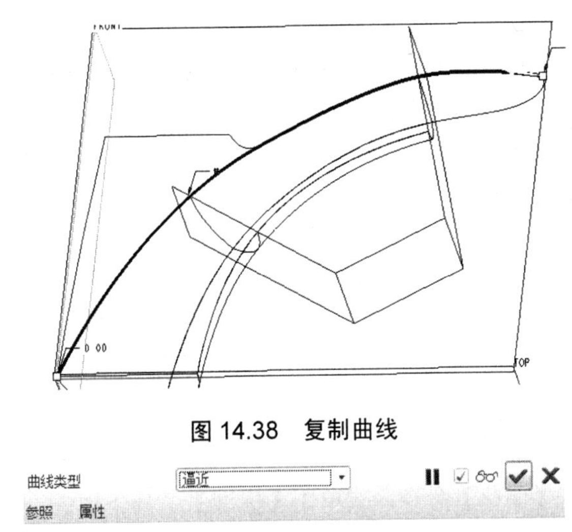

图 14.38　复制曲线

曲线类型　逼近

参照　属性

图 14.39　【复制】曲线控制面板

(7) 参照上述复合曲线的方式完成图 14.40 所示的曲线的复制，曲线类型设置为【逼近】。

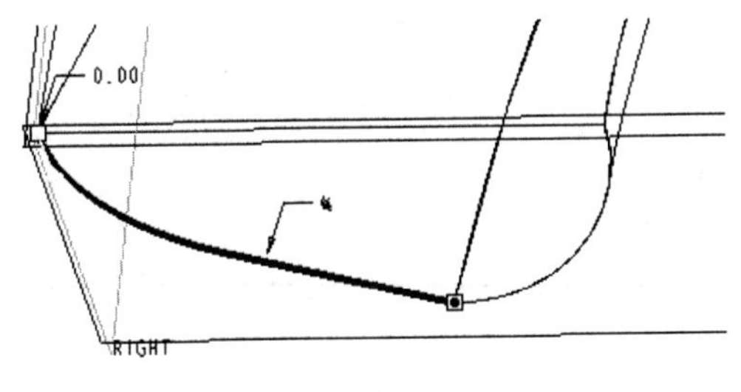

图 14.40　复制曲线

(8) 单击(边界混合)按钮，按住 Ctrl 键选择图 14.41 所示的曲线为第一方向曲线，切换至第二方向曲线，选择图 14.42 所示的曲线为第二方向曲线。

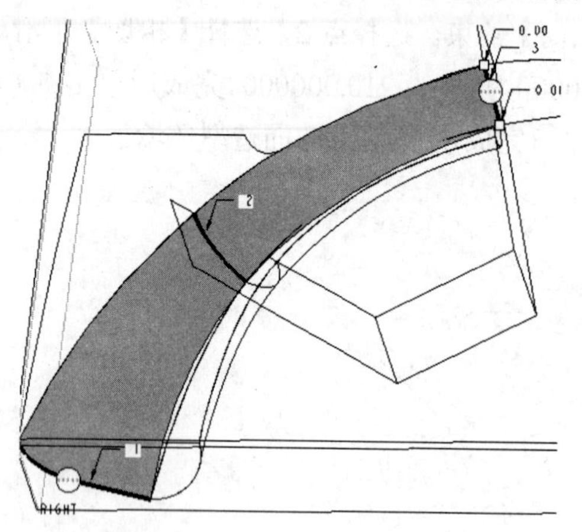

图 14.41　第一方向曲线

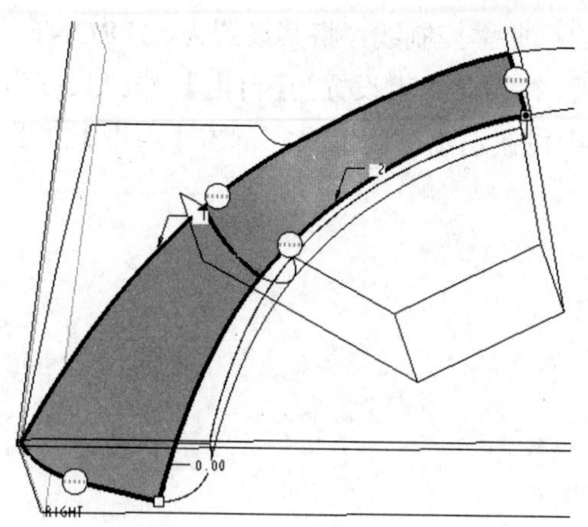

图 14.42　第二方向曲线

(9) 右击图 14.43 所示的“约束”，在弹出的快捷菜单中选择【垂直】约束，然后选择 FRONT 平面为相垂直平面，其他选项参照系统默认设置，最后单击(应用)按钮完成边界曲面，如图 14.44 所示。

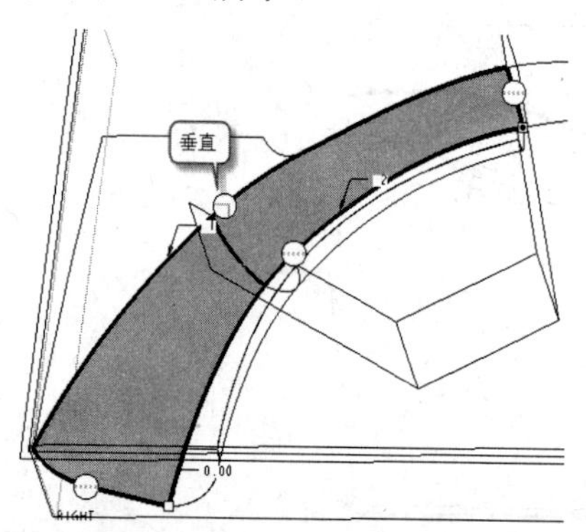

图 14.43　设置约束

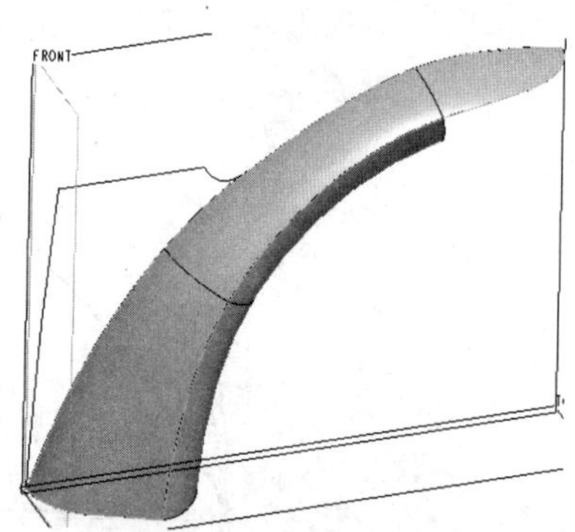

图 14.44　完成的主体曲面

(10) 执行【文件】|【保存】命令，或单击【标准】工具条中的(保存)按钮，弹出【保存】文本框，单击【确定】按钮，保存当前建立的零件模型。

归纳总结

(1) 通过水龙头主体曲面的创建过程，介绍了 ISDX 环境下，自由曲线及平面曲线的生成方法，以及曲线的编辑方法；

(2) 在混合曲面的生成过程中，应注意并设置好边界的约束条件。

练习与实训

(1) 在 Pro/E 的 ISDX 环境中，如何创建自由曲线？

(2) 在 Pro/E 的 ISDX 环境中，如何创建平面曲线？

(3) 在 Pro/E 的 ISDX 环境中，如何编辑曲线？

14.2　任务二：构建出水口部分及头部圆柱形曲面

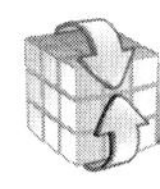

任务描述

任务要完成的部分如图 14.45 所示。

任务分析

1. 设计思路

1) 出水口头部造型

(1) 绘制出水口头部外观曲线，如图 14.46 所示。

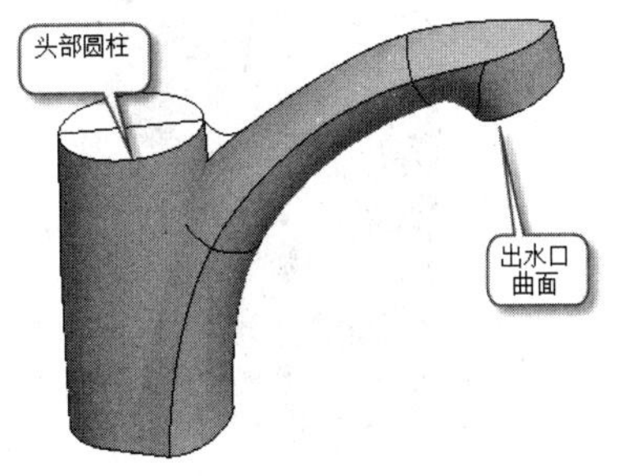

图 14.45　水龙头产品

图 14.46　出水口头部外观曲线

(2) 选择头部曲线创建边界混合曲面，如图 14.47 所示。

(3) 从图 14.47 中可以看到，出水口头部造型为一典型的 5 边面，5 边面造型的原则是将 5 边转换成 4 边，从大面中剪裁小面，从而得到 4 边，然后利用【边界混合】命令创建曲面。首先将创建的曲面进行修剪，得到 4 边，如图 14.48 所示。

2) 头部圆柱形曲面

在创建头部圆柱形曲面之前首先要创建辅助曲线，利用辅助曲线还原曲线最初状态，如图 14.49 所示。辅助曲线创建完成后，再创建边界混合曲面，如图 14.50 所示。

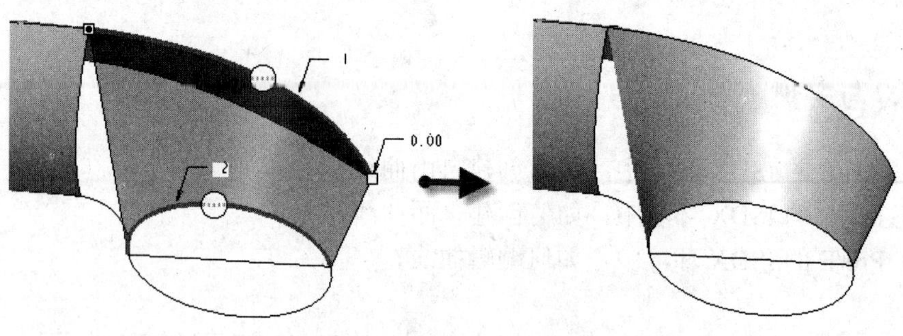

图 14.47　头部曲线创建边界混合曲面

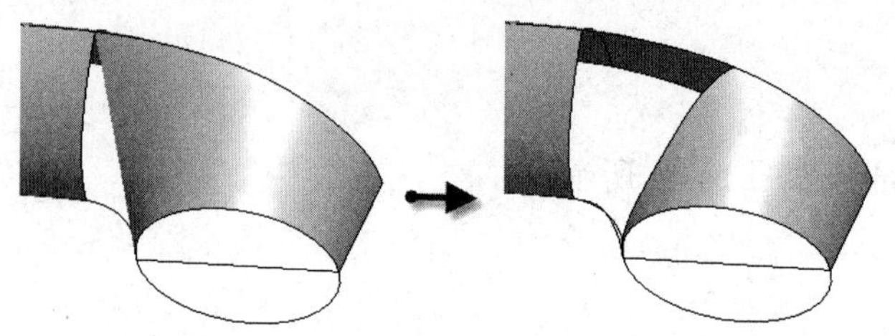

图 14.48　由 5 边曲面转换成 4 边曲面

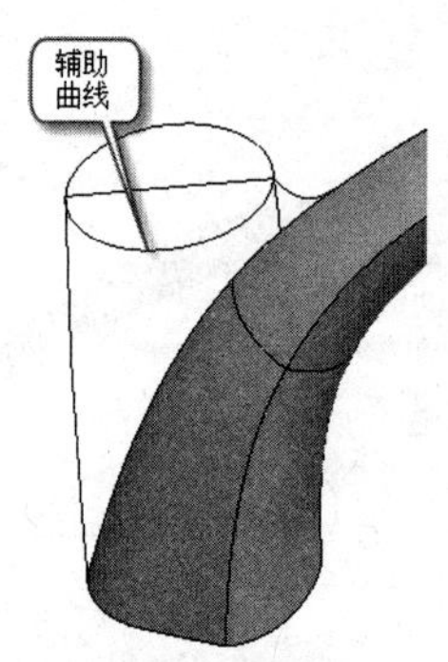

图 14.49　辅助曲线

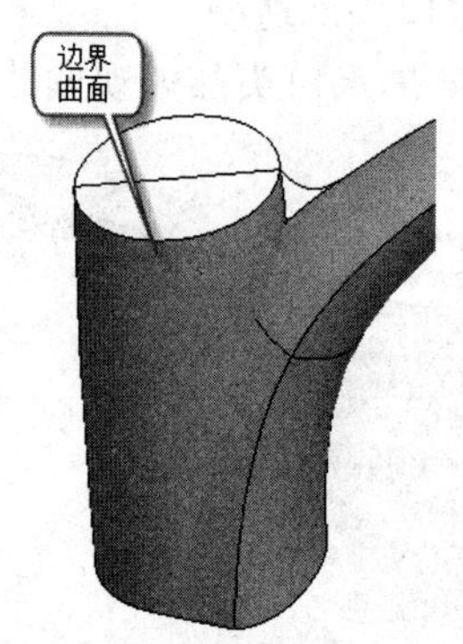

图 14.50　创建的边界曲面

2. 方法与技巧

设计中尽量化繁为简，将步骤细化，见表 14-5。

表 14-5　14.2 节设计步骤

序号	步　骤	知 识 要 点
1	创建出水口外观曲面	修剪曲面、边界曲面、曲面上的曲线、G2 连续曲面
2	创建头部圆柱形外观曲面	边界曲面

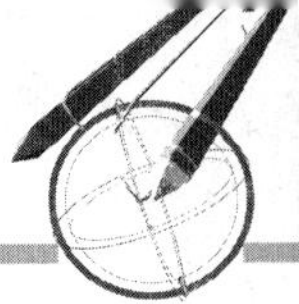

步骤 1：创建出水口外观曲面

(1) 单击(草绘工具)按钮，选择 FRONT 为草绘平面，默认选择进入草绘环境，绘制完成图 14.51 所示曲线。

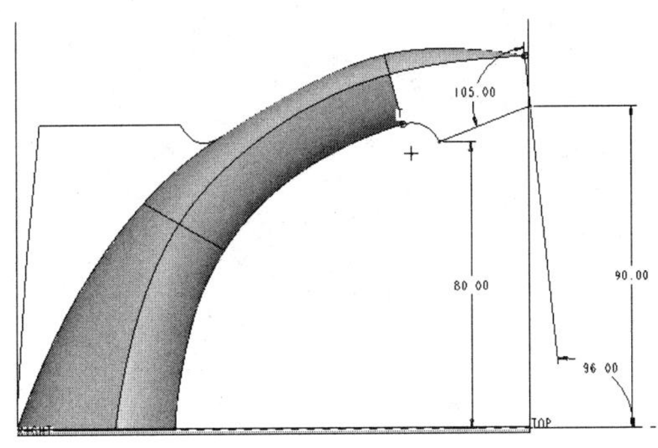

图 14.51　草绘截面

(2) 单击(基准平面)按钮，创建一个同时通过图 14.52 所示的直线并垂直于 FRONT 的基准平面 DTM1。

(3) 单击(草绘工具)按钮，选择 DTM1 为草绘平面，选择上述直线为参照，默认选择进入草绘环境，绘制完成图 14.53 所示的曲线(以上述直线为直径的圆)。

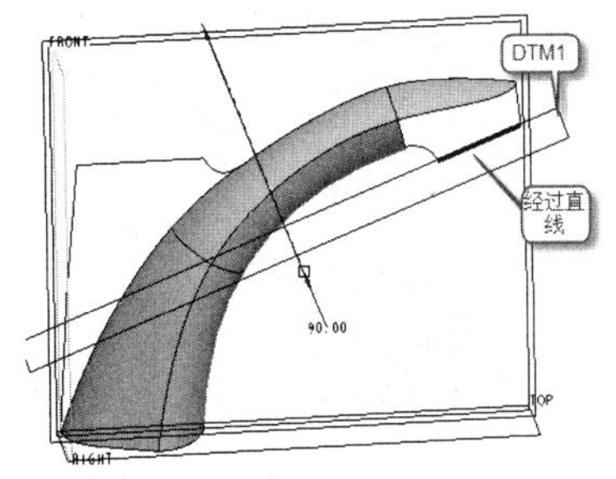

图 14.52　创建 DTM1 基准平面

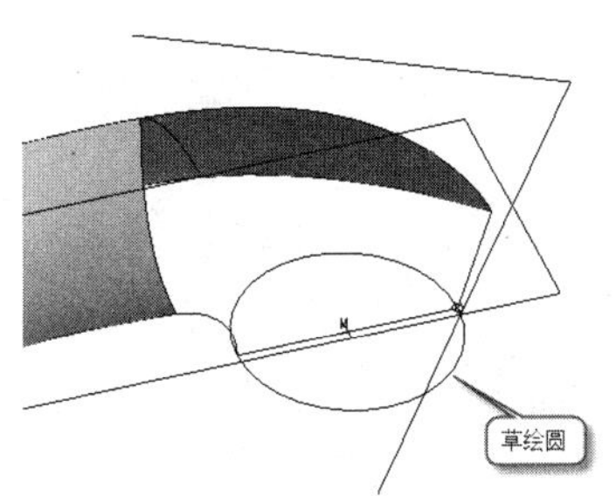

图 14.53　草绘圆

(4) 如图 14.54 所示，选择曲面，单击(修剪工具)按钮，再单击图中分割曲线，在弹出的修剪特征面板中单击(方向)按钮，直到出现双侧的黄色箭头，单击(应用)按钮完成曲面分割。

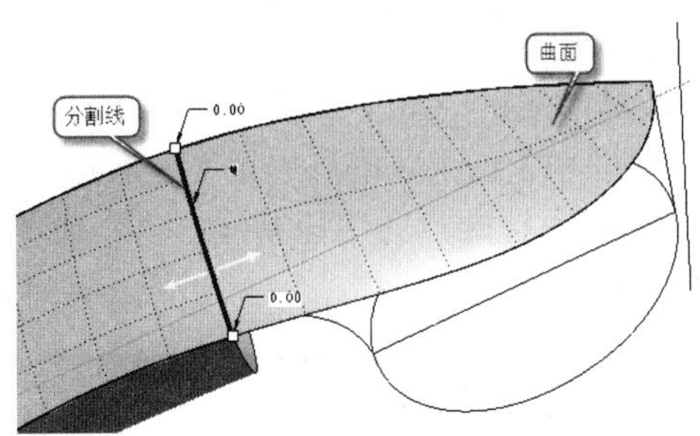

图 14.54　曲面分割

(5) 单击(边界混合)按钮，选择图 14.55 所示的曲线，创建的曲面呈预览状态，单击鼠标中键确认。

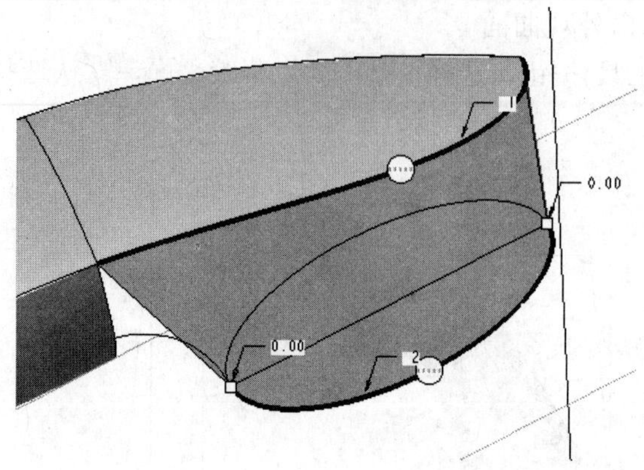

图 14.55 边界曲面

(6) 单击(造型工具)按钮，进入造型模块环境，单击 (曲线)按钮，单击(创建曲面上的曲线)按钮，在图 14.56 所示的曲面上绘制两点曲线。

(7) 然后单击 (曲线编辑)按钮，将图 14.57 所示的曲线的两个端点中的 a 移到线 1 上，点 b 移到线 2 和线 3 的交点处，选中点 b 出现的点曲率控制线，将其设置为与 FRONT 呈【法向】约束。单击【应用】按钮完成编辑。

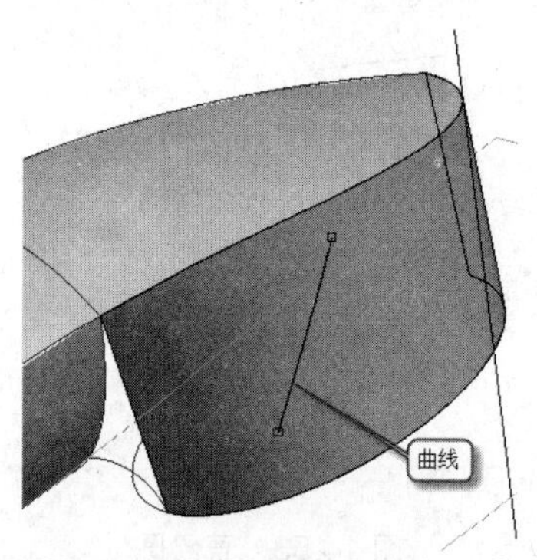

图 14.56 创建自由曲线

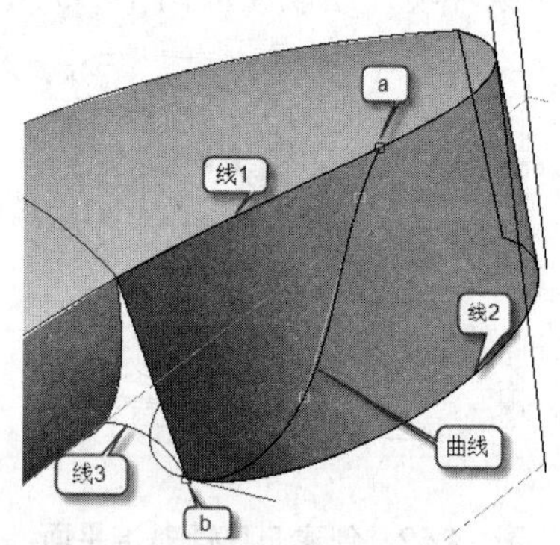

图 14.57 曲线编辑

(8) 单击 (设置活动平面)按钮，选择 FRONT 平面为活动平面。

(9) 单击 (曲线)按钮，单击 (创建平面曲线)按钮。按住 Shift 键选择曲线上的点，在工作窗口中绘制图 14.58 所示的曲线。

(10) 然后单击 (曲线编辑)按钮，如图 14.59 所示，选择左边端点，选中出现的点曲率控制线，将其设置为【曲面曲率】约束，信息提示“选取加亮的曲面以设置曲线相切”，选择左边曲面作为相切面。选择右边端点曲率控制线，将其设置为【曲面曲率】约束，系统自动选择曲线完成约束，结果如图 14.60 所示。完成后单击(应用)按钮退出曲线编辑。

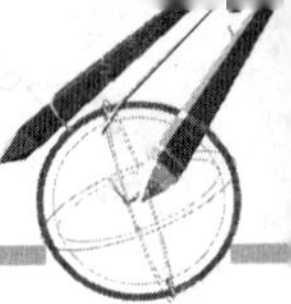

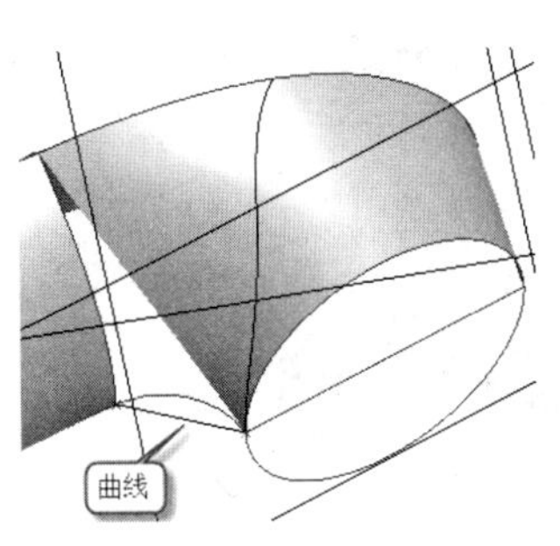

图 14.58　按住 Shift 创建曲线

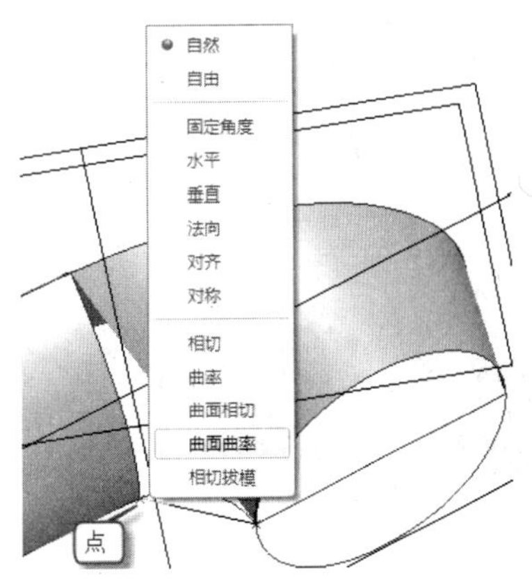

图 14.59　设置约束

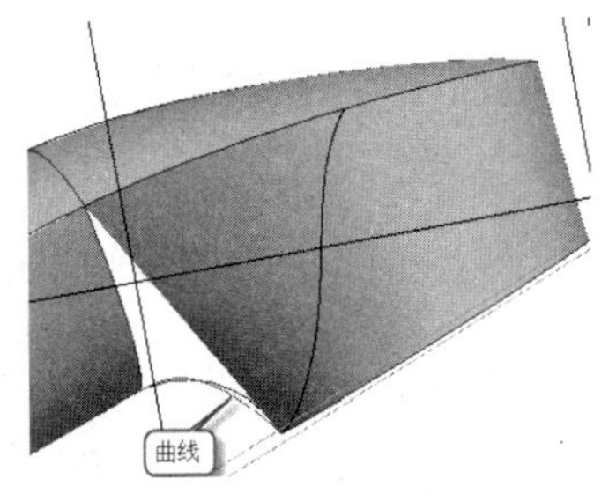

图 14.60　曲线编辑

(11) 单击(曲面修剪)按钮，弹出【曲面修剪】控制面板，如图 14.61 所示。

图 14.61　【曲面修剪】控制面板

(12) 选择图 14.62 所示曲面，单击鼠标中键确认选取。选择图中曲线，单击鼠标中键确认，系统提示“选取要删除的曲面部分”，选择删除部分的曲面完成修剪，如图 14.63 所示。单击【造型】工具中的(完成)按钮结束曲面造型环境。

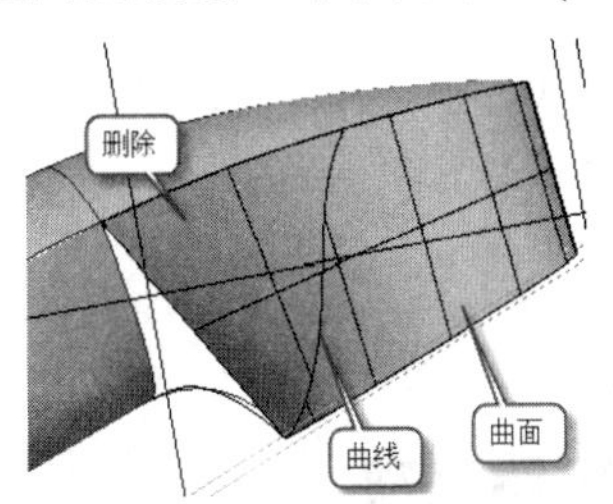

图 14.62　曲面修剪示意

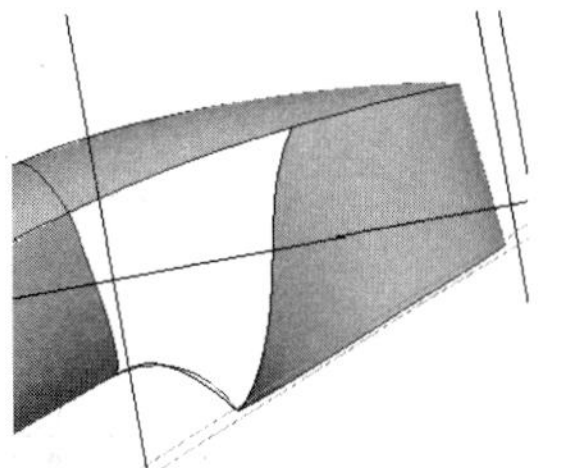

图 14.63　修剪结果

(13) 单击(边界混合)按钮，按住 Ctrl 键选择图 14.64 所示的曲线为第一方向曲线，切换至第二方向曲线，选择图 14.65 所示的曲线为第二方向曲线。

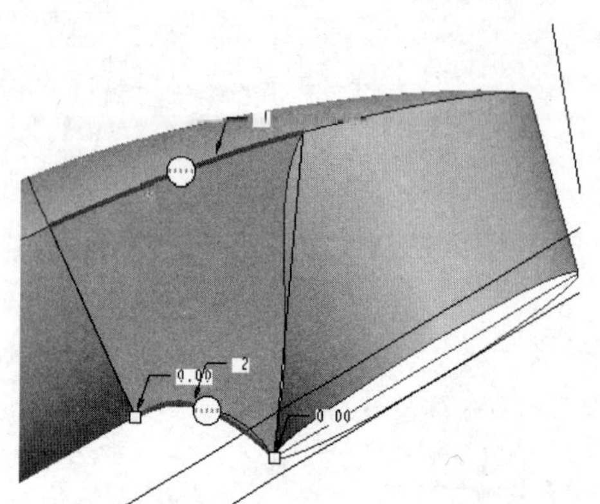

图 14.64　第一方向曲线

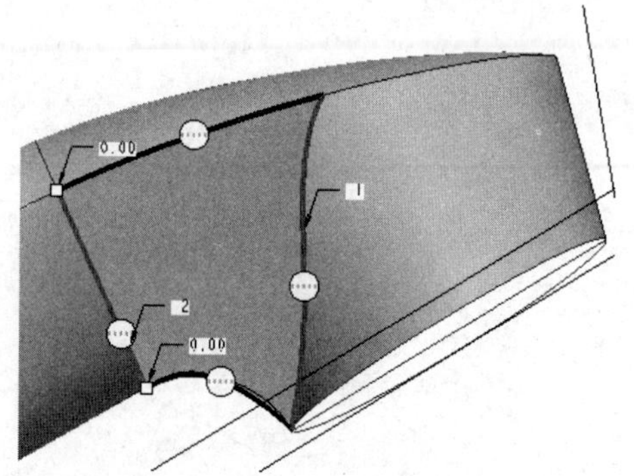

图 14.65　第二方向曲线

(14) 将第一方向的第二条曲线设置为【垂直】约束，第二方向两条曲线设置为【曲率】约束，如图 14.66 所示。创建完成的曲面与相邻的曲面之间呈 G2 连续，如图 14.67 所示。

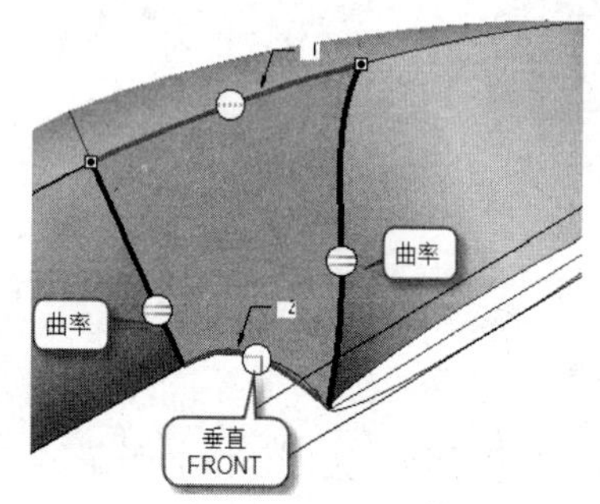

图 14.66　设置约束

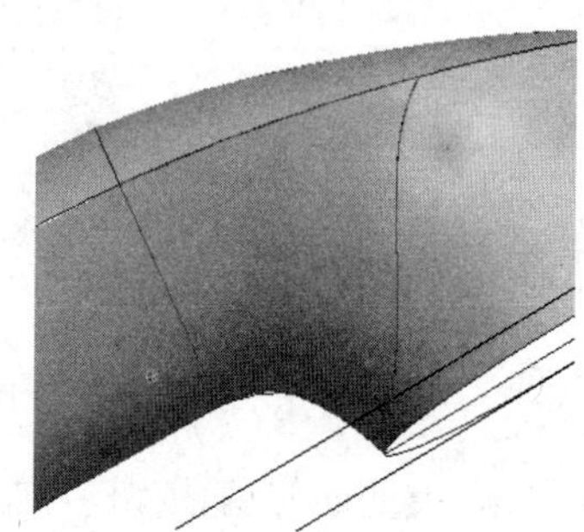

图 14.67　完成的曲面

(15) 执行【文件】|【保存】命令，或单击【标准】工具条中的(保存)按钮，弹出【保存】文本框，单击【确定】按钮，保存当前建立的零件模型。

步骤 2：创建头部圆柱形外观曲面

(1) 单击(草绘工具)按钮，选择 TOP 为草绘平面，默认选择进入草绘环境，绘制完成如图 14.68 所示的曲线。

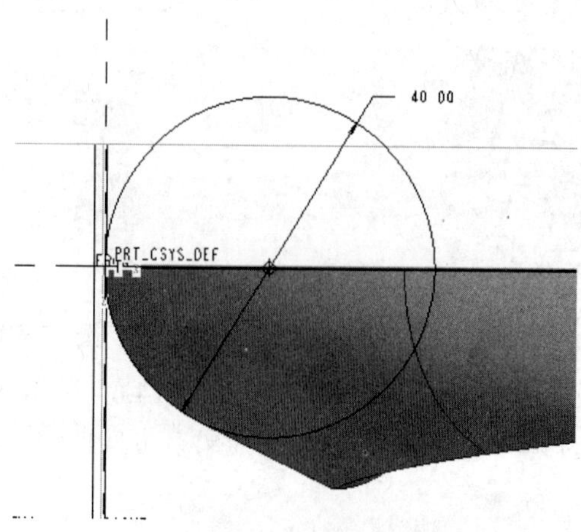

图 14.68　草绘圆

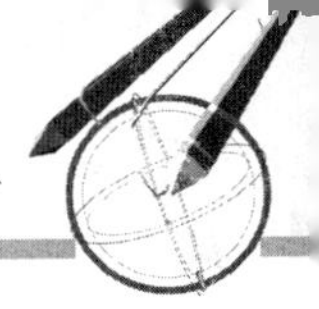

(2) 单击(基准平面)按钮，创建一个同时通过过图示直线并垂直于 FRONT 的基准平面 DTM2，如图 14.69 所示。

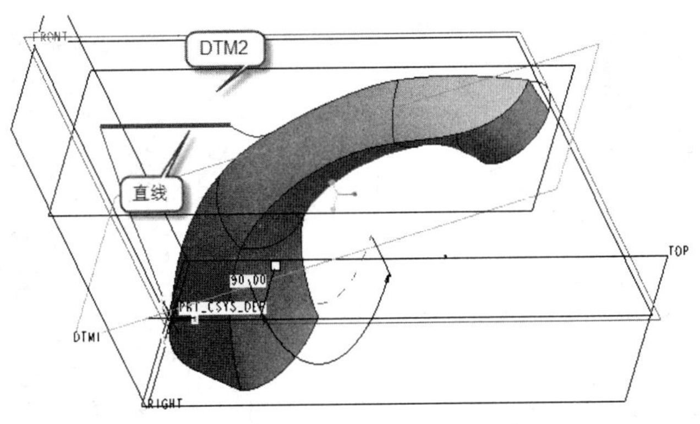

图 14.69　创建基准平面 DTM2

(3) 单击(草绘工具)按钮，选择 DTM2 为草绘平面，选择上述直线为参照，默认选择进入草绘环境，绘制完成图 14.70 所示的曲线(以上述直线为直径的圆)。

(4) 单击(草绘工具)按钮，选择 FRONT 为草绘平面，默认选择进入草绘环境，绘制完成图 14.71 所示的曲线。

操作技巧

图中的截面为一样条曲线，为了便于控制后期曲面之间的连接关系，将样条曲线的起点和终点设置为 90°。

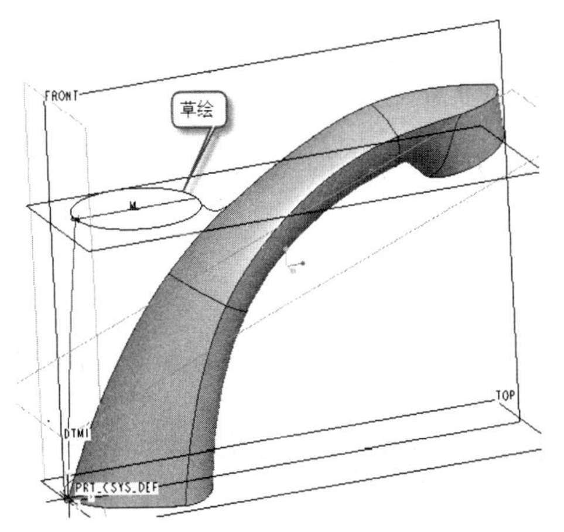

图 14.70　草绘圆

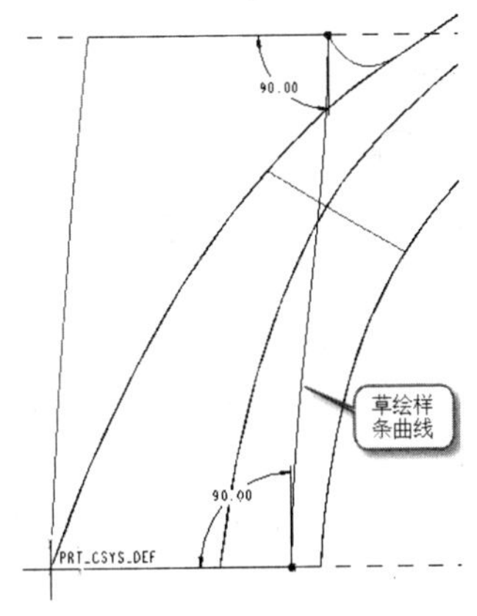

图 14.71　草绘样条曲线

(5) 单击(边界混合)按钮，按住 Ctrl 键选择图 14.72 所示的曲线为第一方向曲线，切换至第二方向曲线，选择图 14.73 所示的曲线为第二方向曲线。将第二方向的二条曲线设置为【垂直】约束。

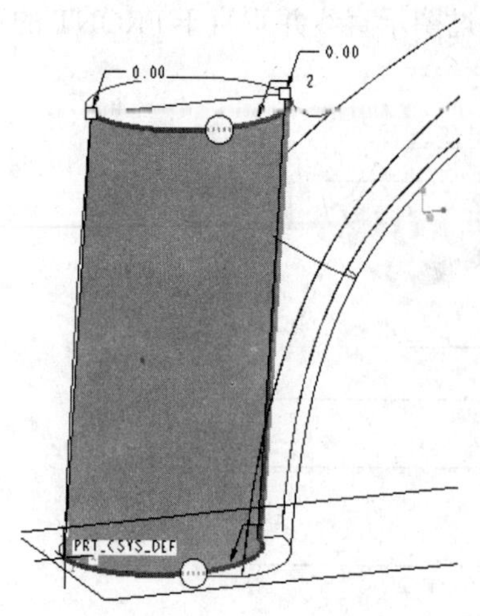

图 14.72　边界曲面

图 14.73　设置曲面约束

(6) 创建完成的曲面，如图 14.74 所示。

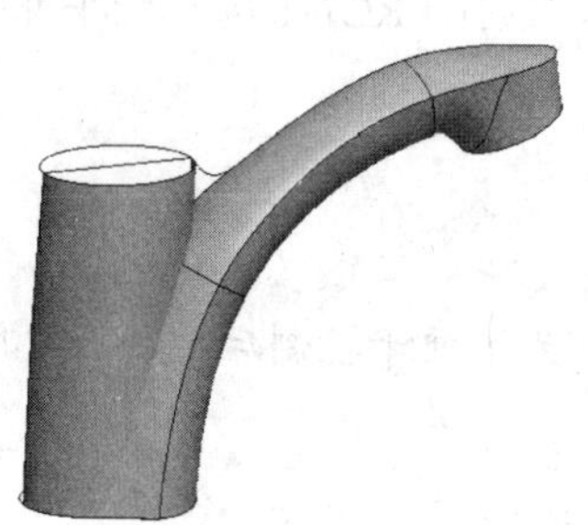

图 14.74　创建完成的曲面

(7) 执行【文件】|【保存】命令，或单击【标准】工具条中的 (保存)按钮，弹出【保存】文本框，单击【确定】按钮，保存当前建立的零件模型。

归纳总结

(1) 通过水龙头头部圆柱形曲面的创建过程，介绍了 ISDX 环境下，曲面上的曲线生成与编辑方法；

(2) 在 G2 连续曲面的生成过程中，应注意并设置好边界的约束条件。

练习与实训

(1) 在 Pro/E 的 ISDX 环境中，如何创建曲面上的曲线？

(2) 在 Pro/E 的 ISDX 环境中，如何创建 G2 连续曲面？

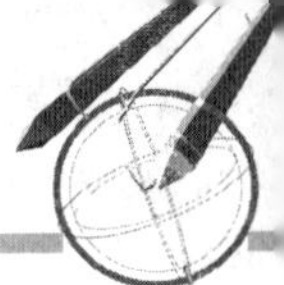

14.3　任务三：构建主体曲面与圆柱形曲面过渡部分

任务要完成的部分如图 14.75 所示。

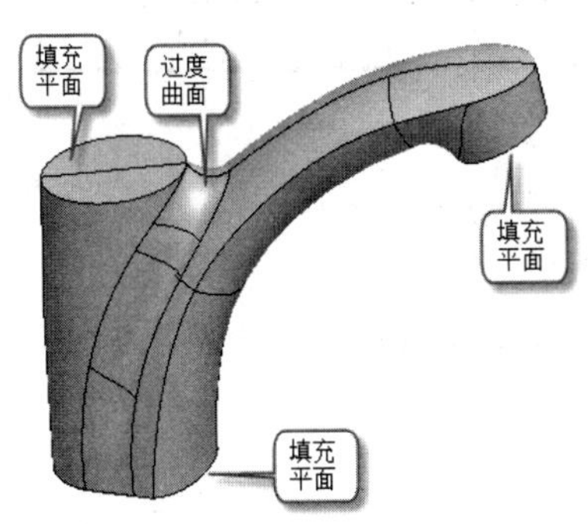

图 14.75　水龙头产品

1. 设计思路

设计主体曲面与圆柱形曲面过渡部分的步骤如下：

(1) 按照一般的造型方法，两曲面之间可以通过倒圆角将曲面连接在一起。仔细观察可以发现，主体曲面的内侧为圆弧形状，而外侧为一直线，直接倒圆角将不能满足设计要求。下面将介绍在造型模块下通过曲面上的曲线创建圆角曲面。首先对两曲面进行修剪，如图 14.76 所示。

(2) 创建截面曲线用于控制曲面走向，创建完成的曲面，如图 14.77 所示。

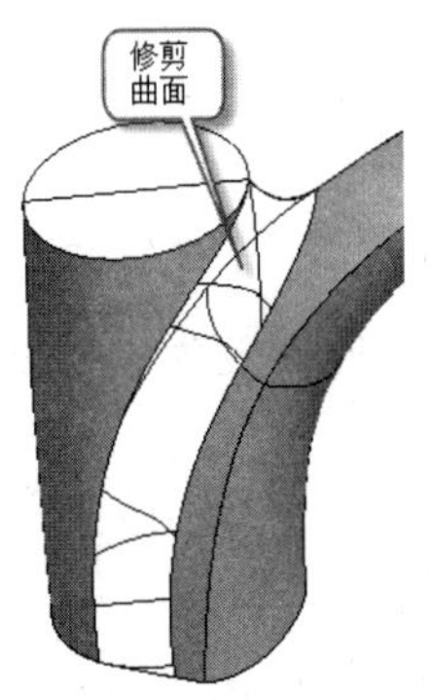

图 14.76　用曲面上的曲线修剪曲面

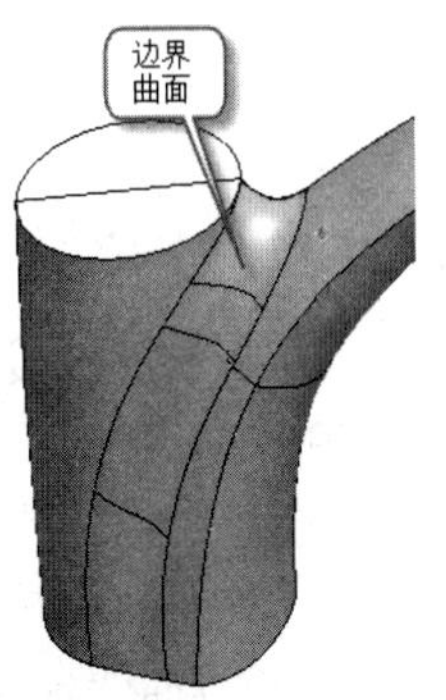

图 14.77　预览创建的边界混合曲面

2. 方法与技巧

设计中尽量化繁为简，将步骤细化，见表 14-6。

表 14-6　14.3 节设计步骤

序号	步　骤	知 识 要 点
1	修剪连接部分曲面	曲面上的曲线、修剪
2	创建连接部分曲面	造型曲线/编辑、边界曲面及约束
3	生成实体零件	合并、镜像、填充、实体化

任务实施

步骤 1：修剪连接部分曲面

(1) 单击(草绘工具)按钮，选择 FRONT 为草绘平面，默认选择进入草绘环境，绘制图 14.78 所示截面。

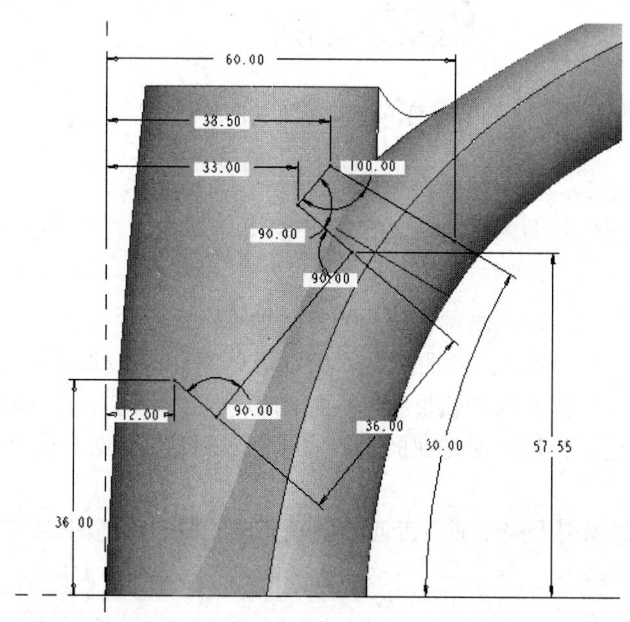

图 14.78　草绘拉伸截面

(2) 单击(拉伸)按钮，选择拉伸为【曲面】，输入拉伸深度为“40.00”，创建拉伸曲面，如图 14.79 所示。

(3) 单击(造型工具)按钮，进入造型模块环境，单击 (曲线)按钮，单击(创建曲面上的曲线)按钮，在图 14.80 所示的曲面上绘制两点曲线。

(4) 然后单击 (曲线编辑)按钮，将图 14.81 所示的曲线的两个端点中的 a 移到线 1 上，点 b 移到线 2 和线 3 的交点处。选中点 a 出现的点曲率控制线，将其设置为【垂直】约束。选中点 b 出现的点曲率控制线，将其设置为与 FRONT 呈【法向】约束。单击(应用)按钮完成编辑。

(5) 单击 (曲线)按钮，单击(创建曲面上的曲线)按钮，在图 14.82 所示的曲面上绘制曲线。

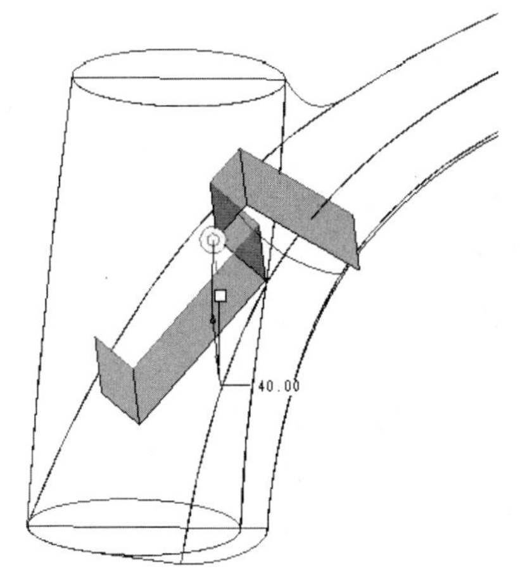

图 14.79　拉伸曲面

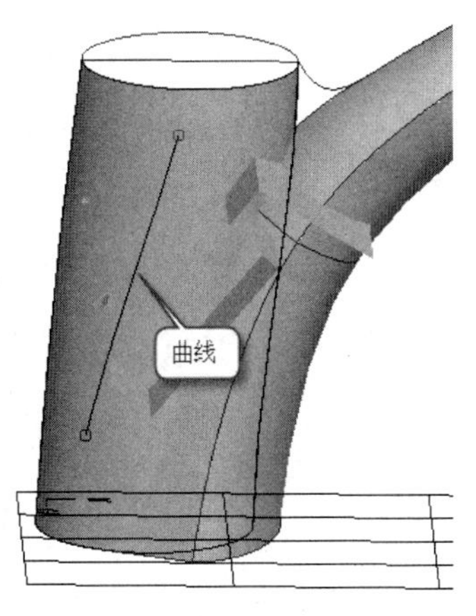

图 14.80　创建曲面上的曲线

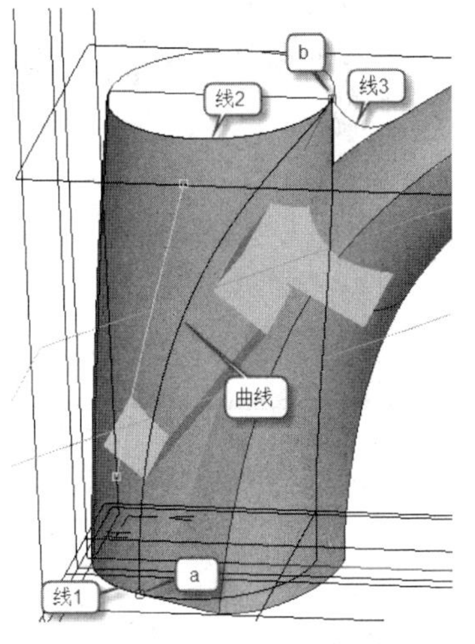

图 14.81　曲线编辑及约束

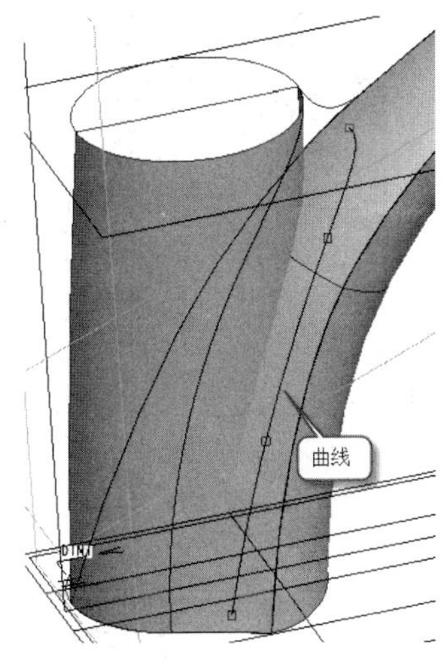

图 14.82　创建曲面上的曲线

(6) 然后单击 (曲线编辑)按钮，将图 14.83 所示的曲线的两个端点中的 a 移到线 1 上，点 b 移到线 2 和线 3 的交点处。选中点 a 出现的点曲率控制线，将其设置为【垂直】约束。选中点 b 出现的点曲率控制线，将其设置为与 FRONT 呈【法向】约束。单击【应用】按钮完成编辑。

(7) 单击(曲面修剪)按钮，选择图 14.84 所示的曲面，单击鼠标中键确认选取。选择图中曲线，单击鼠标中键确认，系统提示“选取要删除的曲面部分”，选择删除部分的曲面完成修剪，如图 14.85 所示。

(8) 单击(曲面修剪)按钮，选择图 14.86 所示的曲面，单击鼠标中键确认选取。选择图中曲线，单击鼠标中键确认，系统提示“选取要删除的曲面部分”，选择删除部分的曲面完成修剪，如图 14.87 所示。

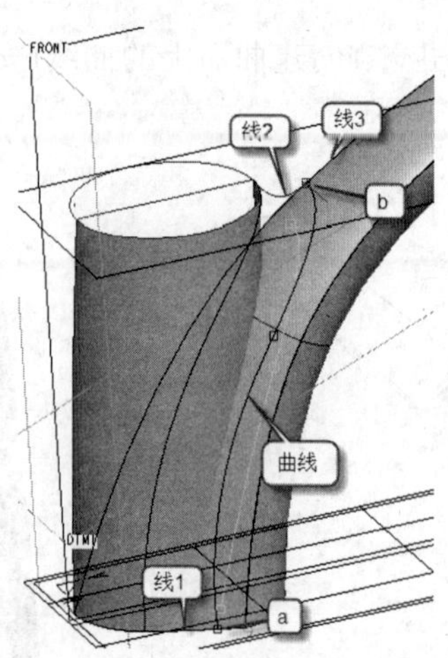

图 14.83　曲线编辑及设置约束

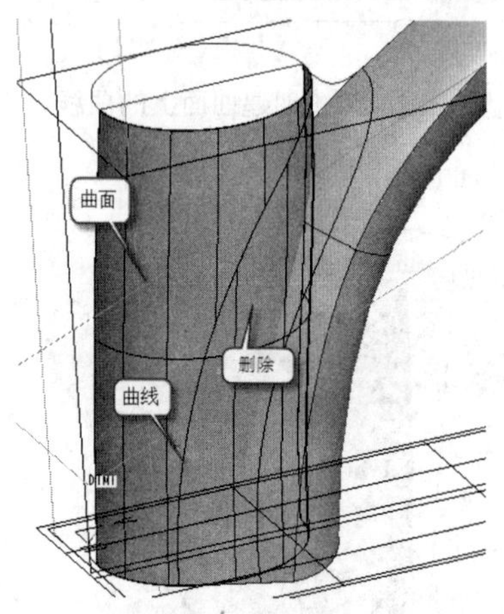

图 14.84　曲面修剪示意

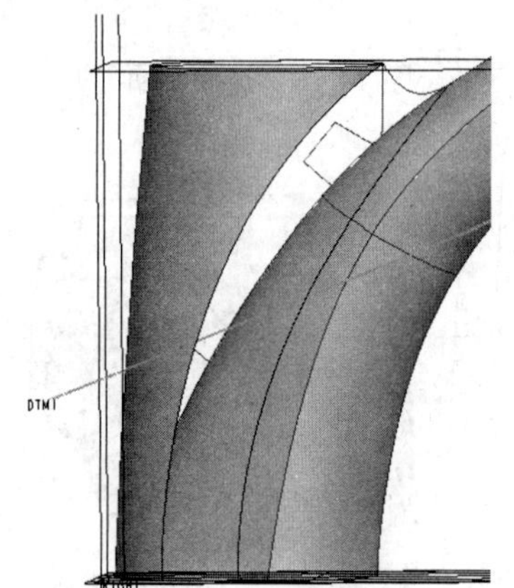

图 14.85　曲面修剪结果

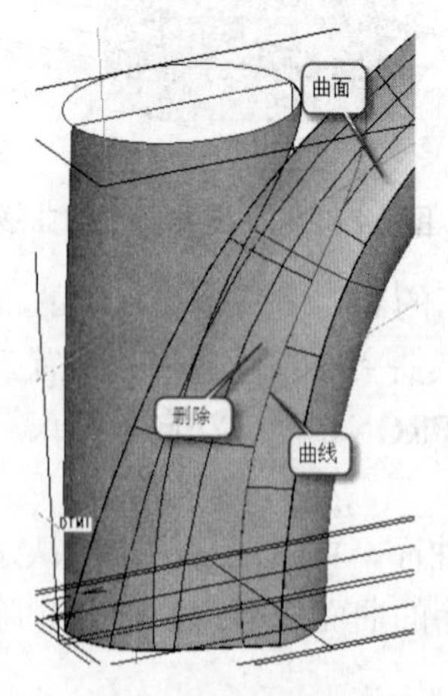

图 14.86　曲面修剪示意

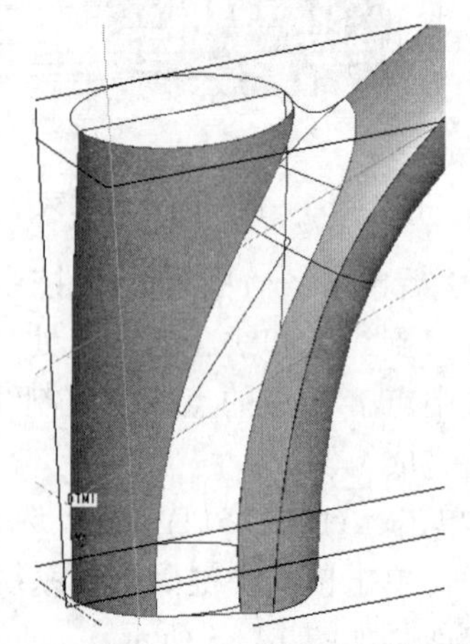

图 14.87　曲面修剪结果

步骤 2：创建连接部分曲面

(1) 单击 (设置活动平面)按钮，选择图 14.88 所示的平面为活动平面。

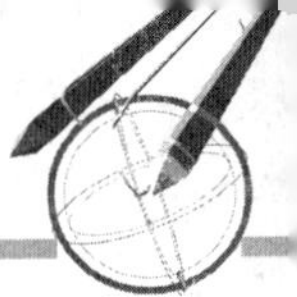

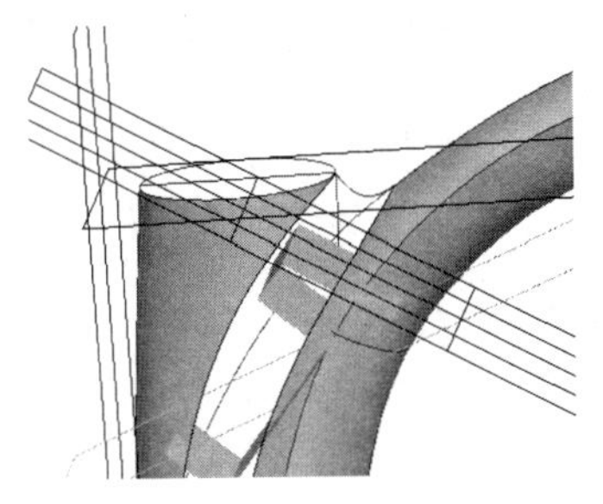

图 14.88　选择活动平面

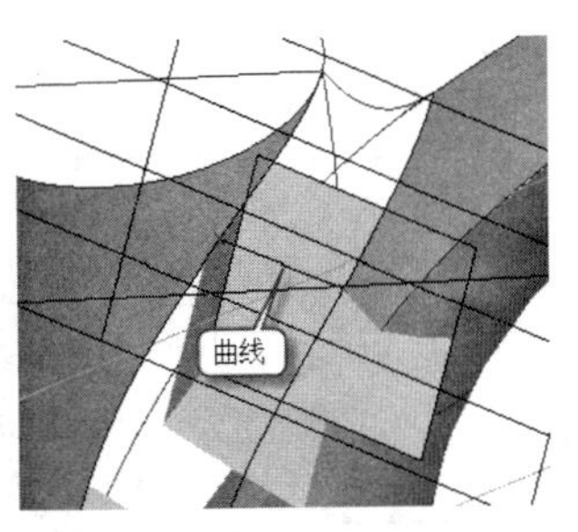

图 14.89　按住 Shift 创建曲线

(2) 单击 (曲线)按钮，单击 (创建平面曲线)按钮。按住 Shift 键选择曲线上的点，在工作窗口中绘制图 14.89 所示的曲线。

(3) 单击 (曲线编辑)按钮，如图 14.90 所示，选择点 1，选中出现的点曲率控制线，将其约束设置为【曲面曲率】约束。选择点 2，选中出现的点曲率控制线，将其设置为【曲面曲率】约束，此时按提示选择右边曲面。

(4) 同理，分别选择平面 2、平面 3 为活动平面，完成曲线 2 及曲线 3 的绘制，如图 14.91 所示。

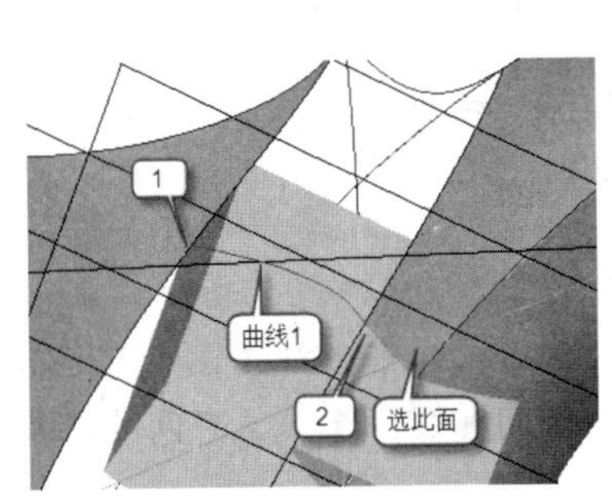

图 14.90　曲线编辑

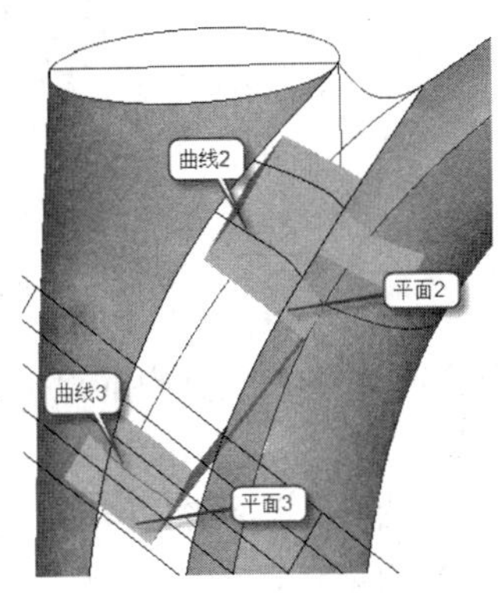

图 14.91　曲线创建及编辑

(5) 单击 (设置活动平面)按钮，选择 FRONT 为活动平面。单击 (曲线)按钮，选中 (创建平面曲线)按钮。按住 Shift 键选择曲线上的点，在工作窗口中绘制图 14.92 所示的曲线。

(6) 单击 (曲线编辑)按钮，选择曲线点 1，选中出现的点曲率控制线，将其约束设置为【曲面曲率】约束。如图 14.93 所示，在【相切】下滑面板中修改长度值为“1.350000”。选择点 4 为【曲面曲率】约束，修改长度值为“3.000000”。然后将点 2、3 的坐标参数值分别设置为表 14-7 中所示的值。

表 14-7 点坐标参数

点序号	X	Y	Z
点 2	47.000000	83.880000	0.000000
点 3	53.870000	80.000000	0.000000

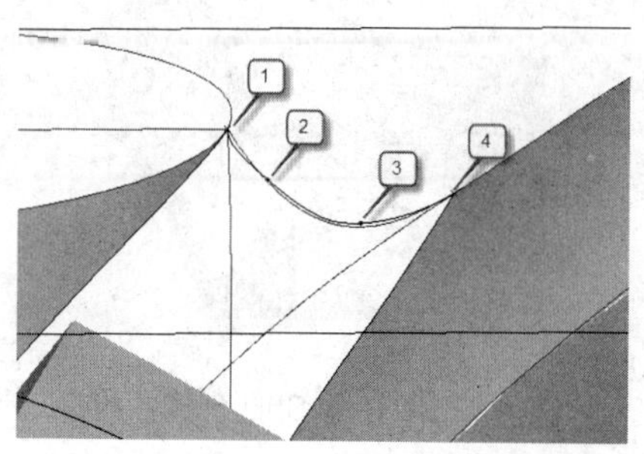

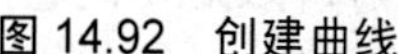

图 14.92　创建曲线

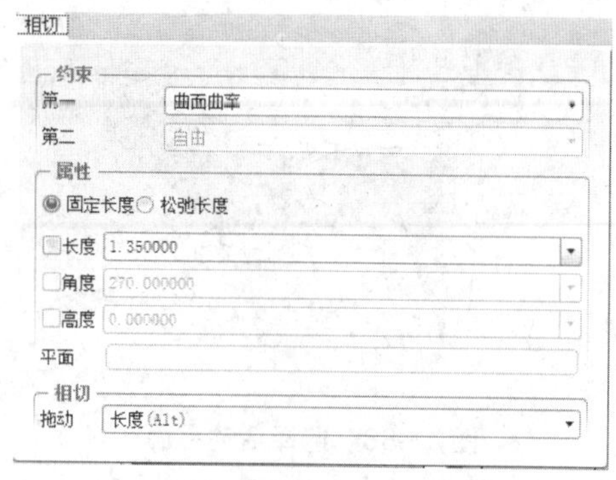

图 14.93 【相切】下滑面板

(7) 单击 (设置活动平面)按钮，选择 TOP 为活动平面。单击 (曲线)按钮，单击 (创建平面曲线)按钮。按住 Shift 键选择曲线上的点，在工作窗口中绘制图 14.94 所示曲线。单击 (曲线编辑)按钮，分别选择点 1 和点 2，将其约束设置为【曲面曲率】约束。

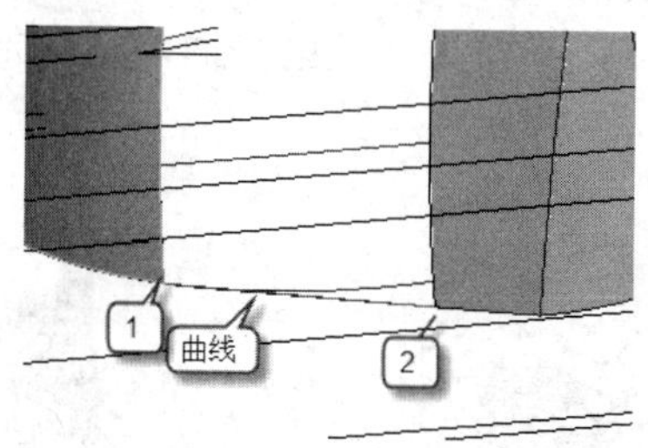

图 14.94　按住 Shift 创建曲线

(8) 单击【造型】工具中的 (完成)按钮结束曲面造型环境。

(9) 单击 (边界混合)按钮，按住 Ctrl 键选择图 14.95 所示的曲线为第一方向曲线，切换至第二方向曲线，选择图 14.96 所示的曲线为第二方向曲线。将第二方向的二条曲线设置为【垂直】约束。

(10) 将第一方向的最后一条曲线设置为【垂直】约束，第二方向两条曲线设置为【曲率】约束，如图 14.97 所示。

步骤 3：生成实体零件

(1) 选择所有曲面(7 个)，单击 (合并)按钮，合并所有曲面。

(2) 选择合并好的曲面，单击 (镜像)按钮，选择 FRONT 为镜像平面，完成曲面镜像，如图 14.98 所示。

(3) 按住 Ctrl 键分别单击镜像前后的两个曲面，单击 (合并)按钮，完成曲面的合并，如图 14.99 所示。

(4) 执行【编辑】|【填充】命令，系统信息提示“选取一个封闭的草绘。(如果首选内部草绘，可在【参照】面板中找到 【定义】 选项。)”，单击选择图 14.100 所示的草绘圆，单击 (应用)按钮，完成水龙头顶部的填充，如图 14.101 所示。

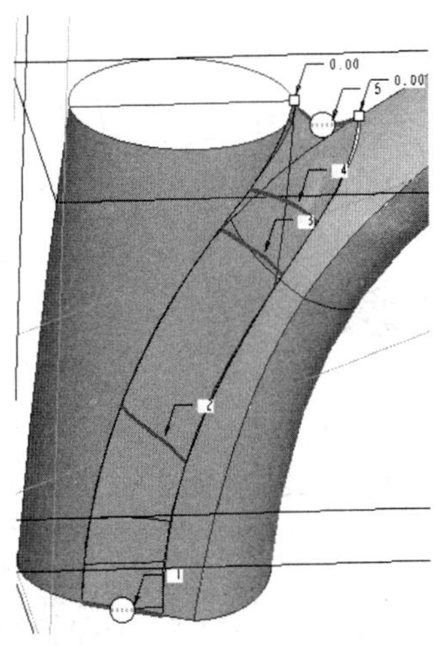

图 14.95　第一方向曲线

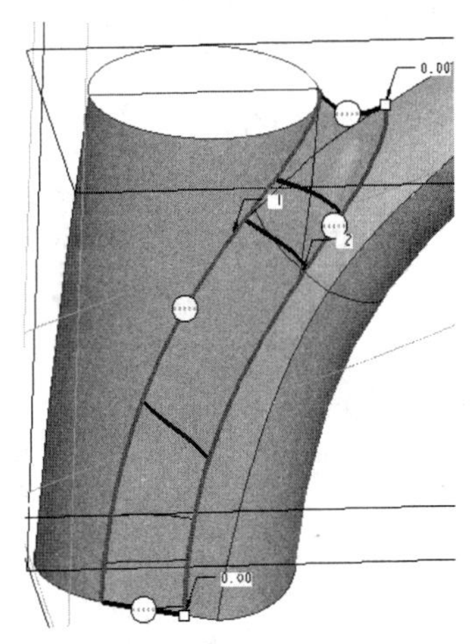

图 14.96　第二方向曲线

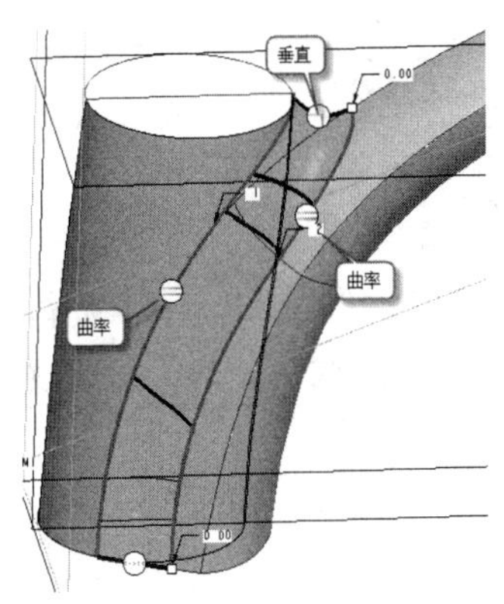

图 14.97　设置曲面约束图

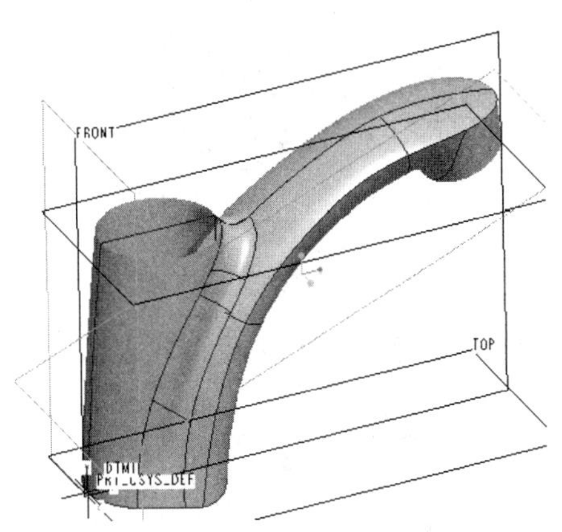

14.98　完成曲面镜像

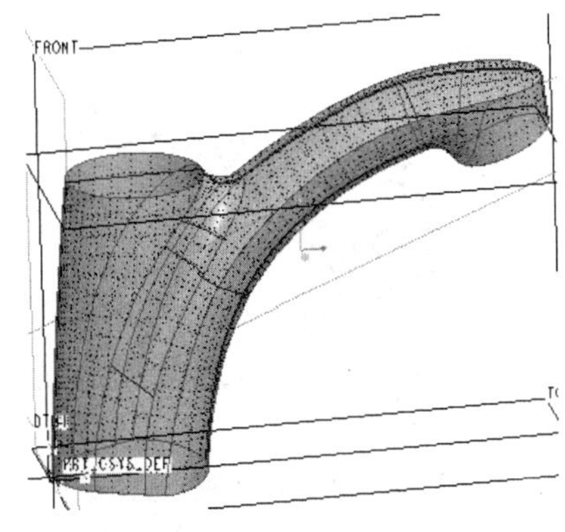

图 14.99　曲面合并预览

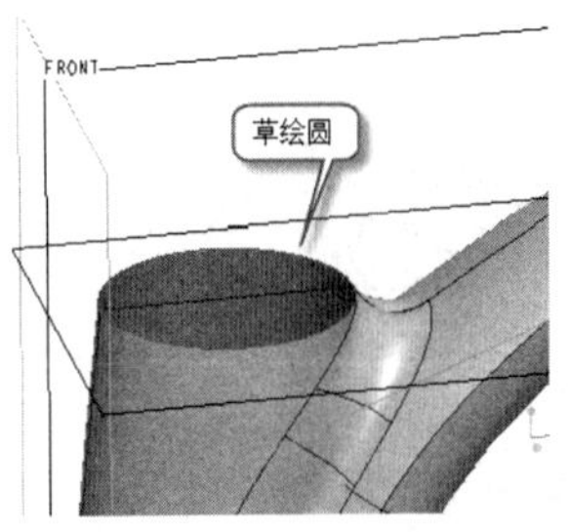

图 14.100 选择头部草绘

(5) 执行【编辑】|【填充】命令，单击选择图 14.102 所示的草绘圆，单击【应用】按钮，完成水龙头出水口的填充，如图 14.103 所示。

(6) 单击(草绘工具)按钮，选择 TOP 为草绘平面，默认选择进入草绘环境，绘制完

成，如图 14.104 所示草绘曲线。

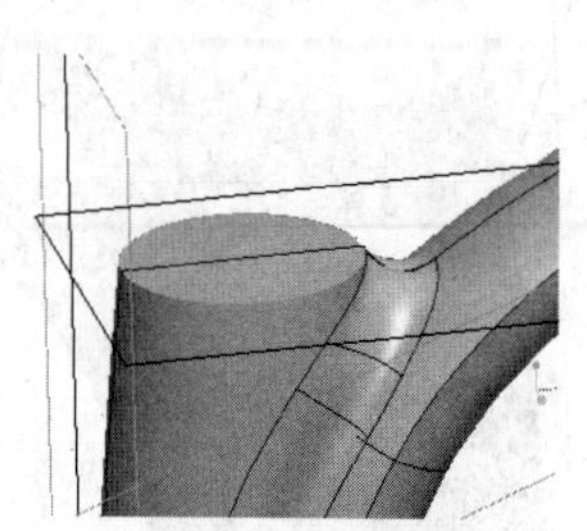

图 14.101 完成水龙头顶部填充

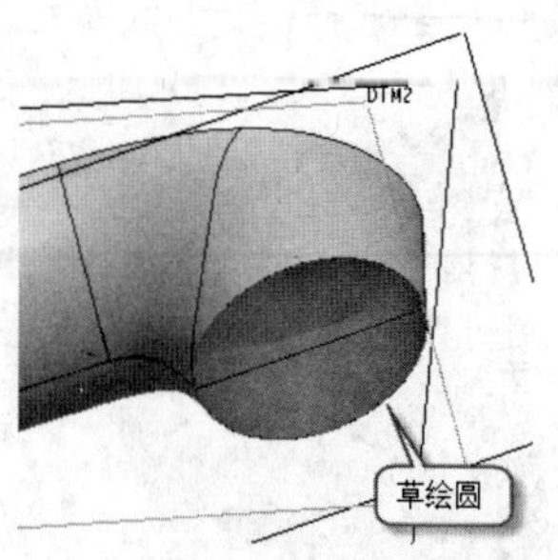

图 14.102 选择出水口草绘

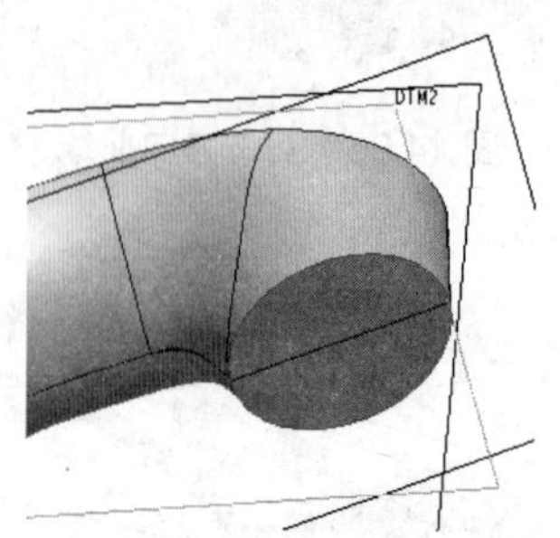

图 14.103 完成出水口填充

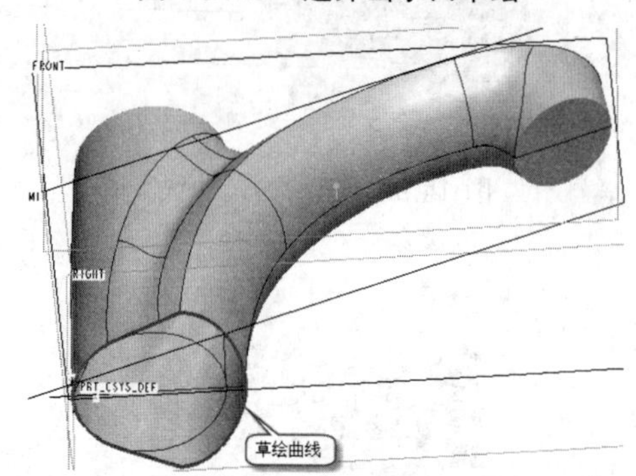

图 14.104 选择底部草绘图

(7) 执行【编辑】|【填充】命令，单击选择上一步骤的草绘曲线，单击【应用】按钮，完成水龙头出水口的填充，如图 14.105 所示。

(8) 分别将水龙头主体曲面和水龙头顶部平面合并，和水龙头出水口合并，和水龙头底部平面合并，最后进行实体化，如图 14.106 所示。

(9) 执行【文件】|【保存】命令，或单击【标准】工具条中的(保存)按钮，弹出【保存】文本框，单击【确定】按钮，保存当前建立的零件模型。

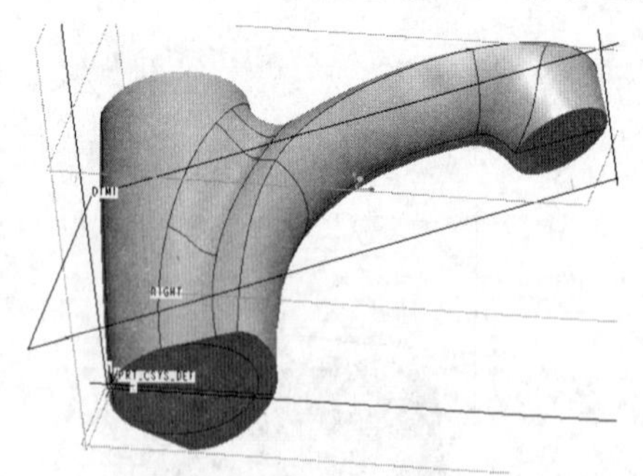

图 14.105 完成水龙头底部填充

图 14.106 水龙头完成图

归纳总结

通过项目的学习，用户应该了解了常用水龙头的构面方法，掌握了如何对一个复杂的产品进行独立拆分，并且通过多种方式进行创建。先主后次是外观造型的一种方法，从创建的曲面中分析下一曲面该如何构造，灵活运用现有点造型特征。产品的多处造型采用了

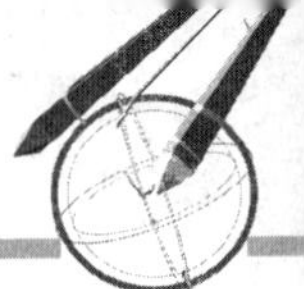

G2 连接，G2 连接要点、条件、技巧都是本项目学习的重点。

练习与实训

在 Pro/E 环境中，参考图 14.107，通过适当的方法设计制作一水龙头。

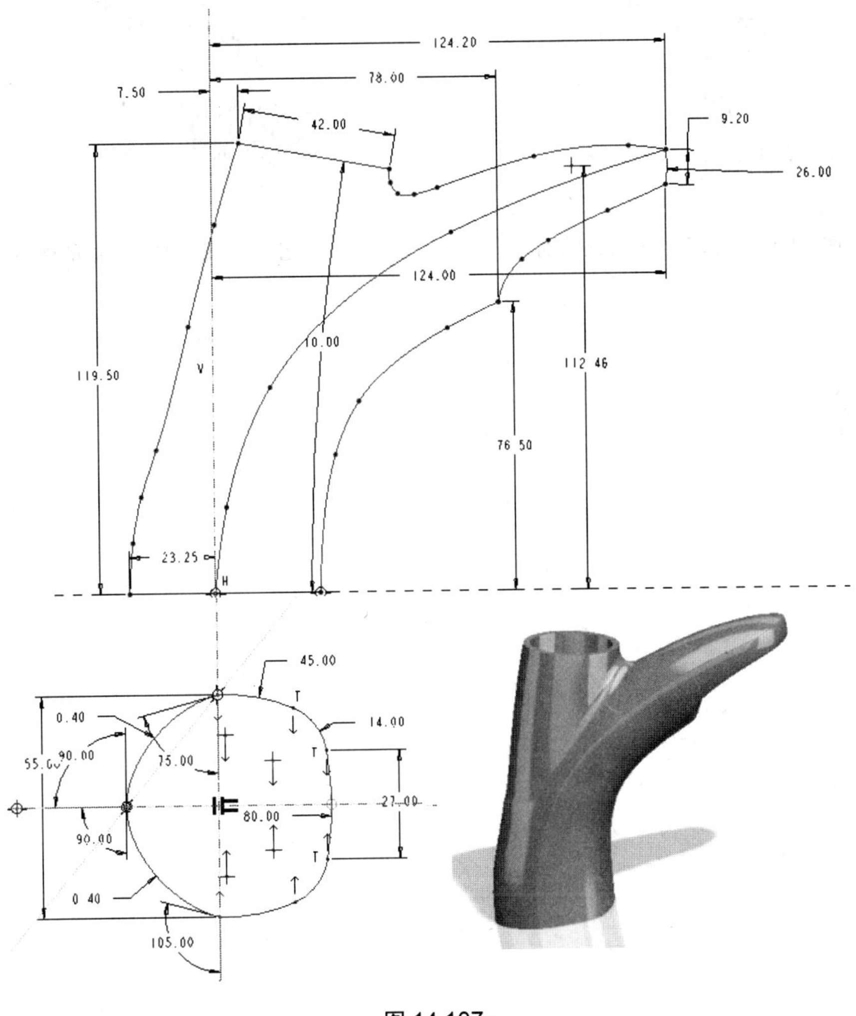

图 14.107

拓展提高

任务的操作中多次使用了复合曲线，复合曲线有两种，一种是精确，另外一种是逼近。选用精确复合的曲线,就是单纯地复制曲线，如果曲线由多段组成，复合后将保持原有曲线的属性。复合的曲线类型是逼近，曲线由多段组成，曲线之间都是相切连接，复制后的曲线将变成一条独立完整的曲线。上述操作中使用了复合曲线。复合曲线有两种，一种是精确，另外一种是逼近。

创建曲面时，将多段相切连续的曲线进行复合，可提高曲面的质量。图 14.108 所示是没有使用复合曲线创建完成的曲面，图 14.109 所示是使用复合曲线创建完成的曲面。未对

曲线进行复合操作创建的曲面在两段曲面的相交处会产生交接线。

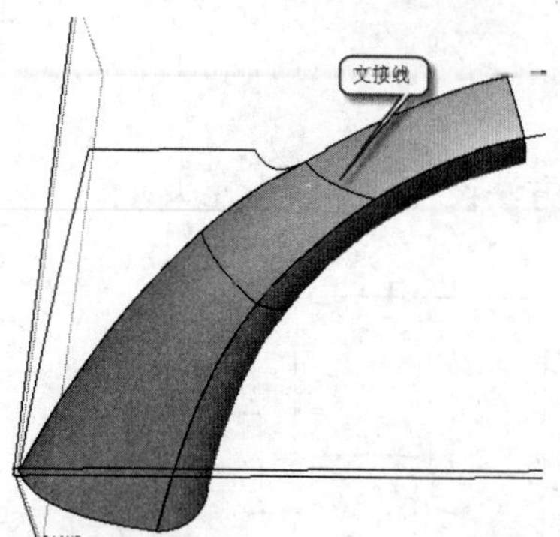

图 14.108　未复合曲线的曲面

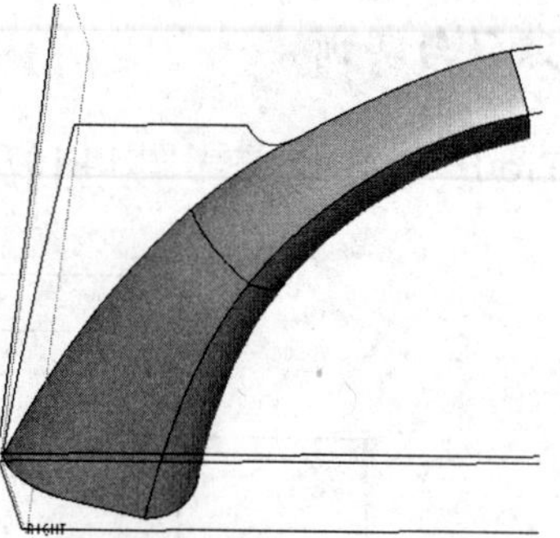

图 14.109　复合曲线的曲面

项目15

通信机箱的设计

知识目标

(1) 产品整体设计方法

(2) Pro/E 钣金环境及基本操作;

(3) 钣金壁的生成方法、钣金成形方法;

(4) 装配零件的方法。

能力目标

能 力 目 标	知 识 要 点	权重(%)	自测分数
(1) 掌握Pro/E产品整体设计的基本方法	零件生成、零件装配	30	
(2) 掌握钣金环境及基本操作	基本环境、钣金壁	20	
(3) 掌握钣金壁的生成方法、钣金成形方法	钣金第一壁、法兰壁、平整壁、模具成形	30	
(4) 掌握装配零件的方法	零件装配	20	

知识点导读

“钣金件设计”是 Pro/E 的可选模块，它具备设计基本和复杂钣金零件的能力。“钣金件设计”提供特殊的钣金件环境特征，可创建以下几种:

(1) 基准及修饰特征。

(2) 壁、切口、裂缝、凹槽、冲孔、折弯、展平、折弯回去、成形和拐角止裂槽。

(3) 所选取的适用于钣金件的实体类特征（倒角、孔、倒圆角）也可用。

图 15.1 所示是个通信用的机箱，机箱零件主要包括上盖、下盖、面板、把手，以及螺钉、螺母、铆钉、LOGO 标志等配件。

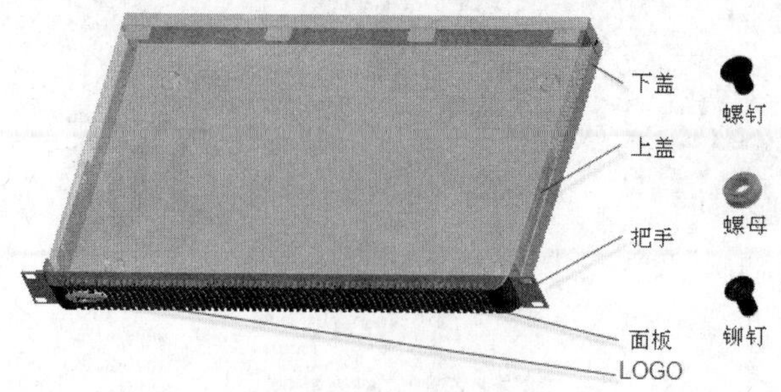

图 15.1　通信机箱零件图

其中，上盖及下盖零件是典型的钣金类零件，可以通过 Pro/E 中的钣金设计模块来创建，在钣金设计中，当创建成形特征时，需要应用到模具零件，如图 15.2 所示。

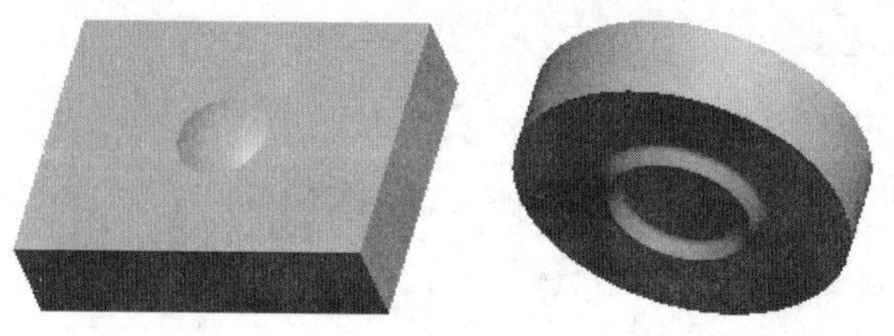

图 15.2　成形模具

15.1　任务一：机箱上盖的设计

任务描述

在 Pro/E 环境中，应用钣金设计模块，进行图 15.3 所示的机箱上盖零件的设计。

图 15.3　机箱上盖零件

任务分析

1. 设计思路

如图 15.4 所示，对称零件，先设计一半。按照设计步骤：钣金第一壁→侧板→法兰壁→弹性连接块进行设计，镜像后开散热孔。

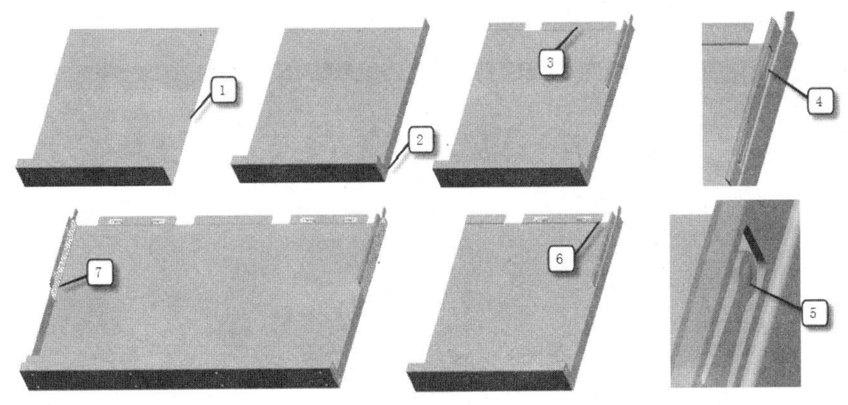

图 15.4　机箱上盖设计示意图

2. *方法与技巧*

设计中尽量化繁为简，将步骤细化，详见表 15-1。

表 15-1　15.1 节设计步骤

序号	步　骤	知 识 要 点
1	钣金第一壁生成	拉伸、第一壁
2	侧板的生成	法兰壁、平整壁
3	法兰壁的创建	法兰壁
4	开孔和槽	孔、拉伸
5	创建成形特征	模具成形
6	完成上盖的创建	镜像、拉伸等

任务实施

步骤 1：钣金第一壁生成

(1) 新建文件，选择子类型为【钣金件】，进入钣金环境，如图 15.5 所示。

(2) 单击（拉伸工具）按钮，如图 15.6 所示，默认设置，在面板中执行【放置】|【定义】命令，选择 RIGHT 基准平面为草绘平面，进入草绘环境。

(3) 绘制直线剖面，如图 15.7 所示。

(4) 单击【选项】按钮，弹出下滑面板，选中“在锐边上添加折弯”复选框，数值设置如图 15.8 所示。输入拉伸深度为“218.00”，钣金厚度为“1.00”，完成钣金第一壁的生成，如图 15.9 所示。

步骤 2：侧板的生成

(1) 单击（创建法兰壁）按钮，弹出【法兰壁】特征面板，如图 15.10 所示。

(2) 如图 15.11 所示，选择外侧直线，生成法兰壁，预览如图 15.12 所示。

(3) 在控制面板中执行【形状】|【草绘】命令，在弹出菜单中单击【草绘】按钮进入草绘环境，绘制草绘,如图 15.13 所示，约束图示点与直线对齐；完成草绘，结果预览如图 15.14 所示。

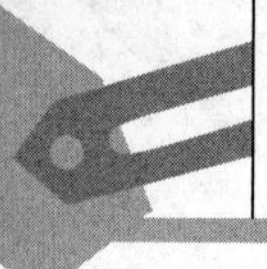

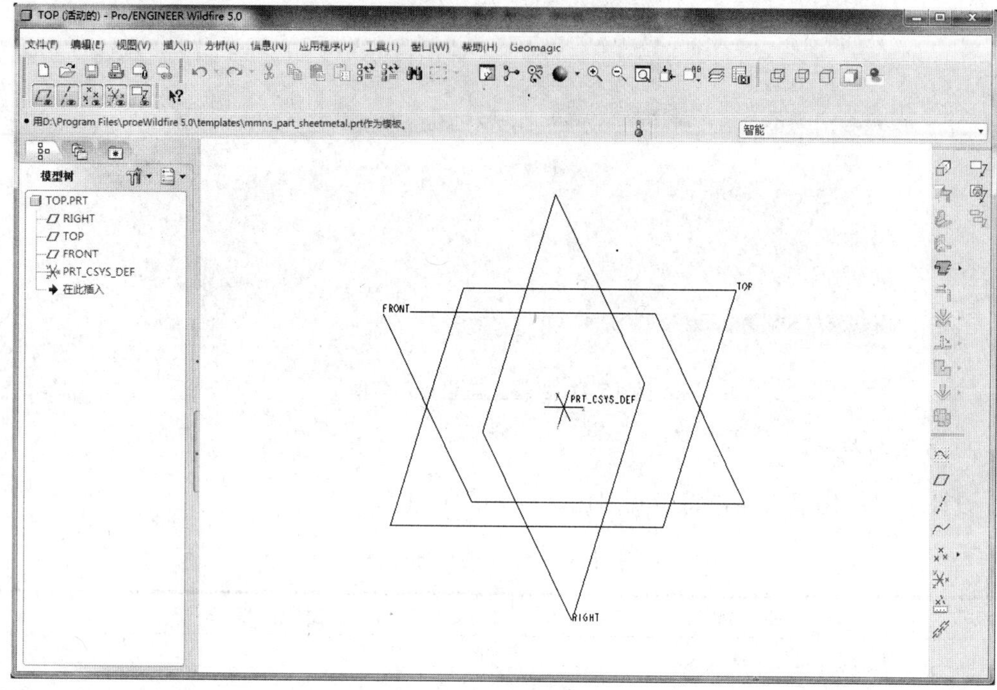

图 15.5　钣金环境界面

图 15.6 【拉伸】特征面板

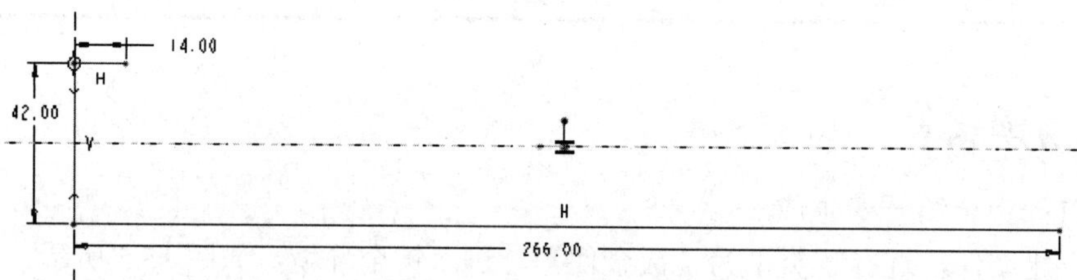

图 15.7　草绘截面

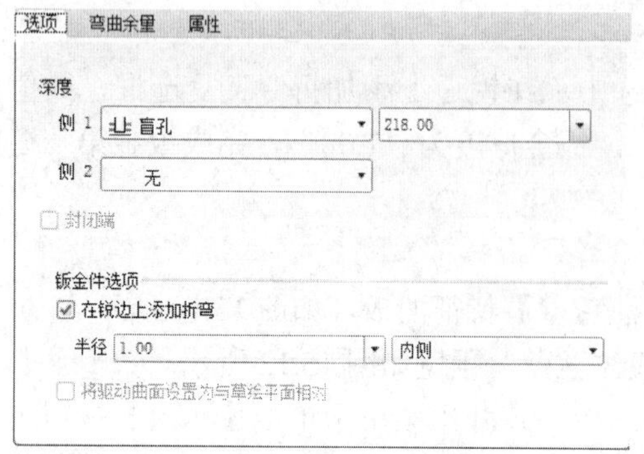

图 15.8 【选项】下滑面板

图 15.9　钣金第一壁

图 15.10 【法兰壁】特征面板

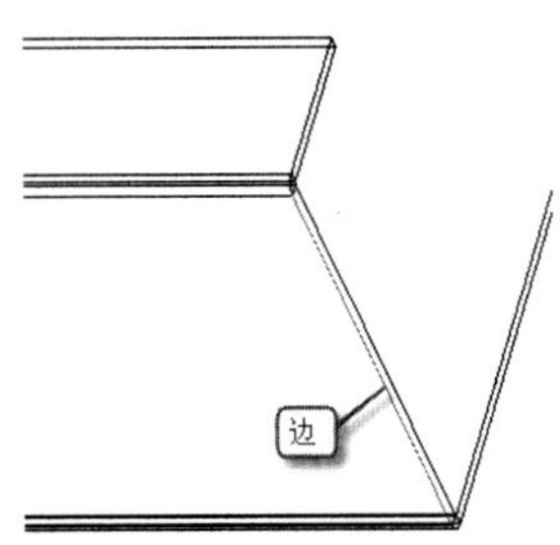

图 15.11　选择外侧边线

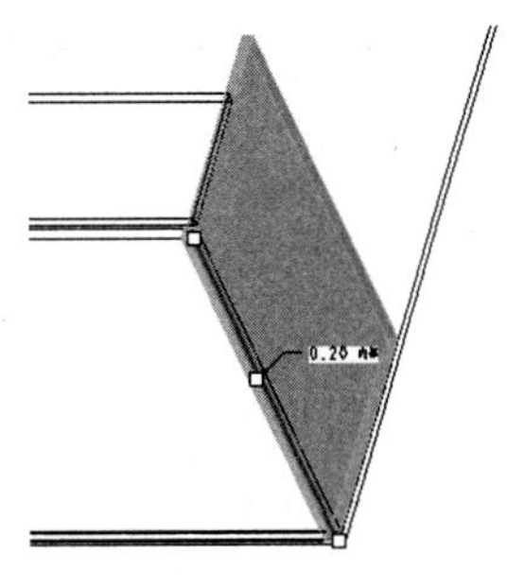

图 15.12　法兰壁预览

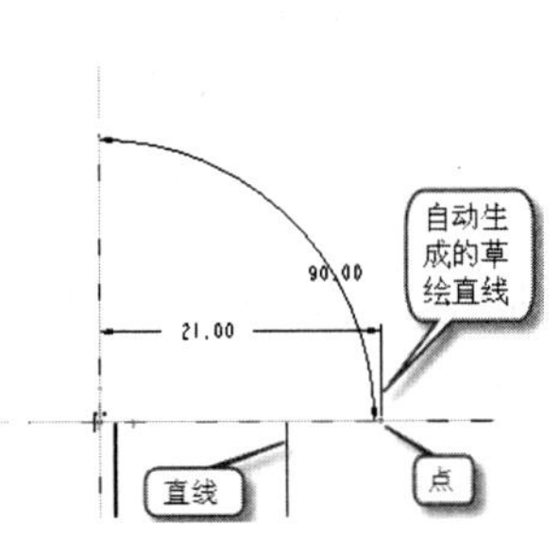

图 15.13　草绘截面

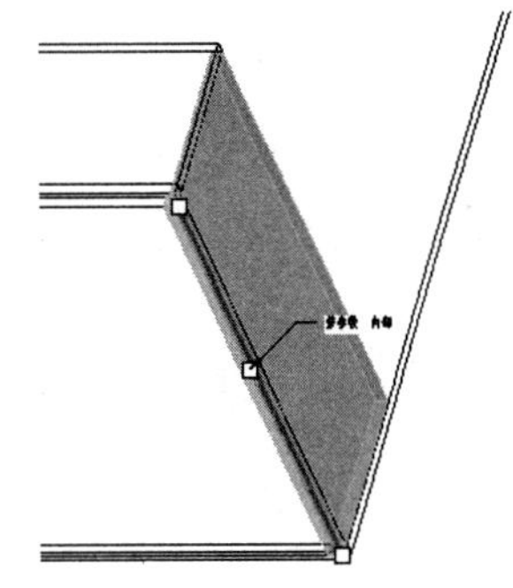

图 15.14　特征预览

(4) 单击 （创建平整壁）按钮，弹出【平整壁】特征面板，如图 15.15 所示。

图 15.15 【平整壁】特征面板

(5) 选择图 15.16 所示的直线，然后在控制面板中执行【形状】|【草绘】命令，在弹出菜单中单击【草绘】按钮进入草绘，修改草绘尺寸，如图 15.17 所示；完成草绘，结果预览如图 15.18 所示。

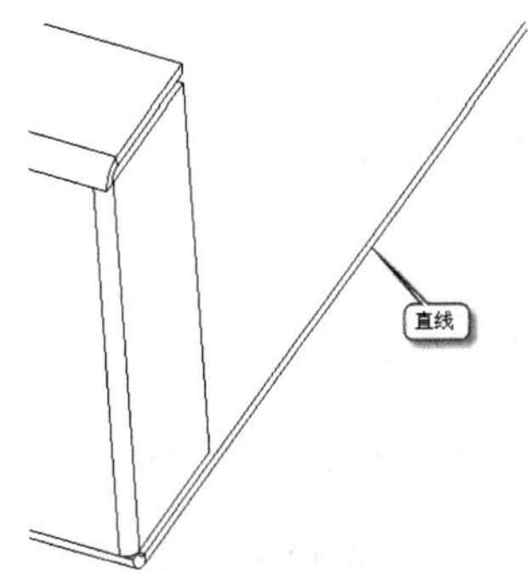

图 15.16　选取直线

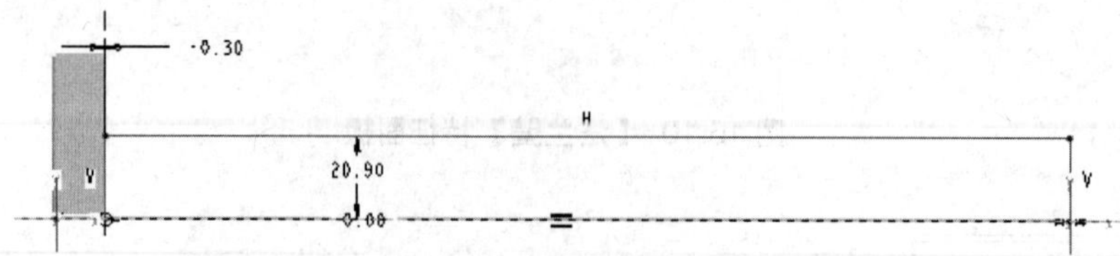

图 15.17　草绘截面

图 15.18　生成的特征图

步骤 3：法兰壁的创建

(1) 单击（创建法兰壁）按钮，选择图 15.19 所示的直线，执行【轮廓】|【草绘】命令，在弹出的【草绘】放置面板中选择【通过参照】，选择图示参照平面，单击【草绘】按钮进入草绘环境。

(2) 绘制草绘，如图 15.20 所示，其中直线 1 为原自动生成直线，直线 2、3 为新加直线。

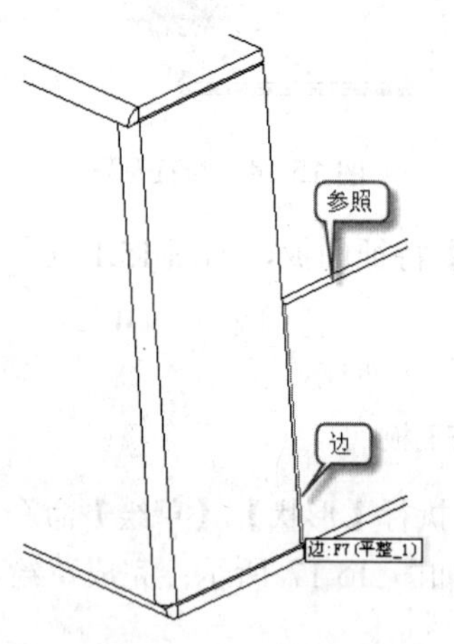

图 15.19　选择边线

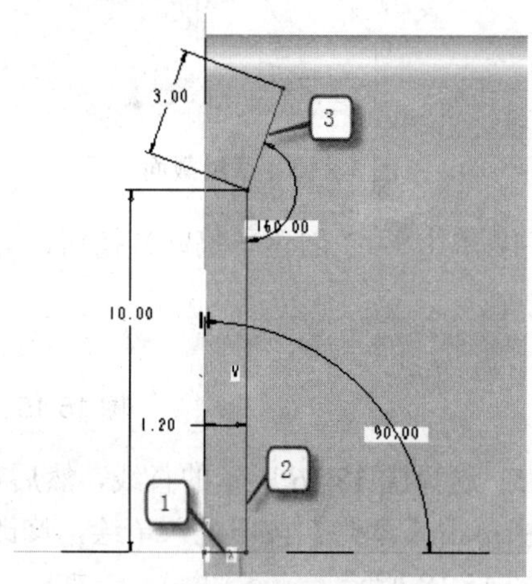

图 15.20　草绘截面

(3) 完成草绘，在控制面板中选择第一方向拉伸（指定长度值拉伸），输入长度值为“9.00”，折弯半径为“0.05”，如图 15.21 所示；结果预览如图 15.22 所示。

图 15.21　特征长度及折弯半径

(4) 单击（创建法兰壁）按钮，选择图 15.23 所示的直线，执行【形状】|【草绘】命令，在弹出的【草绘】放置面板中选择【通过参照】，选择图示参照平面，单击【草绘】按钮进入草绘环境。

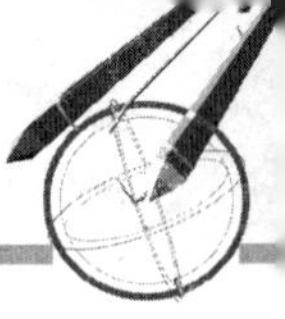

(5) 绘制草绘图 15.24 所示，其中直线 1 为原自动生成直线，直线 2、3 为新加直线。

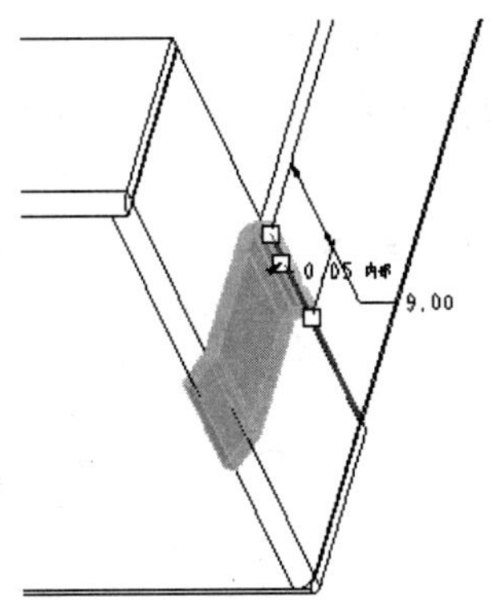

图 15.22　特征预览

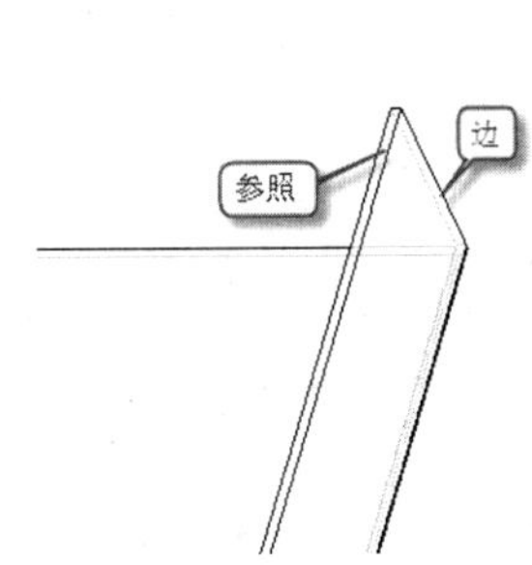

图 15.23　选择边线

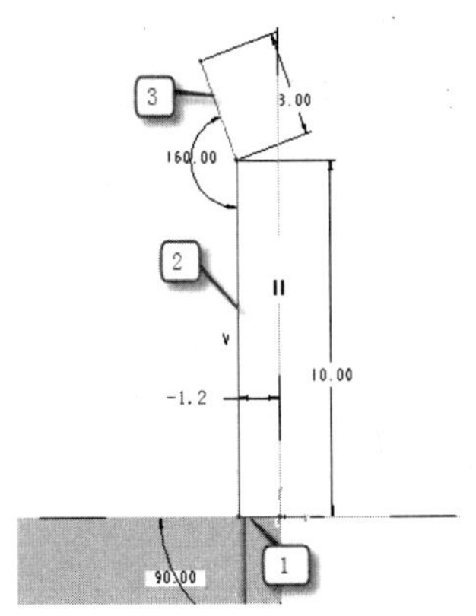

图 15.24　草绘截面

(6) 完成草绘，在控制面板中选择第二方向拉伸（指定长度值拉伸），输入长度值为“9.00”，折弯半径为“0.05”，如图 15.25 所示；结果预览如图 15.26 所示。

图 15.25　特征长度及折弯半径

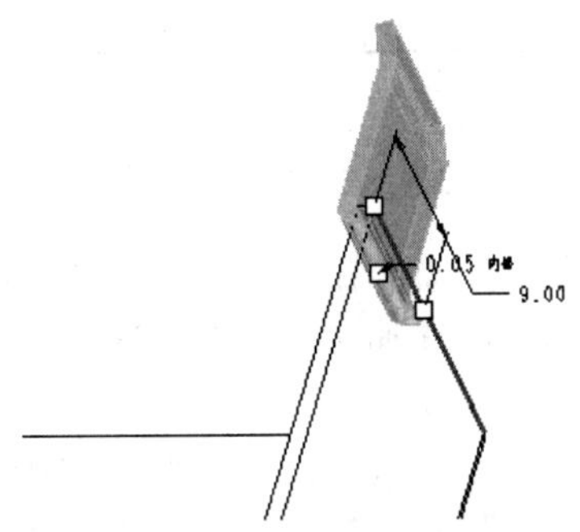

图 15.26　特征预览

(7) 单击 （创建法兰壁）按钮，选择图 15.27 所示直线，执行【形状】|【草绘】命令，在弹出的【草绘】放置面板中选择【通过参照】，用基准平面工具新建一个距离 RIGHT 基准平面为“55”的参照平面，并选中该基准平面作为参照，单击【反向】按钮，单击【草绘】按钮进入草绘环境。

(8) 绘制草绘如图 15.28 所示，其中直线 1 为原自动生成直线，直线 2、3 为新加直线。

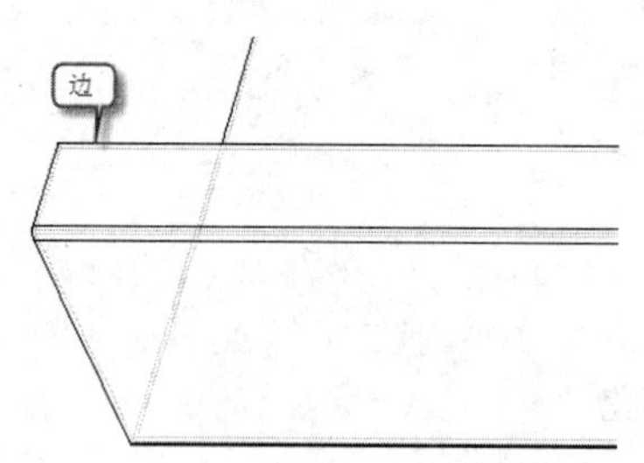

图 15.27　选择边线

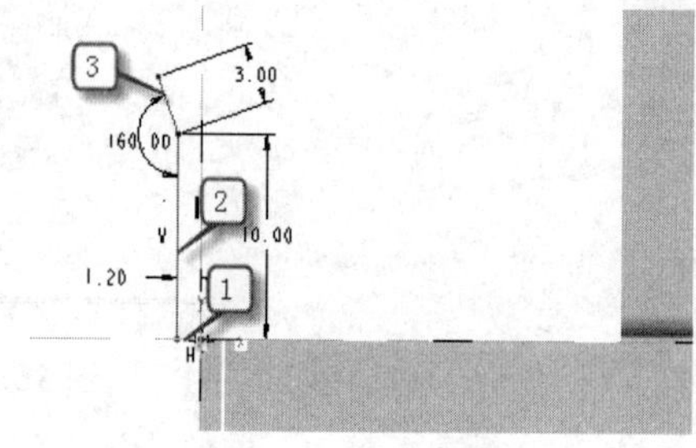

图 15.28　草绘截面

(9) 完成草绘，在控制面板中选择不要从第一方向拉伸，第二方向拉伸长度为“24.00”，折弯半径为“0.10”；结果预览如图 15.29 所示。

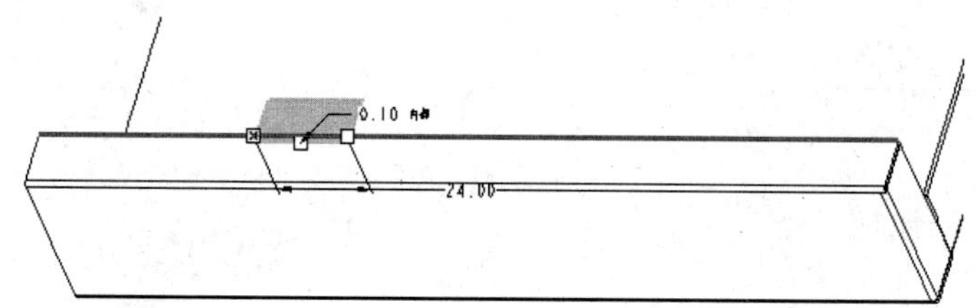

图 15.29　特征预览

(10) 同理，创建法兰壁图 15.30 所示，其中【通过参照】为距离 RIGHT 基准平面为“189”的参照平面，其余尺寸相同。

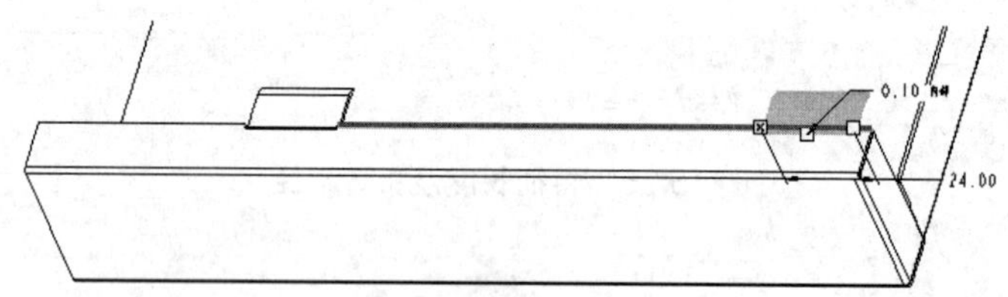

图 15.30　法兰壁预览

(11) 单击 （创建法兰壁）按钮，选择图 15.31 所示的直线，执行【形状】|【草绘】命令，在弹出的【草绘】放置面板中选择【通过参照】，选择图示参照平面，单击【草绘】按钮进入草绘环境。

(12) 绘制草绘，图 15.32 所示；完成草绘，在控制面板中选择第一方向拉伸长度为“54.50”不要从第二方向拉伸，折弯半径为“0.10”；结果预览如图 15.33 所示。

(13) 同理，创建法兰壁，其中【通过参照】为距离 RIGHT 基准平面为“189”的参照

平面，选择不要从第一方向拉伸，第二方向拉伸长度为“109.00”，折弯半径为“0.10”；结果预览如图 15.34 所示。

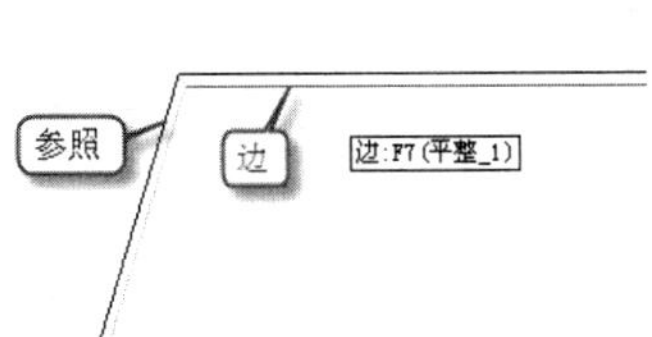

图 15.31　选择边线

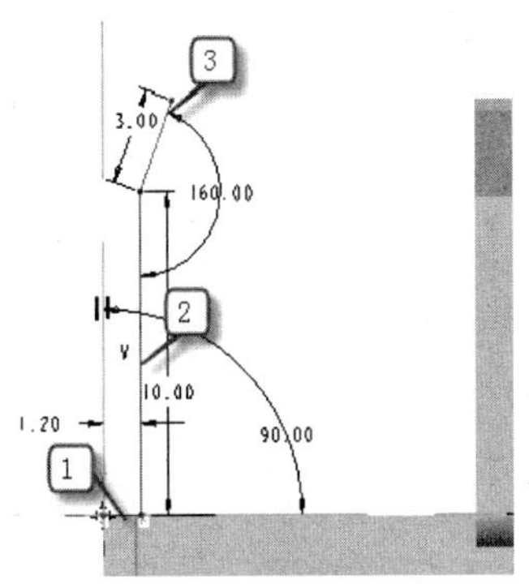

图 15.32　草绘截面

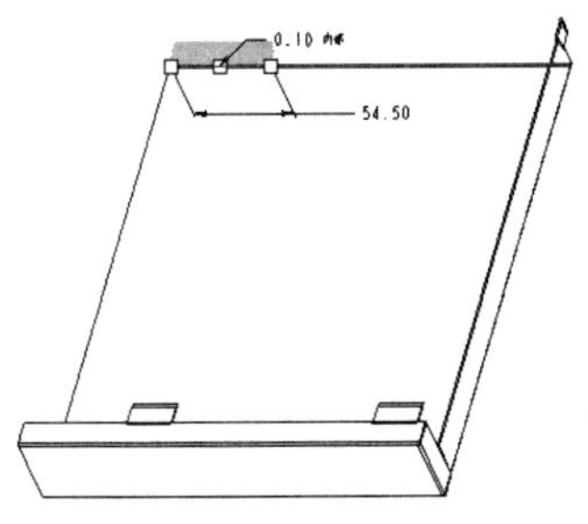

图 15.33　左特征预览 1

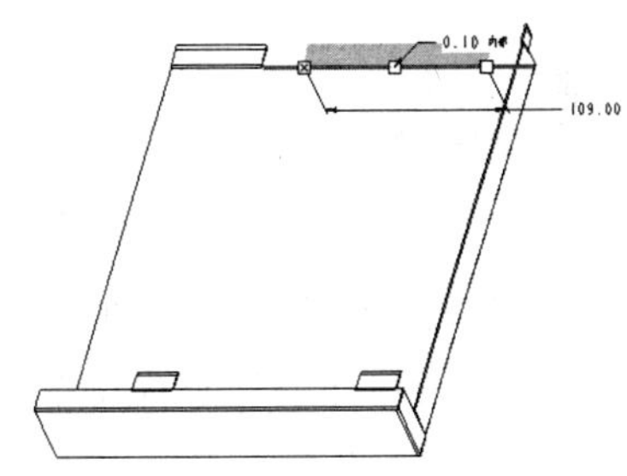

图 15.34　左特征预览 2

(14) 单击（创建法兰壁）按钮，选择图 15.35 所示直线，单击【形状】|【草绘】，在弹出的【草绘】放置面板中选择【通过参照】，用基准平面工具新建一个距离图示参照基准平面为“135”的参照平面，并选中该基准平面作为参照，单击【反向】按钮，单击【草绘】按钮进入草绘环境。

(15) 绘制草绘，图 15.36 所示；完成草绘，在控制面板中选择不要从第一方向拉伸第二方向拉伸长度为“109.00”，折弯半径为“0.10”；结果预览如图 15.37 所示。

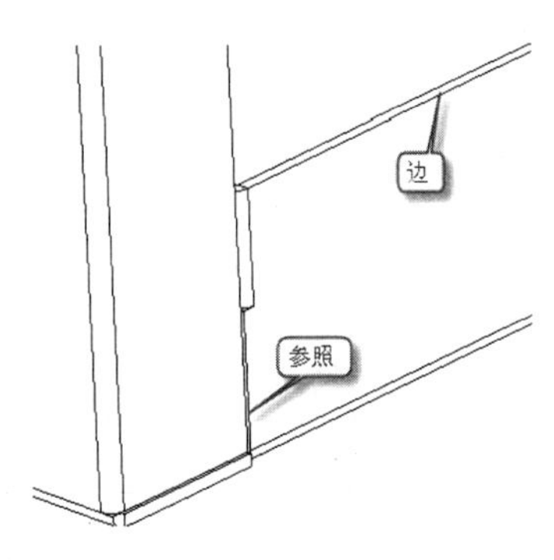

图 15.35　选择边线

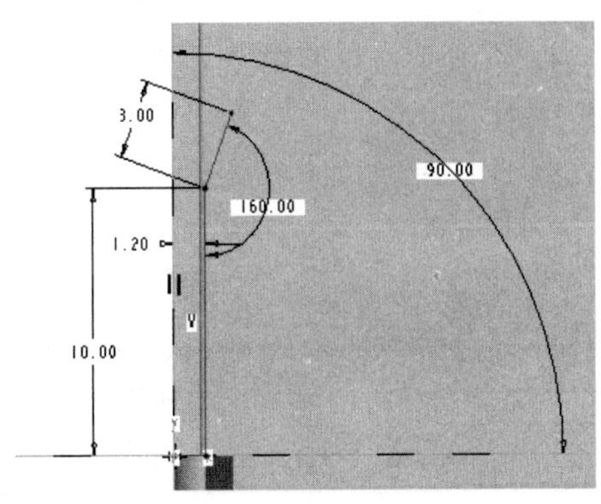

图 15.36　草绘截面

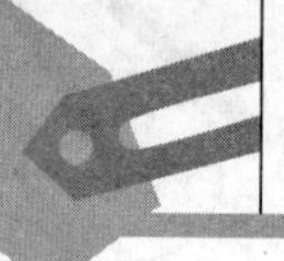

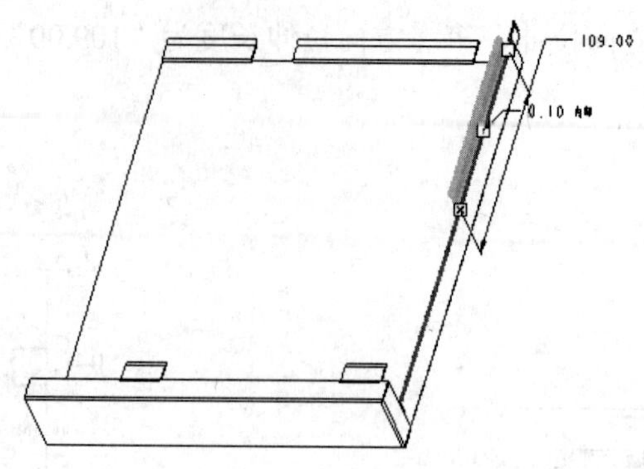

图 15.37　特征预览

步骤 4：开孔和槽

(1) 单击 （拉伸工具）按钮，弹出【拉伸】面板，如图 15.38 所示，此时默认选择去除材料。

图 15.38 【拉伸】面板

(2) 选择右侧面作为草绘平面，绘制 3 个圆，如图 15.39 所示。

(3) 选择 (拉伸至与所有曲面相交)选项，生成孔，如图 15.40 所示。

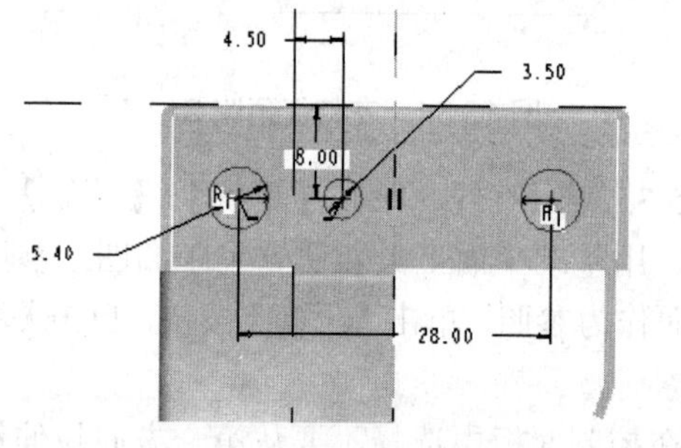

图 15.39　3 个草绘圆

图 15.40　3 个圆孔特征

(4) 单击 (拉伸)按钮，默认选择去除材料，选择顶面作为草绘平面，绘制一个圆，如图 15.41 所示。

(5) 选择 (拉伸至与下一曲面)选项，生成孔，如图 15.42 所示。

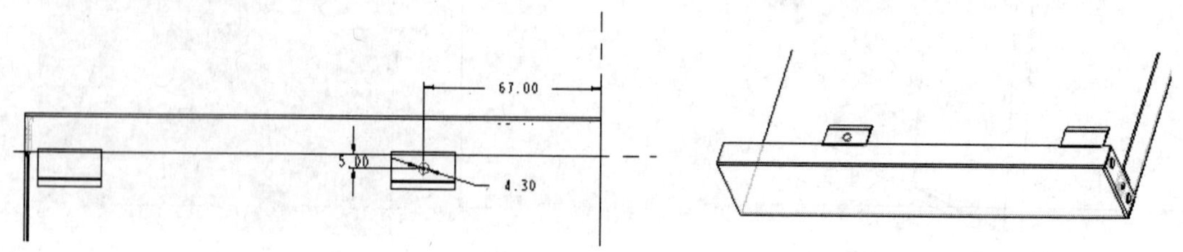

图 15.41　草绘圆

图 15.42　孔特征

(6) 单击 （拉伸工具）按钮，默认选择去除材料，选择右侧面作为草绘平面，绘制草绘截面，如图 15.43 所示。

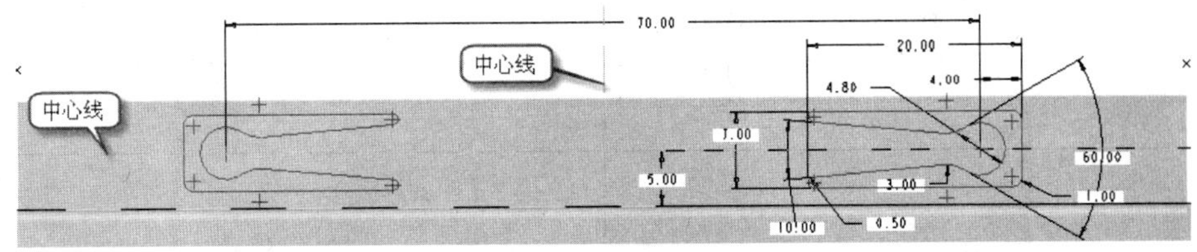

图 15.43　草绘截面

(7) 选择(拉伸至与下一曲面)选项，生成槽，如图 15.44 所示。

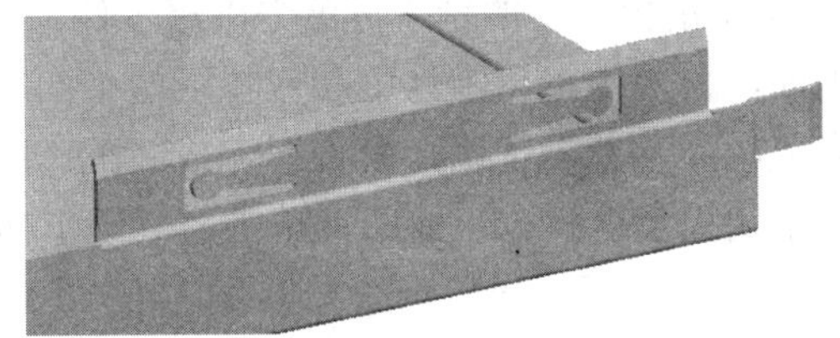

图 15.44　拉伸特征

步骤 5：创建成形特征

(1) 单击 （基准轴工具）按钮，对图 15.45 示两处圆柱曲面创建基准轴。

(2) 将零件转到机箱内侧，单击（凹模成形）按钮，弹出菜单，如图 15.46 所示。

图 15.45　轴线生成

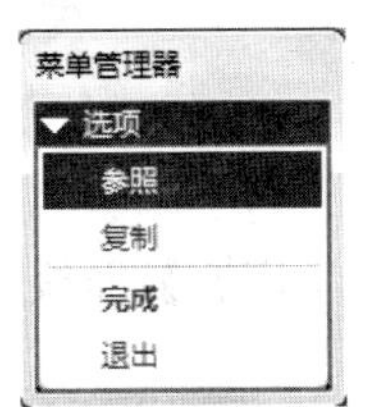

图 15.46 【凹模】菜单

(3) 默认【参照】成形，单击【完成】按钮，弹出打开文件选择界面，提示选择参考模具，选择任务 2 生成的上盖模具文件后，打开图 15.47 所示的【模板】选项控制面板。此时参考模具图形子窗口打开，如图 15.48 所示，同时弹出模板【放置】面板，如图 15.49 所示。

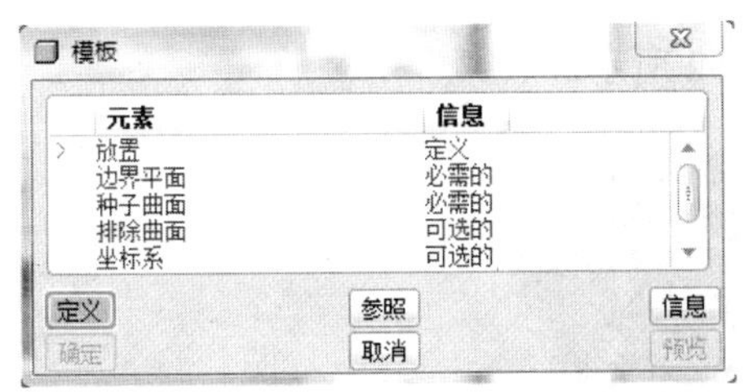

图 15.47 【模板】选项控制面板

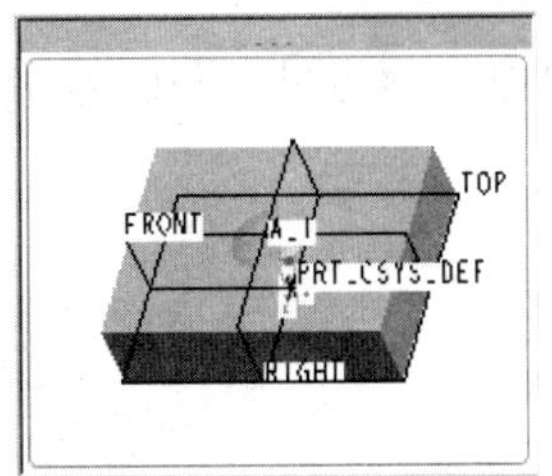

图 15.48　参考模具窗口

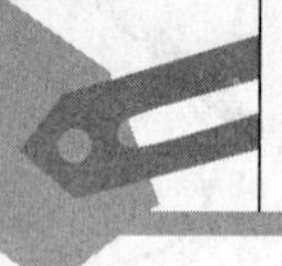

图 15.49　模板【放置】面板

(4) 如图 15.50 所示，先单击模具上的轴，再单击机箱零件上相应特征的轴，让两者自动对齐；单击模具上的顶面，再单击机箱零件上相应特征的平面，让两者自动匹配；此时模板【放置】面板显示完成约束，单击【确定】按钮完成装配；系统提示定义边界曲面，单击模具顶面完成选择；系统提示选择种子曲面，单击模具圆形曲面，完成选择。

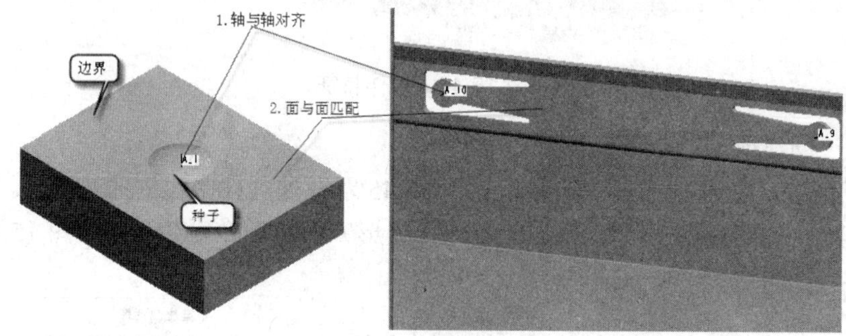

图 15.50　装配示意图

(5) 单击【模板】面板的【确定】按钮完成模具成形，如图 15.51 所示。

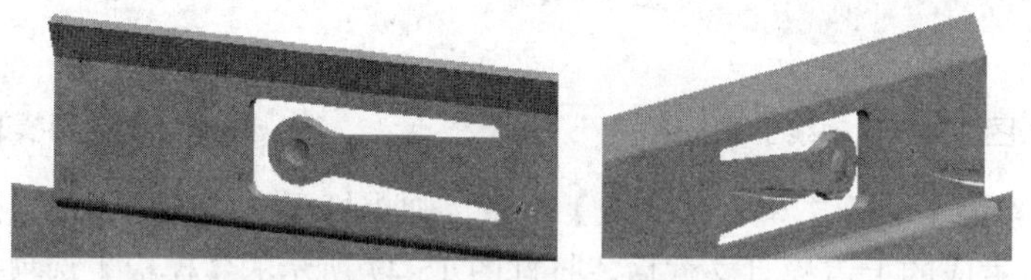

图 15.51　生成的成形特征

(6) 同理，完成另一个特征的成形，如图 15.52 所示。

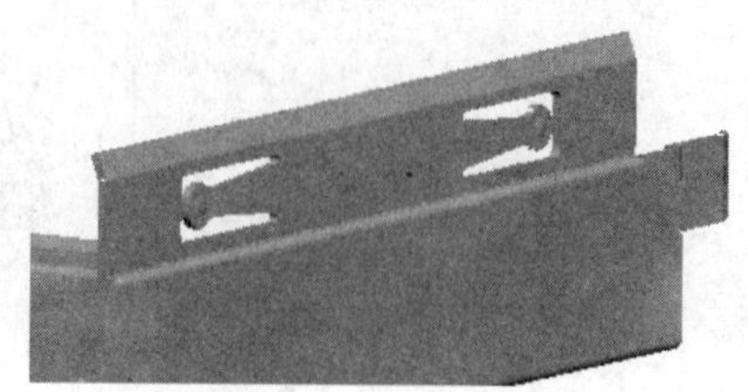

图 15.52　另一边成形特征

步骤 6：完成上盖的创建

(1) 按照同样的方法，创建图 15.53 所示的开槽和模具成形，槽的尺寸相同。

(2) 对图 15.54 所示的孔进行 1×45° 倒角。

图 15.53　开槽和模具成形

图 15.54　1×45° 倒角

(3) 对所有特征进行镜像，对称平面为 RIGHT 基准平面，结果如图 15.55 所示。

(4) 对突出的部分进入倒圆角，半径为 *R*1，如图 15.56 所示，其他类似。

图 15.55　特征镜像

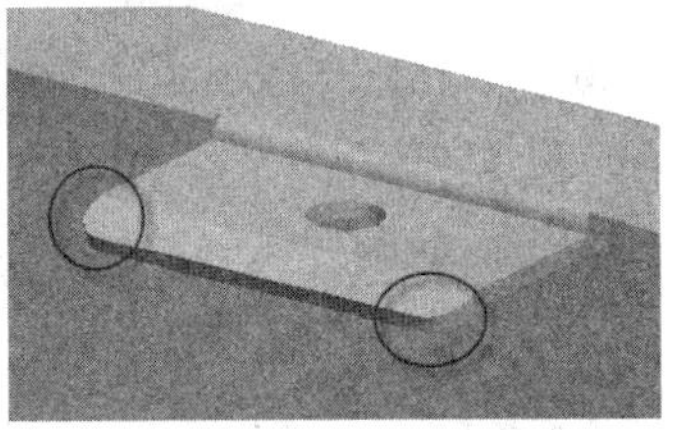

图 15.56　倒圆角

(5) 单击（拉伸工具）按钮，对机箱前面开孔，草绘截面，如图 15.57 所示，结果如图 15.58 所示。

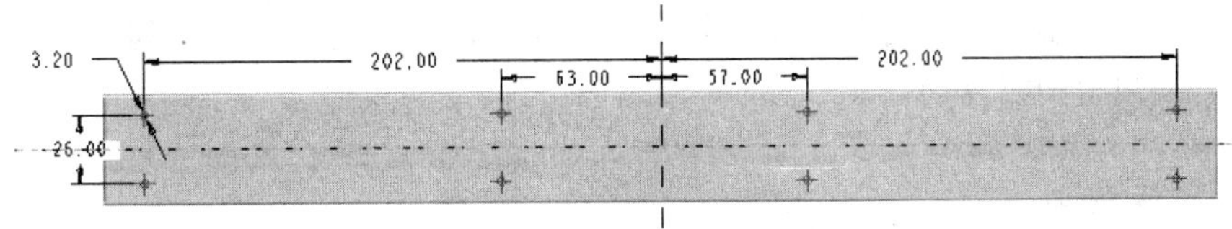

图 15.57　开孔截面

图 15.58　机箱前面开孔图

(6) 单击（拉伸工具）按钮，对机箱侧面开方形孔，草绘截面，如图 15.59 所示，拉伸至与所有曲目相交，结果如图 15.60 所示。

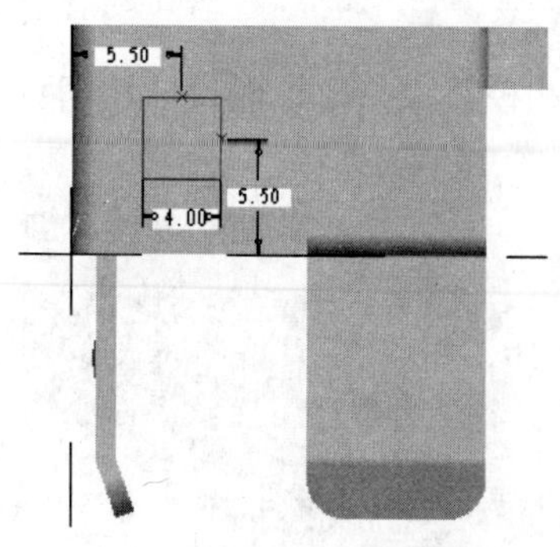

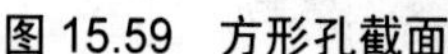

图 15.59　方形孔截面

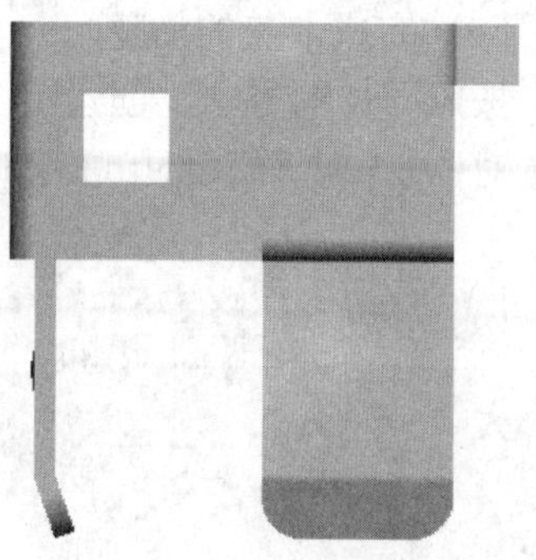

图 15.60　方形孔

(7) 选择生成的方形孔，单击 (阵列工具) 按钮，生成 3 行 22 列，尺寸增量均为 5.5，结果如图 15.61 所示。

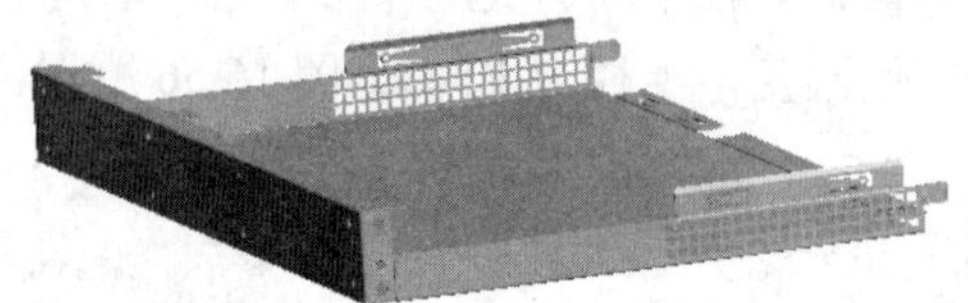

图 15.61　孔阵列结果图

归纳总结

钣金件不连接壁必须是设计中的第一个特征。创建壁之后，可在设计中添加其他任何特征。不必按制造顺序创建它们，而应按设计意图创建它们。

创建特征后，在放置特征时建议选取平面作为参照。如果平面不适用，边要比侧曲面更为方便。

注意：创建钣金件时，可利用实体特征进行操作，这些特征包括阵列、复制、镜像、倒角、孔、倒圆角和实体切口。

练习与实训

在 Pro/E 环境中，参考图 15.62，设计一仪器后盖，尺寸自定。

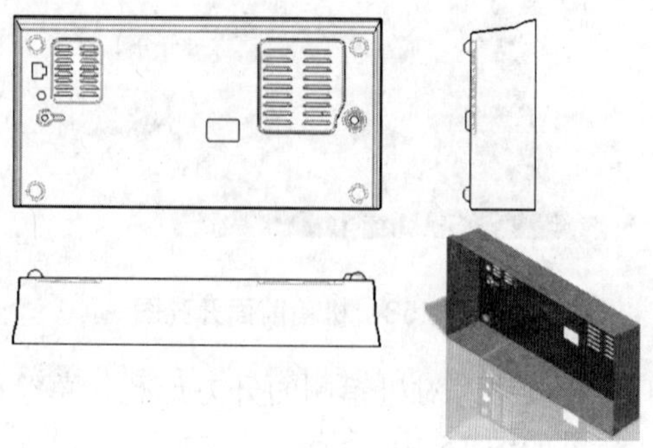

图 15.62

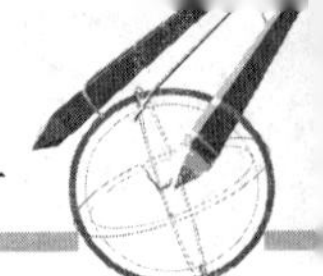

15.2　任务二：机箱下盖的设计

任务描述

在 Pro/E 环境中，应用钣金设计模块，进行图 15.63 所示的机箱下盖零件的设计。

图 15.63　机箱下盖零件图

任务分析

1. 设计思路

对比机箱上盖，大部分结构一致，下盖缺少散热孔、前面的孔等，箱底多了 4 个支撑座。故在上盖基础上删除及增加部分结构即可完成，不必重新设计。如图 15.64 所示，进行复制上盖零件、删除多余的孔、增加支撑座等操作。

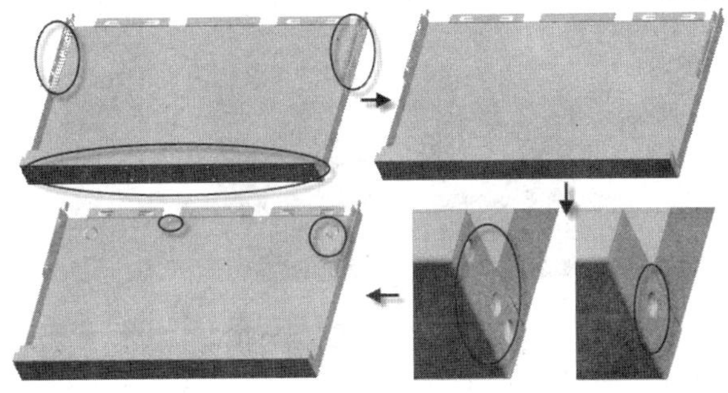

图 15.64　机箱下盖零件设计示意图

2. 方法与技巧

设计中尽量化繁为简，将步骤细化，见表 15-2。

表 15-2　15.2 节设计步骤

序号	步　骤	知 识 要 点
1	复制零件并删除多出的孔	文件另存
2	孔的修改和创建	拉伸、草绘
3	支撑座的创建	冲孔成形

任务实施

步骤 1：复制零件并删除多出的孔

(1) 打开上盖文件，执行【文件】|【另存】命令，保存为下盖文件。

(2) 打开刚建立的下盖文件。

(3) 删除图 15.65 所示的 8 个孔（由任务一的步骤 6 的第 5 分步骤所建立的）。

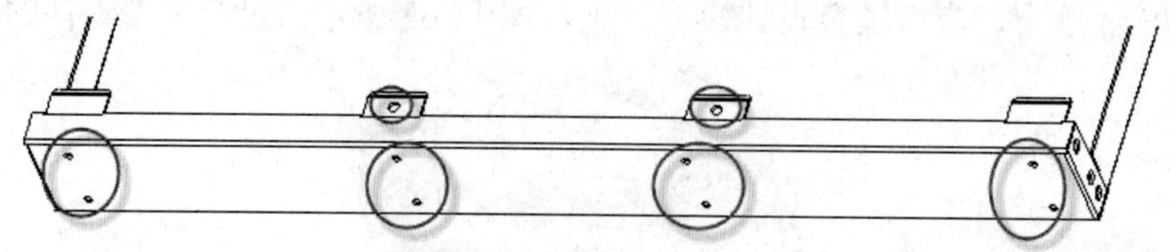

图 15.65　删除孔示意图

(4) 删除机箱侧面散热孔，如图 15.66 所示。

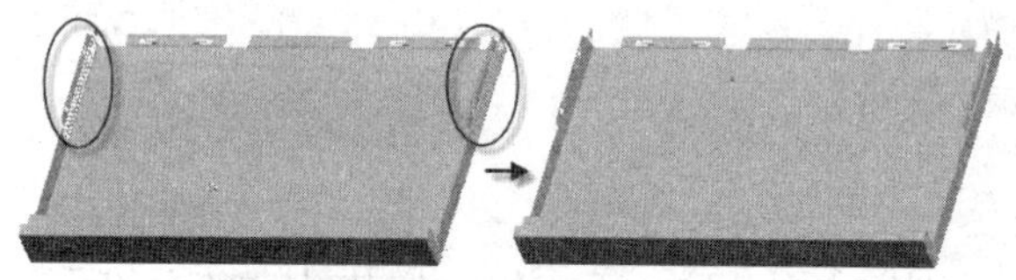

图 15.66　删除侧面散热孔示意图

步骤 2：孔的修改和创建

(1) 修改图 15.67 所示的孔。

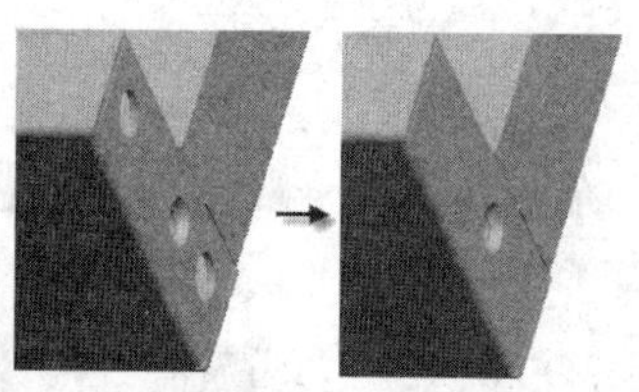

图 15.67　修改孔示意图

(2) 尺寸修改,如图 15.68 所示。

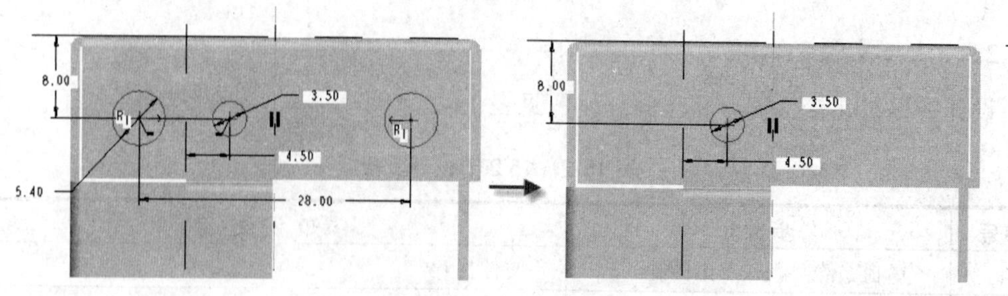

图 15.68　孔的尺寸修改

(3) 单击 （拉伸工具）按钮，默认去除材料，选择箱内上面为草绘平面，绘制图 15.69 所示的草绘圆。

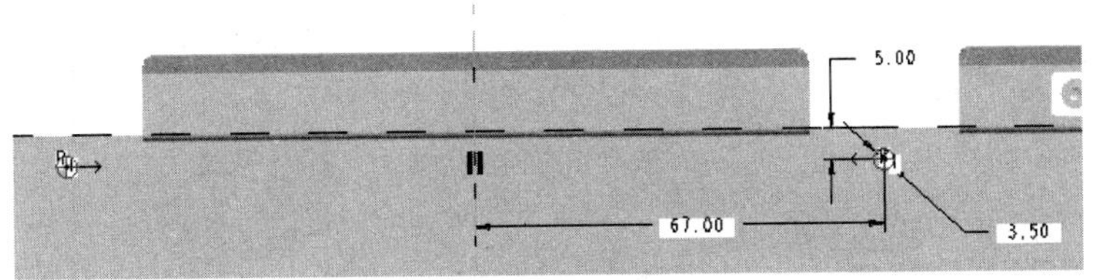

图 15.69 草绘圆

(4) 得到孔,如图 15.70 所示。

图 15.70 两个小孔

(5) 执行【插入】|【倒角】|【边倒角】命令，对刚建立孔的下端进行 1×45° 倒角。

步骤 3：支撑座的创建

(1) 单击（凹模成形）按钮。

(2) 默认【参照】成形，单击【完成】按钮，弹出打开文件选择界面，提示选择参考模具，选择任务 2 生成的下盖模具文件后，此参考模具图形子窗口打开，如图 15.71 所示，同时弹出模板【放置】面板，如图 15.72 所示。

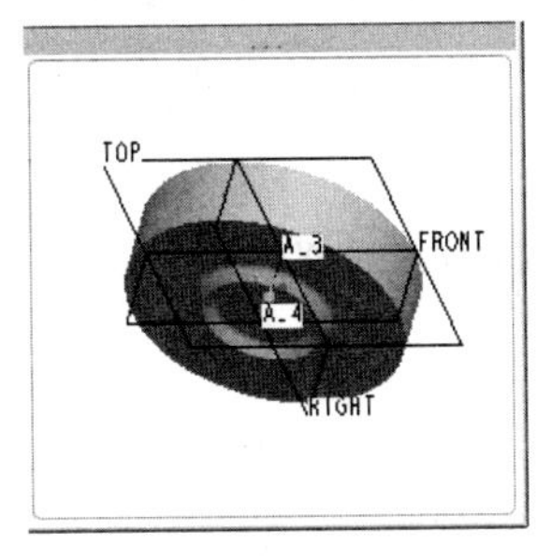

图 15.71 参考模具图形子窗口

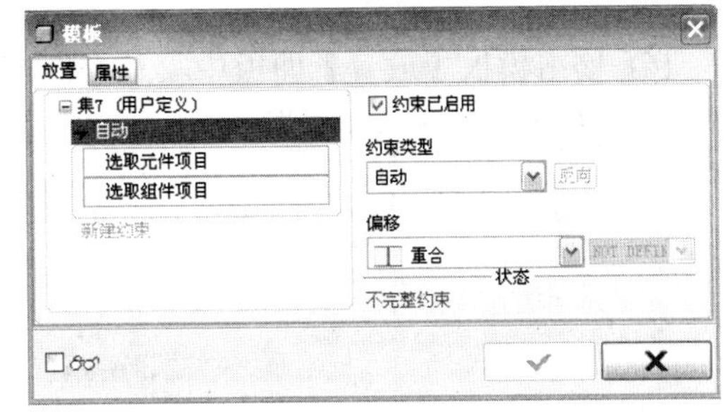

图 15.72 模板【放置】面板

(3) 单击【预览】按钮，如图 15.73 所示，a 先单击模具上 RIGHT 基准平面，再单击机箱零件上的最右侧面，让两者自动匹配；b 单击模具上 FRONT 基准平面，再单击机箱零件上的最前平面，让两者自动匹配；c 单击模具上前平面，再单击机箱零件上的箱壳上面，让两者自动匹配。

(4) 单击模板【放置】面板中第一个匹配（a 产生）按钮，如图 15.74 所示，将【偏移】改为【偏距】，输入距离为“-40.00”。

(5) 单击模板【放置】面板中第二个匹配（b 产生），如图 15.75 所示，将【偏移】改为【偏距】，输入距离为“-40.00”。

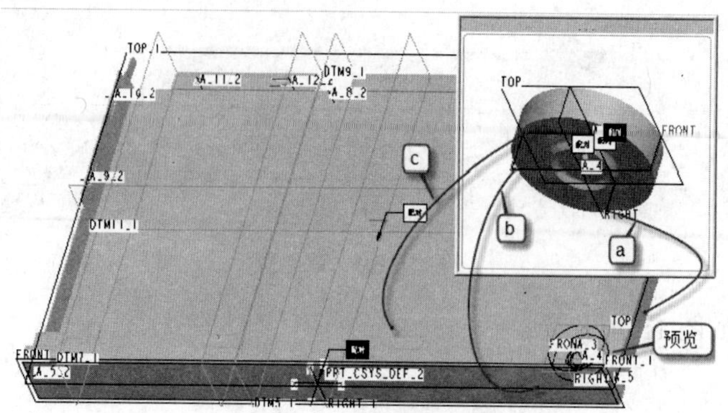

图 15.73　装配示意图

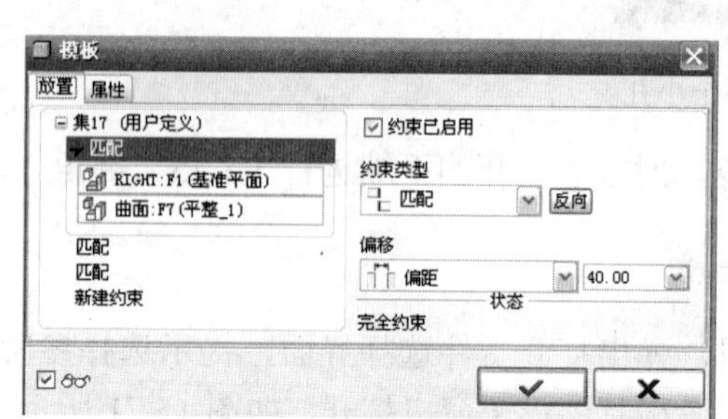

图 15.74　约束修改 a

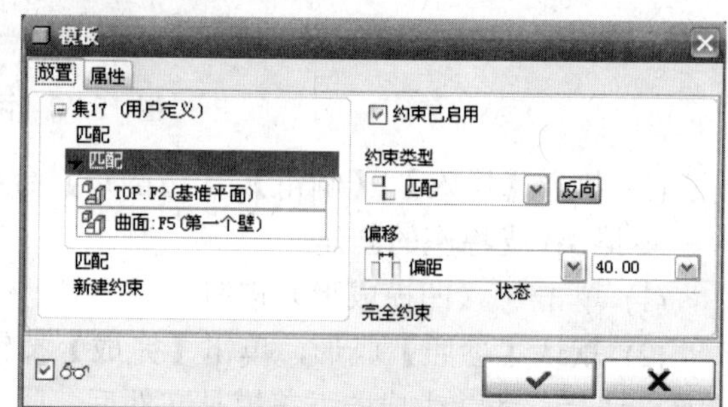

图 15.75　约束修改 b

(6) 单击模板【放置】面板中第三个匹配（c 产生），如图 15.76 所示，将【偏移】改为【重合】（或为【偏距】距离为“0.00”）。

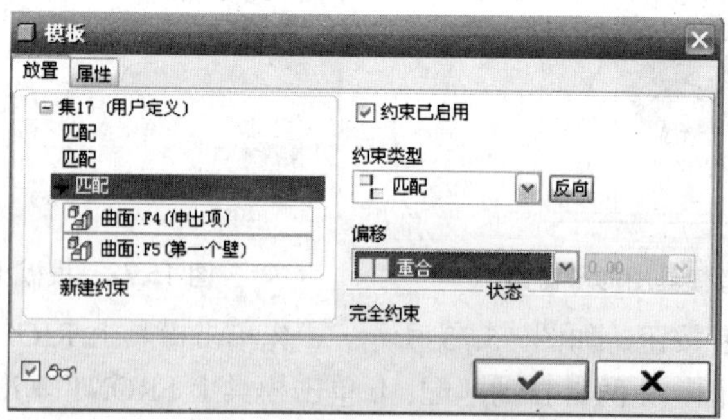

图 15.76　约束修改 c

(7) 此时模板【放置】面板显示完成约束，单击【确定】按钮完成装配；系统提示定义边界曲面，单击模具顶面完成选择；系统提示选择种子曲面，单击模具圆形曲面完成选择。单击【确定】按钮，完成成形如图 15.77 所示。

(8) 执行【编辑】|【阵列】命令，4 个成形特征，如图 15.78 所示。

图 15.77　成形结果

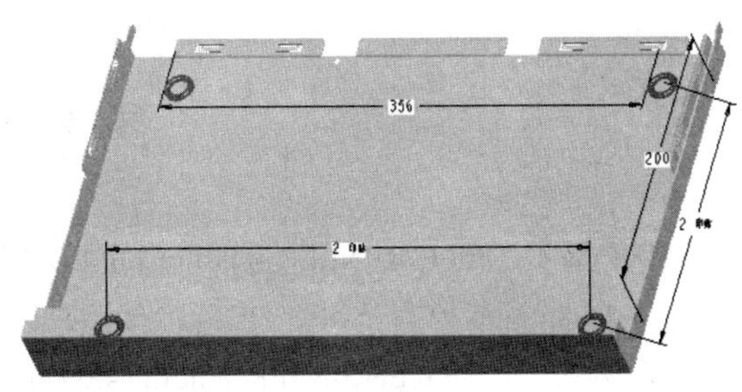

图 15.78 特征阵列结果

归纳总结

下盖创建采用了编辑修改的方法。

新的内容包括模具冲孔成形，要特别注意该方法及具体步骤，而且一定要将【预览】按钮打开，否则难以判断，并会出现不可预料的结果。

练习与实训

在 Pro/E 装配环境中，完成任务中的零件装配，如图 15.79 所示。

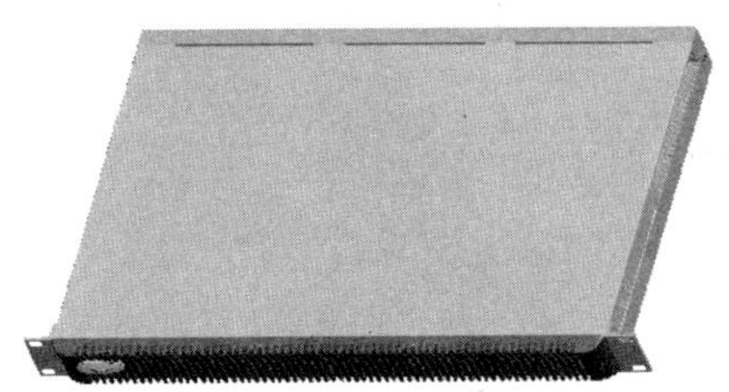

图 15.79　机箱装配图

参 考 文 献

[1] 何满才．Pro/ENGINEER Wildfire 4.0 中文版三维造型习题精解[M]. 北京：人民邮电出版社，2008.

[2] 铭卓设计．Pro/ENGINEER Wildfire 4.0 产品造型实例详解[M]. 北京：清华大学出版社，2008.

北京大学出版社高职高专机电系列规划教材

序号	书号	书名	编著者	定价	出版日期
1	978-7-301-10371-9	液压传动与气动技术	曹建东	28.00	2011.2 第 5 次印刷
2	978-7-301-12181-8	自动控制原理与应用	梁南丁	23.00	2012.1 第 3 次印刷
3	978-7-5038-4861-2	公差配合与测量技术	南秀蓉	23.00	2011.12 第 4 次印刷
4	978-7-5038-4865-0	CAD/CAM 数控编程与实训(CAXA 版)	刘玉春	27.00	2011.2 第 3 次印刷
5	978-7-5038-4869-8	设备状态监测与故障诊断技术	林英志	22.00	2011.8 第 3 次印刷
6	978-7-301-13262-3	实用数控编程与操作	钱东东	32.00	2011.8 第 3 次印刷
7	978-7-301-13383-5	机械专业英语图解教程	朱派龙	22.00	2012.2 第 4 次印刷
8	978-7-301-13582-2	液压与气压传动技术	袁　广	24.00	2011.3 第 3 次印刷
9	978-7-301-13662-1	机械制造技术	宁广庆	42.00	2010.11 第 2 次印刷
10	978-7-301-13653-9	工程力学	武昭晖	25.00	2011.2 第 3 次印刷
11	978-7-301-13652-2	金工实训	柴增田	22.00	2011.11 第 3 次印刷
12	978-7-301-14470-1	数控编程与操作	刘瑞已	29.00	2011.2 第 2 次印刷
13	978-7-301-13651-5	金属工艺学	柴增田	27.00	2011.6 第 2 次印刷
14	978-7-301-12389-8	电机与拖动	梁南丁	32.00	2011.12 第 2 次印刷
15	978-7-301-13659-1	CAD/CAM 实体造型教程与实训(Pro/ENGINEER 版)	诸小丽	38.00	2012.1 第 3 次印刷
16	978-7-301-13656-0	机械设计基础	时忠明	25.00	2010.12 第 2 次印刷
17	978-7-301-17122-6	AutoCAD 机械绘图项目教程	张海鹏	36.00	2011.10 第 2 次印刷
18	978-7-301-17148-6	普通机床零件加工	杨雪青	26.00	2010.6
19	978-7-301-17398-5	数控加工技术项目教程	李东君	48.00	2010.8
20	978-7-301-17573-6	AutoCAD 机械绘图基础教程	王长忠	32.00	2010.8
21	978-7-301-17557-6	CAD/CAM 数控编程项目教程(UG 版)	慕　灿	45.00	2012.4 第 2 次印刷
22	978-7-301-17609-2	液压传动	龚肖新	22.00	2010.8
23	978-7-301-17679-5	机械零件数控加工	李　文	38.00	2010.8
24	978-7-301-17608-5	机械加工工艺编制	于爱武	45.00	2012.2 第 2 次印刷
25	978-7-301-17707-5	零件加工信息分析	谢　蕾	46.00	2010.8
26	978-7-301-18357-1	机械制图	徐连孝	27.00	2011.1
27	978-7-301-18143-0	机械制图习题集	徐连孝	20.00	2011.1
28	978-7-301-18470-7	传感器检测技术及应用	王晓敏	35.00	2011.1
29	978-7-301-18471-4	冲压工艺与模具设计	张　芳	39.00	2011.3
30	978-7-301-18852-1	机电专业英语	戴正阳	28.00	2011.5
31	978-7-301-19272-6	电气控制与 PLC 程序设计（松下系列）	姜秀玲	36.00	2011.8
32	978-7-301-19297-9	机械制造工艺及夹具设计	徐　勇	28.00	2011.8
33	978-7-301-19319-8	电力系统自动装置	王　伟	24.00	2011.8
34	978-7-301-19374-7	公差配合与技术测量	庄佃霞	26.00	2011.8
35	978-7-301-19436-2	公差与测量技术	余　键	25.00	2011.9
36	978-7-301-19010-4	AutoCAD 机械绘图基础教程与实训(第 2 版)	欧阳全会	36.00	2012.1
37	978-7-301-19638-0	电气控制与 PLC 应用技术	郭　燕	24.00	2012.1
38	978-7-301-19933-6	冷冲压工艺与模具设计	刘洪贤	32.00	2012.1
39	978-7-301-20002-5	数控机床故障诊断与维修	陈学军	38.00	2012.1
40	978-7-301-20312-5	数控编程与加工项目教程	周晓宏	42.00	2012.3
41	978-7-301-20414-6	Pro/ENGINEER Wildfire 产品设计项目教程	罗　武	31.00	2012.5

北京大学出版社高职高专电子信息系列规划教材

序号	书号	书名	编著者	定价	出版日期
1	978-7-301-12180-1	单片机开发应用技术	李国兴	21.00	2010.9 第 2 次印刷
2	978-7-301-12386-7	高频电子线路	李福勤	20.00	2010.3 第 2 次印刷
3	978-7-301-12384-3	电路分析基础	徐　锋	22.00	2010.3 第 2 次印刷
4	978-7-301-13572-3	模拟电子技术及应用	刁修睦	28.00	2010.9 第 2 次印刷
5	978-7-301-12390-4	电力电子技术	梁南丁	29.00	2010.7 第 2 次印刷
6	978-7-301-12383-6	电气控制与 PLC(西门子系列)	李　伟	26.00	2012.3 第 2 次印刷
7	978-7-301-12387-4	电子线路 CAD	殷庆纵	28.00	2011.8 第 3 次印刷
8	978-7-301-12382-9	电气控制及 PLC 应用(三菱系列)	华满香	24.00	2012.4 第 2 次印刷
9	978-7-301-16898-1	单片机设计应用与仿真	陆旭明	26.00	2012.4 第 2 次印刷
10	978-7-301-16830-1	维修电工技能与实训	陈学平	37.00	2010.7
11	978-7-301-17324-4	电机控制与应用	魏润仙	34.00	2010.8
12	978-7-301-17569-9	电工电子技术项目教程	杨德明	32.00	2012.4 第 2 次印刷
13	978-7-301-17696-2	模拟电子技术	蒋　然	35.00	2010.8
14	978-7-301-17712-9	电子技术应用项目式教程	王志伟	32.00	2012.4 第 2 次印刷
15	978-7-301-17730-3	电力电子技术	崔　红	23.00	2010.9
16	978-7-301-17877-5	电子信息专业英语	高金玉	26.00	2011.11 第 2 次印刷
17	978-7-301-17958-1	单片机开发入门及应用实例	熊华波	30.00	2011.1
18	978-7-301-18188-1	可编程控制器应用技术项目教程(西门子)	崔维群	38.00	2011.1
19	978-7-301-18322-9	电子 EDA 技术(Multisim)	刘训非	30.00	2011.1
20	978-7-301-18144-7	数字电子技术项目教程	冯泽虎	28.00	2011.1
21	978-7-301-18470-7	传感器检测技术及应用	王晓敏	35.00	2011.1
22	978-7-301-18630-5	电机与电力拖动	孙英伟	33.00	2011.3
23	978-7-301-18519-3	电工技术应用	孙建领	26.00	2011.3
24	978-7-301-18770-8	电机应用技术	郭宝宁	33.00	2011.5
25	978-7-301-18520-9	电子线路分析与应用	梁玉国	34.00	2011.7
26	978-7-301-18622-0	PLC 与变频器控制系统设计与调试	姜永华	34.00	2011.6
27	978-7-301-19310-5	PCB 板的设计与制作	夏淑丽	33.00	2011.8
28	978-7-301-19326-6	综合电子设计与实践	钱卫钧	25.00	2011.8
29	978-7-301-19302-0	基于汇编语言的单片机仿真教程与实训	张秀国	32.00	2011.8
30	978-7-301-19153-8	数字电子技术与应用	宋雪臣	33.00	2011.9
31	978-7-301-19525-3	电工电子技术	倪　涛	38.00	2011.9
32	978-7-301-19953-4	电子技术项目教程	徐超明	38.00	2012.1
33	978-7-301-20000-1	单片机应用技术教程	罗国荣	40.00	2012.2
34	978-7-301-20009-4	数字逻辑与微机原理	宋振辉	49.00	2012.1

请登录 www.pup6.cn 免费下载本系列教材的电子书(PDF 版)、电子课件和相关教学资源。

欢迎免费索取样书，并欢迎到北京大学出版社来出版您的大作，可在 www.pup6.cn 在线申请样书和进行选题登记，也可下载相关表格填写后发到我们的邮箱，我们将及时与您取得联系并做好全方位的服务。

联系方式：010-62750667，yongjian3000@163.com，linzhangbo@126.com，欢迎来电来信。